Analytische und projektive Geometrie für die Computer-Graphik

Von Prof. Dr. rer. nat. Bodo Pareigis
Universität München

B. G. Teubner Stuttgart 1990

Prof. Dr. rer. nat. Bodo Pareigis

1937 geboren in Hannover. Von 1957 bis 1961 Studium der Mathematik an den Universitäten Göttingen und Heidelberg. 1961 Diplom, 1962/63 Forschungsaufenthalt an der Cornell University (USA) und 1963 Promotion an der Universität Heidelberg.
Von 1963 bis 1967 Wiss. Assistent an der Universität München, 1967 Habilitation und von 1967 bis 1973 Wiss. Rat (und Professor) an der Universität München.
Seit 1973 ordentlicher Professor und Inhaber eines Lehrstuhls für Mathematik an der Universität München.
Verschiedene Gastprofessuren: 1968/69 Cornell University, 1971/72 State University of New York at Albany, 1979/80, 1985/86, 1990 University of California, San Diego.

CIP-Titelaufnahme der Deutschen Bibliothek

Pareigis, Bodo:
Analytische und projektive Geometrie für die Computer-Grafik
/ von Bodo Pareigis. – Stuttgart : Teubner, 1990
    ISBN 978-3-519-02964-9   ISBN 978-3-322-91199-5 (eBook)
    DOI 10.1007/978-3-322-91199-5

Gesamtherstellung: Zechnersche Buchdruckerei GmbH, Speyer
Umschlaggestaltung: P.P.K‚S-Konzepte, T. Koch, Ostfildern/Stuttgart

Vorwort

Die Computer Graphik ist eine der schönsten und attraktivsten Anwendungen von Computern. Kleine Zeichenprogramme für den Hausgebrauch, Graphiken für den Buchdruck, Architektur-Zeichnungen, graphische Darstellungen von Wirtschaftsentwicklungen, Konstruktionszeichnungen für den Maschinenbau und animierte Graphiken bis hin zum abendfüllenden Spielfilm sind eine Auswahl der graphischen Möglichkeiten, die durch den Computer erschlossen werden. Die Computer Graphik stellt höchste Anforderungen an die Leistungsfähigkeit von Computern. Gerade auf ihrem Gebiet reihen sich technische Neuerungen und Entwicklungen in dichter Folge aneinander.

Neben den technischen Entwicklungen werden auch neue mathematische Methoden und Algorithmen verwendet, um die Graphik noch leistungsfähiger zu machen. Eine der elegantesten für die Graphik verwendeten mathematischen Methoden wird durch den Begriff der „homogenen Koordinaten" beschrieben. Sie sind die Koordinaten, die in der projektiven Geometrie verwendet werden. Und tatsächlich stammen viele der verwendeten Methoden der Computer Graphik aus der projektiven Geometrie.

Darstellungen dieses schönen mathematischen Gebiets in einer Weise, wie sie für die Anwendungen in der Computer Graphik wünschenswert wären, sind schwer zu finden. Ich habe daher versucht, diejenigen Methoden der projektiven Geometrie, die für Anwendungen in der Computer Graphik besonders interessant sind, in diesem Buch zusammenzustellen.

Die ersten drei Kapitel sind der allgemeinen Sprache der linearen Algebra gewidmet, dem Rechnen mit Koordinaten, Vektoren und Matrizen. Der Leser, der mit diesen Begriffen schon vertraut ist, kann diese Kapitel zunächst übergehen und sie später als Referenz für besondere Begriffe oder Algorithmen verwenden.

Die folgenden Kapitel zur projektiven Geometrie benutzen die analytische Beschreibung der projektiven Geometrie, da man möglichst früh konkrete Berechnungen von homogenen Koordinaten durchführen möchte. Wir setzen uns auch mit höherdimensionalen Räumen auseinander und mit den projektiven Abbildungen dieser Räume in die projektive Ebene. Bekannte Projektionen wie etwa der Grundriß, die Kavaliersprojektion oder die perspektivische Darstellung können gemeinsam erfaßt werden.

Begriffe der Strecke oder des Polytops, die zunächst nicht Begriffe der projektiven Geometrie sind, die aber für die Computer Graphik unverzichtbar sind, werden mit projektiven Methoden behandelt bis hin zu den Sätzen und Algorithmen über verdeckte Kanten auch in höherdimensionalen Räumen. Dabei treten bisher unbekannte Feinheiten dieser Algorithmen zu Tage, insbesondere daß selbst bei konvexen Polytopen die Kanten nicht immer entweder vollständig oder garnicht sichtbar sind, wie man es aus dem dreidimensionalen Fall kennt. Sie können durchaus etwa zur Hälfte sichtbar sein, während der Rest verdeckt ist.

Um Studenten sowohl mit Methoden der projektiven Geometrie vertraut zu machen als auch ihnen die Möglichkeiten der Computer Graphik zu eröffnen, habe ich mehrere Seminare zu dem Thema durchgeführt, aus denen dieses Buch entstanden ist. Im Teil zur Computer Graphik sind die Erfahrungen dargestellt, die wir bei der gemeinsamen Entwicklung von Graphik Programmen gemacht haben. Dort wird auch der dazu benötigte technische Hintergrund dargestellt. Schließlich sind die neuen Möglichkeiten, die sich mit der objekt-orientierten Programmierung bieten, ebenfalls mit einbezogen worden.

Viele wichtige Teilgebiete der Computer Graphik sind jedoch nicht besprochen worden. Die Computer Graphik ist ein viel zu umfangreiches Gebiet, als daß man sie in einem Buch dieses Umfangs erschöpfend behandeln könnte. Alle Teilgebiete, die nicht direkt mit einfachen Graphikprogrammen unter Benutzung der Methoden der projektiven Geometrie zusammenhängen, habe ich fortlassen müssen, insbesondere Fragen der flächenartigen Darstellungen oder der Verwendung von Kurven zur Begrenzung von Flächen. Wir haben uns bewußt auf die Darstellung von Drahtgittermodellen beschränkt.

Schließlich führt das Buch im letzten Kapitel zurück zu den geometrischen Methoden, indem wir ein Graphik Paket beschreiben, das die Mittel der konstruktiven Geometrie implementiert. Damit können dann sowohl Probleme der darstellenden Geometrie als auch der projektiven Geometrie graphisch auf dem Computer behandelt werden.

Den vielen enthusiastischen Studenten, die an meinen Seminaren teilgenommen haben, möchte ich an dieser Stelle Dank sagen. Mit viel Geduld haben sie die ersten Fassungen des Manuskripts gelesen und mir Verbesserungsvorschläge zukommen lassen. Eine Reihe von Gesichtspunkten der Graphik habe ich durch die Diskussionen mit ihnen besser verstehen gelernt.

Ich hoffe, daß ich diese Erfahrungen hiermit sowohl an weitere interesierte Studenten als auch an Entwickler von Graphik Programmen weitergeben kann.

München, im Mai 1990   *Bodo Pareigis*

Inhaltsverzeichnis

Teil B: Computer Graphik

1 Vektorräume und Matrizen

In diesem ersten Kapitel wollen wir eine kurze Einführung in die Theorie der Vektorräume und die Matrizenrechnung geben. Dabei gehen wir davon aus, daß der Leser schon einige Erfahrungen und Grundkenntnisse auf diesem Gebiet hat. Die Darstellungen im Unterricht, in den Vorlesungen oder in den Lehrbüchern differieren jedoch teilweise recht stark. Diese Einführung soll also eine gemeinsame Basis schaffen, auf der wir dann die geometrischen Begriffe aufbauen können. Wir werden uns daher recht kurz fassen. Für weitere Information sollte der interessierte Leser die im Literaturverzeichnis angegebene Lehrbuchliteratur konsultieren. Dieses Kapitel sowie auch die nächsten beiden dienen mehr als Referenzsammlung. Sie können von dem etwas erfahreneren Leser zunächst übersprungen werden. Bei Bedarf können dann in diesen Kapiteln weitere Details über Eigenschaften der verschiedenen Räume nachgelesen werden. Es sollen also hier nur die für die Darstellung der projektiven Geometrie und für die Computer Graphik notwendigen Grundbegriffe entwickelt werden.

1.1 Vektorräume

Wir werden im wesentlichen nur Vektorräume über dem Körper R der reellen Zahlen betrachten. Reelle Zahlen kann man nach den üblichen Rechenregeln addieren, subtrahieren, multiplizieren und dividieren. Nach denselben Rechenregeln kann man jedoch auch mit den rationalen Zahlen Q oder den komplexen Zahlen C rechnen. Eine Menge K, in der eine Addition „+" und eine Multiplikation „·" so erklärt sind, daß die üblichen Rechenregeln erfüllt sind, nennt man bekanntlich einen *Körper*. Die Rechenregeln sind im einzelnen:

$$\alpha + \beta = \beta + \alpha \text{ für alle } \alpha, \beta \text{ in } K,$$

$$\alpha + (\beta + \gamma) = (\alpha + \beta) + \gamma \text{ für alle } \alpha, \beta, \gamma \text{ in } K,$$

$$\text{es gibt } 0 \text{ in } K, \text{ so daß } 0 + \alpha = \alpha \text{ für alle } \alpha \text{ in } K,$$

$$\text{zu jedem } \alpha \text{ in } K \text{ gibt es } -\alpha \text{ in } K, \text{ so daß gilt } \alpha + (-\alpha) = 0,$$

$$\alpha \cdot \beta = \beta \cdot \alpha \text{ für alle } \alpha, \beta \text{ in } K,$$

$$\alpha \cdot (\beta \cdot \gamma) = (\alpha \cdot \beta) \cdot \gamma \text{ für alle } \alpha, \beta, \gamma \text{ in } K,$$

$$\text{es gibt } 1 \text{ in } K, \text{ so daß } 1 \cdot \alpha = \alpha \text{ für alle } \alpha \text{ in } K,$$

$$\text{zu jedem } \alpha \neq 0 \text{ in } K \text{ gibt es } \alpha^{-1} \text{ in } K, \text{ so daß gilt } \alpha \cdot \alpha^{-1} = 1,$$

$$\alpha \cdot (\beta + \gamma) = \alpha \cdot \beta + \alpha \cdot \gamma \text{ für alle } \alpha, \beta, \gamma \text{ in } K.$$

Wenn wir uns allgemein auf den Körper K beziehen, können wir alle drei Fälle, die rationalen Zahlen, die reellen Zahlen und die komplexen Zahlen, gemeinsam

bearbeiten. Es gibt natürlich noch viele andere Körper, die wir jedoch nicht
weiter untersuchen wollen. So gibt es z.B. auch Körper, in denen zusätzlich so
ungewöhnliche Rechenregeln wie $1 + 1 = 0$ gelten. Das sind sicherlich Körper,
die wir für die Computer Graphik kaum verwenden können. Wir müssen uns
jedoch darüber im klaren sein, daß beim Rechnen im Computer nur scheinbar
reelle Zahlen verwendet werden. Genau genommen werden die Zahlen ja mit
nur einer festgelegten maximalen Anzahl von Dezimalstellen eingegeben. Und
auch beim Rechnen wird nur mit einer festen maximalen Anzahl von Dezimalstellen gerechnet. Die Zahl 1/3 wird z.B. nicht durch einen unendlichen Dezimalbruch im Computer dargestellt, sondern nur abgerundet auf einen endlichen
Dezimalbruch. Damit rechnet der Computer nur mit gewissen rationalen Zahlen.
Außerdem rechnet er nicht mit absoluter Genauigkeit. Gewisse Rundungsfehler
sind mit den üblichen Programmen unvermeidbar. Jedoch wollen wir uns um
diese Ungenauigkeiten erst dann kümmern, wenn wir die Vektor- und Matrizen-
Rechnung eingeführt haben.

Wir definieren nun den für uns zentralen Begriff eines Vektorraumes. In unseren
Anwendungen werden Vektoren verwendet, um die Lage von Punkten in der
Ebene, im Raum oder sogar im vierdimensionalen Raum durch ihre Koordinaten
zu beschreiben. Da es jedoch auch viele andere Beispiele für Vektorräume gibt,
die in den praktischen Anwendungen sehr wichtig sind, werden wir eine sehr
allgemeine Definition geben. Die Definition bezieht sich dabei auf einen fest
vorausgesetzten Körper K. Der weniger erfahrene Leser möge sich darunter
immer die reellen Zahlen **R** vorstellen.

1.1 Definition: Sei K ein beliebiger Körper. Eine Menge V zusammen mit
einer Addition

$$V \times V \ni (v, w) \mapsto v + w \in V$$

und einer Multiplikation mit *Skalaren* aus K

$$K \times V \ni (\alpha, v) \mapsto \alpha \cdot v \in V$$

heißt ein *Vektorraum*, wenn die folgenden Gesetze erfüllt sind:

$v + w = w + v$ für alle v, w in V (Kommutativgesetz),

$u + (v + w) = (u + v) + w$ für alle u, v, w in V (Assoziativgesetz der
Addition),

es gibt 0 in V, so daß $0 + v = v$ für alle v in V (Gesetz vom neutralen
Element),

zu jedem v in V gibt es $-v$ in V, so daß gilt $v + (-v) = 0$ (Gesetz von
den inversen Elementen),

$\alpha \cdot (\beta \cdot v) = (\alpha \cdot \beta) \cdot v$ für alle α, β in K und alle v in V (Assoziativgesetz der Multiplikation),

$\alpha \cdot (v + w) = \alpha \cdot v + \alpha \cdot w$ für alle α in K und alle v, w in V (1. Distributivgesetz),

$(\alpha + \beta) \cdot v = \alpha \cdot v + \beta \cdot v$ für alle α, β in K und alle v in V (2. Distributivgesetz),

für 1 in K gilt $1 \cdot v = v$ für alle v in V (Gesetz von der Eins).

Die Elemente eines Vektorraumes V werden *Vektoren* genannt.

1.2 Beispiele: a) Für die folgenden Beispiele wollen wir immer den Körper R der reellen Zahlen zugrunde legen. Als erstes Beispiel betrachten wir die „reelle Ebene". Die Menge V sei dabei die Menge der Paare (x, y) von reellen Zahlen, also $\mathbf{R} \times \mathbf{R}$ oder $\mathbf{R}^2$. Jeden Punkt der Ebene kann man eindeutig festlegen durch die Angabe seiner x-Koordinate und seiner y-Koordinate. Die Addition in $V = \mathbf{R}^2$ sei definiert durch die komponentenweise Addition der Paare, also durch

$$(\alpha, \beta) + (\gamma, \delta) := (\alpha + \gamma, \beta + \delta).$$

Die Multiplikation mit Skalaren sei die komponentenweise Multiplikation eines Paares mit einer reellen Zahl, also

$$\alpha \cdot (\beta, \gamma) := (\alpha \cdot \beta, \alpha \cdot \gamma).$$

Weil wir dann in jeder Komponente einzeln rechnen, ergeben sich die Vektorraumgesetze unmittelbar aus den Körpergesetzen von R. Figur 1 zeigt graphisch die Addition zweier Vektoren $(0.8, 0.2) + (0.3, 0.9) = (1.1, 1.1)$.

b) Als nächstes Beispiel betrachten wir die Menge $V := \mathbf{R}^n$ der n-Tupel reeller Zahlen. Uns werden vor allem die Fälle $n = 1, 2, 3$ und 4 interessieren. Später werden wir dann auch noch den Fall $n = 5$ benötigen. Die Addition auf V definieren wir wie bei den Paaren komponentenweise

$$(\xi_1, \ldots, \xi_n) + (\eta_1, \ldots, \eta_n) := (\xi_1 + \eta_1, \ldots, \xi_n + \eta_n).$$

Ebenso definieren wir die Multiplikation mit Skalaren komponentenweise

$$\alpha \cdot (\xi_1, \ldots, \xi_n) := (\alpha \cdot \xi_1, \ldots, \alpha \cdot \xi_n).$$

Damit lassen sich die Axiome für einen Vektorraum leicht nachrechnen. Wir wollen hier auf die Rechnung verzichten.

c) Ein drittes Beispiel für einen Vektorraum ist die Menge der Quadrupel $(\xi_1, \ldots, \xi_4)$ mit $\xi_1 + \xi_2 + \xi_3 + \xi_4 = 0$, also

$$V := \{(\xi_1, \xi_2, \xi_3, \xi_4) | \xi_1, \xi_2, \xi_3, \xi_4 \in \mathbf{R}, \xi_1 + \xi_2 + \xi_3 + \xi_4 = 0\}.$$

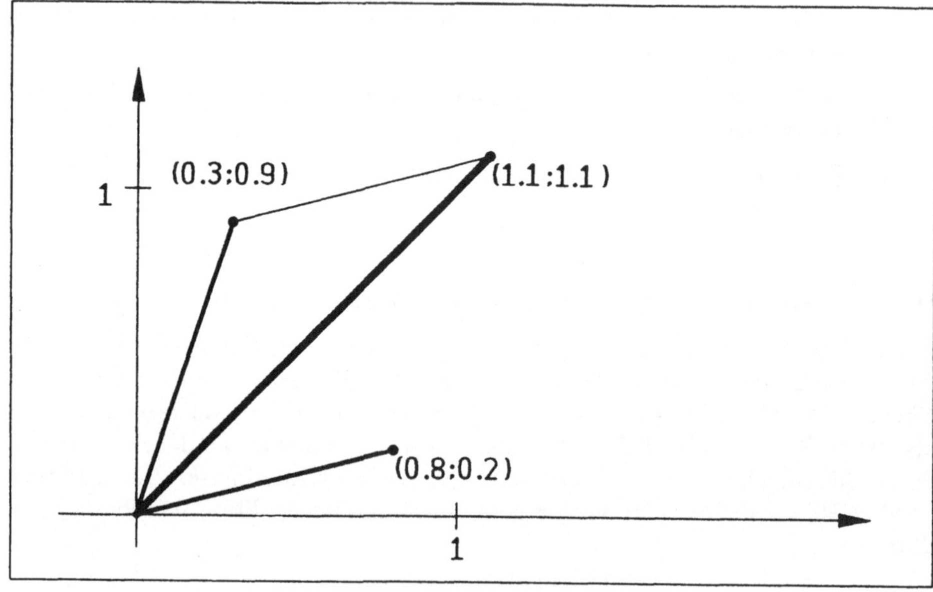

Figur 1.1

Auch diese Menge bildet einen Vektorraum mit komponentenweiser Addition und Multiplikation. Diesen Vektorraum, obwohl er „dreidimensional" ist, können wir uns schlecht vorstellen. Wir benötigen jedoch solche Vektorräume später für die Computer Graphik.

Da wir in jedem Vektorraum Vektoren addieren können, auch mehr als zwei Vektoren, und diese Vektoren zudem mit Elementen aus dem Körper multipliziert werden können, können wir allgemein Ausdrücke der folgenden Form bilden:

$$\sum_{i=1}^{n} \alpha_i \cdot v_i = \alpha_1 \cdot v_1 + \ldots + \alpha_n v_n.$$

Ein solcher Ausdruck mit $v_i \in V$ und $\alpha_i \in K$ wird *Linearkombination* der Vektoren v_i mit den *Koeffizienten* α_i genannt. Für $n = 1$ definieren wir

$$\sum_{i=1}^{1} \alpha_i \cdot v_i := \alpha_1 \cdot v_1.$$

Für $n = 0$ definieren wir

$$\sum_{i=1}^{0} \alpha_i \cdot v_i := 0.$$

1.3 Definition: a) Seien V ein Vektorraum, $X \subseteq V$ eine Teilmenge und $v \in V$ ein Vektor. Wir sagen, daß v von X *linear abhängig* ist, wenn es Vektoren $v_1, \ldots, v_n \in X$ und Skalare $\alpha_1, \ldots, \alpha_n \in K$ so gibt, daß

$$v = \sum_{i=1}^{n} \alpha_i \cdot v_i$$

gilt, d.h. daß v eine Linearkombination der Vektoren $v_1, \ldots, v_n$ ist. Wir lassen dabei auch die Möglichkeiten $n = 0$ und $n = 1$ zu.

b) Die Menge der von einer Teilmenge $X \subseteq V$ linear abhängigen Vektoren heißt die von X *erzeugte Menge* $\langle X \rangle$. Ist $X = \emptyset$, so gilt $\langle \emptyset \rangle = \{0\}$.

c) Eine Teilmenge $X \subseteq V$ eines Vektorraumes V wird *Erzeugendenmenge* genannt, wenn jeder Vektor $v \in V$ linear abhängig von X ist, d.h. wenn jeder Vektor aus V eine Linearkombination von Vektoren aus X ist. Mit anderen Worten gilt $V = \langle X \rangle$ genau dann, wenn X eine Erzeugendenmenge von V ist. Der Vektorraum V heißt *endlich erzeugt*, wenn es eine endliche Erzeugendenmenge für V gibt.

d) Eine Teilmenge $X \subseteq V$ eines Vektorraumes V heißt *linear unabhängig*, wenn keiner der Vektoren aus X von den übrigen Vektoren aus X linear abhängig ist. Gleichbedeutend damit ist die folgende Aussage:
Sind $v_1, \ldots, v_n \in V$ und $\alpha_1, \ldots, \alpha_n \in K$ so gegeben, daß $\sum_{i=1}^{n} \alpha_i \cdot v_i = 0$ gilt, dann gilt $\alpha_1 = \ldots = \alpha_n = 0$.

1.4 Beispiele: a) Im Vektorraum $\mathbf{R}^2$ gilt

$$(-7,6) = 3 \cdot (1,2) - 5 \cdot (2,0).$$

Also ist $(-7,6)$ von der Menge $\{(1,2),(2,0)\}$ linear abhängig. Ebenso ist $(5,7)$ von der Menge $\{(1,0),(1,1),(0,1)\}$ linear abhängig. Es gilt nämlich

$$(5,7) = 2 \cdot (1,0) + 3 \cdot (1,1) + 4 \cdot (0,1).$$

Eine unserer Aufgaben wird es sein, die Koeffizienten (hier 2, 3 und 4) zu finden, die in einer Linearkombination zur Darstellung von $(5,7)$ verwendet werden müssen. Sie werden im allgemeinen nicht eindeutig bestimmt sein, d. h. wir werden verschiedene Wahlmöglichkeiten haben.

b) Im Vektorraum $\mathbf{R}^3$ gilt

$$(-1,2,5) = 2 \cdot (1,2,3) + (-1) \cdot (3,2,1).$$

Jedoch ist $(1,0,0)$ von der Menge $\{(1,2,3),(3,2,1)\}$ nicht linear abhängig. Gäbe es nämlich α und β mit

$$(1,0,0) = \alpha \cdot (1,2,3) + \beta \cdot (3,2,1),$$

so wären α und β Lösungen des linearen Gleichungssystems

$$1 \cdot \alpha + 3 \cdot \beta = 1,$$
$$2 \cdot \alpha + 2 \cdot \beta = 0,$$
$$3 \cdot \alpha + 1 \cdot \beta = 0.$$

Dieses Gleichungssystem hat aber offenbar keine Lösung. (Die letzten beiden Gleichungen lassen sich nur durch $\alpha = \beta = 0$ erfüllen. Damit kann aber die erste Gleichung nicht erfüllt werden.)

c) Wir bezeichnen mit $e_i = (0, \ldots, 1, \ldots, 0)$ die Vektoren in $\mathbf{R}^n$ mit 1 an der i-ten Stelle und 0 an allen anderen Stellen. Die Menge der Vektoren $\{e_i \mid i = 1, 2, \ldots, n\}$ ist eine Erzeugendenmenge für den Vektorraum $\mathbf{R}^n$, denn es gilt für alle Vektoren

$$(\xi_1, \ldots, \xi_n) = \sum_{i=1}^{n} \xi_i \cdot e_i.$$

Weiterhin bemerken wir, daß $\{e_i\}$ eine linear unabhängige Menge ist. Nehmen wir nämlich ein e_i aus dieser Menge heraus, so kann man durch Linearkombinationen der übrigen e_j nur solche Vektoren darstellen, die an der i-ten Stelle eine 0 haben, insbesondere also nicht e_i.

d) Sei nun $V := \{(\xi_1, \xi_2, \xi_3, \xi_4) \mid \xi_1, \xi_2, \xi_3, \xi_4 \in \mathbf{R}, \xi_1 + \xi_2 + \xi_3 + \xi_4 = 0\}$. Dann liegen die Vektoren $(-1, 1, 0, 0)$, $(-1, 0, 1, 0)$ und $(-1, 0, 0, 1)$ in V und bilden eine Erzeugendenmenge für V. Weiter ist diese Menge auch linear unabhängig. Den Beweis hierfür überlassen wir dem Leser zur Übung.

1.5 Definition: Sei V ein Vektorraum. Eine Menge $B \subseteq V$ heißt *Basis* für V, wenn die Menge B linear unabhängig und eine Erzeugendenmenge von V ist.

In der linearen Algebra zeigt man für beliebige Vektorräume V, daß sie immer eine Basis besitzen. Dieser Beweis ist nicht konstruktiv, führt also nicht zur Angabe einer konkreten Basis. In unserer Situation ist das Problem jedoch, eine konkrete Basis zum Rechnen zu erhalten. Deshalb beweisen wir diesen allgemeinen Satz nicht, sondern zeigen konstruktiv, daß alle uns interessierenden Vektorräume eine Basis besitzen. Diese wird immer nur endlich viele Elemente haben.

1.6 Satz. *Die Menge $\{e_i\}$ ist eine Basis für den Vektorraum $\mathbf{R}^n$.*

BEWEIS: Die Aussage wurde schon im Beispiel 1.4.c) gezeigt. $\square$

Da der Begriff der Basis für die lineare Algebra und analytische Geometrie von höchster Wichtigkeit ist, wollen wir weitere dazu äquivalente Eigenschaften studieren.

1.7 Satz. *Sei V ein Vektorraum und $B \subseteq V$ eine endliche Teilmenge. $B = \{b_1, \ldots, b_n\}$ ist genau dann eine Basis von V, wenn es zu jedem Vektor $v \in V$ eindeutig durch v bestimmte Koeffizienten $\alpha_1, \ldots, \alpha_n \in K$ gibt mit*

$$v = \sum_{i=1}^{n} \alpha_i \cdot b_i.$$

BEWEIS: Sei B eine Basis. Dann läßt sich v als Linearkombination der b_i darstellen, weil die b_i eine Erzeugendenmenge bilden. Gilt nun $v = \sum_{i=1}^{n} \alpha_i \cdot b_i = \sum_{i=1}^{n} \beta_i \cdot b_i$, so erhalten wir durch Umstellen der Gleichung

$$\sum_{i=1}^{n} (\alpha_i - \beta_i) \cdot b_i = 0.$$

Da B eine linear unabhängige Menge ist, folgt $\alpha_i - \beta_i = 0$ für alle i oder $\alpha_i = \beta_i$ für alle i. Also ist die Darstellung von v als Linearkombination der b_i eindeutig. Sei umgekehrt jeder Vektor eindeutig als Linearkombination der b_i darstellbar, so ist insbesondere der Nullvektor 0 eindeutig darstellbar als $0 = \sum_{i=1}^{n} 0 \cdot b_i$, d.h. für eine Linearkombination $0 = \sum_{i=1}^{n} \alpha_i \cdot b_i$ muß notwendig $\alpha_i = 0$ für alle i gelten. Damit ist B aber linear unabhängig und eine Erzeugendenmenge. $\square$

1.8 Lemma. *Die Menge $\{b_1, \ldots, b_n\}$ im Vektorraum V ist genau dann linear abhängig, wenn ein Vektor b_k Linearkombination der übrigen Vektoren ist:*

$$b_k = \sum_{i=1, i \neq k}^{n} \alpha_i \cdot b_i.$$

Wenn die letzte Bedingung erfüllt ist, dann sind die von $b_1, \ldots, b_n$ und von $b_1, \ldots, b_{k-1}, b_{k+1}, \ldots, b_n$ erzeugten Mengen gleich:

$$\langle b_1, \ldots, b_n \rangle = \langle b_1, \ldots, b_{k-1}, b_{k+1}, \ldots, b_n \rangle.$$

BEWEIS: Die erste Behauptung ist genau die Definition der linearen Abhängigkeit. In der zweiten Behauptung ist die Inklusion

$$\langle b_1, \ldots, b_{k-1}, b_{k+1}, \ldots, b_n \rangle \subseteq \langle b_1, \ldots, b_n \rangle.$$

trivialerweise wahr. Sei also $v = \sum_{i=1}^{n} \beta_i \cdot b_i$ und $b_k = \sum_{i=1, i \neq k}^{n} \alpha_i \cdot b_i$. Setzen wir b_k in die erste Summe ein, so erhalten wir

$$v = \sum_{i=1, i \neq k}^{n} (\beta_i + \beta_k \cdot \alpha_i) \cdot b_i,$$

also die geforderte Eigenschaft. $\square$

1.9 Satz. *Jeder endlich erzeugte Vektorraum besitzt eine endliche Basis.*

BEWEIS: Sei $\{b_1, \ldots, b_n\}$ eine endliche Erzeugendenmenge von V. Wenn die Erzeugendenmenge linear unabhängig ist, dann ist sie eine Basis. Ist sie jedoch linear abhängig, so können wir nach Lemma 1.8 ein b_k aus dieser Menge entfernen, so daß die verbleibende Menge wieder eine Erzeugendenmenge ist. Sie hat dann aber nur noch $n - 1$ Elemente. Nach endlich vielen Schritten muß dieser Prozess abbrechen mit einer linear unabhängigen Erzeugendenmenge (bei geeigneter Numerierung) $\{b_1, \ldots, b_m\}$. Diese ist dann eine Basis für V. $\square$

Wir haben in dem Beweis sogar mehr bewiesen, nämlich die Aussage, daß jede endliche Erzeugendenmenge eine Basis enthält. Dazu vergleiche man auch die Folgerung 1.14. b), die dieselbe Aussage macht. Sie gilt sogar für beliebige, also auch unendliche, Erzeugendenmengen. Wir wollen jedoch im folgenden immer voraussetzen, daß die betrachteten Vektorräume endlich erzeugt sind.

1.10 Lemma. *Wenn der Vektorraum V von den (paarweise verschiedenen) Vektoren $b_1, \ldots, b_n$ erzeugt wird und die (paarweise verschiedenen) Vektoren $c_1, \ldots, c_m$ in V linear unabhängig sind, dann gilt $m \leq n$. Weiterhin gibt es Vektoren $b_{m+1}, \ldots, b_n$ aus der Menge der b_i (nach geeigneter Umnumerierung), so daß V erzeugt wird durch $c_1, \ldots, c_m, b_{m+1}, \ldots, b_n$.*

BEWEIS: Wir beweisen das Lemma durch vollständige Induktion nach m. Für $m = 0$ ist nichts zu zeigen. Gelte das Lemma für alle linear unabhängigen Mengen von m Vektoren. Seien die $c_1, \ldots, c_{m+1}$ linear unabhängig. Dann gibt es nach Induktionsannahme Vektoren $b_{m+1}, \ldots, b_n$, so daß V durch $c_1, \ldots, c_m, b_{m+1}, \ldots, b_n$ erzeugt wird. Insbesondere gilt

$$c_{m+1} = \alpha_1 \cdot c_1 + \ldots + \alpha_m \cdot c_m + \alpha_{m+1} \cdot b_{m+1} + \ldots + \alpha_n \cdot b_n.$$

Wir zeigen $m + 1 \leq n$. Wenn das nicht der Fall ist, dann ist nach Induktionsvoraussetzung $m = n$, also treten in der Summe keine Summanden der Form $\alpha_i \cdot b_i$ auf. Damit würde aber die Gleichung für c_{m+1} zeigen, daß die Menge $c_1, \ldots, c_{m+1}$ linear abhängig ist. Das ist ein Widerspruch zur Voraussetzung. Fügen wir jetzt den Vektor c_{m+1} zu der Liste hinzu, so erhalten wir eine Erzeugendenmenge $c_1, \ldots, c_{m+1}, b_{m+1}, \ldots, b_n$. Wegen obiger Darstellung von c_{m+1} ist die Menge linear abhängig. Wir können einen Vektor aus der Liste fortlassen, nämlich den ersten Vektor, der eine Linearkombination der vorhergehenden Vektoren ist. Da nun die $c_1, \ldots, c_{m+1}$ linear unabhängig sind, ist dieser Vektor aus den $b_{m+1}, \ldots, b_n$ zu wählen. Wir erhalten schließlich eine Erzeugendenmenge von n Vektoren, die die Vektoren $c_1, \ldots, c_{m+1}$ enthält. $\square$

1.11 Folgerung. *Sei V ein endlich erzeugter Vektorraum. Dann haben je zwei Basen von V gleich viele Elemente.*

BEWEIS: Seien $b_1, \ldots, b_n$ und $\{c_i | i \in I\}$ zwei Basen des Vektorraumes V. Die Indexmenge I darf hier zunächst sogar unendlich sein. Dann ist jede endliche Teilmenge der c_i linear unabhängig, besitzt also nach dem vorhergehenden Lemma höchstens n Elemente. Damit ist auch $\{c_i | i \in I\}$ endlich mit höchstens n Elementen. Vertauschen wir jetzt die Rollen der b_i und der c_i, so muß nochmals nach dem vorstehenden Lemma die Menge der c_i mindestens n Elemente besitzen. $\square$

Wenn $b_1, \ldots, b_n$ eine Basis für den Vektorraum V ist, so ist die Zahl n nur durch den Vektorraum selbst bestimmt. V kann zwar viele verschiedene Basen haben, jedoch haben alle Basen dieselbe Anzahl von Elementen. Damit ist n eine interessante Invariante für den Vektorraum V, die unabhängig von der gewählten Basis ist. Das führt uns zu der

1.12 Definition: Die Anzahl n der Vektoren einer Basis für den Vektorraum V wird *Dimension* genannt: $\dim V = n$.

1.13 Folgerung. *Sei V ein n-dimensionaler Vektorraum. Dann gelten:*
a) je $n + 1$ Vektoren sind linear abhängig,
b) V kann nicht durch eine Menge von $n - 1$ Vektoren erzeugt werden.

BEWEIS: Sci $b_1, \ldots, b_n$ cinc Basis für dcn Vcktorraum V. Ist $c_1, \ldots, c_m$ cinc linear unabhängige Menge, so ist $m \leq n$. Ist also $m = n + 1$, so können die $c_1, \ldots, c_{n+1}$ garnicht linear unabhängig sein, sie sind linear abhängig. Ist weiterhin $d_1, \ldots, d_m$ eine Erzeugendenmenge für V, so ist wieder nach 1.10 $n \leq m$, also ist eine Erzeugendenmenge mit weniger als n Vektoren nicht möglich. $\square$

1.14 Folgerung. *Sei V ein n-dimensionaler Vektorraum. Dann gelten:*
a) jede linear unabhängige Menge ist in einer Basis enthalten,
b) jede Erzeugendenmenge für V enthält eine Basis.

BEWEIS: Für den Beweis von b) der Folgerung konstruieren wir in der Erzeugendenmenge $C = \{c_i | i \in I\}$ linear unabhängige Teilmengen. Diese können nach 1.13 nur höchstens n Vektoren enthalten. Enthält C nur den Nullvektor, so ist V der Nullvektorraum $V = \{0\}$ und C besitzt nur die leere Menge als linear unabhängige Teilmenge. Diese ist auch Erzeugendenmenge für V, weil jede Linearkombination mit Null Summanden 0 ergibt. Damit ist die leere Menge Basis für $V = \{0\}$. Enthält C einen von Null verschiedenen Vektor c_1, so ist dieser allein für sich eine linear unabhängige (einelementige) Menge. Es kann jetzt sein, daß c_1 allein schon ganz V erzeugt. In diesem Fall ist c_1 eine Basis für V. Andernfalls gibt es einen Vektor $c_2 \neq 0$, der sich nicht als Linearkombination (Vielfaches) von c_1 ausdrücken läßt. Dann ist c_1, c_2 linear unabhängig, denn 0 läßt sich nur als triviale Linearkombination darstellen. Seien nun schon m linear unabhängige Vektoren $c_1, \ldots, c_m$ in V gefunden. Sind sie eine Erzeugendenmenge für V, so bilden sie eine Basis für V. Andernfalls gibt es einen Vektor $c_{m+1} \neq 0$, der sich nicht als Linearkombination von $c_1, \ldots, c_m$ ausdrücken läßt. Dann ist $c_1, \ldots, c_{m+1}$ linear unabhängig, denn 0 läßt sich nur als triviale Linearkombination darstellen. Dieser Prozess läßt sich höchstens n-mal durchführen wegen 1.13. a). Er muß also mit dem Auffinden einer Basis $c_1, \ldots, c_m$ enden. Für den Beweis von Teil a) der Folgerung vervollständigen wir eine linear unabhängige Menge gemäß oben vorgenommener Konstruktion zu einer Basis (, indem wir die hinzuzunehmenden Vektoren c_{m+1} beliebig aus V wählen). $\square$

1.15 Folgerung. *Sei V ein n-dimensionaler Vektorraum. Dann gelten:*
a) jede linear unabhängige Menge von n Vektoren ist ein Basis,
b) jede Erzeugendenmenge für V von n Vektoren ist eine Basis.

BEWEIS: a) Jede linear unabhängige Menge läßt sich nach 1.14. b) zu einer Basis vervollständigen, die jedoch nach 1.13. a) nicht mehr als n Elemente haben kann. Also ist die gegebene Menge selbst schon eine Basis.
b) Jede Erzeugendenmenge für V enthält nach 1.14. a) eine Basis, die jedoch nach 1.13. b) nicht weniger als n Elemente haben kann. Also ist die gegebene Menge selbst schon eine Basis. $\square$

In jedem Vektorraum ($\neq 0$) wird es Teilmengen geben, die wieder einen Vektorraum bilden. Ein Beispiel dafür kennen wir schon als Beispiel 1.2.c). Der dort definierte Vektorraum V ist Teilmenge von $\mathbf{R}^4$. Das führt uns zu dem Begriff des Untervektorraumes.

1.16 Definition: Sei V ein Vektorraum über dem Körper K. Eine nichtleere Teilmenge $U \subseteq V$ von V heißt *Untervektorraum*, wenn gelten
a) für alle $u, u' \in U$ ist $u + u' \in U$, d.h. U ist bezüglich der Addition von V abgeschlossen,
b) für alle $u \in U$ und alle $\alpha \in K$ ist $\alpha \cdot u \in U$, d.h. U ist unter der Multiplikation mit Skalaren abgeschlossen.

Man sieht leicht, daß jeder Untervektorraum selbst wieder ein Vektorraum wird, mit der Addition und der Multiplikation mit Skalaren wie in V definiert. Wir prüfen das hier nicht nach, bemerken aber, daß wir so eine Fülle von Beispielen für Vektorräume erhalten, ohne daß wir alle Axiome für einen Vektorraum in jedem Einzelfall nachrechnen müssen. Auch unser Beispiel 1.2.c) fällt unter diesen Begriff. Zur Definition von Untervektorräumen werden wir immer eine Teilmenge von Elementen mit einer gemeinsamen Eigenschaft bilden und untersuchen, ob diese Eigenschaft beim Bilden von Summen und Produkten mit

Skalaren erhalten bleibt. Beispiel 1.2.c) ist so gewonnen worden. Ein weiteres Beispiel ist der Durchschnitt von mehreren Untervektorräumen.

1.17 Lemma. *Seien $U_1, ..., U_n$ Untervektorräume des Vektorraumes V. Dann ist auch*

$$U_1 \cap \ldots \cap U_n = \bigcap_{i=1}^{n} U_i$$

ein Untervektorraum von V.

BEWEIS: Seien $u, u' \in \bigcap_{i=1}^{n} U_i$ und sei $\alpha \in K$. Dann gilt $u, u' \in U_i$ für alle $i = 1, \ldots, n$. Da die U_i Untervektorräume sind, gilt dann $u + u', \alpha \cdot u \in U_i$ für alle i, also auch $u + u', \alpha \cdot u \in \bigcap_{i=1}^{n} U_i$. Damit sind die Bedingungen a) und b) für einen Untervektorraum erfüllt. Sicher ist auch $\bigcap_{i=1}^{n} U_i$ nicht leer, weil der Vektor 0 in allen Untervektorräumen U_i und damit im Durchschnitt enthalten ist. $\square$

Das vorstehende Lemma kann man ohne geänderten Beweis auch für unendlich viele Untervektorräume U_i formulieren, jedoch werden wir diese Aussage nicht weiter benötigen.

1.18 Lemma. *Seien $U_1, ..., U_n$ Untervektorräume des Vektorraumes V. Dann ist auch*

$$U_1 + \ldots + U_n = \sum_{i=1}^{n} U_i$$

$:- \{u \in V \mid$ es gibt Vektoren $u_i \in U_i$ für $i - 1, \ldots, n$ mit $u - u_1 + \ldots + u_n\}$

ein Untervektorraum von V.

BEWEIS: Seien $u, u' \in \sum_{i=1}^{n} U_i$ und sei $\alpha \in K$. Dann gibt es Vektoren $u_i, u_i' \in U_i$ ($i = 1, \ldots, n$) mit $u = u_1 + \ldots + u_n$ und $u' = u_1' + \ldots u_n'$. Für $u + u'$ und $\alpha \cdot u$ erhält man dann $u + u' = (u_1 + u_1') + \ldots + (u_n + u_n')$ und $\alpha \cdot u = \alpha \cdot u_1 + \ldots \alpha \cdot u_n$. Damit haben wir wegen $u + u', \alpha \cdot u \in \sum_{i=1}^{n} U_i$ die Bedingungen für einen Untervektorraum erfüllt. Schließlich ist $\sum_{i=1}^{n} U_i$ trivialerweise nicht leer, weil $0 = 0 + \ldots + 0 \in \sum_{i=1}^{n} U_i$ gilt. $\square$

1.19 Lemma. *Sei $X \subseteq V$ eine Teilmenge des Vektorraumes V. Dann ist die von X erzeugte Menge $\langle X \rangle$ ein Untervektorraum von V.*

BEWEIS: Sicher ist $0 \in \langle X \rangle$ als Linearkombination ohne Summanden. Also ist $\langle X \rangle \neq \emptyset$. Seien $v_j = \sum_{i=1}^{n} \alpha_{ij} \cdot x_i$ mit $j = 1, 2$ zwei beliebige Elemente aus $\langle X \rangle$. Wir können sie als Linearkombinationen derselben $x_1, \ldots, x_n$ darstellen, indem wir für die α_{ij} auch Null zulassen. Sei weiter $\beta \in K$. Dann sind

$$v_1 + v_2 = \sum_{i=1}^{n} (\alpha_{i1} + \alpha_{i2}) \cdot x_i$$

und

$$\beta \cdot v_1 = \sum_{i=1}^{n} (\beta \cdot \alpha_{i1}) \cdot x_i$$

ebenfalls Elemente von $\langle X \rangle$. Also ist $\langle X \rangle$ ein Untervektorraum. $\square$

1.20 Satz. *Sei V ein n-dimensionaler Vektorraum und U ein Untervektorraum von V. Dann ist U ein endlich-dimensionaler Vektorraum, und es gilt $\dim U \leq n$. Ist $\dim U = \dim V$, so ist $U = V$.*

BEWEIS: Eine Basis von U besteht aus höchstens n linear unabhängigen Vektoren wegen 1.13. a). Besitzt U eine Basis aus $n = \dim V$ Vektoren, so ist diese nach 1.15 2) schon eine Basis von V, also erzeugt sie ganz V. Daher folgt $U = V$. $\square$

1.21 Definition: Seien U_1 und U_2 Untervektorräume des Vektorraumes V. Wenn $U_1 \cap U_2 = 0$ und $U_1 + U_2 = V$ gelten, dann heißt V eine *direkte Summe* des beiden Untervektorräume. Wir schreiben $V = U_1 \oplus U_2$. Weiter heißen U_1 und U_2 *direkte Summanden* von V. U_2 heißt *direktes Komplement* zu U_1 in V.

1.22 Satz. *Sei U ein Untervektorraum des endlich-dimensionalen Vektorraumes V. Dann gibt es ein direktes Komplement zu U.*

BEWEIS: Sei $u_1, \ldots, u_m$ eine Basis für U. Da diese Menge linear unabhängig ist, ist sie nach 1.14. a) in einer Basis $u_1, \ldots, u_m, v_{m+1}, \ldots, v_n$ enthalten. Sei U' der von den $v_{m+1}, \ldots, v_n$ (als Basis) erzeugte Untervektorraum. Wir zeigen, daß U' ein direktes Komplement zu U ist. Sei $v \in V$ gegeben. v hat eine Basis-Darstellung

$$v = (\alpha_1 \cdot u_1 + \ldots + \alpha_m \cdot u_m) + (\alpha_{m+1} \cdot v_{m+1} + \ldots + \alpha_n \cdot v_n).$$

Die beiden Klammerausdrücke liegen jedoch in U bzw. in U'. Damit ist $V = U + U'$. Um $U \cap U' = 0$ zu zeigen wählen ein $v \in U \cap U'$. Dann hat v zwei Basis-Darstellungen

$$v = \alpha_1 \cdot u_1 + \ldots + \alpha_m \cdot u_m + 0 \cdot v_{m+1} + \ldots + 0 \cdot v_n$$
$$= 0 \cdot u_1 + \ldots + 0 \cdot u_m + \alpha_{m+1} \cdot v_{m+1} + \ldots + \alpha_n \cdot v_n,$$

weil v sowohl in U als auch in U' liegt. Wir haben bei den Darstellungen die Basen von U bzw. U' verwendet und noch eine Linearkombination, die Null ergibt, hinzugefügt. Wegen 1.7 stimmen die Koeffizienten überein: $\alpha_i = 0$ für alle i. Damit ist aber $v = 0$ und $U \cap U' = 0$. $\square$

1.23 Satz. *Seien U_1 und U_2 Untervektorräume des Vektorraumes V. V ist genau dann direkte Summe von U_1 und U_2, wenn sich jeder Vektor $v \in V$ auf* *genau eine Weise als Summe von zwei Vektoren $u_1 \in U_1$ und $u_2 \in U_2$ schreiben läßt: $v = u_1 + u_2$.*

BEWEIS: Sei $V = U_1 \oplus U_2$ und habe $v \in V$ zwei Summendarstellungen

$$v = u_1 + u_2 = u_1' + u_2'.$$

Dann ist $u_1 - u_1' = u_2' - u_2 \in U_1 \cap U_2 = 0$, also $u_1 = u_1'$ und $u_2 = u_2'$. Sei umgekehrt jeder Vektor $v \in V$ eindeutig als Summe darstellbar. Zunächst ist dann sicher jeder Vektor $v \in V$ als Summe darstellbar, also gilt $V = U_1 + U_2$. Ist aber $v \in U_1 \cap U_2$, so gilt $v = u_1 + 0 = 0 + u_2$ für geeignete Vektoren $u_i(= v) \in U_i$. Wegen der Eindeutigkeit folgt daraus $u_1 = 0 = u_2 = v$, also gilt $U_1 \cap U_2 = 0$. $\square$

Wir schließen diesen Abschnitt mit dem uns schon bekannten Beispiel 1.2.c) des Vektorraumes

$$U := \{(\xi_1, \xi_2, \xi_3, \xi_4) | \xi_1, \xi_2, \xi_3, \xi_4 \in \mathbf{R}, \xi_1 + \xi_2 + \xi_3 + \xi_4 = 0\}.$$

Er ist ein Untervektorraum des Vektorraumes $V := \{(\xi_1, \xi_2, \xi_3, \xi_4) | \xi_1, \xi_2, \xi_3, \xi_4 \in \mathbf{R}\}$, denn wenn zwei Vektoren $(\xi_1, \xi_2, \xi_3, \xi_4), (\eta_1, \eta_2, \eta_3, \eta_4) \in U$ gegeben sind, wenn also $\xi_1 + \xi_2 + \xi_3 + \xi_4 = 0$ und $\eta_1 + \eta_2 + \eta_3 + \eta_4 = 0$ gelten und wenn $\alpha \in K$ gegeben ist, so gelten auch $(\xi_1 + \eta_1) + (\xi_2 + \eta_2) + (\xi_3 + \eta_3) + (\xi_4 + \eta_4) = 0$ und $\alpha \cdot \xi_1 + \alpha \cdot \xi_2 + \alpha \cdot \xi_3 + \alpha \cdot \xi_4 = 0$, d.h. $(\xi_1, \xi_2, \xi_3, \xi_4) + (\eta_1, \eta_2, \eta_3, \eta_4) \in U$ und $\alpha \cdot (\xi_1, \xi_2, \xi_3, \xi_4) \in U$. U hat nach 1.4. d) eine Basis $(-1, 1, 0, 0)$, $(-1, 0, 1, 0)$, $(-1, 0, 0, 1)$, hat also die Dimension 3. Jeder Vektor $v \in U$ läßt sich eindeutig in der Form

$$v = \alpha_1 \cdot (-1, 1, 0, 0) + \alpha_2 \cdot (-1, 0, 1, 0) + \alpha_3 \cdot (-1, 0, 0, 1)$$

darstellen, kann also allein durch die Angabe des Tripels $(\alpha_1, \alpha_2, \alpha_3)$ eindeutig beschrieben werden. Bei festgehaltener Basis eines Vektorraumes V können damit dessen Elemente allein durch die Angabe ihrer Koeffizienten n-Tupel mit $n = \dim(V)$ angegeben werden. Die Summe zweier Vektoren und das Produkt mit einem Skalar ergibt für die Koeffizienten n-Tupel komponentenweise Addition bzw. Multiplikation. So gilt z.B. für die Vektoren bzw. deren Summe:

$$(-6, 1, 2, 3) = 1 \cdot (-1, 1, 0, 0) + 2 \cdot (-1, 0, 1, 0) + 3 \cdot (-1, 0, 0, 1)$$

mit dem Koeffizienten Tripel $(1, 2, 3)$ und

$$(-4, 2, 0, 2) = 2 \cdot (-1, 1, 0, 0) + 0 \cdot (-1, 0, 1, 0) + 2 \cdot (-1, 0, 0, 1)$$

mit dem Koeffizienten Tripel $(2, 0, 2)$ ergibt

$$\begin{aligned}
(-6, 1, 2, 3) + (-4, 2, 0, 2) &= (-10, 3, 2, 5) \\
&= 3 \cdot (-1, 1, 0, 0) + 2 \cdot (-1, 0, 1, 0) + 5 \cdot (-1, 0, 0, 1)
\end{aligned}$$

mit $(1,2,3) + (2,0,2) = (3,2,5)$.

Ein direktes Komplement zu U in $\mathbf{R}^4$ können wir finden, wenn wir die Basis von U zu einer Basis von $\mathbf{R}^4$ vervollständigen. Das kann auf sehr vielfältige Weise geschehen. Insbesondere sind die Vektoren

$$(-1,1,0,0), (-1,0,1,0), (-1,0,0,1), e_i$$

für jede Wahl von $i = 1,2,3,4$ eine Basis von $\mathbf{R}^4$, also ist jeder der Untervektorräume $\mathbf{R}e_i$ ein direktes Komplement von U. Wir empfehlen dem Leser, noch weitere direkte Komplemente von U zu suchen.

1.2 Lineare Abbildungen und Matrizen

In diesem Abschnitt kommen wir zu den uns eigentlich interessierenden mathematischen Objekten für die Vektorräume. Wenn wir irgendwelche Punkte, Geraden oder beliebige Punktmengen in einem Vektorraum haben, so wollen wir diese sinnvoll in dem vorgegebenen Vektorraum bewegen können oder sie sogar in einen anderen Vektorraum „hinüberbringen" können, z.B. durch eine Projektion oder durch eine Streckung. Der dafür geeignete mathematische Begriff ist der der linearen Abbildung (oder des Vektorraum-Homomorphismus). Die vollständige Beschreibung von linearen Abbildungen geschieht häufig mit Hilfe von Matrizen. Hier setzen dann auch die Anwendungen für die Computer Graphik an. Die Matrizen, die durch ein Schema von Koeffizienten aus dem Körper K gegeben sind, lassen sich leicht im Computer implementieren ebenso wie die benötigten Rechenoperationen auf ihnen.

1.24 Definition: Sei K ein beliebiger Körper. Seien V und W zwei Vektorräume über K. Sei schließlich $f : V \longrightarrow W$ eine Abbildung von V in W. f heißt eine *lineare Abbildung*, wenn die folgenden Gesetze erfüllt sind:

$$f(v_1 + v_2) = f(v_1) + f(v_2) \text{ für alle } v_1, v_2 \text{ in } V,$$

$$f(\lambda v) = \lambda f(v) \text{ für alle } \lambda \in K \text{ und } v \in V.$$

Offensichtlich läßt sich diese Definition verwenden, um allgemein zu zeigen

$$f\left(\sum_{i=1}^{n} \lambda_i v_i\right) = \sum_{i=1}^{n} \lambda_i f(v_i).$$

Weiter erhält man $f(0) = 0$ (z.B. mit $\lambda = 0$). Damit werden alle wesentlichen Operationen in einem Vektorraum von lineare Abbildungen respektiert. Zur Übung zeigen wir das folgende leichte

1.25 Lemma. *Seien $f : V \longrightarrow W$ und $g : W \longrightarrow Z$ zwei lineare Abbildungen. Dann ist auch $gf : V \longrightarrow Z$ eine lineare Abbildung. Weiterhin ist die identische Abbildung $\mathrm{id}_V : V \longrightarrow V$ eine lineare Abbildung.*

BEWEIS: Wir brauchen die beiden Bedingungen nur auszuschreiben:

$$gf(v_1 + v_2) = g(f(v_1) + f(v_2)) = gf(v_1) + gf(v_2)$$

und

$$gf(\lambda v) = g(\lambda f(v)) = \lambda gf(v).$$

Für die identische Abbildung ist die Aussage noch trivialer. $\square$

Wir wollen nun ein erstes Beispiel für eine lineare Abbildung angeben. Dazu verwenden wir die Vektorräume $V = \mathbf{R}^3$ und $W = \mathbf{R}^2$. Die Abbildung $f : V \longrightarrow W$ sei definiert durch

$$f(\xi, \eta, \zeta) := (\xi, \zeta),$$

also die Projektion des dreidimensionalen Raumes auf die x-z-Ebene (entlang der y-Achse). Wir rechnen schnell nach, daß

$$f((\xi_1, \eta_1, \zeta_1) + (\xi_2, \eta_2, \zeta_2)) = f(\xi_1 + \xi_2, \eta_1 + \eta_2, \zeta_1 + \zeta_2) = (\xi_1 + \xi_2, \zeta_1 + \zeta_2)$$

$$= (\xi_1, \zeta_1) + (\xi_2, \zeta_2) = f(\xi_1, \eta_1, \zeta_1) + f(\xi_2, \eta_2, \zeta_2)$$

und auch

$$f(\lambda(\xi, \eta, \zeta)) = f(\lambda\xi, \lambda\eta, \lambda\zeta) = (\lambda\xi, \lambda\zeta) = \lambda(\xi, \zeta) = \lambda f(\xi, \eta, \zeta)$$

gelten. Damit ist f eine lineare Abbildung. Entsprechend können wir die Projektionen auf die x-y-Ebene bzw. auf die y-z-Ebene als lineare Abbildungen auffassen. Ja sogar die Projektionen auf die einzelnen Achsen, die x-Achse, die y-Achse und die z-Achse, sind lineare Abbildungen.

Alle zuvor betrachteten lineare Abbildungen und noch viele weitere kann man in etwas anderer Weise erhalten, die das Rechnen letztlich außerordentlich erleichtert. Dazu definieren wir zunächst, was unter einer Matrix zu verstehen ist, und führen sodann die Matrizenmultiplikation ein.

1.26 Definition: Sei K ein Körper und seien $\alpha_{i,j} \in K$ mit $i = 1, \ldots, m$ und $j = 1, \ldots, n$ Elemente aus dem Körper K. Das Koeffizientenschema mit $m \cdot n$ Elementen

$$M = \begin{pmatrix} \alpha_{11} & \cdots & \alpha_{1n} \\ \vdots & & \vdots \\ \alpha_{m1} & \cdots & \alpha_{mn} \end{pmatrix}$$

heißt eine $m \times n$-*Matrix*. Wir schreiben dafür auch kurz $M = (\alpha_{ij})$.

Seien M und $N = (\beta_{ij})$ zwei $m \times n$-Matrizen. Dann definieren wir die Summe dieser beiden Matrizen durch

$$M + N = (\alpha_{ij} + \beta_{ij}) = \begin{pmatrix} \alpha_{11} + \beta_{11} & \ldots & \alpha_{1n} + \beta_{1n} \\ \vdots & & \vdots \\ \alpha_{m1} + \beta_{m1} & \ldots & \alpha_{mn} + \beta_{mn} \end{pmatrix}.$$

Für einen Skalar $\lambda \in K$ und eine $m \times n$-Matrix $M = (\alpha_{ij})$ definieren wir das Produkt $\lambda \cdot M$ durch

$$\lambda \cdot M = (\lambda \cdot \alpha_{ij}) = \begin{pmatrix} \lambda \cdot \alpha_{11} & \ldots & \lambda \cdot \alpha_{1n} \\ \vdots & & \vdots \\ \lambda \cdot \alpha_{m1} & \ldots & \lambda \cdot \alpha_{mn} \end{pmatrix}.$$

Es ist leicht zu sehen, daß die $m \times n$-Matrizen einen Vektorraum bilden ähnlich dem Vektorraum der n-Tupel K^n. Wir bezeichnen ihn mit $K^{(m,n)}$. Mehr noch, man kann die (horizontal geschriebenen) n-Tupel oder *Zeilenvektoren* mit $1 \times n$-Matrizen identifizieren, d.h. $K^n = K^{(1,n)}$. Ebenso kann man die $n \times 1$-Matrizen mit (vertikal geschriebenen) n-Tupeln oder *Spaltenvektoren* identifizieren: $K_n := K^{(n,1)}$.

Seien jetzt M eine $m \times n$-Matrix und N eine $n \times r$-Matrix. Wir definieren das Produkt der beiden Matrizen M und N, genannt *Matrizenprodukt*, als eine $m \times r$-Matrix durch

$$M \cdot N = (\sum_{j=1}^{n} \alpha_{ij} \cdot \beta_{jk} | i = 1, \ldots, m; k = 1, \ldots, r)$$

$$= \begin{pmatrix} \sum_{j=1}^{n} \alpha_{1j} \cdot \beta_{j1} & \ldots & \sum_{j=1}^{n} \alpha_{1j} \cdot \beta_{jr} \\ \vdots & & \vdots \\ \sum_{j=1}^{n} \alpha_{mj} \cdot \beta_{j1} & \ldots & \sum_{j=1}^{n} \alpha_{mj} \cdot \beta_{jr} \end{pmatrix}.$$

Man kann also zwei Matrizen miteinander multiplizieren, wenn die Anzahl der Spalten der ersten Matrix mit der Anzahl der Zeilen der zweiten Matrix übereinstimmt.

Einige Rechenregeln lassen sich leicht nachrechnen und werden hier nur angegeben. Bei Matrizenprodukten nehmen wir immer an, daß die Matrizen sich miteinander nach der vorherigen Bemerkung multiplizieren lassen. Es gelten im einzelnen:

$$M \cdot (N \cdot P) = (M \cdot N) \cdot P, \qquad \text{(M1)}$$

$$M \cdot (N + P) = M \cdot N + M \cdot P, \qquad \text{(M2)}$$

$$(M + N) \cdot P = M \cdot P + N \cdot P, \qquad \text{(M3)}$$

$$M \cdot (\lambda \cdot N) = (\lambda \cdot M) \cdot N = \lambda \cdot (M \cdot N). \qquad \text{(M4)}$$

Eine besondere $n \times n$-Matrix ist die *Einheitsmatrix*

$$E_n = \begin{pmatrix} 1 & 0 & 0 & \ldots & 0 \\ 0 & 1 & 0 & \ldots & 0 \\ 0 & 0 & 1 & \ldots & 0 \\ \vdots & \vdots & \vdots & & \vdots \\ 0 & 0 & 0 & \ldots & 1 \end{pmatrix}.$$

Die Koeffizienten können wir auch durch das *Kronecker Symbol*

$$\delta_{ij} := \begin{cases} 1 \text{ für } i = j, \\ 0 \text{ sonst} \end{cases}$$

definieren. Dann ist nämlich $E_n = (\delta_{ij})$. Die wichtigste Rechenregel für die Einheitsmatrix ist

$$M \cdot E_n = M = E_m \cdot M. \qquad \text{(M5)}$$

Mit diesen Hilfmitteln können wir jetzt das oben behandelte Beispiel der linearen Abbildung $f : V \longrightarrow W$ mit $f(\xi, \eta, \zeta) := (\xi, \zeta)$ auch anders beschreiben. Für $(\xi, \eta, \zeta) \in \mathbf{R}^3$ gilt nämlich

$$f(\xi, \eta, \zeta) = (\xi, \zeta) = (\xi, \eta, \zeta) \cdot \begin{pmatrix} 1 & 0 \\ 0 & 0 \\ 0 & 1 \end{pmatrix}.$$

Wegen der oben angegebenen Rechenregeln (M3) und (M4) folgt direkt, daß die Multiplikation der Zeilenvektoren (ξ, η, ζ) von rechts mit der angegebenen Matrix eine lineare Abbildung ist. Allgemein halten wir fest

1.27 Satz. *Sei M eine $m \times n$-Matrix. Die Multiplikation auf Zeilenvektoren aus K^n von rechts mit M ist eine lineare Abbildung* $\widehat{M} : K^m \longrightarrow K^n$. *Zu jeder*

linearen Abbildung $f : K^m \longrightarrow K^n$ gibt es genau eine Matrix M mit $f = \widehat{M}$, genannt darstellende Matrix.

BEWEIS: Die erste Aussage ist wie schon gesagt eine Folge der Rechenregeln (M3) und (M4). Ist umgekehrt $f : K^m \longrightarrow K^n$ eine lineare Abbildung, so erhalten wir m Vektoren $f(e_i), i = 1, \ldots, m$ in K^n, die eine eindeutig bestimmte Basisdarstellung

$$f(e_i) = \sum_{j=1}^{n} \alpha_{ij} \cdot e_j$$

haben. Wir erhalten also eine Matrix $M = (\alpha_{ij})$. Für einen beliebigen Vektor

$$(\xi_1, \ldots, \xi_m) \in K^m$$

gilt dann

$$\begin{aligned}
f(\xi_1, \ldots, \xi_m) &= f(\sum_{i=1}^{m} \xi_i \cdot e_i) \\
&= \sum_{i=1}^{m} \xi_i \cdot f(e_i) \\
&= \sum_{i=1}^{m} \xi_i \cdot \sum_{j=1}^{n} \alpha_{ij} \cdot e_j \\
&= \sum_{j=1}^{n} (\sum_{i=1}^{m} \xi_i \cdot \alpha_{ij}) \cdot e_j \\
&= (\sum_{i=1}^{m} \xi_i \cdot \alpha_{i1}, \ldots, \sum_{i=1}^{m} \xi_i \cdot \alpha_{in}) \\
&= (\xi_1, \ldots, \xi_m) \cdot M,
\end{aligned}$$

also ist $f = \widehat{M}$. Ist schließlich $\widehat{M} = \widehat{N}$, d.h. wird f durch die beiden Matrizen M und N dargestellt, so gilt insbesondere $\widehat{M}(e_i) = e_i \cdot M = e_i \cdot N = \widehat{N}(e_i)$ für $i = 1, \ldots, m$. Aber $e_i \cdot M = (\alpha_{i1}, \ldots, \alpha_{in})$ ergibt die i-te Zeile der Matrix M, also stimmen alle Zeilen von M und N überein, d.h. es gilt $M = N$. $\square$

Dieses Ergebnis werden wir später viel verwenden. Man beachte jedoch, daß das Ergebnis nur für Vektorräume der Form K^n gilt, nicht aber für andere Vektorräume, z.B. Untervektorräume von K^n.

In Lemma 1.25 haben wir gezeigt, daß die Verknüpfung zweier linearer Abbildungen wieder eine lineare Abbildung ergibt. Für Vektorräume der Form K^n erhalten wir den folgenden Zusammenhang.

1.28 Folgerung. *Seien $f : K^m \longrightarrow K^n$ und $g : K^n \longrightarrow K^r$ zwei lineare Abbildungen mit den darstellenden Matrizen M bzw. N. Dann ist $M \cdot N$ die darstellende Matrix der linearen Abbildung $gf : K^m \longrightarrow K^r$, d.h. es gilt*

$$\widehat{M} \cdot \widehat{N} = \widehat{(M \cdot N)}.$$

Weiterhin hat die identische Abbildung id $: K^n \longrightarrow K^n$ *die darstellende Matrix E_n.*

BEWEIS: Wenn $f = \widehat{M}$ und $g = \widehat{N}$ gelten, so gilt für jeden Vektor $(\xi_1, \ldots, \xi_m) \in K^m$ $gf(\xi_1, \ldots, \xi_m) = ((\xi_1, \ldots, \xi_m) \cdot M) \cdot N = (\xi_1, \ldots, \xi_m) \cdot (M \cdot N)$ wegen (M1). Das ist die erste Behauptung. Die zweite Behauptung folgt durch (M5). $\square$

1.29 Definition: Eine Abbildung $f : X \longrightarrow Y$ zwischen Mengen X und Y heißt *injektiv*, wenn je zwei verschiedene Elemente x und x' in X verschiedene Bilder $f(x)$ und $f(x')$ haben, d.h. wenn aus $f(x) = f(x')$ folgt $x = x'$.
Eine Abbildung $f : X \longrightarrow Y$ heißt *surjektiv*, wenn jedes Element $y \in Y$ als Bild eines Elements $x \in X$ vorkommt: $y = f(x)$.
Eine Abbildung $f : X \longrightarrow Y$ heißt *bijektiv* oder *umkehrbar* oder *invertierbar*, wenn es eine (Umkehr-)Abbildung $g : Y \longrightarrow X$ gibt mit $fg = \mathrm{id}_Y$ und $gf = \mathrm{id}_X$. Wir bezeichnen dann g immer mit f^{-1}. Äquivalent dazu ist, daß f injektiv und surjektiv ist.
Analog nennen wir eine Matrix M *invertierbar* oder *regulär*, wenn es Matrizen N und N' gibt mit $M \cdot N = E_m$ und $N' \cdot M = E_n$. N (bzw. N') heißt dann auch *inverse* Matrix zu M. Ist eine Matrix nicht regulär, so heißt sie auch *singulär*.

Es ist leicht zu sehen, daß die inverse Matrix zu M eindeutig bestimmt ist, denn gilt $N' \cdot M = E_n$ und $M \cdot N = E_m$, so folgt $N' = N' \cdot E_m = N' \cdot M \cdot N = E_n \cdot N = N$. Wir werden daher diese eindeutig bestimmte inverse Matrix zu M auch mit M^{-1} bezeichnen. Auf Methoden der Berechnung von inversen Matrizen werden wir im zweiten Kapitel eingehen. Wegen der oben dargstellten Zusammenhänge zwischen linearen Abbildungen und Matrizen folgt nun unmittelbar

1.30 Folgerung. *Für eine invertierbare Matrix M gilt $\widehat{(M^{-1})} = (\widehat{M})^{-1}$.* $\square$

Die neu eingeführten Begriffe sollen nun an einigen Beispielen erläutert werden. Zunächst betrachten wir die lineare Abbildung $f = \widehat{M} : \mathbf{R}^2 \longrightarrow \mathbf{R}^3$ mit

$$M = \begin{pmatrix} 1 & 0 & 0 \\ 0 & 1 & 0 \end{pmatrix}.$$

Dann gilt $f(\xi_1, \xi_2) = (\xi_1, \xi_2, 0)$. Diese lineare Abbildung ist injektiv, aber nicht surjektiv. Sie bettet die (ξ_1, ξ_2)-Ebene in den $\mathbf{R}^3$ ein.

Die lineare Abbildung $f = \widehat{M}$ mit $M = (1, 1, 1)$ bildet die reelle Gerade $\mathbf{R}$ auf die Raumdiagonale des $\mathbf{R}^3$ ab. Sie ist ebenfalls injektiv und nicht surjektiv.

Die lineare Abbildung $f = \widehat{M}$ mit

$$M = \begin{pmatrix} 1 & 0 \\ 0 & 1 \\ 0 & 0 \end{pmatrix}$$

projiziert den $\mathbf{R}^3$ auf die (ξ_1, ξ_2)-Ebene (,die wir uns wohl in den $\mathbf{R}^3$ eingebettet vorstellen können, die aber genau genommen der $\mathbf{R}^2$ ist). Sie ist surjektiv, aber nicht injektiv.

Verwenden wir

$$M = \begin{pmatrix} 1/3 \\ 1/3 \\ 1/3 \end{pmatrix},$$

so erhalten wir eine Projektion des $\mathbf{R}^3$ auf die Gerade $\mathbf{R}$. Sie ist surjektiv, aber nicht injektiv. Diese lineare Abbildung ergibt eine Projektion auf die Raumdiagonale, wenn wir noch die oben besprochene Abbildung mit $N = (1,1,1)$ nachschalten. Die komponierte lineare Abbildung $(M \cdot N)$ läßt die Elemente der Raumdiagonalen fest. Die darstellende Matrix ist

$$M \cdot N = \begin{pmatrix} 1/3 & 1/3 & 1/3 \\ 1/3 & 1/3 & 1/3 \\ 1/3 & 1/3 & 1/3 \end{pmatrix}.$$

Damit haben wir eine lineare Abbildung, die weder injektiv noch surjektiv ist.

Ein Beispiel für eine bijektive lineare Abbildung ist die Drehung der Ebene $\mathbf{R}^2$ um 30° mit der Matrix

$$M = \begin{pmatrix} 1/2 \cdot \sqrt{3} & 1/2 \\ -1/2 & 1/2 \cdot \sqrt{3} \end{pmatrix}.$$

Durch sie wird der Basisvektor $(1,0)$ in der x_1-Richtung auf den Vektor $(1/2 \cdot \sqrt{3}, 1/2)$ abgebildet, d.h. um 30° nach links gedreht, und der Basisvektor $(0,1)$ in der x_2-Richtung auf den Vektor $(-1/2, 1/2 \cdot \sqrt{3})$. Die Drehung ist also eine Linksdrehung. Im mathematischen Sinn wird eine Drehung immer nach links gerechnet, während im technischen Sinn eine Drehung immer nach rechts gerechnet wird.

Wir hatten oben schon bemerkt, daß lineare Abbildungen sich nur dann durch Multiplikation mit Matrizen darstellen lassen, wenn der Vektorraum von der Form K^n ist. Man kann jedoch eine lineare Abbildung $f : V \longrightarrow W$ auf einen Untervektorraum $U \subseteq V$ einschränken und erhält so eine lineare Abbildung $f|_U : U \longrightarrow W$, denn die Verträglichkeit mit der Addition von Vektoren und der Multiplikation mit Skalaren bleibt natürlich erhalten. Die Frage, ob auch eine Einschränkung in der Bildmenge W möglich ist, beantwortet das folgende Lemma.

1.31 Lemma. *Sei $f : V \longrightarrow W$ eine lineare Abbildung und $U \subseteq V$ ein Untervektorraum. Dann ist das Bild $f(U) \subseteq W$ von U ein Untervektorraum von W. Den Vektorraum $f(V)$ nennt man allgemein das Bild von f, oder einfach* Bild(f).

BEWEIS: Seien $f(u), f(u') \in f(U)$ mit $u, u' \in U$ gegeben, und sei $\lambda \in K$. Dann gelten $f(u) + f(u') = f(u + u') \in f(U)$ und $\lambda f(u) = f(\lambda u) \in f(U)$, weil U ein Untervektorraum ist, also $u + u' \in U$ und $\lambda u \in U$ gelten. Damit ist $f(U)$ ein Untervektorraum. $\square$

Wir können also auch den Ziel-Vektorraum W einer linearen Abbildung $f : V \longrightarrow W$ einschränken, jedoch nicht beliebig wie das beim Quell-Vektorraum V der Fall war, sondern nur auf einen Untervektorraum, der den Untervektorraum $f(V)$ enthält. Schränken wir V weiter ein, so ist auch eine weitere Einschränkung von W möglich. Das erlaubt es uns gelegentlich, lineare Abbildungen zwischen Untervektorräumen von Vektorräumen der Form K^m bzw. K^n durch Matrizen darzustellen, die auf dem ganzen K^m operieren und nach K^n hinein abbilden. Diese Matrizen sind dann aber im Gegensatz zur Aussage des Satzes 1.27 nicht eindeutig durch die linearen Abbildungen auf den Unterräumen bestimmt.

Andere wichtige Eigenschaften von Vektorräumen werden bei linearen Abbildungen nicht erhalten, wie etwa die Dimension oder die Eigenschaft einer Menge von Vektoren, Basis zu sein. Hier gelten kompliziertere Zusammenhänge. Besonders die Basis-Eigenschaft spielt eine ausgezeichnete Rolle für lineare Abbildungen. Es gilt nämlich der

1.32 Satz. *Sei $b_1, \ldots, b_n$ eine Basis des Vektorraumes V, sei W ein weiterer Vektorraum, und sei schließlich $f : \{b_1, \ldots, b_n\} \longrightarrow W$ eine beliebige Abbildung. Dann gibt es genau eine lineare Abbildung $g : V \longrightarrow W$ mit $g(b_i) = f(b_i)$ für alle $i = 1, \ldots, n$. Wir nennen g auch die lineare Fortsetzung von f.*

BEWEIS: Wir zeigen zunächst die Eindeutigkeit, weil dann schon ersichtlich wird, wie die Existenz zu zeigen ist. Seien g und h lineare Abbildungen von V nach W mit $f(b_i) = g(b_i) = h(b_i)$ für alle i. Sei $v \in V$ beliebig gewählt. Dann läßt sich v darstellen als $v = \sum_{i=1}^{n} \alpha_i b_i$. Da g und h linear sind, gilt

$$g(v) = g(\sum_{i=1}^{n} \alpha_i b_i) = \sum_{i=1}^{n} \alpha_i g(b_i) = \sum_{i=1}^{n} \alpha_i h(b_i) = h(\sum_{i=1}^{n} \alpha_i b_i) = h(v).$$

Also gilt $g = h$.

Ist nur f gegeben, so konstruieren wir eine lineare Abbildung g durch

$$g(v) := \sum_{i=1}^{n} \alpha_i f(b_i).$$

Da die Basisdarstellung von v eindeutig ist, d.h. die Koeffizienten α_i durch v eindeutig bestimmt sind, ist mit dieser Definition eine Abbildung $g : V \longrightarrow W$ gegeben. Durch eine leichte Rechnung zeigt man jetzt $g(v + v') = g(v) + g(v')$ und $g(\lambda v) = \lambda g(v)$. Damit ist g eine lineare Abbildung und erfüllt offenbar $g(b_i) = f(b_i)$ für alle i. $\square$

Diese Eigenschaft einer Basis in bezug auf lineare Abbildungen ist äußerst wichtig. Sie besagt zunächst, daß eine lineare Abbildung nur auf einer Basis vorgeschrieben werden muß. Darauf kann sie zudem noch beliebig gewählt werden. Dann gibt es eine eindeutig bestimmte lineare Fortsetzung.

Andrerseits bedeutet der Satz aber auch, daß zwei lineare Abbildungen schon gleich sind, wenn sie nur auf einer Basis übereinstimmen. Wir haben damit eine leichte Methode, um für beliebige lineare Abbildungen feststellen zu können, ob sie gleich sind.

1.33 Definition und Lemma: Diese Methode kann man sogar wie folgt ausweiten. Seien V und W zwei Vektorräume mit den Basen $b_1, \ldots, b_m$ von V und $c_1, \ldots, c_n$ von W. Sei $g : V \longrightarrow W$ eine lineare Abbildung. Dann ist g durch die Vorgabe der Werte $g(b_i) \in W, i = 1, \ldots, m$ schon eindeutig bestimmt. Die Vektoren haben eine eindeutige Basisdarstellung

$$g(b_i) = \sum_{j=1}^{n} \alpha_{ij} \cdot c_j.$$

Also ist durch g eine $m \times n$-Matrix $M = (\alpha_{ij})$ bestimmt. Die Kenntnis von M allein (und die Kenntnis der Basen von V und W) bestimmt g schon vollständig. Ist eine beliebige $m \times n$-Matrix M gegeben, so wird durch die oben angegebene Formel genau eine lineare Abbildung g bestimmt, da die Bildvektoren der Basisvektoren b_i beliebig gewählt werden dürfen.
Ist $V = K^m$, $W = K^n$, $f : V \longrightarrow W$ eine lineare Abbildung, so stimmt die darstellende Matrix M von $f = \widehat{M}$ mit der soeben definierten Matrix überein, wenn wir als Basen in den beiden Vektorräumen die kanonischen Basen $\{e_i\}$ verwenden. Der Leser kann das leicht nachrechnen.
Damit haben wir eine Methode, lineare Abbildungen auch auf beliebigen (endlich-dimensionalen) Vektorräumen durch Matrizen zu beschreiben. Die Matrix hängt allerdings von der vorherigen Wahl der Basen in Quelle und Ziel der Abbildung ab. Auch in dieser allgemeineren Situation spricht man dann von einer

darstellenden Matrix der linearen Abbildung f bezüglich der vorgegebenen Basen. Diese Methode ist natürlich komplizierter. Wir werden uns in den meisten Fällen auf den zuerst besprochenen einfacheren Fall beschränken. $\square$

Sind drei Vektorräume U, V und W gegeben zusammen mit Basen b_i, c_i beziehungsweise d_i, so können wir die zu einer Verknüpfung von linearen Abbildungen $f : U \longrightarrow V$ und $g : V \longrightarrow W$ gehörige Matrix bestimmen. Wenn nämlich $f(b_i) = \sum_j \alpha_{ij} \cdot c_j$ und $g(c_j) = \sum_k \beta_{jk} \cdot d_k$ ist, dann ist

$$gf(b_i) = g\left(\sum_{j=1}^{m} \alpha_{ij} \cdot c_j\right) = \sum_{j=1}^{m} \alpha_{ij} \cdot g(c_j)$$

$$= \sum_{j=1}^{m} \alpha_{ij} \cdot \sum_{k=1}^{r} \beta_{jk} \cdot d_k = \sum_{k=1}^{r} \left(\sum_{j=1}^{m} \alpha_{ij} \beta_{jk}\right) \cdot d_k.$$

Der Zusammensetzung von linearen Abbildungen entspricht damit wieder das Matrizenprodukt dieser darstellenden Matrizen.

Sei nun $f : U \longrightarrow V$ eine bijektive lineare Abbildung. Sei $U = W$. Wir wählen dieselben Basen b_i und d_i. Sei $g = f^{-1}$. Dann ergibt die Zusammensetzung gf der beiden Abbildungen die identische Abbildung id$: U \longrightarrow U$. Für diese gilt aber id$(b_i) = \sum \delta_{ij} \cdot b_j$ mit dem Kronecker Symbol (δ_{ij}). Die darstellende Matrix ist also die Einheitsmatrix E_n. Wir erhalten daher für das Matrizenprodukt $(\alpha_{ij}) \cdot (\beta_{jk}) = E_n$ und symmetrisch $(\beta_{jk}) \cdot (\alpha_{ij}) = E_n$. Die Matrix (α_{ij}) ist damit invertierbar. Offenbar lassen sich diese Schlüsse auch umkehren. Wir haben gezeigt

1.34 Folgerung. *Wird die lineare Abbildung $f : V \longrightarrow W$ durch die Matrix (α_{ij}) (bezüglich zweier beliebiger Basen von V beziehungsweise W) dargestellt, so ist f genau dann bijektiv, wenn die Matrix (α_{ij}) invertierbar ist.* $\square$

Im Zusammenhang mit einer linearen Abbildung kommt einem Untervektorraum eine besondere Bedeutung zu. Er wird in dem folgenden Lemma eingeführt.

1.35 Lemma. *Sei $f : V \longrightarrow W$ eine lineare Abbildung. Dann ist die Menge*

$$\mathrm{Kern}(f) := \{v \in V | f(v) = 0\}$$

ein Untervektorraum von V, der sogenannte Kern von f.

BEWEIS: Da offensichtlich $0 \in \mathrm{Kern}(f)$ wegen $f(0) = 0$, genügt es zu zeigen, daß mit $v, v' \in \mathrm{Kern}(f)$ und $\lambda \in K$ auch $v + v', \lambda v \in \mathrm{Kern}(f)$ gilt. Aus $f(v) = f(v') = 0$ folgt aber $f(v + v') = 0$ und $f(\lambda v) = \lambda f(v) = 0$. $\square$

1.36 Lemma. *Sei* $f : V \longrightarrow W$ *eine lineare Abbildung.* f *ist genau dann injektiv, wenn* $\mathrm{Kern}(f) = 0$ *gilt.*

BEWEIS: Ist f injektiv, so ist $0 \in V$ offenbar der einzige Vektor, der auf $0 \in W$ abgebildet wird, also ist $\mathrm{Kern}(f) = 0$. Ist umgekehrt $\mathrm{Kern}(f) = 0$ und $f(v) = f(v')$, so folgt $0 = f(v) - f(v') = f(v - v')$, also $v - v' \in \mathrm{Kern}(f) = 0$. Damit ist aber $v = v'$ und f injektiv. $\square$

Der Kern der linearen Abbildung $f : V \longrightarrow W$ ist ein Spezialfall des Begriffes des Urbilds eines Vektors $w \in W$ oder sogar des Urbilds einer Menge $M \subseteq W$ von Vektoren. Diese sind definiert als

$$f^{-1}(w) := \{v \in V | f(v) = w\},$$

$$f^{-1}(M) := \{v \in V | f(v) \in M\}.$$

Man darf das hier verwendete Symbol f^{-1} nicht mit einer möglichen Umkehrabbildung von f verwechseln. f braucht im allgemeinen keine invertierbare Abbildung zu sein. $f^{-1}(v)$ kann dann aus mehreren Elementen bestehen. Allgemein gilt sogar

1.37 Lemma. *Ist* $f : V \longrightarrow W$ *eine lineare Abbildung und ist* $v \in f^{-1}(w)$, *insbesondere also* $f^{-1}(w)$ *nicht leer, so gilt*

$$f^{-1}(w) = v + \mathrm{Kern}(f) = \{v + v' | v' \in \mathrm{Kern}(f)\}.$$

BEWEIS: Sei $v' \in \mathrm{Kern}(f)$. Dann gilt $f(v + v') = f(v) + f(v') = w + 0 = w$, also ist $v + v' \in f^{-1}(w)$. Ist nun umgekehrt $v'' \in f^{-1}(w)$, so gilt $f(v'' - v) = f(v'') - f(v) = w - w = 0$, also ist $v' := v'' - v \in \mathrm{Kern}(f)$. Damit erhält man aber $v'' = v + (v'' - v) = v + v' \in v + \mathrm{Kern}(f)$. Das war zu zeigen. $\square$

Wir haben also insbesondere gesehen, daß $\mathrm{Kern}(f) = f^{-1}(0)$ gilt. Weiterhin sieht man, daß der Vektor 0 nur in $f^{-1}(0)$ liegt und in keiner der anderen Mengen $f^{-1}(w)$, mit $w \neq 0$, denn es gilt immer $f(0) = 0$.

Über die Berechnung des Kerns einer linearen Abbildung werden wir im Abschnitt 2.3 mehr erfahren. Hier können wir jedoch schon eine fundierte Aussage über die Größe des Kerns oder genauer über seine Dimension machen. Es gilt nämlich

1.38 Satz. *Seien* V *ein* n-*dimensionaler Vektorraum und* $f : V \longrightarrow W$ *eine lineare Abbildung. Dann gilt*

$$\mathrm{dim}(\mathrm{Kern}(f)) + \mathrm{dim}(\mathrm{Bild}(f)) = \mathrm{dim}(V).$$

BEWEIS: Wir wählen zunächst eine Basis $b_1, \ldots, b_k$ von Kern(f). Diese ist eine linear unabhängige Menge in V und kann daher zu einer Basis

$$b_1, \ldots, b_k, b_{k+1}, \ldots, b_n$$

fortgesetzt werden. Wir behaupten nun, daß die Vektoren $f(b_{k+1}), \ldots, f(b_n)$ alle paarweise verschieden sind und eine Basis von Bild(f) bilden. Ist nämlich $f(b_i) = f(b_j)$ mit $k \leq i, j$, so ist $f(b_i - b_j) = 0$, also $b_i - b_j \in$ Kern(f). Damit gibt es eine Linearkombination $b_i - b_j = \sum_{r=1}^{k} \alpha_r b_r$. Wegen der linearen Unabhängigkeit der $b_1, \ldots, b_n$ sind damit die $\alpha_r = 0$, und es gilt $b_i = b_j$. Ist weiter $\sum_{r=k+1}^{n} \beta_r f(b_r) = 0$, also $f(\sum_{r=k+1}^{n} \beta_r b_r) = 0$, so gilt $\sum_{r=k+1}^{n} \beta_r b_r \in$ Kern(f) und $\sum_{r=k+1}^{n} \beta_r b_r = \sum_{r=1}^{k} \alpha_r b_r$. Wegen der linearen Unabhängigkeit der $b_1, \ldots, b_n$ ergibt sich wieder $\beta_r = 0$, also sind die $f(b_{k+1}), \ldots, f(b_n)$ linear unabhängig. Um zu zeigen, daß sie eine Basis für Bild(f) bilden, sei $f(v)$ mit $v = \sum_{r=1}^{n} \beta_r b_r$ ein beliebiger Vektor in Bild(f). Dann gilt

$$f(v) = f(\sum_{r=1}^{n} \beta_r b_r) = \sum_{r=1}^{n} \beta_r f(b_r) = \sum_{r=k+1}^{n} \beta_r f(b_r),$$

weil die Vektoren $f(b_1) = \ldots = f(b_k) = 0$ sind. Damit ist gezeigt, daß die Vektoren $f(b_{k+1}), \ldots, f(b_n)$ eine Basis des Bildes Bild(f) ist. Die Dimension des Bildes ist also dim$($Bild$(f)) = n - k = $ dim$(V) - $ dim$($Kern$(f))$, wie die Formel im Satz behauptet. $\square$

1.39 Definition: Die Dimension dim$($Bild$(f))$ einer linearen Abbildung f heißt auch *Rang* der Abbildung und wird mit rg(f) bezeichnet.

1.40 Folgerung. *Sei $f : V \longrightarrow W$ eine lineare Abbildung. f ist genau dann bijektiv, wenn Kern$(f) = 0$ und dim$(V) = $ dim(W) gelten. In diesem Falle stimmen der Rang von f und die Dimension von V überein.*

BEWEIS: Sei zunächst f bijektiv. Dann ist nach Lemma 1.36 Kern$(f) = 0$. Wegen 1.38 gilt dann dim$(V) = $ dim$($Bild$(f))$. Da f surjektiv ist, ist Bild$(f) = W$, also gilt auch dim$(V) = $ dim(W).
Um die Umkehrung zu zeigen, beachten wir zunächst, daß nach 1.36 f schon injektiv ist. Dann folgt aber dim$($Bild$(f) = $ dim$(V) = $ dim(W). Es gibt also in Bild(f) eine Basis von $n = $ dim(W) Vektoren. Nach 1.15 ist diese auch eine Basis für W, also Bild$(f) = W$. Damit ist f auch surjektiv, also bijektiv.
Die Aussage über den Rang folgt unmittelbar aus der Gleichung dim$(V) - $ dim(W). $\square$

1.41 Folgerung. *Eine reguläre Matrix $M \in K^{(m,n)}$ ist quadratisch, d.h. es gilt $m = n$.*

BEWEIS: Nach 1.40 ist $\widehat{M}$ eine lineare Abbildung zwischen den Räumen K^m und K^n gleicher Dimension, also $m = n$. $\square$

1.42 Folgerung. *Eine Matrix ist genau dann regulär oder invertierbar, wenn sie quadratisch ist und ihr Rang mit ihrer Zeilenzahl übereinstimmt.*

BEWEIS: Ist eine Matrix M regulär, so folgt die Behauptung nach 1.40 und 1.41. Ist die Matrix M quadratisch und stimmen Rang und Zeilenzahl überein, so verschwindet der Kern der linearen Abbildung $\widehat{M}$ nach 1.38. Weiter stimmen die Dimensionen von Quelle und Ziel der Abbildung $\widehat{M}$ überein. Nach 1.40 ist dann $\widehat{M}$ invertierbar, also auch M. $\square$

Ist eine lineare Abbildung $f : K^m \longrightarrow K^n$ durch Multiplikation mit einer Matrix M gegeben, also $f = \widehat{M}$, so kann man den Rang von f leicht aus der Matrix berechnen. Es ist nämlich die Menge der Zeilenvektoren von M eine Erzeugendenmenge des Bildes von f, da $f(e_i) = e_i \cdot M$ der i-te Zeilenvektor der Matrix M ist, und das Bild der Basis $e_1, \ldots, e_m$ unter f eine Erzeugendenmenge von $f(K^m)$ ist. Um also den Rang von f zu berechnen, genügt es, die maximale Anzahl, genannt Rang von M, von linear unabhängigen Zeilenvektoren von M zu bestimmen. Diese bilden gerade eine Basis von $f(K^m)$. Die Dimension des Kernes dieser linearen Abbildung ergibt sich dann aus dem vorstehenden Satz. Man kann zeigen, daß die maximale Anzahl von linear unabhängigen Zeilenvektoren mit der maximalen Anzahl von linear unabhängigen Spaltenvektoren von M übereinstimmt, so daß man gelegentlich eine vereinfachte Berechnung des Ranges von M durchführen kann.

Mit ähnlichen Methoden kann man auch noch einen anderen Dimensionssatz beweisen, nämlich über die Dimension der Summe zweier Untervektorräume.

1.43 Satz. *Seien U und U' Untervektorräume des n-dimensionalen Vektorraumes V. Dann gilt*

$$\dim(U) + \dim(U') = \dim(U \cap U') + \dim(U + U').$$

BEWEIS: Sei $b_1, \ldots, b_r$ eine Basis von $U \cap U'$. Diese Basis erweitern wir zu Basen $b_1, \ldots, b_r, b_{r+1}, \ldots, b_s$ von U und $b_1, \ldots, b_r, b_{s+1}, \ldots, b_t$ von U'. Dann ist $b_1, \ldots, b_t$ eine Basis von $U + U'$. Offenbar wird nämlich $U + U'$ von $b_1, \ldots, b_t$ erzeugt. Ist jedoch $\sum_{i=1}^{t} \alpha_i b_i = 0$, so ist $- \sum_{i=s+1}^{t} \alpha_i b_i = \sum_{i=1}^{s} \alpha_i b_i \in U \cap U'$. Also verschwinden die Koeffizienten $\alpha_i = 0$ für $i = r+1, \ldots, t$. Aus $\sum_{i=1}^{r} \alpha_i b_i = 0$ folgt dann aber auch $\alpha_i = 0$ für $i = 1, \ldots, r$. Die b_i sind damit eine Basis. Eine einfache Abzählung ergibt jetzt die Aussage des Satzes. $\square$

Wir betrachten einen Vektorraum V mit zwei Basen $b_1, \ldots, b_n$ und $c_1, \ldots, c_n$. Da sich jeder Vektor eindeutig als Linearkombination der Basiselemente schreiben läßt, gibt es eindeutig bestimmte Koeffizienten α_{ij} mit $b_i = \sum_{j=1}^{n} \alpha_{ij} c_j$. Betrachten wir nun die Einbettung $\{b_1, \ldots, b_n\} \subseteq V$ und schreiben sie als Abbildung $f : \{b_1, \ldots, b_n\} \longrightarrow V$ auf der Menge der Basisvektoren $\{b_1, \ldots, b_n\}$, so wird sie durch die lineare Abbildung $g = \mathrm{id}_V$ auf ganz V fortgesetzt. Nach Satz 1.32 ist dieses die einzige mögliche Fortsetzung. Wie in der Definition 1.33 läßt sich diese lineare Abbildung bezüglich der beiden Basen durch eine $n \times n$-Matrix darstellen als

$$\mathrm{id}(b_i) = b_i = \sum_{j=1}^{n} \alpha_{ij} \cdot c_j.$$

Dabei sind die Koeffizienten dieselben wie oben bestimmt. Nach Folgerung 1.34 ist diese Matrix invertierbar, da ja die identische Abbildung invertierbar ist.

1.44 Definition: Für einen Vektorraum V mit zwei Basen $b_1, \ldots, b_n$ und $c_1, \ldots, c_n$ mit $b_i = \sum_{j=1}^{n} \alpha_{ij} c_j$ heißt die Matrix (α_{ij}) *Transformationsmatrix für die Basistransformation* von $\{b_i\}$ nach $\{c_i\}$.

Wir leiten jetzt noch die Transformationsformel für die Transformation der Koeffizienten eines Vektors bei einer Basistransformation her. Seien wie oben V ein Vektorraum mit zwei Basen $b_1, \ldots, b_n$ und $c_1, \ldots, c_n$. Sei (α_{ij}) die Transformationsmatrix. Sei schließlich $v = \sum_{i=1}^{n} \beta_i \cdot b_i = \sum_{j=1}^{n} \gamma_j \cdot c_j$ ein beliebiger Vektor in V. Dann gilt $v = \sum_{i=1}^{n} \beta_i \cdot b_i = \sum_{i=1}^{n} \beta_i \cdot \sum_{j=1}^{n} \alpha_{ij} \cdot c_j = \sum_{j=1}^{n} \left(\sum_{i=1}^{n} \alpha_{ij} \cdot \beta_i \right) \cdot c_j$. Wegen der Eindeutigkeit der Basisdarstellung erhalten wir also

$$\gamma_j = \sum_{i=1}^{n} \alpha_{ij} \cdot \beta_i.$$

Eine weitere Operation, die auf Matrizen ausgeübt werden kann, ist die *Transposition*. Ist $M = (\alpha_{ij})$ eine $m \times n$-Matrix, so ist $M^t := (\beta_{kl})$ mit $\beta_{kl} := \alpha_{lk}$ mit $k = 1, \ldots, n$ und $l = 1, \ldots, m$ eine $n \times m$-Matrix, die *Transponierte* von M genannt wird.

Man stelle sich diese Operation so vor, daß das Koeffizientenschema an der Diagonalen $\alpha_{11}, \ldots, \alpha_{ii}, \ldots$ gespiegelt wird, d.h. daß die Terme links unterhalb dieser Diagonalen rechts oberhalb der Diagonalen zu stehen kommen und umgekehrt, insbesondere daß die Diagonale fest bleibt. Die Transponierte zur Matrix

$$M = \begin{pmatrix} 1 & 2 \\ 3 & 4 \\ 5 & 6 \end{pmatrix}$$

wird also

$$M^t = \begin{pmatrix} 1 & 3 & 5 \\ 2 & 4 & 6 \end{pmatrix}.$$

Diese Operation kann daher auch auf nicht-quadratische Matrizen angewendet werden. Damit werden aus Zeilenvektoren Spaltenvektoren und umgekehrt.

Man sieht nun leicht ein, daß die Transposition ein Homomorphismus zwischen Vektorräumen von Matrizen ist, allgemeiner daß

$$(\alpha M + \beta N)^t = \alpha M^t + \beta N^t,$$
$$(M^t)^t = M,$$
$$(M \cdot N)^t = N^t \cdot M^t$$

gelten. Diese Rechenregeln werden wir insbesondere in Kapitel 11 verwenden.

2 Affine Räume

Die Einführung der Vektorräume und ihrer Theorie im ersten Kapitel hat den Zweck, ein Hilfsmittel zu schaffen, mit dem Punkte in der Geometrie mit Koordinaten beschrieben werden können und Rechnungen mit diesen Koordinaten schließlich zu demselben Ergebnis führen, wie geometrische Konstruktionen. Wir wollen für alles weitere annehmen, daß alle betrachteten Vektorräume endlich dimensional sind. Die Geometrie der im ersten Kapitel eingeführten analytischen Methoden haben wir noch nicht weiter behandelt, sie wird ab Kapitel vier ausführlich behandelt werden.

Die Koordinatengeometrie oder die Benutzung von kartesischen Koordinatensystemen hat jedoch gewisse Grenzen. Deshalb führen wir in diesem Kapitel den Begriff des affinen Raumes zur Beschreibung eines „geometrischen Raumes" ein.

Die Beziehung zwischen den Punkten geometrischen Raumes und ihren Koordinaten sollte durch eine bijektive Abbildung zwischen den Punkten eines geometrischen Raumes und den n-Tupeln im $\mathbf{R}^n$ gegeben sein. Da wir weder einen geometrischen Raum noch diese Abbildung bisher definiert haben, könnten wir einfachheitshalber einen geometrischen Raum definieren als den Raum $\mathbf{R}^n$. Die Abbildung wäre die identische Abbildung. Wir würden dann z.B., wie man es häufig tut, die Punkte einer Ebene als Paare von reellen Zahlen auffassen. Man hat sich an dieses Konzept gewöhnt und hält es für eine geeignete Realisierung unserer geometrischen Vorstellung.

Dieses Konzept hat jedoch einen Nachteil. Im $\mathbf{R}^n$ ist ein einzelner Punkt ausgezeichnet, nämlich der Nullvektor. Das ist im geometrischen Raum nicht der Fall. Außerdem hat man a priori sicherlich keine Addition von Punkten in einem geometrischen Raum, wie auch immer er angemessen nach unserer Vorstellung definiert wird. Ein geometrischer Raum hat offenbar sehr wenige Eigenschaften, die vergleichbar sind mit der komplizierten Struktur eines Vektorraumes.

Eine der zentralen Eigenschaften eines geometrischen (flachen) Raumes ist jedoch, daß man eine Operation der Parallelverschiebung hat. Eine solche Operation, die jeden Punkte um dieselbe „Strecke" in derselben „Richtung" verschiebt, kann durch einen Vektor definiert werden. Und diesen Vektor wiederum gewinnen wir aus einem Punkt in seiner Ursprungslage und seinem Bild nach dieser Verschiebungsoperation. Man erwartet, daß man einen Punkt in jeden beliebigen anderen Punkt des geometrischen Raumes verschieben kann und daß jeder Vektor aus einem geeigneten Vektorraum eine Parallelverschiebung induziert. Schließlich sollte eine gewisse „Dreiecksregel" für Verschiebungen erfüllt sein. Das sind dann aber schon die Axiome, die wir zur Definition (2.1) eines affinen Raumes verwenden werden.

Weiter werden wir die affinen Abbildungen einführen und sie vollständig beschreiben. Sie sind die Abbildungen, die wir mehr anschaulich z.B. als Rotationen, Translationen, Scherungen und Spiegelungen kennen. Diese Konzepte werden wir jedoch erst in den Kapiteln 8 und 14 genauer studieren.

Eine schöne nicht mit der Geometrie zusammenhängende Anwendung der Theorie der affinen Räume und der linearen Abbildungen ist die Theorie der linearen Gleichungssysteme. Sie bringt auch für unsere Zwecke wichtige neue Methoden und Resultate und wird im dritten Teil dieses Kapitels behandelt.

2.1 Allgemeine Theorie der affinen Räume

Wir wollen in diesem ersten Abschnitt den Punktraum A als Menge seiner Punkte einführen. Seine Struktur erhält er von einem Vektorraum V, der Parallelverschiebung mißt. Dadurch wird auch die Erfassung der Punkte mit gewissen Koordinaten möglich werden.

2.1 Definition: Ein *affiner Raum* ist ein Tripel (A, V, τ), bestehend aus einer nichtleeren Menge A, einem K-Vektorraum V und einer Abbildung $\tau\colon A \times A \longrightarrow V$ mit den Eigenschaften:

    a) für jedes a in A und jedes v in V existiert genau ein b in A mit $\tau(a, b) = v$,

    b) für alle a, b, c in A gilt $\tau(a, b) + \tau(b, c) = \tau(a, c)$.

V heißt der *Translationsraum* von A.

Für das durch $a \in A$, $v \in V$ eindeutig bestimmte $b \in A$ mit $\tau(a, b) = v$ schreiben wir auch $b = v + a$.

2.2 Lemma. *Die Abbildung* $V \times A \ni (v, a) \longmapsto v + a \in A$ *erfüllt folgende Bedingungen*

    a) $\forall v, v' \in V, a \in A : (v + v') + a = v + (v' + a)$,

    b) $\forall v \in V, a \in A : v + a = a \Longleftrightarrow v = 0$,

    c) $\forall a, b \in A \exists v \in V : b = v + a$.

BEWEIS: Seien $a' = v' + a$ und $a'' = v + a'$. Dann ist $\tau(a, a') = v'$ und $\tau(a', a'') = v$. Es folgt $(v + v') + a = (v' + v) + a = (\tau(a, a') + \tau(a', a'')) + a = \tau(a, a'') + a = a'' = v + a' = v + (v' + a)$. Zum Beweis von b) sei $v + a = a$ oder $\tau(a, a) = v$. Wegen $\tau(a, a) + \tau(a, a) = \tau(a, a)$ ist $\tau(a, a) = 0$ und damit $v = 0$. Außerdem zeigt $\tau(a, a) = 0$ auch $0 + a = a$. Die Behauptung c) folgt aus der Tatsache, daß τ eine Abbildung ist. Man setze nämlich $v = \tau(a, b)$. $\square$

Man kann leicht zeigen, daß man die Bedingungen aus 2.2 auch als Grundlage der Definition von affinen Räumen verwenden kann, d.h., daß sie äquivalent zu den in 2.1 gegebenen Bedingungen sind.

2.3 Definition und Lemma: Eine Teilmenge B eines affinen Raumes $A = (A, V, \tau)$ heißt *affiner Unterraum* von A, wenn es ein $b \in B$ und einen Unterraum

$U \subseteq V$ so gibt, daß $B = U + b = \{u + b \mid u \in U\}$. Dann ist (B, U, τ') mit der Einschränkung τ' von τ ein affiner Raum. Weiter ist $U = \{\tau(b, b') \mid b' \in B\}$.

BEWEIS: Wir zeigen zunächst, daß $\tau': B \times B \longrightarrow U$ wohldefiniert ist. Seien $b' = u' + b$ und $b'' = u'' + b$ aus B. Dann ist $u'' = \tau(b, b'') = \tau(b, b') + \tau(b', b'') = u' + \tau(b', b'')$, also $\tau(b', b'') = u'' - u' \in U$. Um a) zu zeigen, sei $b' = u' + b \in B$ und $u \in U$. Dann ist $u + b' = u + (u' + b) = (u + u') + b \in B$, also gilt $\tau(b', u + b') = \tau'(b', u + b') = u$. Die Eindeutigkeit des Punktes $c := u + b'$, der diese Gleichung erfüllt, folgt aus den Eigenschaften von τ. Damit ist Axiom 1 bewiesen. Axiom 2 gilt sogar für den ganzen affinen Raum A. Die Behauptung $U = \{\tau(b, b') \mid b' \in B\}$ folgt unmittelbar aus der Tatsache, daß jeder Vektor $u \in U$ als $u = \tau(b, u + b)$ geschrieben werden kann und daß $B = U + b$ gilt. $\square$

Wir bemerken hier auch, daß durch die letzte Gleichung der Unterraum U vollständig durch die Punktmenge B bestimmt ist. Ein affiner Unterraum ist also schon vollständig durch die Angabe seiner Punktmenge B bestimmt.

2.4 Lemma. *Sei A ein affiner Raum mit Translationsraum V. Sei $B \subseteq A$. Wenn es ein $x \in B$ gibt, so daß $T(B) := \{\tau(x, b) \mid b \in B\}$ ein Unterraum von V ist, dann ist $T(B)$ von der Wahl von $x \in B$ unabhängig und $(B, T(B), \tau')$ ein affiner Unterraum von A.*

BEWEIS: Solange wir die Unabhängigkeit von $T(B)$ von der Wahl von $x \in B$ noch nicht bewiesen haben, wollen wir schreiben $T_x(B) = \{\tau(x, b) \mid b \in B\}$. Sei $T_x(B)$ ein Unterraum von V. Sei $y \in B$ gegeben. Wir wollen $T_y(B) = T_x(B)$ zeigen. Sei $\tau(y, b) \in T_y(B)$. Dann gilt $\tau(x, b) = \tau(x, y) + \tau(y, b)$, also $\tau(y, b) = \tau(x, b) - \tau(x, y) \in T_x(B)$. Daraus folgt $T_y(B) \subseteq T_x(B)$. Sei umgekehrt $\tau(x, b)$ gegeben. Weil $T_x(B)$ ein Unterraum ist, gibt es ein $b' \in B$ mit $\tau(x, b') = \tau(x, y) + \tau(x, b) = \tau(x, y) + \tau(y, b')$. Daher muß $\tau(x, b) = \tau(y, b') \in T_y(B)$ gelten. Um nun zu zeigen, daß ein affiner Unterraum vorliegt, sei $b \in B$. Dann ist $\tau(x, b) \in T(B)$, also $b = \tau(x, b) + x$. Daraus folgt $B \subseteq T(B) + x$. Sei $\tau(x, b) \in T(B)$. Dann ist $\tau(x, b) + x = b \in B$, also auch $T(B) + x \subseteq B$. $\square$

Mit der Definition des affinen Raumes, der Charakterisierung in Lemma 2.2 und der Beschreibung von affinen Unterräumen haben wir jetzt schon drei Methoden, um affine Räume angeben zu können. Die affinen Unterräume eines affinen Raumes sind für uns besonders wichtig, weil sie die Grundlage für geometrische Überlegungen bilden. Die wichtigste Operation für geometrische Konstruktionen ist das Schneiden von Geraden (und Kurven), oder allgemeiner das Schneiden von affinen Unterräumen. Der Schnitt zweier affiner Unterräume braucht jedoch nicht immer ein Punkt zu sein, wie das folgende Lemma und das anschließende Beispiel zeigen.

2.5 Lemma. *Sei (A, V, τ) ein affiner Raum. Seien B und C affine Unterräume. Dann ist $B \cap C$ entweder leer oder ein affiner Unterraum.*

BEWEIS: Wenn $B \cap C$ leer ist, dann ist nichts zu zeigen. Sei $x \in B \cap C$ und seien $T(B)$ und $T(C)$ die zugehörigen Translationsräume. Wir zeigen, daß $B \cap C = (T(B) \cap T(C)) + x$ gilt. Da der Durchschnitt von zwei Untervektorräumen von V wieder ein Untervektorraum ist, ist nach Definition und Lemma 2.3 auch $B \cap C$ ein affiner Unterraum. Sei $y \in B \cap C$. Dann ist $\tau(x,y) = v \in T(B) \cap T(C)$, also $y = v + x \in (T(B) \cap T(C)) + x$. Ist umgekehrt $v \in T(B) \cap T(C)$, so gilt $v + x \in B \cap C$. Damit sind die beiden Mengen gleich. $\square$

2.6 Definition: Sei (A, V, τ) ein affiner Raum. Die *Dimension* von A wird definiert als $\dim(A) := \dim(V)$.

2.7 Beispiel: V als Punktmenge zusammen mit dem Translationsraum V und der Abbildung $\tau: V \times V \longrightarrow V$, $\tau(v,w) := w - v$ ist ein affiner Raum. Eine Teilmenge $U + x$ des Vektorraumes V ist ein affiner Raum mit Translationsraum U. Insbesondere sind Untervektorräume affine Unterräume von V. Der Schnitt zweier affiner Unterräume, z.B. zweier Untervektorräume kann eine hohe Dimension haben, wie uns Satz 1.43 zeigt. Die (affinen) Geraden in V, d.h. nicht nur die eindimensionalen Untervektorräume von V, sondern beliebige Geraden, sind genau die eindimensionalen affinen Unterräume von V.

Die Situation zweier affiner Unterräume, die sich nicht schneiden, bedarf noch besonderer Beachtung. Dazu beachten wir zunächst, daß es für Untervektorräume T_1 und T_2 drei Möglichkeiten gibt: $T_1 \subseteq T_2$, $T_1 \supseteq T_2$ und T_1 und T_2 unvergleichbar.

2.8 Definition: Seien B_1 und B_2 affine Unterräume eines affines Raumes A mit Translationsraum V. B_1 und B_2 heißen *parallel*, wenn $T(B_1) \subseteq T(B_2)$ oder $T(B_1) \supseteq T(B_2)$. Sonst heißen B_1 und B_2 *windschief*.

2.9 Definition: Ein affiner Unterraum g eines affines Raumes A mit Translationsraum V heißt eine *affine Gerade* in A, wenn g ein eindimensionaler affiner Unterraum von A ist.
Ein affiner Unterraum U eines affinen Raumes A der Dimension n wird *affine Hyperebene* genannt, wenn er die Dimension $n - 1$ hat.

Ähnlich wie bei den Vektorräumen kann man auch unendliche Durchschnitte von affinen Räumen bilden und erhält als nicht-leere Durchschnitte wieder affine Unterräume. Weiterhin kann man in Analogie zur Summe von Untervektorräumen auch soganannte affine Verbindungsräume bilden. Damit werden wir uns später bei den projektiven Räumen noch eingehender befassen.

Sei a ein festgehaltener Punkt eines affinen Raumes (A, V, τ). Da wir jeden Punkt $b \in A$ eindeutig als $b = v + a$ darstellen können, hat b bei vorgegebener Basis $v_1, \ldots, v_n$ von V eine eindeutige Darstellung

$$b = \alpha_1 \cdot v_1 + \ldots + \alpha_n \cdot v_n + a.$$

Ist $A = V + a$ ein affiner Unterraum eines Vektorraumes W, so kann man den Punkt (Vektor) b auch schreiben als

$$b = \alpha_1 \cdot (v_1 + a) + \ldots + \alpha_n \cdot (v_n + a) + (1 - \sum_{i=1}^{n} \alpha_i) \cdot a$$

$$= \beta_1 \cdot (v_1 + a) + \ldots + \beta_n \cdot (v_n + a) + \beta_{n+1} \cdot a \qquad \text{mit} \qquad \sum_{i=1}^{n+1} \beta_i = 1.$$

Die α's und β's lassen sich gegenseitig auseinander eindeutig berechnen als

$$\alpha_1 = \beta_1, \ldots, \alpha_n = \beta_n, 1 - \sum_{i=1}^{n} \alpha_i = \beta_{n+1}.$$

Das gibt Anlaß zu der folgenden Definition.

2.10 Definition: Sei (A, V, τ) ein affiner Raum. Seien $p_1, \ldots, p_{n+1}$ Punkte aus A. Seien $\alpha_1, \ldots, \alpha_{n+1}$ Koeffizienten aus K mit $\sum_{i=1}^{n+1} \alpha_i = 1$. Dann heißt

$$p = \sum_{i=1}^{n+1} \alpha_i \cdot p_i := \sum_{i=1}^{n} \alpha_i \cdot \tau(p_{n+1}, p_i) + p_{n+1}$$

eine *affine Linearkombination* der Punkte $p_1, \ldots, p_{n+1}$. Nach der Definition allein hängt p von der Anordnung der Punkte $p_1, \ldots, p_{n+1}$ ab. Daß das nicht der Fall ist, zeigt das folgende Lemma.

2.11 Lemma. *Der Wert der affinen Linearkombination $p = \sum_{i=1}^{n+1} \alpha_i \cdot p_i$ mit $\sum_{i=1}^{n+1} \alpha_i = 1$ hängt nicht von der Wahl des ausgezeichneten (letzten) Punktes p_{n+1} ab.*

BEWEIS: Wir zeigen $\sum_{i=1}^{n} \alpha_i \cdot \tau(p_{n+1}, p_i) + p_{n+1} = \sum_{i=2}^{n+1} \alpha_i \cdot \tau(p_1, p_i) + p_1$. Dann folgt aus allgemeinen Symmetrieüberlegungen die behauptete Unabhängigkeit. Wegen $c = \tau(b, c) + b$ und $\tau(a, c) = \tau(b, c) + \tau(a, b)$ ist

$$\sum_{i=1}^{n} \alpha_i \cdot \tau(p_{n+1}, p_i) + p_{n+1} =$$

$$= \sum_{i=1}^{n} \alpha_i \cdot (\tau(p_1, p_i) - \tau(p_1, p_{n+1})) + \tau(p_1, p_{n+1}) + p_1$$

$$= \sum_{i=2}^{n} \alpha_i \cdot \tau(p_1, p_i) + (1 - \sum_{i=1}^{n} \alpha_i) \cdot \tau(p_1, p_{n+1}) + p_1$$

$$= \sum_{i=2}^{n+1} \alpha_i \cdot \tau(p_1, p_i) + p_1. \qquad \Box$$

2.2 Affine Abbildungen

Ebenso wie wir passend zu den Vektorräumen geeignete (strukturerhaltende) Abbildungen, genannt lineare Abbildungen oder Homomorphismen, definiert haben, wollen wir jetzt auch zu den affinen Räumen geeignete Abbildungen definieren. Dieses ist nicht nur ein überall konsequent durchgehaltes Prinzip mathematischen Definierens und Arbeitens, sondern für uns auch unbedingt notwendig. Die ganze Computer Graphik lebt in ihrem Kern von der Anwendung bestimmter Abbildungen auf geometrische Figuren, von Rotationen, Translationen, Projektionen und anderen Abbildungen. Dazu werden hier jetzt die Grundlagen gelegt.

2.12 Definition: Seien (A, V, τ) und (B, W, τ') affine Räume. Ein Paar (F, f) von Abbildungen mit $F: A \longrightarrow B, f: V \longrightarrow W$ heißt *affine Abbildung*, wenn f eine lineare Abbildung von Vektorräumen ist und wenn gilt:

$$\forall a, b \in A : f(\tau(a, b)) = \tau'(F(a), F(b)).$$

Sind F und f darüberhinaus bijektiv, so heißt (F, f) ein *Affinität*. Zwei affine Räume (A, V, τ) und (B, W, τ') heißen *affin äquivalent*, wenn es eine Affinität

$$(F, f): (A, V, \tau) \longrightarrow (B, W, \tau')$$

gibt.

2.13 Lemma. *(F, f) ist genau dann eine affine Abbildung, wenn f eine lineare Abbildung ist und wenn gilt*

$$\forall a \in A, v \in V : F(v + a) = f(v) + F(a).$$

BEWEIS: Seien v und b durch die (äquivalenten) Bedingungen $v = \tau(a, b)$ und $b = v + a$ verbunden. Dann sind auch $F(b) = f(v) + F(a)$ und $\tau'(F(a), F(b)) = f(\tau(a, b))$ äquivalent. $\square$

2.14 Lemma. *Sei $(F, f): (A, V, \tau) \longrightarrow (B, W, \tau')$ eine affine Abbildung. F ist genau dann bijektiv, wenn f bijektiv ist.*

BEWEIS: Wir bemerken zunächst, daß für jedes $a \in A$ die Abbildung $V \ni v \mapsto v + a \in A$ nach Definition bijektiv ist. Wenn (F, f) eine affine Abbildung ist und $a \in A$ und $b = F(a) \in B$ fest gewählt sind, dann ist das Diagramm

$$
\begin{array}{ccc}
V & \xrightarrow{\ f\ } & W \\
\downarrow & & \downarrow \\
A & \xrightarrow{\ F\ } & B
\end{array}
$$

kommutativ, denn $f(v) + F(a) = F(v + a)$. Daraus folgt unmittelbar die Behauptung. $\square$

2.15 Satz. *Seien (A, V, τ) und (B, W, τ') affine Räume und sei $f: V \longrightarrow W$ eine lineare Abbildung. Seien $a \in A$ und $b \in B$ zwei beliebige Punkte aus A bzw. B. Dann gibt es genau eine Abbildung $F: A \longrightarrow B$, so daß (F, f) eine affine Abbildung ist und $F(a) = b$ gilt.*

BEWEIS: Seien $a \in A$ und $b \in B$. Wir definieren $F(a') := f(\tau(a, a')) + b$. Dann gilt $F(v + a') = f(\tau(a, v + a')) + b = f(\tau(a, a') + \tau(a', a' + v)) + b = f(v) + f(\tau(a, a')) + b = f(v) + F(a')$, also ist nach 2.13 (F, f) eine affine Abbildung. Es gilt sogar $F(a) = b$. Weiterhin zeigt die obige Gleichung, daß F durch f, a und b eindeutig bestimmt ist. $\square$

Mit Satz 2.15 haben wir einen vollständigen Überblick über die Menge der affinen Abbildungen

$$\mathrm{Aff}(A, B) = \{(F, f): (A, V, \tau) \longrightarrow (B, W, \tau')\}$$

erhalten. Wir halten zunächst $a \in A$ fest. Jede affine Abbildung wird dann vollständig durch eine lineare Abbildung $f: V \longrightarrow W$ und die Vorgabe eines Punktes $b \in B$ durch $F(a') = f(\tau(a, a')) + b$ beschrieben. Zwei verschiedene Paare (f, b) und (f', b') führen auch zu verschiedenen affinen Abbildungen F bzw. F', weil $F(a) = b$ und $F'(a) = b'$, $f(v) = \tau'(b, F(v + a))$ und $f'(v) = \tau'(b, F'(v + a))$. Weiterhin erhält man jede affine Abbildung (F, f) durch $b :=$ $F(a)$ und $F(a') = f(\tau(a, a')) + b$. Also gilt

$$\mathrm{Aff}(A, B) \cong \mathrm{Hom}(V, W) \times B.$$

Die Wahl eines anderen Punktes $a \in A$ in der oben angegebenen Konstruktion wird einen anderen Isomorphismus zwischen $\mathrm{Aff}(A, B)$ und $\mathrm{Hom}(V, W) \times B$ induzieren.

Gilt $A = B$, und damit auch $V = W$, so kann man die durch f und b beschriebene affine Abbildung auch auffassen als die lineare Abbildung f gefolgt von der Translation mit dem Translationsvektor $\tau(a, b)$. Es gilt nämlich

$$F(v + a) = f(v) + b = f(v) + \tau(a, b) + a.$$

2.16 Folgerung. *Wenn die affinen Räume A und B einen gemeinsamen Translationsraum haben, dann sind sie affin äquivalent.*

2.3 Lineare Gleichungssysteme und Matrizenumformungen

Eine der schönsten Anwendungen der Theorie der affinen Räume und der linearen Abbildungen ist die Theorie der linearen Gleichungssysteme. Ist eine $m \times n$-Matrix M und ein Vektor $b \in K^n$ gegeben, so möchte man gern alle Vektoren

$x \in K^m$ bestimmen, die die Gleichung

$$x \cdot M = b$$

oder in Komponentenschreibweise

$$\begin{aligned}
\alpha_{11} \cdot x_1 + \quad \ldots \quad + \alpha_{m1} \cdot x_m &= \beta_1 \\
\vdots \qquad\qquad \vdots \qquad\qquad \vdots \\
\alpha_{1n} \cdot x_1 + \quad \ldots \quad + \alpha_{mn} \cdot x_m &= \beta_n
\end{aligned}$$

erfüllen. Eine solche Gleichung nennt man ein *lineares Gleichungssystem*.

Wir wissen schon, daß die Multiplikation von rechts mit einer Matrix M eine lineare Abbildung von K^m nach K^n ist. Daher können wir alle im vorhergehenden Kapitel erworbenen Kenntnisse auf lineare Gleichungssysteme anwenden. Bezeichnen wir wie im vorhergehenden Kapitel $f = \widehat{M}$, so ist

$$f^{-1}(b) = \{x \in K^m | x \cdot M = b\}.$$

Diese Menge heißt auch *Lösungsmenge* des linearen Gleichungssystems.

2.17 Definition: Das lineare Gleichungssystem $x \cdot M = b$ heißt *homogen*, wenn $b = 0$ gilt, sonst heißt es *inhomogen*.

Ein erster wichtiger Satz über Lösungen von linearen Gleichungssystemen ergibt sich unmittelbar aus einigen schon bewiesenen Behauptungen.

2.18 Satz. *Die Lösungsmenge L eines linearen Gleichungssystems $x \cdot M = b$ ist ein affiner Unterraum von K^m. Ist $b = 0$, so ist die Lösungsmenge U des homogenen Gleichungssystems ein Untervektorraum von K^m. Ist x_0 eine Lösung des inhomogenen Gleichungssystems $x \cdot M = b$ und U der Lösungsraum des homogenen Gleichungssystems $x \cdot M = 0$, so gilt für die Lösungsmenge des inhomogenen Gleichungssystems $L = U + x_0$.*

BEWEIS: Nach Lemma 1.37 und Definition und Lemma 2.3 ist $L = f^{-1}(b) = \mathrm{Kern}(f) + x_0$ ein affiner Unterraum von K^m, denn $\mathrm{Kern}(f)$ ist nach Lemma 1.35 ein Untervektorraum von K^m. Weiter ist nach Definition $U = \mathrm{Kern}(f)$. $\square$

Es gilt auch die Umkehrung des vorstehenden Satzes. Man kann sogar allgemein affine Unterräume mit Hilfe von linearen Gleichungssystemen beschreiben. Dies geschieht im folgenden Satz und der daran anschließenden Folgerung.

2.19 Satz. *Sei $B = U + x_0$ ein affiner Unterraum des K^m. Dann gibt es ein lineares Gleichungssystem, dessen Lösungsmenge B ist.*

BEWEIS: Man wähle eine lineare Abbildung $f : K^m \longrightarrow K^n$ mit $\mathrm{Kern}(f) = U$ und $f = \widehat{M}$. Das ist immer möglich, wenn $n + \dim(U) \geq m$ ist. Weiter setze man $b := f(x_0)$. Dann ist B die Lösungsmenge von $x \cdot M = b$. $\square$

2.20 Folgerung. *Sei B ein affiner Unterraum des m-dimensionalen affinen Raums (A, V, τ). Dann gibt es eine Affinität zwischen A und K^m, die B bijektiv auf die Lösungsmenge eines linearen Gleichungssystems abbildet.*

BEWEIS: Nach 2.13 können wir eine Affinität zwischen A und K^m mit Hilfe eines Isomorphismus $f : V \longrightarrow K^m$ konstruieren. Dabei entsprechen sich jeweils die affinen Unterräume nach Definition eines affinen Unterraums. Die affinen Unterräume von K^m lassen sich als Lösungsmengen von linearen Gleichungssystemen beschreiben. $\square$

Die Konstruktion des linearen Gleichungssystems im Beweis des Satzes kann man sogar so gestalten, daß $n = m - \dim(U)$ gilt. Insbesondere kann man eine affine Hyperebene durch eine einzelne Gleichung beschreiben. Diese Tatsache werden später noch weiter benötigen.

Die Einsicht, nach der ein lineares Gleichungssystem als lineare Abbildung aufgefaßt werden kann, läßt auch Aussagen über die Dimension des Lösungsraumes zu. Soweit das lineare Gleichungssystem $x \cdot M = b$ mindestens eine Lösung hat, ist nach dem vorhergehenden Satz die Dimension des affinen Lösungsraumes unabhängig von b, also die Dimension des Lösungsraumes des homogenen Gleichungssystems. Wir wollen den Satz 1.38 über die Dimension des Kerns und Bildes einer linearen Abbildung anwenden. Dazu definieren wir zunächst in Analogie zur Definition für lineare Abbildungen 1.39

2.21 Definition: Der *Rang* einer Matrix M ist die Dimension von $\mathrm{Bild}(\widehat{M})$. Wir schreiben $\mathrm{rg}(M) = \dim(\mathrm{Bild}(\widehat{M}))$.

2.22 Satz. *Sei M eine $m \times n$-Matrix und $x \cdot M = b$ ein lineares Gleichungssystem, das mindestens eine Lösung besitzt. Dann ist die Dimension des Lösungsraumes $m - \mathrm{rg}(M)$.*

BEWEIS: folgt aus der vorhergehenden Diskussion. $\square$

2.23 Satz. *Sei $x \cdot M = b$ ein lineares Gleichungssystem mit einer $m \times n$-Matrix. Dann gelten:*

    a) Das Gleichungssystem ist genau dann lösbar, wenn $\mathrm{rg}\binom{M}{b} = \mathrm{rg}(M)$.

    b) Das Gleichungssystem ist genau dann für alle $b \in K^n$ lösbar, wenn $\mathrm{rg}(M) = n$.

    c) Ist das Gleichungssystem lösbar, so ist die Lösung genau dann eindeutig, wenn $\mathrm{rg}(M) = m$.

BEWEIS: a) Die Matrix $\binom{M}{b}$ entsteht aus der Matrix M dadurch, daß der Vektor b als Zeilenvektor zur Matrix M an unterster Stelle hinzugefügt wird. Der Rang von $\binom{M}{b}$ ist die Dimension des durch b und alle Zeilenvektoren von M aufgespannten Untervektorraumes von K^n. Dieser Untervektorraum enthält den lediglich von den Zeilenvektoren von M aufgespannten Untervektorraum. Diese beiden Untervektorräume haben gleiche Dimension genau dann, wenn b linear abhängig von den Zeilenvektoren von M ist. Genau dann ist aber das Gleichungssystem lösbar, denn die gesuchten Werte für $x_1, \ldots, x_m$ sind die Koeffizienten der erforderlichen Linearkombination der Zeilenvektoren von M zur Darstellung von b, also $\sum_{i=1}^{m} x_i a_i = b$ mit Zeilenvektoren a_i von M, was nur eine andere Schreibweise des linearen Gleichungssystems ist.

b) Das Gleichungssystem ist genau dann für alle b lösbar, wenn die Abbildung $\widehat{M}$ surjektiv ist, genau dann, wenn die Zeilenvektoren von M den ganzen Raum K^n aufspannen, genau dann, wenn $\mathrm{rg}(M) = n$.

c) Es ist $\mathrm{rg}(M) = m$ genau dann, wenn der Kern von $\widehat{M}$ Null ist. Das bedeutet aber die Eindeutigkeit der Lösungen aller lösbaren Gleichungen $x \cdot M = b$. $\square$

Die bisher gefundenen Aussagen über lineare Gleichungssysteme sind vorwiegend theoretischer Art. Wir wenden uns jetzt praktischen Lösungswegen zu. Eines der bekanntesten und wirkungsvollsten Verfahren ist das Gaußsche Eliminationsverfahren. Dazu wandelt man die erweiterte Koeffizientenmatrix $\binom{M}{b}$ nach einem genau vorgeschriebenen Algorithmus in eine Matrix besonders einfacher Gestalt, in eine sogenannte Stufenmatrix, um. Aus dieser läßt sich die Lösungsmenge einfach ablesen. Gleichzeitig läßt sich auch der Rang des Gleichungssystems direkt ablesen und die Tatsache, ob das Gleichungssystem überhaupt Lösungen besitzt.

Es gibt zwei im wesentlichen äquivalente Wege, die einzelnen Schritte des Gaußschen Eliminationsverfahrens durchzuführen, die Multiplikation der erweiterten Koeffizientenmatrix mit geeigneten Elementarmatrizen von rechts oder die Durchführung elementarer Spaltenumformungen der erweiterten Koeffizientenmatrix. Beide Verfahren sind leicht als Algorithmen auf dem Computer zu implementieren. Wir beschreiben hier (zunächst) das Verfahren mit Hilfe der elementaren Spaltenumformungen.

Sei ein lineares Gleichungssystem $x \cdot M = b$ gegeben. Offenbar ändern wir an der Lösungsmenge nichts, wenn wir eine der Gleichungen mit einem Skalarfaktor $\lambda \neq 0$ multiplizieren. Das läuft auf die Multiplikation der entsprechenden Spalte von $\binom{M}{b}$ mit $\lambda \neq 0$ hinaus. Insbesondere können wir einen solchen Prozeß rückgängig machen. Ebenso ändern wir an der Lösungsmenge nichts, wenn wir ein Vielfaches einer Gleichung zu einer anderen Gleichung addieren. Auch diesen Prozeß können wir rückgängig machen. Er läuft auf die Addition eines Vielfachen einer Spalte zu einer anderen Spalte der erweiterten Matrix $\binom{M}{b}$ hinaus. Schließlich können wir in demselben Sinne auch zwei Gleichungen bzw. zwei Spalten miteinander vertauschen. Das führt uns zu der folgenden Definition.

2.24 Definition: Sei N eine Matrix. Eine *elementare Spaltenumformung erster Art* S_1 ist die Multiplikation einer Spalte mit einem Faktor $\lambda \neq 0$. Eine *elementare Spaltenumformung zweiter Art* S_2 ist die Addition eines Vielfachen einer Spalte zu einer anderen Spalte. Eine *elementare Spaltenumformung dritter Art S_3* ist die Vertauschung zweier Spalten.

Ist N die erweiterte Matrix eines linearen Gleichungssystems, so ändern elementare Spaltenumformungen die Lösungsmenge des linearen Gleichungssystems nicht, d.h. die Gleichungssysteme $x \cdot M = b$ und $x \cdot M' = b'$ haben dieselben Lösungsmengen, wenn $\binom{M'}{b'}$ aus $\binom{M}{b}$ durch Anwendung von endlich vielen elementaren Spaltenumformungen hervorgeht.

Elementare Spaltenumformungen an der Matrix M und an der Matrix $\binom{M}{0}$ bewirken eingeschränkt auf M sicherlich dasselbe, weil sie auf der Nullzeile gar keine Änderung hervorrufen. Der (Zeilen-)Rang der Matrix M ist aber nach 2.22 gleich der Zeilenzahl von M minus Dimension des Lösungsraumes. Da der Lösungsraum von $x \cdot M = 0$ sich bei elementaren Spaltenumformungen von $\binom{M}{0}$ nicht ändert und die Zeilenzahl von $\binom{M}{0}$ ebenfalls konstant bleibt, ändert sich insbesondere auch der Rang der Matrix M nicht. Wir haben also erhalten:

2.25 Folgerung. *Elementare Spaltenumformungen von Matrizen lassen deren Rang invariant.* $\square$

Durch Anwendung geeigneter elementarer Spaltenumformungen läßt sich nun eine Matrix wesentlich vereinfachen, nämlich auf die Form einer Stufenmatrix.

2.26 Definition: Eine Matrix N ist eine *Stufenmatrix*, wenn für je zwei aufeinanderfolgende Spalten b_i und b_{i+1} von N folgendes gilt: wenn die obersten k Koeffizienten von b_i Null sind, so sind die obersten $k + 1$ Koeffizienten von b_{i+1} Null oder b_{i+1} ist der Nullvektor; weiterhin ist der erste von Null verschiedene Koeffizient jedes Spaltenvektors b_i eine Eins.

Ein lineares Gleichungssystem $x \cdot M = b$ hat genau dann eine Stufenmatrix als erweiterte Koeffizientenmatrix, wenn es die folgende Form hat:

$$
\begin{aligned}
x_{i_1} + \ldots \qquad\qquad \ldots + \alpha_{m1} \cdot x_m &= \beta_1 \\
x_{i_2} + \ldots \qquad \ldots + \alpha_{m2} \cdot x_m &= \beta_2 \\
\vdots \qquad\qquad &\quad \vdots \\
x_{i_k} + \ldots + \alpha_{mk} \cdot x_m &= \beta_k \\
0 &= \beta_{k+1} \\
\vdots \qquad &\quad \vdots \\
0 &= \beta_n
\end{aligned}
\qquad (2.1)
$$

mit $i_1 < i_2 < \ldots < i_k < \ldots$.

2.27 Satz. *Jede Matrix M läßt sich durch Anwendung geeigneter elementarer Spaltenumformungen in eine Stufenmatrix S umformen.*

BEWEIS: Wir wollen den Beweis durch vollständige Induktion nach der Anzahl der Zeilen von M durchführen. Dazu beschreiben wir einen Algorithmus $\mathcal{U}$ der Umformungen von M.

Der Algorithmus $\mathcal{U}$ besteht aus mehreren elementaren Spaltenumformungen. Wenn die erste Zeile von M nur mit Nullen besetzt ist, so führen wir gar keine Umformungen durch.

Wenn ein von Null verschiedener Koeffizient in der ersten Zeile und der i-ten Spalte von M steht, so vertauschen wir die i-te Spalte mit der ersten Spalte, führen also eine elementare Spaltenumformung dritter Art durch.

Wir bemerken an dieser Stelle, daß hier offenbar mehrere Wahlmöglichkeiten bestehen. Wir werden darauf zurückkommen, wenn wir später das Pivot-(Drehpunkt-)Verfahren besprechen.

Wir können also nach dieser Umformung davon ausgehen, daß in der ersten Zeile und ersten Spalte ein von Null verschiedener Koeffizient α_{11} steht. Als nächstes multiplizieren wir die erste Spalte mit α_{11}^{-1}, eine elementare Spaltenumformung erster Art, und erhalten in der neuen Matrix den Koeffizienten Eins in der ersten Zeile und ersten Spalte. Seien jetzt die Koeffizienten der ersten Zeile $(1, \alpha_{12}, \ldots, \alpha_{1n})$.

In der so erhaltenen Matrix addieren wir das $(-\alpha_{1i})$-fache der ersten Spalte zur i-ten Spalte für alle $i = 2, \ldots, n$. Das sind elementare Spaltenumformungen zweiter Art. Dadurch erreichen wir, daß in der ersten Zeile der Vektor $(1, 0, \ldots, 0)$ steht. Damit ist der Algorithmus $\mathcal{U}$ vollständig beschrieben. Am Schluß haben wir durch Anwendung von $\mathcal{U}$ auf M eine Matrix $N := \mathcal{U}(M)$ erhalten deren erste Zeile entweder der Nullvektor oder der Vektor $(1, 0, \ldots, 0)$ ist.

Ist der erste Zeilenvektor von N der Nullvektor, so betrachten wir jetzt eine Teilmatrix der Matrix $N = (\beta_{ij} | i, j = 1, \ldots, n)$, nämlich die Matrix

$$N' := \begin{pmatrix} \beta_{21} & \beta_{22} & \ldots & \beta_{2n} \\ \beta_{31} & \beta_{32} & \ldots & \beta_{3n} \\ \vdots & \vdots & & \vdots \\ \beta_{m1} & \beta_{m2} & \ldots & \beta_{mn} \end{pmatrix}.$$

Im anderen Fall mit $(1, 0, \ldots, 0)$ als erster Zeile betrachten wir

$$N' := \begin{pmatrix} \beta_{22} & \beta_{23} & \ldots & \beta_{2n} \\ \beta_{32} & \beta_{33} & \ldots & \beta_{3n} \\ \vdots & \vdots & & \vdots \\ \beta_{m2} & \beta_{m3} & \ldots & \beta_{mn} \end{pmatrix}.$$

Wenn wir eine elementare Spaltenumformung an der Matrix N' vornehmen, so können wir dieselbe elementare Spaltenumformung auch an der größeren Matrix N vornehmen, ohne in N die erste Zeile $(0, 0, \ldots, 0)$ bzw. $(1, 0, \ldots, 0)$ zu verändern. Das sieht man sofort für jede einelne der möglichen elementaren Spaltenumformungen, weil durch sie in der ersten Zeile nur die Nullen betroffen sind. In Falle des ersten Zeilenvektors $(1, 0, \ldots, 0)$ wird auch die erste Spalte der Matrix N nicht geändert, weil für diese Spalte keine Umformungen von N' induziert werden.

Da die Matrix N' kleiner als die Matrix M ist (gemessen an der Anzahl der Zeilen), kann man sie per Induktionsannahme durch endlich viele elementare Spaltenumformungen in eine Stufenmatrix umformen. Dieselben Umformungen machen dann aber auch die Matrizen M bzw. N zu Stufenmatrizen. Der Prozess bricht natürlich ab, wenn die Matrix N' null Zeilen oder null Spalten hat.

Insgesamt haben wir damit einen Algorithmus beschrieben, den mit Hilfe von elementaren Spaltenumformungen aus einer beliebigen Matrix M eine Stufenmatrix S macht. $\square$

Mit den angegebenen Umformungsverfahren kann man jetzt lineare Gleichungssysteme auf eine wesentlich einfachere Form bringen, nämlich die Form (2.1). Das führt zu dem folgenden *Gauß-Jordan-Verfahren* genannten Satz.

2.28 Satz. *Sei $x \cdot M = b$ ein lineares Gleichungssystem. Man löst dieses Gleichungssystem, indem man $\binom{M}{b}$ zunächst mit elementaren Spaltenumformungen auf Stufenform bringt. Ist in der Darstellung (2.1) des Gleichungssystems in Stufenform dann $\beta_{k+1} = \ldots = \beta_n = 0$, so ist das Gleichungssystem lösbar, sonst nicht. Man erhält alle Lösungen, indem man für alle $j \notin \{i_1, \ldots, i_k\}$ beliebige Werte für die x_j wählt und dann mit Hilfe von 2.1 die restlichen Werte der $x_{i_1}, \ldots, x_{i_k}$ ausrechnet.*

BEWEIS: Die Lösungsmengen der linearen Gleichungssysteme $x \cdot M = a$ und $x \cdot S = b$ stimmen überein, wenn die Matrix $\binom{S}{b}$ aus der Matrix $\binom{M}{a}$ durch elementare Spaltenumformungen hervorgeht, da sich nach der Bemerkung in 2.24 die Lösungsmengen eines linearen Gleichungssystems bei elementaren Spaltenumformungen der erweiterten Gleichungsmatrix nicht ändern. Das im Satz behauptete Verhalten der Lösungen ist dann aber direkt aus der Form (2.1) abzulesen. $\square$

Mit diesem Satz können wir sowohl eine partikuläre Lösung eines linearen inhomogenen Gleichungssystems bestimmen als auch den Lösungsraum eines linearen homogenen Gleichungssystems. Damit kann man dann nach Satz 2.18 die gesamte Lösungsmenge eines inhomogenen Gleichungssystems bilden.

Wir wollen jetzt die Methode der Bildung von Stufenmatrizen auch noch anwenden auf die Berechnung der Inversen von invertierbaren oder regulären Matrizen. Die angegebene Methode ist besonders effektiv und kann leicht als Algorithmus in einem Graphik Programm implementiert werden. Wir erinnern uns, daß eine reguläre Matrix nach 1.41 quadratisch ist, d.h. in $K^{(n,n)}$ liegt.

2.29 Satz. *Sei M eine (quadratische) $n \times n$-Matrix. Die Matrix M ist genau dann invertierbar, wenn sie durch elementare Spaltenumformungen in eine Einheitmatrix übergeführt werden kann. Ist das der Fall, so erhält man die inverse Matrix zu M, indem man dieselben Spaltenumformungen, mit denen man M in die Einheitsmatrix überführt, auf die Einheitsmatrix in derselben Reihenfolge anwendet.*

BEWEIS: Zunächst zeigen wir, daß man eine invertierbare Matrix M durch elementare Spaltenumformungen in eine Einheitsmatrix E_n umwandeln kann. Der oben angegebene Algorithmus wandelt M in eine Stufenmatrix S um. Da nach 1.42 invertierbare Matrizen den Rang n haben, muß auch die Stufenmatrix S den Rang n haben, also n linear unabhängige Zeilen. Das geht offenbar nur, wenn keine der Spalten von S den Nullvektor ergibt. Dann müssen die Stufen der Matrix S aber auf der Diagonalen liegen, d.h. S hat Koeffzienten Null oberhalb der Diagonalen, Koeffizienten Eins auf der Diagonalen und beliebige Koeffizienten unterhalb der Diagonalen. Zieht man geeignete Vielfache des letzten Spaltenvektors von den übrigen Spalten ab, so kann man durch solche elementaren Spaltenumformungen die letzte Zeile von S in den Vektor $(0, \ldots, 0, 1)$ umwandeln. Ebenso kann man nun mit den anderen Zeilen verfahren, von der $(n-1)$-ten bis zur ersten Zeile. Man hat damit die Einheitsmatrix E_n erhalten und insgesamt nur elementare Spaltenumformungen angewendet.

Wir zeigen nun, daß elementare Spaltenumformungen auch durch Multiplikation mit geeigneten Matrizen von rechts erzielt werden können. Das geht aus den folgenden Matrizen-Produkten hervor.

$$
\begin{pmatrix} \alpha_{11} & \cdots & \alpha_{1i} & \cdots & \alpha_{1n} \\ \vdots & & \vdots & & \vdots \\ \alpha_{n1} & \cdots & \alpha_{ni} & \cdots & \alpha_{nn} \end{pmatrix} \cdot \begin{pmatrix} 1 & \cdots & 0 & \cdots & 0 \\ \vdots & & \vdots & & \vdots \\ 0 & \cdots & \lambda & \cdots & 0 \\ \vdots & & \vdots & & \vdots \\ 0 & \cdots & 0 & \cdots & 1 \end{pmatrix}
$$

$$
= \begin{pmatrix} \alpha_{11} & \cdots & \lambda\alpha_{1i} & \cdots & \alpha_{1n} \\ \vdots & & \vdots & & \vdots \\ \alpha_{n1} & \cdots & \lambda\alpha_{ni} & \cdots & \alpha_{nn} \end{pmatrix}
$$

Die zur Multiplikation von rechts verwendete Matrix hat Einsen in der Diagonalen bis auf den Koeffizienten $\beta_{ii} = \lambda$, ist also von der Form $E_n + (\lambda - 1)E_{ii}$, wobei allgemein E_n die Einheitsmatrix und E_{ij} eine mit Nullen und einem Koeffizienten 1 an der Stelle (i, j) besetzte Matrix bezeichnet. Die zur Multiplikation verwendete Matrix hat $E_n + (\lambda^{-1} - 1)E_{ii}$ als inverse Matrix. Sie ist daher invertierbar und heißt *Elementarmatrix erster Art*.

Weiter ist

$$\begin{pmatrix} \alpha_{11} & \cdots & \alpha_{1i} & \cdots & \alpha_{1j} & \cdots & \alpha_{1n} \\ \vdots & & \vdots & & \vdots & & \vdots \\ \alpha_{n1} & \cdots & \alpha_{ni} & \cdots & \alpha_{nj} & \cdots & \alpha_{nn} \end{pmatrix} \cdot \begin{pmatrix} 1 & \cdots & & \cdots & & \cdots & 0 \\ \vdots & & & & & & \vdots \\ & & 1 & \cdots & \lambda & & \\ \vdots & & & & \vdots & & \vdots \\ & & & & 1 & & \\ \vdots & & & & & & \vdots \\ 0 & \cdots & & \cdots & & \cdots & 1 \end{pmatrix}$$

$$= \begin{pmatrix} \alpha_{11} & \cdots & \alpha_{1i} & \cdots & \lambda\alpha_{1i}+\alpha_{1j} & \cdots & \alpha_{1n} \\ \vdots & & \vdots & & \vdots & & \vdots \\ \alpha_{n1} & \cdots & \alpha_{ni} & \cdots & \lambda\alpha_{ni}+\alpha_{nj} & \cdots & \alpha_{nn} \end{pmatrix}.$$

Die zur Multiplikation von rechts verwendete Matrix hat Einsen in der Diagonalen und einen Koeffizienten $\beta_{ij} = \lambda$ mit $i \neq j$. Alle anderen Koeffizienten sind Null. Diese Matrix, die man als $E_n + \lambda E_{ij}$ schreiben kann, hat als Inverse $E_n - \lambda E_{ij}$ und ist damit invertierbar. Sie heißt *Elementarmatrix zweiter Art.*

Schließlich ist

$$\begin{pmatrix} \alpha_{11} & \cdots & \alpha_{1i} & \cdots & \alpha_{1j} & \cdots & \alpha_{1n} \\ \vdots & & \vdots & & \vdots & & \vdots \\ \alpha_{n1} & \cdots & \alpha_{ni} & \cdots & \alpha_{nj} & \cdots & \alpha_{nn} \end{pmatrix} \cdot \begin{pmatrix} 1 & \cdots & & \cdots & & \cdots & 0 \\ \vdots & & & & & & \vdots \\ & & 0 & \cdots & 1 & & \\ \vdots & & \vdots & & \vdots & & \vdots \\ & & 1 & \cdots & 0 & & \\ \vdots & & & & & & \vdots \\ 0 & \cdots & & \cdots & & \cdots & 1 \end{pmatrix}$$

$$= \begin{pmatrix} \alpha_{11} & \cdots & \alpha_{1j} & \cdots & \alpha_{1i} & \cdots & \alpha_{1n} \\ \vdots & & \vdots & & \vdots & & \vdots \\ \alpha_{n1} & \cdots & \alpha_{nj} & \cdots & \alpha_{ni} & \cdots & \alpha_{nn} \end{pmatrix}.$$

Die zur Multiplikation von rechts verwendete Matrix hat Einsen in der Diagonalen und Nullen an allen anderen Stellen mit Ausnahme von $\beta_{ii} = \beta_{jj} = 0$ und $\beta_{ij} = \beta_{ji} = 1$ für ein Paar $i \neq j$. Diese Matrix ist zu sich selbst invers und heißt *Elementarmatrix dritter Art.*

Wir haben also gesehen, daß man elementare Spaltenumformungen durch Multiplikation von rechts mit gewissen (invertierbaren) Elementarmatrizen erzeugen kann. Da sich jede invertierbare Matrix durch elementare Spaltenumformungen in eine Einheitsmatrix überführen läßt, erhalten wir mit den entsprechenden Elementarmatrizen $F_1, \ldots, F_r$ die Gleichung

$$M \cdot F_1 \cdot \ldots \cdot F_r = E_n.$$

Durch Multiplikation von links mit der inversen Matrix M^{-1} erhalten wir

$$M^{-1} \cdot M \cdot F_1 \cdot \ldots \cdot F_r = M^{-1} \cdot E_n,$$

oder

$$E_n \cdot F_1 \cdot \ldots \cdot F_r = M^{-1}.$$

Damit ist auch die Aussage zur Berechnung der inversen Matrix durch elementare Spaltenumformungen bewiesen. $\square$

Aus diesem Satz erhalten wir als einfache Konsequenz

2.30 Folgerung. *Jede invertierbare Matrix läßt sich als Produkt von Elementarmatrizen darstellen.*

BEWEIS: Am Schluß des vorhergehenden Beweises haben wir gesehen, daß sich die Inverse M^{-1} einer invertierbaren Matrix M als Produkt von Elementarmatrizen schreiben läßt. Ersetzen wir M durch M^{-1}, so wird die davon inverse Matrix M nunmehr auch als Produkt von Elementarmatrizen dargestellt. $\square$

Wir wollen jetzt mit den elementaren Spaltenumformungen noch einige konstante Faktoren verbinden. Einer elementaren Spaltenumformung erster Art mit $\lambda \neq 0$ ordnen wir den Faktor λ^{-1} zu. Einer elementaren Spaltenumformung zweiter Art ordnen wir den Faktor 1 zu und einer elementaren Spaltenumformung dritter Art den Faktor -1. Eine beliebige invertierbare Matrix M läßt sich nach 2.30 als Produkt von Elementarmatrizen schreiben. Ihr ordnen wir als Faktor das Produkt der Faktoren der verwendeten Elementarmatrizen zu. Da die Elementarmatrizen zur Produkt-Darstellung von M nicht eindeutig bestimmt sind, ist zunächst auch der M zugeordnete Faktor nicht eindeutig bestimmt. Man kann jedoch tatsächlich zeigen, daß dieser Faktor eindeutig bestimmt ist und unabhängig von der Wahl der Elementarmatrizen zur Darstellung von M ist. Dieser offenbar immer von Null verschiedene Faktor wird auch die *Determinante* der Matrix M genannt. Wir werden die Determinante im folgenden nicht weiter benötigen. Daher beweisen wir auch nicht den genannten Satz. Wir sehen jedoch, daß das genannte Verfahren zum Invertieren von Matrizen gleichzeitig auch eine einfache Berechnung der Determinante ermöglicht. Es gibt für die

Berechnung der Determinante auch noch andere Verfahren, die jedoch von Rechenaufwand her im allgemeinen wesentlich ungünstiger sind. Wir sollten noch erwähnen, daß man auch singulären (nicht invertierbaren) quadratischen Matrizen eine Determinante zuweist, nämlich die Determinante Null.

3 Euklidische Vektorräume und euklidische Räume

Bei der Konstruktion von Bildern von geometrischen Objekten genügen die bisher eingeführten Begriffe nicht, um die geometrischen Objekte sinnvoll zu beschreiben und das Verhalten von Abbildungen, insbesondere von Verzerrungen, zu studieren. Zentrale Begriffe, die wir bisher nicht eingeführt haben, sind der Abstand zwischen zwei Punkten, die Länge eines Vektors und der zwischen zwei Vektoren eingeschlossene Winkel, mit dem z.B. Rotationen oder Drehungen beschrieben werden können. Diese Begriffe sollen in diesem Kapitel untersucht werden. Wir betonen nochmals, daß wir von den betrachteten Vektorräumen immer voraussetzen, daß sie endlich-dimensional sind.

3.1 Euklidische Vektorräume

Die in diesem Abschnitt einzuführenden Begriffe benötigen zu ihrer Definition eine Anordnung der Elemente des Körpers K, so daß zusätzlich gewisse Eigenschaften bezüglich der Addition und der Multiplikation erfüllt sind. Das kann man im Prinzip nur in dem uns am meisten interessierenden Körper $\mathbf{R}$ der reellen Zahlen machen. Wir werden diesen daher von Anfang an zugrunde legen.

3.1 Definition: Sei V ein (endlich-dimensionaler) Vektorraum über dem Körper $\mathbf{R}$ der reellen Zahlen. Eine Abbildung

$$\sigma \colon V \times V \ni (v, w) \mapsto \langle v, w \rangle \in \mathbf{R}$$

heißt ein *Skalarprodukt* auf V, wenn folgende Axiome erfüllt sind:
1) $\langle u + v, w \rangle = \langle u, w \rangle + \langle v, w \rangle$ für alle u, v, w in V;
2) $\langle \lambda v, w \rangle = \lambda \langle v, w \rangle$ für alle λ in $\mathbf{R}$ und alle v, w in V;
3) $\langle v, w \rangle = \langle w, v \rangle$ für alle v, w in V;
4) $\langle v, v \rangle > 0$ für alle $v \neq 0$ in V.

Der Vektorraum V zusammen mit einem Skalarprodukt σ wird dann ein *euklidischer Vektorraum* genannt.

Wegen des Gesetzes 3) wird die Abbildung σ *symmetrisch* genannt. Wegen dieser Symmetrie gelten auch die Gesetze
1') $\langle w, u + v \rangle = \langle w, u \rangle + \langle w, v \rangle$ für alle u, v, w in V;
2') $\langle w, \lambda v \rangle = \lambda \langle w, v \rangle$ für alle λ in $\mathbf{R}$ und alle v, w in V.

Wenn die Gesetze 1), 2), 1') und 2') zusammen für die Abbildung σ erfüllt sind, dann heißt σ eine *Bilinearform*. Ist das Gesetz 4) erfüllt, so nennt man σ auch *positiv definit*. Wir bemerken noch, daß aus dem Gesetz 2) sofort folgt $\langle 0, 0 \rangle = 0$, zusammen mit 4) also $\langle v, v \rangle \geq 0$ für alle v in V.

Bevor wir die Bedeutung dieser recht abtrakten Begriffsbildung genauer untersuchen, geben wir zwei Beispiele für euklidische Vektorräume an.

3.2 Beispiel: 1) Dieses erste Beispiel verwendet das sogenannte kanonische Skalarprodukt im reellen Vektorraum $\mathbf{R}^n$. Für zwei Vektoren $(\alpha_1,\ldots,\alpha_n)$ und $(\beta_1,\ldots,\beta_n)$ definieren wir

$$\sigma((\alpha_1,\ldots,\alpha_n),(\beta_1,\ldots,\beta_n)) = \langle(\alpha_1,\ldots,\alpha_n),(\beta_1,\ldots,\beta_n)\rangle := \sum_{i=1}^{n}\alpha_i\cdot\beta_i.$$

Man sieht sofort, daß dieses Produkt eine Matrizenmultiplikation darstellt:

$$\langle(\alpha_1,\ldots,\alpha_n),(\beta_1,\ldots,\beta_n)\rangle = (\,\alpha_1 \quad \ldots \quad \alpha_n\,)\cdot\begin{pmatrix}\beta_1\\\vdots\\\beta_n\end{pmatrix} = \left(\sum_{i=1}^{n}\alpha_i\cdot\beta_i\right).$$

Nach Kapitel 1.2 (M3) und (M4) ist die Matrizen-Multiplikation aber linear im ersten Argument, d.h. es gelten die Gesetze 1) und 2). Die Symmetrie 3) ist trivialerweise erfüllt, weil die Multiplikation in $\mathbf{R}$ kommutativ ist. Berechnen wir das Skalarprodukt $\langle v,v\rangle$ für einen Vektor $v = (\alpha_1,\ldots,\alpha_n) \neq 0$, so erhalten wir

$$\langle(\alpha_1,\ldots,\alpha_n),(\alpha_1,\ldots,\alpha_n)\rangle = \alpha_1^2 + \ldots + \alpha_n^2 > 0,$$

weil Quadrate in $\mathbf{R}$ immer positiv oder Null sind. Damit ist auch das Gesetz 4) erfüllt. Das so konstruierte Skalarprodukt auf dem Vekrorraum $\mathbf{R}^n$ wird das *kanonische Skalarprodukt* des $\mathbf{R}^n$ genannt. Mit ihm ist $\mathbf{R}^n$ ein euklidischer Vektorraum.

2) Ein zweites Beispiel eines Skalarprodukts auf dem Vektorraum $\mathbf{R}^3$ erhalten wir durch die Definition

$$\langle(\alpha_1,\alpha_2,\alpha_3),(\beta_1,\beta_2,\beta_3)\rangle := (\,\alpha_1 \quad \alpha_2 \quad \alpha_3\,)\cdot\begin{pmatrix}2 & 0 & 1\\0 & 1 & 0\\1 & 0 & 1\end{pmatrix}\cdot\begin{pmatrix}\beta_1\\\beta_2\\\beta_3\end{pmatrix}$$
$$= 2\alpha_1\beta_1 + \alpha_2\beta_2 + \alpha_3\beta_3 + \alpha_3\beta_1 + \alpha_1\beta_3.$$

Da auch hier wieder eine Matrizenmultiplikation vorliegt, sind die Gesetze 1) und 2) erfüllt. Die Symmetrie liest man direkt an der explizit angegebenen Summe ab. Ursache hierfür ist, daß die verwendete 3×3-Matrix symmetrisch ist, d.h. bei Spiegelung an der (Haupt-)Diagonalen sich nicht ändert. Um zu zeigen, daß σ posivit definit ist, betrachten wir $\langle v,v\rangle = \langle(\alpha,\beta,\gamma),(\alpha,\beta,\gamma)\rangle = 2\alpha^2 + \beta^2 + \gamma^2 + 2\alpha\gamma$ für einen Vektor $v = (\alpha,\beta,\gamma) \neq 0$. Sind beide Koeffizienten $\alpha = \gamma = 0$, so ist $\beta \neq 0$ und $\langle v,v\rangle = \beta^2 > 0$. Ist mindestens einer der Koeffizienten α oder γ von Null verschieden, so genügt es zu zeigen, daß $2\alpha^2 + 2\alpha\gamma + \gamma^2 > 0$ gilt, weil $\langle v,v\rangle = 2\alpha^2 + \beta^2 + \gamma^2 + 2\alpha\gamma \geq 2\alpha^2 + \gamma^2 + 2\alpha\gamma$ ist. Im Falle $\gamma = 0$

ergibt sich das einfach als $2\alpha^2 > 0$. Ist $\gamma \neq 0$, so betrachten wir die Ungleichung $x^2 + x + 1/2 = (x + 1/2)^2 + 1/4 \geq 1/4 > 0$. Ersetzen wir x durch α/γ und multiplizieren wir die Ungleichung mit der positiven Zahl $2\gamma^2$, so erhalten wir $2\alpha^2 + 2\alpha\gamma + \gamma^2 > 0$. Damit ist σ ein Skalarprodukt und $(\mathbf{R}^3, \sigma)$ ein euklidischer Vektorraum.

3.3 Lemma. *Sei (V, σ) ein euklidischer Vektorraum und $U \subseteq V$ ein Untervektorraum. Dann ist U zusammen mit dem induzierten Skalarprodukt $\sigma|_{U \times U} \colon U \times U \longrightarrow \mathbf{R}$ ebenfalls ein euklidischer Vektorraum.*

BEWEIS: Die Bedingungen 1) bis 4) lassen sich ohne weiteres auf U einschränken, sind also auch in U erfüllt. $\square$

Nachdem wir nun Beispiele, insbesondere aber das Standard-Beispiel, für euklidische Vektorräume kennen, können wir damit einen wichtigen geometrischen Begriff schon definieren, nämlich den Begriff der Norm eines Vektors. Wir können uns darunter so etwas wie die Länge des Vektors vorstellen. Weiter unten werden wir die grundlegenden Eigenschaften der Norm genauer festlegen. Wir halten hier aber schon fest, daß lediglich der Nullvektor die Norm (Länge) Null haben wird. Ebenso wächst die Norm eines Vektors proportional zu Faktoren, mit denen wir den Vektor multiplizieren. Die am schwierigsten zu beweisende Eigenschaft der Norm wird Dreiecksungleichung genannt. Sie besagt im wesentlichen, daß die Summe der Längen zweier Seiten eines Dreiecks größer oder gleich der Länge der dritten Seite ist. Ehe wir jedoch diese Aussage beweisen können, müssen wir eine wichtige Ungleichung beweisen.

3.4 Definition: Sei (V, σ) oder kurz V ein euklidischer Vektorraum. Dann heißt

$$\|v\| := \sqrt{\langle v, v \rangle}$$

die *Norm* des Vektors $v \in V$. Die Quadratwurzel aus $\langle v, v \rangle$ ist immer definiert, weil σ positiv definit ist und damit immer $\langle v, v \rangle \geq 0$ gilt. Ein Vektor v heißt *normiert*, wenn $\|v\| = 1$ ist.

Wir beweisen als erstes eine wichtige Ungleichung, die auch in anderen mathematischen Teilgebieten große Bedeutung hat. Sie gilt auch in unendlich-dimensionalen euklidischen Vektorräumen. Wir benötigen sie, um die aus dem Skalarprodukt abgeleiteten geometrischen Begriffe zu untersuchen.

3.5 Satz (Cauchy-Schwarzsche Ungleichung). *In einem euklidischen Vektorraum V gilt für alle $v, w \in V$:*

$$\langle v, w \rangle^2 \leq \langle v, v \rangle \cdot \langle w, w \rangle.$$

Gleichheit gilt in dieser Ungleichung genau dann, wenn v und w linear abhängig sind.

BEWEIS: Für $w = 0$ ist die Aussage des Satzes klar.
Wir nehmen also jetzt $w \neq 0$ an. Zunächst gilt die folgende Ungleichung:

$$0 \leq \langle v - \alpha w, v - \alpha w \rangle = \langle v, v \rangle - 2\alpha \langle v, w \rangle + \alpha^2 \langle w, w \rangle.$$

Wir setzen $\alpha := \langle v, w \rangle / \langle w, w \rangle$, multiplizieren mit $\langle w, w \rangle$ und erhalten

$$0 \leq \langle v, v \rangle \langle w, w \rangle - 2\langle v, w \rangle \langle v, w \rangle + \langle v, w \rangle \langle v, w \rangle = \langle v, v \rangle \langle w, w \rangle - \langle v, w \rangle \langle v, w \rangle.$$

Damit ist die Cauchy-Schwarzsche Ungleichung schon bewiesen.
Um die Aussage über die lineare Abhängigkeit zu beweisen, sei $v = \beta w$. Dann ist $\langle v, w \rangle \cdot \langle v, w \rangle = \beta^2 \langle w, w \rangle^2 = \langle v, v \rangle \cdot \langle w, w \rangle$, also gilt Gleichheit. Gelte umgekehrt Gleichheit in der Cauchy-Schwarzschen Ungleichung. Ist einer der Vektoren v, w Null, so sind die beiden Vektoren linear abhängig. Wir können also $v \neq 0$ und $w \neq 0$ annehmen. Wegen $0 < \langle v, v \rangle \cdot \langle w, w \rangle = \langle v, w \rangle^2$ ist dann auch $\langle v, w \rangle \neq 0$. Wir rechnen

$$
\begin{aligned}
0 &= \langle v, v \rangle - 2\langle v, v \rangle + \langle v, v \rangle \\
&= \langle v, v \rangle - 2\frac{\langle v, v \rangle \cdot \langle v, w \rangle}{\langle v, w \rangle} + \frac{\langle v, w \rangle \cdot \langle v, w \rangle}{\langle v, w \rangle \cdot \langle v, w \rangle}\langle v, v \rangle \\
&= \langle v, v \rangle - 2\frac{\langle v, v \rangle}{\langle v, w \rangle} \cdot \langle v, w \rangle + \frac{\langle v, v \rangle \cdot \langle v, v \rangle}{\langle v, w \rangle \cdot \langle v, w \rangle}\langle w, w \rangle \\
&= \langle v - \frac{\langle v, v \rangle}{\langle v, w \rangle}w, v - \frac{\langle v, v \rangle}{\langle v, w \rangle}w \rangle.
\end{aligned}
$$

Da die Bilinearform positiv definit ist, folgt dann $v - (\langle v, v \rangle / \langle v, w \rangle) \cdot w = 0$. Damit sind v und w linear abhängig. $\square$

Mit dieser Ungleichung können wir jetzt die Eigenschaften der Norm beweisen.

3.6 Satz. *Für die Norm in einem euklidischen Vektorraum V gelten die folgenden Rechenregeln:*

    1) $\|\lambda v\| = |\lambda|\|v\|$ für alle $\lambda \in \mathbf{R}$ und alle $v \in V$;
    2) $\|v + w\| \leq \|v\| + \|w\|$ für alle $v, w \in V$ (Dreiecksungleichung);
    3) aus $\|v\| = 0$ folgt $v = 0$.

BEWEIS: 1) Es ist $\|\lambda v\| = \sqrt{\langle \lambda v, \lambda v \rangle} = \sqrt{\lambda^2 \langle v, v \rangle} = |\lambda|\sqrt{\langle v, v \rangle} = |\lambda|\|v\|$.

2) Wir berechnen mit Hilfe der Cauchy-Schwarzschen Ungleichung

$$\begin{aligned}
\|v + w\|^2 &= \langle v + w, v + w \rangle \\
&= \langle v, v \rangle + 2\langle v, w \rangle + \langle w, w \rangle \\
&= \langle v, v \rangle + 2\sqrt{\langle v, w \rangle \langle v, w \rangle} + \langle w, w \rangle \\
&\leq \langle v, v \rangle + 2\sqrt{\langle v, v \rangle \langle w, w \rangle} + \langle w, w \rangle \\
&= (\sqrt{\langle v, v \rangle} + \sqrt{\langle w, w \rangle})^2 \\
&= (\|v\| + \|w\|)^2.
\end{aligned}$$

Daraus folgt $\|v + w\| \leq \|v\| + \|w\|$.

3) Mit $\|v\| = 0$ ist auch $\|v\|^2 = \langle v, v \rangle = 0$, also $v = 0$. $\square$

Die Cauchy-Schwarzsche Ungleichung erlaubt es nun auch, noch weitere geometrische Begriffe sinnvoll aus dem Skalarprodukt zu entwickeln. Insbesondere wollen wir jetzt den Begriff des Winkels einführen. Dazu setzen wir voraus, daß der Leser mit den grundlegenden Eigenschaften der Cosinus-Funktion $\cos(x)$ vertraut ist, insbesondere daß diese Funktion Werte genau zwischen -1 und 1 annimmt und den Bereich zwischen 0 und π (monoton fallend) bijektiv auf das Intervall $[-1, 1]$ abbildet.

3.7 Definition und Lemma: Wir nennen zwei Vektoren v und w *orthogonal* oder *senkrecht* zueinander, wenn $\langle v, w \rangle = 0$ gilt.

Wir definieren den Winkel $\phi \in [0, \pi]$ zwischen den Vektoren $v \neq 0$ und $w \neq 0$ durch die Gleichung

$$\cos(\phi) = \frac{\langle v, w \rangle}{\|v\| \cdot \|w\|}.$$

Damit der Winkel durch diese Gleichung eindeutig definiert ist, beachten wir, daß aus der Cauchy-Schwarzschen Ungleichung $\langle v, w \rangle^2 \leq \|v\|^2 \|w\|^2$ folgt $-1 \leq \dfrac{\langle v, w \rangle}{\|v\| \cdot \|w\|} \leq 1$. Damit ist der Wert von $\dfrac{\langle v, w \rangle}{\|v\| \cdot \|w\|}$ innerhalb des Wertebereiches der Cosinus-Funktion und der Winkel innerhalb des festgelegten Intervalls auch eindeutig bestimmt. $\square$

Es werden insbesondere die Werte 1 und -1 angenommen, z.B. für $v \neq 0$ und $w = \pm v$. Die Winkel 0 bzw. π treten sogar genau dann auf, wenn die Vektoren v und w linear abhängig voneinander sind. Das ist ein Hinweis darauf, daß der so eingeführte Winkelbegriff sich sinnvoll in unsere bisherigen Untersuchungen einpaßt. Man beachte, daß nach unserer Definition keine Winkel über $180°$ auftreten können, denn unsere Winkel sind auf den Bereich zwischen 0 und π beschränkt.

Ist einer der beiden Vektoren v oder w Null, so ist der eingeschlossene Winkel nicht definiert. Wir sagen aber immer noch, daß die beiden Vektoren senkrecht oder orthogonal zueinander sind. Sind beide Vektoren jedoch von Null verschieden, so sind sie genau dann senkrecht zueinander, wenn $\langle v, w \rangle = 0$ gilt, genau dann, wenn der eingeschlossene Winkel $\pi/2 = 90°$ ist. Daß der Winkelbegriff sinnvoll ist, ergibt sich auch aus der Gültigkeit des Satzes von Pythagoras.

3.8 Satz des Pythagoras. *Seien* $v, w \in V$, *einem euklidischen Vektorraum, orthogonal zueinander. Dann gilt*

$$\|v\|^2 + \|w\|^2 = \|v + w\|^2.$$

BEWEIS: Wir berechnen unter Berücksichtigung von $\langle v, w \rangle = 0$ einfach

$$\|v + w\|^2 = \langle v + w, v + w \rangle = \langle v, v \rangle + 2\langle v, w \rangle + \langle w, w \rangle = \|v\|^2 + \|w\|^2. \qquad \square$$

Aus den gegebenen Definitionen folgt nunmehr eine andere mögliche Definition des Skalarprodukts für den Fall, daß im Vektorraum V der Begriff des Winkels ϕ zwischen Vektoren v und w und der Norm schon bekannt sind. Durch Umstellen der definierenden Formel in 3.7 erhält man nämlich

$$\langle v, w \rangle = \|v\| \cdot \|w\| \cdot \cos(\phi).$$

3.9 Beispiel: Es ist jetzt an der Zeit, die gefundenen Begriffe an einem Beispiel zu verdeutlichen. Wir betrachten den euklidischen Vektorraum $\mathbf{R}^2$ mit dem kanonischen Skalarprodukt. Seien die Vektoren $v := (-2, 3)$ und $w := (6, 4)$ gegeben. Dann erhalten wir für die Norm dieser Vektoren

$$\|v\| = \sqrt{\langle v, v \rangle} = \sqrt{4 + 9} = \sqrt{13} = 3.60555;$$

$$\|w\| = \sqrt{\langle w, w \rangle} = \sqrt{36 + 16} = \sqrt{52} = 7.2111.$$

Weiter sind die beiden Vektoren senkrecht zueinander, denn

$$\langle v, w \rangle = \langle (-2, 3), (6, 4) \rangle = -12 + 12 = 0.$$

Damit können wir auch den Satz des Pythagoras auf diese beiden Vektoren anwenden und erhalten tatsächlich

$$\|v\|^2 + \|w\|^2 = 13 + 52 = 65 = 16 + 49 = \|(4, 7)\| = \|(-2, 3) + (6, 4)\| = \|v + w\|^2.$$

Schließlich bestimmen wir noch den Winkel zwischen v bzw. w und $v + w$ als

$$\cos(\phi_1) = \frac{\langle (-2, 3), (4, 7) \rangle}{\|(-2, 3)\| \cdot \|(4, 7)\|} = \frac{13}{\sqrt{13} \cdot \sqrt{65}} = 0.44721$$

oder $\phi_1 = 63.4349° = 1.1071487(rad) = 0.352416\pi$ und

$$\cos(\phi_2) = \frac{\langle(6,4),(4,7)\rangle}{\|(6,4)\| \cdot \|(4,7)\|} = \frac{52}{\sqrt{52} \cdot \sqrt{65}} = 0.894427$$

oder $\phi_2 = 26.5651° = 0.4636476(rad) = 0.147584\pi$. Man sieht, daß sich in diesem Dreieck die Winkel zu 180° aufsummieren. Tatsächlich hätten wir auch nichts anderes erwartet. Man kann nämlich den Satz über die Winkelsumme im Dreieck ganz allgemein in den von uns eingeführten Begriffen beweisen.

Nachdem uns jetzt die Begriffe der Norm und der Orthogonalität von Vektoren zur Verfügung stehen, können wir uns mit dem für euklidische Vektorräume geeigneten Basisbegriff befassen. Er kommt der geometrischen Vorstellung sehr viel mehr entgegen, als der in Kapitel 1 eingeführte allgemeine Begriff einer Basis. Man kann jetzt fordern, daß die Basisvektoren die Länge oder Norm 1 haben und daß sie paarweise senkrecht aufeinander stehen oder orthogonal zueinander sind. Das führt uns zu der folgenden

3.10 Definition: Eine Basis $b_1, \ldots, b_n$ eines euklidischen Vektorraumes V heißt *Orthonormal-Basis*, wenn alle Basisvektoren normiert sind ($\|b_i\| = 1$) und paarweise orthogonal ($\langle b_i, b_j \rangle = 0$) sind.

Es erhebt sich sofort die Frage nach der Existenz einer Orthonormal-Basis in einem euklidischen Vektorraum. Wir erinnern uns an die Konstruktion einer beliebigen Basis in einem endlich erzeugten Vektorraum (Satz 1.9). Ausgehend von einer endlichen Erzeugendenmenge haben wir so lange linear abhängige Elemente entfernt, bis dies nicht mehr möglich war. Die Restmenge war dann eine Basis. Die Bestimmung von linear abhängigen Elementen konnte mit Hilfe der Theorie der linearen Gleichungssysteme durchgeführt werden, insbesondere durch Rangbestimmung gewisser Matrizen. Dies wiederum war durch Übergang zu einer Stufenmatrix mit Hilfe von elementaren Spaltenumformungen möglich. Insgesamt haben wir hier also ein algorithmisches Verfahren zur Bestimmung einer Basis aus einer vorgegebenen Erzeugendenmenge. Wir werden nun einen Schritt weiter gehen. Ausgehend von einer Basis wollen wir einen Algorithmus (ein Verfahren) angeben, wie man aus einer beliebigen Basis eine Orthonormal-Basis machen kann.

3.11 Satz (Gram-Schmidtsches Orthonormalisierungsverfahren). *Gegeben sei eine Basis $b_1, \ldots, b_n$ in einem euklidischen Vektorraum. Dann bilden die nach folgendem Verfahren gefundenen Vektoren $c_1, \ldots, c_n$ eine Orthonormal-*

Basis:

$$d_1 := b_1;$$

$$c_1 := \frac{1}{\|d_1\|} d_1;$$

$$d_i := b_i - \sum_{j=1}^{i-1} \langle b_i, c_j \rangle c_j;$$

$$c_i := \frac{1}{\|d_i\|} d_i.$$

BEWEIS: Offenbar hat dieses Verfahren $2n$ Schritte und verwendet in jedem Schritt die in den vorhergehenden Schritten gewonnenen Vektoren. Es ist unmittelbar klar, daß die so gewonnenen Vektoren c_i normiert sind, denn es ist $\|\frac{1}{\|d_i\|} d_i\| = \frac{\|d_i\|}{\|d_i\|} = 1$. Weiter sind die Vektoren c_i und c_k ($i \neq k$) genau dann orthogonal zueinander, wenn es d_i und c_k sind, weil sich c_i und d_i nur durch einen skalaren Faktor unterscheiden. Wir haben für alle $k < i$:

$$\langle d_i, c_k \rangle := \langle b_i, c_k \rangle - \langle \sum_{j=1}^{i-1} \langle b_i, c_j \rangle c_j, c_k \rangle$$

$$= \langle b_i, c_k \rangle - \sum_{j=1}^{i-1} \langle b_i, c_j \rangle \langle c_j, c_k \rangle$$

$$= \langle b_i, c_k \rangle - \langle b_i, c_k \rangle = 0. \qquad \square$$

Um Vektoren bezüglich einer Orthonormal-Basis darzustellen, kann man wie in 1.44 eine Transformationsmatrix aufstellen, um mit ihr die Koeffizienten für die Darstellung eines Vektors umrechnen. Es gibt aber noch eine weitere Methode zur Bestimmung der Koeffizienten eines Vektors bezüglich einer Orthonormal-Basis.

3.12 Satz. *Gegeben seien eine Orthonormal-Basis $b_1, \ldots, b_n$ in einem euklidischen Vektorraum und ein Vektor $v \in V$. Dann hat v die Basis-Darstellung*

$$v = \sum_{i=1}^{n} \langle v, b_i \rangle \cdot b_i.$$

BEWEIS: Der Vektor v besitzt eine Basis-Darstellung $v = \sum_i \alpha_i \cdot b_i$. Wir bilden $\langle v, b_j \rangle = \langle \sum_i \alpha_i \cdot b_i, b_j \rangle = \sum_i \alpha_i \langle b_i, b_j \rangle = \alpha_j$ und erhalten $v = \sum_{i=1}^{n} \langle v, b_i \rangle \cdot b_i.$ $\square$

3.13 Beispiel: Wir setzen das Beispiel 3.9 fort und verwenden die Vektoren $v = (-2, 3)$ und $w = (6, 4)$ im euklidischen Vektorraum $\mathbf{R}^2$. Diese Vektoren sind offenbar linear unabhängig, bilden also eine Basis. Auch die Vektoren v und $v + w = (4, 7)$ bilden eine Basis. Aus den letzteren beiden Vektoren wollen wir nach dem Gram-Schmidtschen Orthonormalisierungsverfahren eine Orthonormal-Basis konstruieren. Es sei also $b_1 = (-2, 3)$ und $b_2 := (4, 7)$. Dann erhalten wir

$$c_1 = \frac{1}{\|(-2, 3)\|}(-2, 3) = \left(\frac{-2}{\sqrt{13}}, \frac{3}{\sqrt{13}}\right);$$

$$d_2 = b_2 - \langle b_2, c_1 \rangle c_1 = (4, 7) - \langle (4, 7), \left(\frac{-2}{\sqrt{13}}, \frac{3}{\sqrt{13}}\right) \rangle \cdot \left(\frac{-2}{\sqrt{13}}, \frac{3}{\sqrt{13}}\right)$$

$$= (4, 7) - (-2, 3) = (6, 4);$$

$$c_2 = \frac{1}{\|(6, 4)\|}(6, 4) = \left(\frac{6}{\sqrt{52}}, \frac{4}{\sqrt{52}}\right) = \left(\frac{3}{\sqrt{13}}, \frac{2}{\sqrt{13}}\right).$$

Die beiden so gefundenen Vektoren c_1 und c_2 sind tatsächlich normiert und zueinander orthogonal, bilden also eine Orthonormal-Basis. Als letztes stellen wir den Vektor $v + w = (4, 7)$ bezüglich dieser neuen Orthonormal-Basis dar als

$$v + w = \langle v + w, c_1 \rangle c_1 + \langle v + w, c_2 \rangle c_2$$

$$= \langle (4, 7), \frac{1}{\sqrt{13}}(-2, 3) \rangle c_1 + \langle (4, 7), \frac{1}{\sqrt{13}}(3, 2) \rangle c_2$$

$$= \sqrt{13} c_1 + 2\sqrt{13} c_2.$$

An dieser Rechnung ist schon zu sehen, daß ein Programm für das Orthonormalisierungsverfahren wesentlich effektiver sein wird, als die Durchführung durch Rechnen per Hand.

Damit schließen wir die Untersuchung von Orthonormal-Basen zunächst ab. Wir haben mit der Einführung des Skalarprodukts auch die Möglichkeit davon zu sprechen, daß ganze Untervektorräume senkrecht aufeinander stehen. Wir können solche Untervektorräume sogar konstruieren.

3.14 Definition und Lemma: Seien zwei Untervektorräume U und U' im euklidischen Vektorraum V gegeben. Wir sagen, daß U *orthogonal* zu U' ist, wenn für alle $u \in U$ und alle $u' \in U'$ gilt $\langle u, u' \rangle = 0$.
Sei U ein Untervektorraum des euklidischen Vektorraumes V. Dann definieren wir

$$U^\perp := \{v \in V \,|\, \langle u, v \rangle = 0 \text{ für alle } u \in U\}.$$

$U^\perp$ ist der größte Untervektorraum von V, der orthogonal zu U ist, und heißt *orthogonales Komplement* zu U.

BEWEIS: Da mit $\langle u, v \rangle = 0$ und $\langle u, v' \rangle = 0$ auch $\langle u, v + v' \rangle = 0$ und $\langle u, \alpha \cdot v \rangle = 0$ gelten, ist $U^{\perp}$ nach 1.16 ein Untervektorraum von V. Ein beliebiger zu U orthogonaler Untervektorraum U' muß nach Definition von $U^{\perp}$ aber schon in $U^{\perp}$ liegen. $\square$

3.15 Satz. *Sei U ein Untervektorraum des euklidischen Vektorraums V. Dann gelten*

> *1)* $V = U \oplus U^{\perp}$;
> *2)* $\dim U^{\perp} = \dim V - \dim U$;
> *3)* $U^{\perp\perp} = U$.

BEWEIS: 1) Sei $u \in U \cap U^{\perp}$. Dann gilt $\langle u, u \rangle = 0$, weil $u \in U$ und $u \in U^{\perp}$. Damit ist auch $u = 0$. Sei $v \in V$ und $b_1, \ldots, b_r$ eine Orthonormal-Basis von U. Dann ist $v = (\sum_{i=1}^{r} \langle v, b_i \rangle \cdot b_i) + (v - \sum_{i=1}^{r} \langle v, b_i \rangle \cdot b_i)$. Offenbar gilt $\sum_{i=1}^{r} \langle v, b_i \rangle \cdot b_i \in U$. Für $u = \sum_{j=1}^{r} \alpha_j \cdot b_j$ ist

$$\langle u, v - \sum_{i=1}^{r} \langle v, b_i \rangle \cdot b_i \rangle = \langle \sum_{j=1}^{r} \alpha_j \cdot b_j, v - \sum_{i=1}^{r} \langle v, b_i \rangle \cdot b_i \rangle$$

$$= \sum_{j=1}^{r} \alpha_j \langle b_j, v \rangle - \sum_{j=1}^{r} \sum_{i=1}^{r} \alpha_j \langle v, b_i \rangle \langle b_j, b_i \rangle = 0.$$

Also ist $v - \sum_{i=1}^{r} \langle v, b_i \rangle \cdot b_i \in U^{\perp}$. Damit haben wir aber $v \in U + U^{\perp}$, also $V = U \oplus U^{\perp}$.

2) folgt aus 1) mit 1.43.

3) folgt aus $U \subseteq U^{\perp\perp}$ und $\dim U = \dim V - \dim U^{\perp} = \dim U^{\perp\perp}$ mit 1.20. $\square$

3.2 Euklidische Räume

Die im ersten Abschnitt eingeführten geometrischen Konzepte, die aus einem Skalarprodukt in einem euklidischen Vektorraum entspringen, übertragen sich auch auf affine Räume über einem euklidischen Vektorraum.

3.16 Definition: Ein *euklidischer Raum* ist ein Quadrupel (A, V, τ, σ), wobei (A, V, τ) einen affinen Raum bildet und (V, σ) ein (reeller) euklidischer Vektorraum ist.

In euklidischen Räumen steht uns also zunächst einmal die gesamte Theorie der affinen Räume zur Verfügung. Aus der euklidischen Struktur des Vektorraumes V lassen sich aber weitere Eigenschaften von A entwickeln.

3.17 Definition: Sei (A, V, τ, σ) oder kurz A ein euklidischer Raum. Der *Abstand* zweier Punkte $p, q \in A$ wird definiert als $\|p, q\| := \|\tau(p, q)\|$.

3.18 Lemma. *Für den Abstand in einem euklidischen Raum gelten folgende Rechenregeln:*

1) $\|p,q\| = \|q,p\|$ für alle $p,q \in A$ *(Symmetrie)*;
2) $\|p,r\| \leq \|p,q\| + \|q,r\|$ für alle $p,q,r \in A$ *(Dreiecksungleichung)*;
3) $\|p,q\| = 0$ *genau dann, wenn* $p = q$.

BEWEIS: 1) Es gilt $\|p,q\| = \|\tau(p,q)\| = \|-\tau(q,p)\| = \|\tau(q,p)\| = \|q,p\|$.

2) Es gilt $\|p,r\| = \|\tau(p,r)\| = \|\tau(p,q) + \tau(q,r)\| \leq \|\tau(p,q)\| + \|\tau(q,r)\| = \|p,q\| + \|q,r\|$.

3) Es gilt $\|p,q\| = 0 \Longleftrightarrow \|\tau(p,q)\| = 0 \Longleftrightarrow \tau(p,q) = 0 \Longleftrightarrow p = q$. $\square$

Die in Punkt 2) des Lemmas genannte Dreiecksungleichung ist erst die richtige Dreiecksungleichung, denn sie bezieht sich auf drei unabhängig voneinander wählbare Punkte, die man als Eckpunkte eines Dreiecks ansehen kann, und auf deren Abstände. Mit 2) wird nun tatsächlich ausgesagt, daß die Summe der Längen zweier Seiten eines Dreiecks größer oder gleich der Länge der dritten Seite ist.

Eine Abbildung $\|\cdot,\cdot\| : A \times A \longrightarrow \mathbf{R}$, die die Eigenschaften des Lemmas erfüllt, heißt auch eine *Metrik*, und der Raum A zusammen mit einer Metrik heißt *metrischer Raum*. Wir werden diese Begriffe aber nur im Zusammenhang mit euklidischen Räumen verwenden.

3.19 Definition und Lemma: Sei $B \subseteq A$ ein affiner Unterraum eines euklidischen Raumes A. Der zu B gehörige Translationsraum U ist ein Untervektorraum des euklidischen Translations-(Vektor-)raumes V von A. Wegen 3.3 ist U ein euklidischer Vektorraum und damit B ein euklidischer Raum. Wir nennen B auch einen *euklidischen Unterraum* von A. $\square$

3.20 Definition: Seien $B = U + b$ und $B' = U' + b'$ zwei euklidische Unterräume des euklidischen Raumes A. B und B' heißen *orthogonal* zueinander, wenn sich B und B' schneiden und U und U' orthogonal zueinander sind.

Zu jedem nichtleeren euklidischen Unterraum $B = U + b$ gibt es einen dazu orthogonalen Unterraum, nämlich $B' = U^{\perp} + b$. Dieser ist im allgemeinen nicht eindeutig bestimmt, sondern hängt von der Wahl von b ab.

Mit dieser Definition ist jedoch Vorsicht geboten. Zwei Ebenen im dreidimensionalen Raum, die "senkrecht aufeinander" stehen, sind im obigen Sinne nicht orthogonal! Das kann allein schon aus Dimensionsgründen nicht der Fall sein, denn wenn zwei Untervektorräume U und U' orthogonal zueinander sind, so gilt $U' \subseteq U^{\perp}$, also $\dim U + \dim U' \leq \dim V$. Bei den genannten Ebenen im $\mathbf{R}^3$ enthält die eine lediglich einen euklidischen Unterraum der Dimension 1, der zu der zweiten Ebene orthogonal ist.

3.21 Definition und Lemma: Wir betrachten jetzt zwei affine Geraden g_1, g_2 in einem euklidischen Raum A, die sich im Punkt p schneiden. Sie sind nach der obigen Überlegung euklidische Geraden, d.h. euklidische Räume der Dimension 1. Seien $q_i \in g_i$, $i = 1, 2$, zwei Punkte auf den jeweiligen Geraden, die verschieden sind von p. Dann können wir den Winkel $\phi = \phi(g_1, g_2)$ durch

$$cos(\phi(g_1, g_2)) := \frac{|\langle \tau(p, q_1), \tau(p, q_2) \rangle|}{\|p, q_1\| \cdot \|p, q_2\|}$$

bilden. Wir nennen ihn den von den Geraden g_1 und g_2 *eingeschlossenen Winkel*. Er hängt nicht von der Wahl der Punkte q_i ab. Sind die beiden Geraden gleich, so sei der von ihnen eingeschlossene Winkel 0.

BEWEIS: Seien $q_i' \in g_i$ weitere von p verschiedene Punkte. Dann gilt $\tau(p, q_i') = \alpha_i \tau(p, q_i)$ mit geeigneten Faktoren $\alpha_i \neq 0$. Damit ist

$$|\langle \tau(p, q_1'), \tau(p, q_2') \rangle| = |\langle \alpha_1 \tau(p, q_1), \alpha_2 \tau(p, q_2) \rangle|$$
$$= |\alpha_1 \alpha_2| \cdot |\langle \tau(p, q_1), \tau(p, q_2) \rangle|.$$

Weiter gilt

$$\|p, q_1'\| \cdot \|p, q_2'\| = \|\tau(p, q_1')\| \cdot \|\tau(p, q_2')\| = \|\alpha_1 \tau(p, q_1)\| \cdot \|\alpha_2 \tau(p, q_2)\|$$
$$= |\alpha_1 \alpha_2| \cdot \|\tau(p, q_1)\| \cdot \|\tau(p, q_2)\|$$
$$= |\alpha_1 \alpha_2| \cdot \|p, q_1\| \cdot \|p, q_2\|.$$

Daraus folgt durch Einsetzen in die Definitionsgleichung die Unabhängigkeit von der Wahl der Punkte auf den Geraden. $\square$

Wir bemerken hier, daß durch die Verwendung des Betrags in der gegebenen Definition des Winkels zwischen zwei Geraden dieser nur zwischen 0 und $\pi/2 = 90°$ liegt, weil die rechte Seite nicht negativ werden kann. Eigentlich könnte man anschaulich von zwei zwischen zwei sich schneidenden Geraden eingeschlossenen Winkeln sprechen. Wir haben hier lediglich den kleineren von beiden definiert. Da wir für die Winkel keine örtliche Position festgelegt haben, sondern lediglich einen Zahlenwert, mit dem sich dann später auch einfach rechnen läßt, wäre es schwierig, wenn auch durchaus möglich, mit einer anderen Definition beide Winkel einzuführen und zu unterscheiden. Da sich aus geometrischen Gründen diese beiden Winkel jedoch zu $\pi = 180°$ addieren würden, wäre damit keine zusätzliche Information außer einer Lageangabe für die Winkel gewonnen. Beim Winkel zwischen zwei Vektoren ist die Situation anders, aber auch nicht ganz unkompliziert. Bei der üblichen geometrischen Vorstellung, die man mit Vektoren verbindet (Punkt, Richtung, Länge), ist zwar der zwischen 0 und $\pi = 180°$ liegende Winkel eindeutig auch in seiner Lage bestimmt. Es gibt dann aber immer noch den komplementären zwischen $\pi = 180°$ und $2\pi = 360°$ gelegenen Winkel, den wir aufgrund unserer Definition ausgeschlossen haben. Auch dabei vereinfachen wir die Identifizierung durch Verwendung des reinen Zahlenwertes und ermöglichen einfachere Rechnungen. Genauere Fallunterscheidungen wären sicherlich notwendig, wenn wir die Summe von zwei Winkeln einführen wollten.

Wir werden später in Kapitel 11 bei der Diskussion von Halbräumen auf die Möglichkeit der Lageangabe eingehen. Dort werden Winkel allerdings nur eine untergeordnete Rolle spielen.

Wir wollen jetzt auf die Erfassung von affinen beziehungsweise euklidischen Unterräumen eingehen. Wesentliche Teile der hier zu entwickelnden Begriffe hätten wir schon bei den affinen Räumen einführen können. Da wir bei den graphischen Anwendungen schließlich in Vektorräumen der Form $\mathbf{R}^n$ über den reellen Zahlen arbeiten werden, können wir dort immer auch das kanonische Skalarprodukt einführen und daher eine euklidische Struktur annehmen.

Wir können jetzt eine Reihe von nützlichen Formel angeben, die sich auch als Algorithmen zur Implementierung auf dem Computer eignen. Dazu betrachten wir einen euklidischen Raum (A, V, τ, σ) der Dimension n. Sei B ein euklidischer Unterraum von A mit Translationsvektorraum U von der Dimension $n - 1$, also eine Hyperebene. Dann gilt bekanntlich $B = U + b$ für einen beliebigen Punkt $b \in B$ (2.3). Sei schließlich $u' \in U^\perp$ ein normierter Vektor, der auf U senkrecht steht.

3.22 Satz (Hessesche Normalform). *Unter den gegebenen Voraussetzungen gilt*

$$B = \{p \,|\, p \in A, \ \langle \tau(b, p), u' \rangle = 0\}.$$

BEWEIS: Sei $u + b \in B$. Dann ist $\langle \tau(b, u+b), u' \rangle = \langle u, u' \rangle = 0$, also liegt $u + b$ auch in der rechten Seite der Gleichung. Wenn aber p die Bedingung $\langle \tau(b, p), u' \rangle = 0$ erfüllt, dann gilt $\tau(b, p) \in U$, weil $U^\perp$ von u' erzeugt wird und $U = U^{\perp\perp}$ gilt. Damit ist $p = \tau(b, p) + b \in B$. $\square$

Ein euklidischer Unterraum B der Dimension $n - 1$ (Kodimension 1, also eine Hyperebene) kann also vollständig durch einen beliebigen Punkt $b \in B$ und den normierten Vektor u' beschrieben werden.

3.23 Beispiel: Das einfachste Beispiel für einen euklidischen Raum ist wie schon in Beispiel 2.7 gezeigt ein euklidischer Vektorraum V selber mit der Strukturabbildung $\tau(v, w) = w - v$. Wir betrachten also den $\mathbf{R}^m$ als euklidischen Raum über sich selbst als Translationsvektorrraum. Nach Satz 2.19 läßt sich ein euklidischer Unterraum $B = U + x_0$ der Dimension $m - 1$ als Lösungsmenge eines linearen Gleichungssystems darstellen, nämlich eines Gleichungssystems der Form

$x \cdot M = b$. Nach dem im Beweis von 2.19 Gesagten kann sogar $n = 1$ gewählt werden, d.h. der Vektor b ist in $\mathbf{R} = \mathbf{R}^1$, also ein Skalar β, und die Matrix M ist ein Spaltenvektor c mit m Koeffizienten. Die Elemente $(\beta_1, \ldots, \beta_m) \in B$ erfüllen also die Gleichung

$$(\beta_1, \ldots, \beta_m) \cdot \begin{pmatrix} \gamma_1 \\ \vdots \\ \gamma_m \end{pmatrix} = \langle (\beta_1, \ldots, \beta_m), (\gamma_1, \ldots, \gamma_m) \rangle = b,$$

oder einfach $\langle x, c \rangle = \beta$. Dadurch werden sogar genau alle Vektoren aus B beschrieben. Insbesondere erfüllt x_0 diese Gleichung, so daß wir $\langle x, c \rangle = \beta = \langle x_0, c \rangle$ oder $\langle x - x_0, c \rangle = \langle \tau(x_0, x), c \rangle = 0$ erhalten, also genau die Hessesche Normalform. Wir können also die Hessesche Normalform $\langle \tau(x_0, x), c \rangle = 0$ auch schreiben als

$$\langle x, c \rangle = \langle x_0, c \rangle.$$

Um ein konkretes Beispiel anzugeben, sei der euklidische Raum $\mathbf{R}^3$ gegeben und der Unterraum B in der Hesseschen Normalform

$$\langle (\alpha_1, \alpha_2, \alpha_3), (1, 2, 3) \rangle = 5.$$

Dann liegen z.B. die Punkte $(0, 1, 1)$, $(2, 0, 1)$ und $(5, 0, 0)$ in B.

Wir wollen jetzt sehen, wie man den Abstand zwischen einem Punkt p in einem n-dimensionalen euklidischen Raum A und einem $n-1$-dimensionalen Unterraum B gegeben in Hessescher Normalform feststellen kann. Ist $p \in A$ ein Punkt in B, dann können wir schreiben $p = -\langle \tau(b, p), u' \rangle u' + p$, weil $\langle \tau(b, p), u' \rangle = 0$. Sei jetzt $q \in A$ ein beliebiger Punkt. Dann liegt der Punkt $q' := -\langle \tau(b, q), u' \rangle u' + q$ in B, denn es gilt

$$\begin{aligned} \langle \tau(b, q'), u' \rangle &= \langle \tau(b, -\langle \tau(b, q), u' \rangle u' + q), u' \rangle \\ &= \langle \tau(b, -\langle \tau(b, q), u' \rangle u' + \tau(b, q) + b), u' \rangle \\ &= \langle -\langle \tau(b, q), u' \rangle u' + \tau(b, q), u' \rangle \\ &= -\langle \tau(b, q), u' \rangle \langle u', u' \rangle + \langle \tau(b, q), u' \rangle = 0. \end{aligned}$$

3.24 Definition und Lemma: Der aus $q \in A$ konstruierte Punkt

$$q' := -\langle \tau(b, q), u' \rangle u' + q \in B$$

heißt *Fußpunkt* des Lotes von q auf B. Ist $q \notin B$, so ist die affine Gerade $g = (q, q')$ durch die Punkte q und q' senkrecht zu B. Sie heißt *Lot* von q auf B.

BEWEIS: Die Gerade g hat den Translationsvektorraum

$$\mathbf{R}\tau(q',q) = \mathbf{R}\langle\tau(b,q),u'\rangle u' = \mathbf{R}u' = U^\perp. \qquad \square$$

3.25 Satz. *Sei B ein Unterraum des euklidischen Raumes A und $p \in A$. Sei $p' \in B$ der Fußpunkt des Lotes von p auf B. Dann ist*

$$\|p,p'\| = \operatorname{Min}\{\|p,q\| \mid q \in B\},$$

d.h. $\|p,p'\|$ ist der minimale Abstand aller Punkte von B zu p.

BEWEIS: Sei $q \in B$. Dann ist

$$\begin{aligned}
\|p,q\|^2 &= \|\tau(p,q)\|^2 = \|\tau(p,p') + \tau(p',q)\|^2 \\
&= \|\tau(p,p')\|^2 + \|\tau(p',q)\|^2 \text{ (Satz von Pythagoras)} \\
&\geq \|\tau(p,p')\|^2 = \|p,p'\|^2
\end{aligned}$$

wegen $\langle\tau(p,p'),\tau(p',q)\rangle = 0$. $\square$

3.26 Definition: Der Abstand eines Punktes p von seinem Fußpunkt in einem Unterraum B heißt *Abstand* des Punktes p von dem Unterraum B und wird mit $\|p,B\|$ bezeichnet.

3.27 Satz. *Der Abstand eines Punktes $p \in A$ von einem $n-1$-dimensionalen Unterraum B gegeben in Hessescher Normalform durch einen Punkt $b \in B$ und den normierten Vektor u' ist*

$$\|p,B\| = |\langle\tau(b,p),u'\rangle|.$$

BEWEIS: Es ist $\|p,B\| = \|p,p'\| = \|p, -\langle\tau(b,p),u'\rangle u' + p\| = \|-\langle\tau(b,p),u'\rangle u'\| = |\langle\tau(b,p),u'\rangle|.$ $\square$

3.28 Beispiel: Wir greifen noch einmal Beispiel 3.23 auf. Sei $p = (3,3,3)$ und B wie in 3.23 gegeben. Dann ist der Abstand

$$\|p,B\| = |\langle((3,3,3)-(0,1,1)),(1,2,3)\rangle| = |\langle(3,2,2),(1,2,3)\rangle| = 13.$$

Zum Abschluß dieses Abschnitts bemerken wir noch, daß man mit der Hesseschen Normalform auch feststellen kann, auf welcher Seite einer Hyperebene ein gegebener Punkt liegt. Die dazu benötigten Hilfsmittel werden wir aber erst in Kapitel 11 kennenlernen, da wir die entsprechenden Begriffe für einen projektiven Raum benötigen.

3.3 Orthogonale Abbildungen

Zum Abschluß dieses Kapitels wollen wir noch die grundlegenden Eigenschaften von linearen und affinen Abbildungen kennenlernen, die mit der euklidischen Struktur verträglich sind.

3.29 Definition: Seien (V, σ) und (W, σ') euklidische Vektorräume. Eine lineare Abbildung $f: V \longrightarrow W$ heißt eine *orthogonale Abbildung* oder *Isometrie*, wenn

$$\langle v, v' \rangle = \langle f(v), f(v') \rangle \quad \text{für alle } v, v' \in V.$$

Wir können unmittelbar einige einfache Eigenschaften von Isometrien beweisen.

3.30 Lemma. *Eine lineare Abbildung $f: V \longrightarrow W$ ist genau dann eine orthogonale Abbildung, wenn*

$$\|v\| = \|f(v)\| \quad \text{für alle } v \in V.$$

BEWEIS: Wenn f eine orthogonale Abbildung ist, dann ist

$$\|v\|^2 = \langle v, v \rangle = \langle f(v), f(v) \rangle = \|f(v)\|^2,$$

also auch $\|v\| = \|f(v)\|$. Ist umgekehrt $\|v\| = \|f(v)\|$, so ist

$$\begin{aligned}
\langle v, v' \rangle &= \frac{1}{2}(\langle v, v \rangle + 2\langle v, v' \rangle + \langle v', v' \rangle - \langle v, v \rangle - \langle v', v' \rangle) \\
&= \frac{1}{2}(\langle v + v', v + v' \rangle - \langle v, v \rangle - \langle v', v' \rangle) \\
&\quad - \frac{1}{2}(\|v + v'\|^2 - \|v\|^2 - \|v'\|^2) \\
&= \frac{1}{2}(\|f(v) + f(v')\|^2 - \|f(v)\|^2 - \|f(v')\|^2) \\
&= \frac{1}{2}(\langle f(v) + f(v'), f(v) + f(v') \rangle - \langle f(v), f(v) \rangle - \langle f(v'), f(v') \rangle) \\
&= \frac{1}{2}(\langle f(v), f(v) \rangle + 2\langle f(v), f(v') \rangle \\
&\quad + \langle f(v'), f(v') \rangle - \langle f(v), f(v) \rangle - \langle f(v'), f(v') \rangle) \\
&= \langle f(v), f(v') \rangle. \qquad \square
\end{aligned}$$

3.31 Folgerung. *Ist $f : V \longrightarrow W$ eine orthogonale Abbildung, so ist f injektiv.*

BEWEIS: Sei $f(v) = 0$. Dann ist $\|v\| = \|f(v)\| = 0$, also $v = 0$. $\square$

Da wir von allen Vektorräumen voraussetzen, daß sie endlich-dimensional sind, sind alle orthogonalen Abbildungen $f : V \longrightarrow V$ nach der vorangehenden Folgerung und 1.40 bijektiv. Offenbar sind die identische Abbildung, die Zusammensetzung zweier orthogonaler Abbildungen und die inverse Abbildung einer invertierbaren orthogonalen Abbildung wieder orthogonale Abbildungen. Daher bilden die orthogonalen Abbildungen eines euklidischen Vektorraumes eine Gruppe.

3.32 Definition und Lemma: Sei V ein euklidischer Vektorraum. Dann bilden die orthogonalen Abbildungen $f : V \longrightarrow V$ eine Gruppe, die *orthogonale Gruppe* $\mathcal{O}(V)$. $\square$

Auf dem euklidischen Vektorraum $\mathbf{R}^n$ können alle orthogonalen Abbildungen

$$f : \mathbf{R}^n \longrightarrow \mathbf{R}^n$$

durch Multiplikation mit einer eindeutig bestimmten $n \times n$-Matrix M von rechts gegeben werden: $f = \widehat{M}$. Wegen 3.32 ist diese Matrix immer invertierbar.

3.33 Definition: Eine invertierbare $n \times n$-Matrix heißt *orthogonale Matrix*, wenn sie eine orthogonale Abbildung durch Multiplikation auf $\mathbf{R}^n$ darstellt.

3.34 Satz. *Eine $n \times n$-Matrix M ist genau dann orthogonal, wenn alle ihre Zeilenvektoren normiert sind und paarweise orthogonal sind.*

BEWEIS: Sei M orthogonal. Sei $e_i = (0,\ldots,0,1,0,\ldots,0)$ der kanonische i-te Basisvektor. Dann ist $e_1,\ldots,e_n$ eine Orthonormal-Basis von $\mathbf{R}^n$. Da $e_i \cdot M = a_i$ der i-te Zeilenvektor von M ist, erhalten wir $1 = \|e_i\| = \|\widehat{M}(e_i)\| = \|e_i \cdot M\| = \|a_i\|$. Alle Zeilenvektoren sind damit normiert. Weiter gilt $\langle a_i, a_j \rangle = \langle e_i M, e_j M \rangle = \langle e_i, e_j \rangle = 0$ für $i \neq j$.

Seien umgekehrt die Zeilenvektoren $a_1,\ldots,a_n$ von M eine Orthonormal-Basis. Für $v = \sum_{i=1}^{n} \alpha_i e_i$ ist dann

$$\langle \sum_{i=1}^{n} \alpha_i e_i, \sum_{j=1}^{n} \alpha_j e_j \rangle = \sum_{i=1}^{n} \alpha_i^2$$

$$= \sum_{i,j=1}^{n} \alpha_i \alpha_j \langle a_i, a_j \rangle$$

$$= \langle \sum_{i=1}^{n} \alpha_i a_i, \sum_{j=1}^{n} \alpha_j a_j \rangle$$

$$= \langle \sum_{i=1}^{n} \alpha_i e_i M, \sum_{j=1}^{n} \alpha_j e_j M \rangle$$

$$= \langle \widehat{M}(\sum_{i=1}^{n} \alpha_i e_i), \widehat{M}(\sum_{j=1}^{n} \alpha_j e_j) \rangle.$$

Damit ist $\widehat{M}$ eine orthogonale Abbildung und M eine orthogonale Matrix. $\Box$

3.35 Beispiel: Beispiele von orthogonalen Matrizen kann man sich leicht mit dem Gram-Schmidtschen Orthonormalisierungsverfahren erzeugen. Wir geben hier das Ergebnis einer solchen Rechnung wieder und überlassen dem Leser nachzuprüfen, daß diese Matrix tatsächlich orthogonal ist:

$$M = \begin{pmatrix} \frac{1}{2}\sqrt{2} & \frac{1}{6}\sqrt{6} & \frac{1}{3}\sqrt{3} \\ 0 & \frac{1}{3}\sqrt{6} & -\frac{1}{3}\sqrt{3} \\ -\frac{1}{2}\sqrt{2} & \frac{1}{6}\sqrt{6} & \frac{1}{3}\sqrt{3} \end{pmatrix}.$$

3.36 Satz. *Seien V und W euklidische Vektorräume gleicher Dimension mit Orthonormal-Basen $b_1,\ldots,b_n$ von V und $c_1,\ldots,c_n$ von W. Sei $f : V \longrightarrow W$ eine lineare Abbildung mit darstellender Matrix M. f ist genau dann eine orthogonale Abbildung, wenn M eine orthogonale Matrix ist.*

BEWEIS: Sei $M = (\alpha_{ij})$ die darstellende Matrix von f bezüglich der beiden angegebenen Basen. Dann erfüllen die Koeffizienten von M die Gleichungen $f(b_i) = \sum_{j=1}^{n} \alpha_{ij}c_j$. Die Zeilenvektoren von M bezeichnen wir mit $a_i = (\alpha_{i1},\ldots,\alpha_{in})$. Sei zunächst f eine orthogonale Abbildung. Dann haben wir

$$\begin{aligned} \langle a_i, a_j \rangle &= \sum_{k=1}^{n} \alpha_{ik}\alpha_{jk} \\ &= \sum_{k,l=1}^{n} \alpha_{ik}\alpha_{jl}\langle c_k, c_l \rangle \\ &= \langle \sum_{k=1}^{n} \alpha_{ik}c_k, \sum_{l=1}^{n} \alpha_{jl}c_l \rangle \\ &= \langle f(b_i), f(b_j) \rangle = \langle b_i, b_j \rangle = \delta_{ij}. \end{aligned}$$

Also ist M eine orthogonale Matrix. Sei umgekehrt M orthogonal vorausgesetzt. Dann ist

$$\begin{aligned} \langle f(b_i), f(b_j) \rangle &= \langle \sum_{k=1}^{n} \alpha_{ik}c_k, \sum_{l=1}^{n} \alpha_{jl}c_l \rangle \\ &= \sum_{k,l=1}^{n} \alpha_{ik}\alpha_{jl}\langle c_k, c_l \rangle \\ &= \sum_{k=1}^{n} \alpha_{ik}\alpha_{jk} \\ &= \langle a_i, a_j \rangle = \delta_{ij} = \langle b_i, b_j \rangle. \end{aligned}$$

Ist $v = \sum_{i=1}^{n} \beta_i b_i$ ein beliebiger Vektor in V, so erhalten wir

$$\|f(v)\|^2 = \langle f(v), f(v)\rangle = \langle f(\sum_{i=1}^{n}\beta_i b_i), f(\sum_{j=1}^{n}\beta_j b_j)\rangle$$

$$= \sum_{i,j=1}^{n} \beta_i \beta_j \langle f(b_i), f(b_j)\rangle$$

$$= \sum_{i,j=1}^{n} \beta_i \beta_j \langle b_i, b_j\rangle$$

$$= \langle \sum_{i=1}^{n}\beta_i b_i, \sum_{j=1}^{n}\beta_j b_j \rangle = \langle v, v\rangle = \|v\|^2.$$

Also ist f eine orthogonale Abbildung. $\square$

3.37 Folgerung. *Sei $c_1, \ldots, c_n$ eine Orthonormal-Basis des euklidischen Vektorraumes V. Sei $b_1, \ldots, b_n$ eine beliebige Basis von V und M die Transformationsmatrix für die Basistransformation von der Basis der b_i in die Basis der c_i. $b_1, \ldots, b_n$ ist genau dann eine Orthonormal-Basis, wenn M orthogonal ist.*

BEWEIS: Für die Basistransformation gilt $b_i = \sum_{j=1}^{n} \alpha_{ij} c_j$ (vgl. 1.44). Dann ist

$$\langle b_i, b_j\rangle = \langle \sum_{k=1}^{n}\alpha_{ik}c_k, \sum_{l=1}^{n}\alpha_{jl}c_l \rangle$$

$$= \sum_{k,l=1}^{n} \alpha_{ik}\alpha_{jl}\langle c_k, c_l\rangle$$

$$= \sum_{k=1}^{n} \alpha_{ik}\alpha_{jk} = \langle a_i, a_j\rangle.$$

Also gilt $\langle b_i, b_j\rangle = \delta_{ij}$ genau dann, wenn $\langle a_i, a_j\rangle = \delta_{ij}$ gilt. $\square$

Wir wollen jetzt einige spezielle orthogonale Abbildungen kennenlernen. Sei dazu V ein euklidischer Vektorraum mit einer Orthonormal-Basis $b_1, \ldots, b_n$. Auf dem von b_1, b_2 erzeugten zweidimensionalen Untervektorraum U definieren wir die lineare Abbildung $f : U \longrightarrow U$ als

$$f(b_1) := \cos(\phi)b_1 + \sin(\phi)b_2,$$
$$f(b_2) := -\sin(\phi)b_1 + \cos(\phi)b_2.$$

Da die darstellende Matrix

$$\begin{pmatrix} \cos(\phi) & \sin(\phi) \\ -\sin(\phi) & \cos(\phi) \end{pmatrix}$$

orthogonal ist, ist f orthogonal. Es handelt sich dabei um eine Rotation oder Drehung um den Winkel ϕ entgegen dem Uhrzeigersinn um den Nullpunkt von U.

Haben wir eine Zerlegung eines euklidischen Vektorraumes V in eine orthogonale Summe $V = U \oplus U'$ (dabei ist notwendig $U' = U^\perp$), und sind orthogonale Abbildungen $f : U \longrightarrow U$ und $f' : U' \longrightarrow U'$ gegeben, so ist die Abbildung $g := f \oplus f'$ mit $g(u + u') = f(u) + f'(u')$ wieder eine orthogonale Abbildung. Es ist nämlich unter Verwendung von $u, f(u) \in U$ und $u', f'(u') \in U'$ nach den Satz des Pythagoras

$$\|g(u+u')\|^2 = \|f(u)+f'(u')\|^2 = \|f(u)\|^2 + \|f'(u')\|^2 = \|u\|^2 + \|u'\|^2 = \|u+u'\|^2.$$

Wir betrachten weiter den Untervektorraum U, der von b_1, b_2 erzeugt wird, und die oben angegebene orthogonale Abbildung. Wählen wir auf dem Untervektorraum $U' \subseteq V$, der von $b_3, \ldots, b_n$ erzeugt wird, als orthogonale Abbildung die Identität, so wird die zusammengesetzte orthogonale Abbildung auf g durch die Matrix

$$\begin{pmatrix} \cos(\phi) & \sin(\phi) & 0 & \ldots & 0 \\ -\sin(\phi) & \cos(\phi) & 0 & \ldots & 0 \\ 0 & 0 & 1 & \ldots & 0 \\ \vdots & \vdots & \vdots & & \vdots \\ 0 & 0 & 0 & \ldots & 1 \end{pmatrix}$$

dargestellt. Auch hier sprechen wir von einer *Rotation* oder *Drehung* um den Winkel ϕ. Allerdings bleibt der gesamte Untervektorraum U' elementweise fest bei dieser orthogonalen Abbildung. Wir sagen, daß g eine *Drehung um den Winkel ϕ um den Untervektorraum U'* ist.

Ein weiterer Typ von orthogonalen Abbildungen läßt sich schon auf eindimensionalen euklidischen Vektorräumen betrachten, nämlich *Spiegelungen*. Das sind lineare Abbildungen der Form $f(v) = -v = (-1) \cdot v$. Diese sind trivialerweise orthogonal. Auch die Identische Abbildung in ihrer einfachsten Form sieht so aus: $\mathrm{id}(v) = v = 1 \cdot v$. Die identischen Abbildungen, Spiegelungen und Drehungen lassen sich nun wie oben auf mehreren paarweise orthogonalen Untervektorräumen beliebig wählen und dann zu einer einzigen Abbildung zusammensetzen, deren darstellende Matrix dann die Form

$$
\begin{pmatrix}
\cos(\phi) & \sin(\phi) & & & & & & & \cdots & 0 \\
-\sin(\phi) & \cos(\phi) & & & & & & & \cdots & 0 \\
& & \cos(\psi) & \sin(\psi) & & & & & \cdots & 0 \\
& & -\sin(\psi) & \cos(\psi) & \cdots & & & & \cdots & 0 \\
& & & & \vdots & \vdots & & & & \vdots \\
& & & & \cdots & -1 & \cdots & 0 & \cdots & 0 \\
& & & & & \vdots & & \vdots & & \vdots \\
& & & & & 0 & \cdots & -1 & \cdots & 0 \\
& & & & & & & 1 & \cdots & 0 \\
\vdots & \vdots & \vdots & \vdots & & \vdots & & \vdots & \vdots & \vdots \\
0 & 0 & 0 & 0 & \cdots & 0 & \cdots & 0 & 0 & \cdots & 1
\end{pmatrix}
\tag{3.1}
$$

hat. Die Winkel $\phi, \psi, \ldots$ können dabei unabhängig voneinander gewählt werden und definieren dann jeweils Drehungen der von b_1, b_2 bzw. b_3, b_4 etc. erzeugten Untervektorräume um ihr jeweiliges orthogonales Komplement. Die Anzahl der Faktoren -1 in der Diagonalen ist die Dimension des Untervektorraumes, auf dem die Abbildung als Spiegelung wirkt.

Die darstellende Matrix der orthogonalen Abbildung g wird sich selbstverständlich ändern, wenn wir eine andere Basis zugrunde legen. Es gilt aber der folgende Satz, den wir hier nicht beweisen wollen, da für seine Vorbereitung weitere wesentliche Hilfmittel noch eingeführt werden müßten. Wir werden im folgenden lediglich verwenden, daß die oben konstruierten Abbildungen orthogonale Abbildungen sind.

3.38 Satz. *Sei $f: V \longrightarrow V$ eine orthogonale Abbildung. Dann besitzt V eine Orthonormal-Basis $b_1, \ldots, b_n$, so daß die darstellende Matrix M von f bezüglich der gegebenen Basis die Form (3.1) hat. Dabei sind die Anzahl der Faktoren 1, die Anzahl der Faktoren -1 in der Diagonalen und die Winkel $\phi, \psi, \ldots$ eindeutig durch g bestimmt.*

Auch die folgende Aussage über den speziellen Fall der Dimensionen 3 und 4 wollen wir nicht beweisen. Es ist aber auch für unsere Zwecke günstig, über die Möglichkeiten in den niedrigen Dimensionen informiert zu sein.

3.39 Folgerung. *Sei V ein dreidimensionaler euklidischer Vektorraum und sei $f: V \longrightarrow V$ eine orthogonale Abbildung. Dann können zwei Fälle eintreten:*
1) es gibt einen Vektor $0 \neq v \in V$ mit $g(v) = v$; g stellt eine Drehung um den von v aufgespannten Untervektorraum dar; der Winkel ϕ bestimmt sich aus einer darstellenden Matrix $M = (\alpha_{ij})$ bezüglich einer beliebigen Basis mit der Formel

$$
\cos(\phi) = \frac{1}{2}(\alpha_{11} + \alpha_{22} + \alpha_{33} - 1);
$$

2) es gibt einen Vektor $0 \neq v \in V$ mit $g(v) = -v$; g stellt eine Dreh-Spiegelung um den von v aufgespannten Untervektorraum dar; der Winkel ϕ bestimmt sich aus einer darstellenden Matrix $M = (\alpha_{ij})$ bezüglich einer beliebigen Basis mit der Formel

$$\cos(\phi) = \frac{1}{2}(\alpha_{11} + \alpha_{22} + \alpha_{33} + 1).$$

Insbesondere gibt es im Falle der Folgerung 3.39 eine Orthonormal-Basis von V, bezüglich der f die darstellende Matrix

$$\begin{pmatrix} \cos(\phi) & \sin(\phi) & 0 \\ -\sin(\phi) & \cos(\phi) & 0 \\ 0 & 0 & \pm 1 \end{pmatrix}$$

hat. Im Falle des Koeffizienten $\alpha_{33} = 1$ liegt eine Drehung oder Ratation vor, im Falle $\alpha_{33} = -1$ eine Dreh-Spiegelung.

Im vierdimensionalen Fall kann der euklidische Vektorraum V so in eine orthogonale Summe von zwei zweidimensionalen Untervektorräumen zerlegt werden, daß auf jedem der Untervektorräume eine Drehung, also insgesamt zwei Drehungen, oder aber eine Drehung auf einem der Untervektorräume und eine (eindimensionale) Spiegelung an einem eindimensionalen Untervektorraum in dem anderen Untervektorraum stattfinden. Die entsprechenden Teilmatrizen sind also entweder beide von der Form

$$\begin{pmatrix} \cos(\phi) & \sin(\phi) \\ -\sin(\phi) & \cos(\phi) \end{pmatrix}$$

oder aber eine von ihnen ist von der Form

$$\begin{pmatrix} 1 & 0 \\ 0 & -1 \end{pmatrix}.$$

Für den Beweis der vorstehenden Behauptungen werden wie schon gesagt tiefer liegende Hilfsmittel benötigt, die wir hier nicht entwickeln wollen. Sie können jedoch bei der Implementierung im Graphik Paket nützliche Algorithmen abgeben, insbesondere im dreidimensionalen Fall, in dem man aus einer beliebigen darstellenden Matrix die Drehachse und den Drehwinkel leicht bestimmen kann. Die Berechnung der Drehwinkel und insbesondere der Drehvektorräume im vierdimensionalen Fall ist etwas komplizierter.

Zu Abschluß dieses Kapitels wollen wir noch auf die Übertragung der hier entwickelten Begriffe auf euklidische Räume mit euklidischen Translationsvektorräumen hinweisen. Eine affine Abbildung $(F, f): (A, V, \tau) \longrightarrow (B, W, \tau')$ mit euklidischen Räumen A und B heißt *affine orthogonale Abbildung*, wenn die lineare

Abbildung f eine orthogonale Abbildung ist. Die oben studierten Eigenschaften, insbesondere auch die Zerlegung in Drehungen (Rotationen), Spiegelungen und identische Abbildungen lassen sich so auch auf affine euklidische Abbildungen übertragen.

4 Projektive Räume

Die ersten drei Kapitel dieses Buches waren der Einführung der Methoden der sogenannten linearen Algebra gewidmet. Sie sollen dem Leser als Referenz zur Verfügung stehen. Mit diesem Kapitel kommen wir zu den für unsere Betrachtungen zentralen mathematischen Objekten, den projektiven Räumen. Zur Einführung beginnen wir mit einem Paradoxon, daß die Problematik der Perspektive erhellen soll.

Paradoxon des Photographen: Gegeben sei ein Froschaugen-Objektiv mit einer Öffnung von 180 Grad. Man steht vor einer unendlich langen Mauer und photographiert sie im rechten Winkel. Offenbar laufen die untere und obere Begrenzung der Mauer nach rechts und nach links zu einem Punkt zusammen, ergeben also auf dem Photo auf dem rechten und linken Bildrand je einen Punkt. Im Mittelteil des Bildes werden Ober- und Unterkante als verschiedene Linien wiedergegeben. Die in der Natur geraden Linien der Ober- bzw. Unterkante der Mauer werden im Bild also keine Geraden sein können. Es stellt sich sofort die Frage: sind solche Verzerrungen (gerade Linien bleiben nicht gerade) auch bei anderen Objektiven in kleinerem Maße notwendig?

Eine Reihe von interessanten mathematischen Fragen schließt sich hier an. Wie kann der 3-dimensionale Raum (in Ausschnitten) auf den 2-dimensionalen Bildschirm abgebildet werden? Wenn auf dem Bildschirm (oder einer Photographie) der Horizont in bekannter Weise als eine Linie auftritt, welche Punkte des 3-dimensionalen Raumes werden hier eigentlich wiedergegeben? Es genügt offenbar nicht, den 3-dimensionalen Raum allein zu betrachten, sondern man muß ihn durch „unendlich ferne" Punkte ergänzen.

Können Techniken, die es gestatten 2- und 3-dimensionale Gebilde auf dem Bildschirm darzustellen, auch auf vier- und höherdimensionale Objekte ausgedehnt werden? Wie sieht ein Blick in den vierdimensionalen Raum aus? Gibt es auch dabei eine perspektivische Darstellung? Diese und ähnliche Fragen wollen wir in den folgenden Kapiteln beantworten.

Projektive Räume bestehen aus Punkten und Geraden, wobei die Relation zwischen Punkten und Geraden — man spricht von Inzidenz, wenn ein Punkt auf einer Geraden liegt — gewissen Axiomen genügt.

Diese Beschreibung von projektiven Räumen kann koordinatenfrei gegeben werden, d.h. ohne Bezugnahme auf Koeffizienten aus gewissen Zahl- (Skalar-) Bereichen zur Festlegung der Punkte und Geraden. Das geschieht in der axiomatischen projektiven Geometrie. Es ist dann möglich, nachträglich Koordinaten einzuführen, denn unser Ziel wird es sein, Operationen im projektiven Raum in ihrer Wirkung auf die Punkte und Geraden auszurechnen. Dazu sind, wie in der linearen Algebra und der euklidischen Geometrie Koordinaten am geeignetsten.

Ein anderer Weg zur projektiven Geometrie benutzt von vornherein einen Skalarbereich K und in gewissem Umfang Koordinaten. Die beiden Wege führen zu denselben Begriffen und Ergebnissen. Der erste Weg ist zunächst der geometrisch anschaulichere, führt jedoch erst nach sehr tiefliegenden Überlegungen zu den Koordinaten und damit der Möglichkeit, mit Operationen rechnen zu können. Der zweite Weg ist von seinem Ansatz her sehr viel weniger anschaulich, führt uns aber wesentlich schneller zu unserem Ziel. Wir wollen diesen Weg analytische projektive Geometrie nennen.

Wir müssen jedoch darauf achten, daß wir kein festes Koordinatensystem einführen. Das würde uns in der Festlegung von geometrischen Gebilden im projektiven Raum unzulässig einengen, inbesondere das Verständnis für gewisse Projektionen auf Unterräume, die willkürlich ausgewählt werden können, behindern. Wir erinnern an den abstrakten Begriff des affinen Raumes A mit Translations-Vektorraum V, in dem kein „Nullpunkt" und keine „Koordinatenachsen" festgelegt sind. Solche affinen Räume können z.B. als Unter-(Vektor-)Räume U eines Vektorraumes W auftreten. Selbst die Vorgabe von Koordinaten für den Raum W werden im allgemeinen keine vernünftigen Koordinaten für U induzieren.

Deshalb werden wir die Definition eines projektiven Raumes in Abhängigkeit von einem Vektorraum V geben, nicht jedoch in Abhängigkeit von einem Vektorraum K^n, weil hier unnötigerweise und für den Anwender bindend schon Koordinaten im Vektorraum vorgegeben sind. Ebenso werden wir für V keine Basis auszeichnen.

Nach der analytischen Definition des projektiven Raumes sollen in den ersten beiden Kapiteln sofort die in der axiomatischen Geometrie verwendeten Axiome hergeleitet werden. Weitere Aussagen über projektive Räume werden wir dann, soweit möglich und sinnvoll, mit Hilfe dieser Axiome beweisen, um dem Leser einen Teil der Anschaulichkeit der axiomatischen projektiven Geometrie zu vermitteln.

Ein großer Teil der projektiven Geometrie kann so mit einem Vektorraum über einem beliebigen Schiefkörper, ja über noch allgemeineren Algebren entwickelt werden. Gewisse Axiome (insbesondere der Satz von Pappus) benötigen jedoch, daß der verwendete Körper kommutativ ist, man kann sogar den Körper aus dem vorgegebenen projektiven Raum wieder zurückrechnen. Obwohl der Aufbau der projektiven Geometrie also über einem Schiefkörper möglich ist, werden wir uns auf einen zugrunde liegenden Körper K beschränken. Im wesentlichen wird für uns sogar nur der Körper R der reellen Zahlen in Frage kommen.

Für alles folgende machen wir die Generalvoraussetzung: Sei K ein Körper. Alle Vektorräume seien endlich-dimensionale Vektorräume über K.

4.1 Definition: Sei V ein Vektorraum. Seien

$P(V)$ die Menge der eindimensionalen Unterräume von V,

$G(V)$ die Menge der zweidimensionalen Unterräume von V,

$\varepsilon \subseteq P(V) \times G(V)$ die Inklusionsrelation „$\subseteq$".

Dann heißt $(P(V), G(V), \varepsilon)$ der über V definierte *projektive Raum*. Wir werden im folgenden den über V definierten projektiven Raum häufig auch nur mit $P(V)$ bezeichnen. Dabei nehmen wir stillschweigend an, daß die übrigen Daten, die Menge $G(V)$ und die Relation ε, bekannt sind. Ein ähnliches Vorgehen ist ja schon von der Definition der Gruppen bekannt. Eine Gruppe besteht bekanntlich aus einer Menge G und einer Gruppenverknüpfung $G \times G \longrightarrow G$, so daß gewisse Axiome erfüllt sind, jedoch spricht man allgemein nur „von der Gruppe G" und setzt die Verknüpfung als bekannt voraus.

Die Elemente von $P(V)$ heißen *projektive Punkte*, die Elemente von $G(V)$ heißen *projektive Geraden*. Ein (projektiver) Punkt p *liegt auf* der (projektiven) Geraden g (p *inzidiert mit* g), falls $p \varepsilon g$, d.h. falls $p \subseteq g$ als Unterräume von V.

Dem mit den axiomatischen Methoden der Mathematik weniger vertrauten Leser mag es merkwürdig vorkommen, daß hier Geraden (eindimensionale Unterräume) als „Punkte" verwendet werden und ebenso Ebenen (zweidimensionale Unterräume) als „Geraden". Wenn man Mathematik mit axiomatischen Methoden betreibt, so kümmert man sich zunächst nicht darum, welche Natur die betrachteten Objekte haben. Man ist nur daran interessiert, welche Eigenschaften von ihnen durch die Axiome gefordert werden. Ob die Vektoren eines Vektorraums z.B. n-Tupel $(x_1, \ldots, x_n)$ oder Funktionen oder Transformationen oder Differentialoperatoren sind, ist für die axiomatische Betrachtung von Vektorräumen gleichgültig. Diese zusätzlichen Eigenschaften werden nur beim Rechnen mit speziellen Beispielen herangezogen. Die allgemeine Theorie gründet sich allein auf die durch die Vektorraum-Axiome festgelegten Eigenschaften eines beliebigen Vektorraums. Für manche Zusammenstellungen von Axiomen gibt es überhaupt kein mathematisches Objekt, das diese Axiome erfüllt. Solche Axiom-Mengen sind dann natürlich nicht besonders sinnvoll.

Geometrie im axiomatischen Sinn betreibt man nun, indem man eine Menge von Punkten und eine Menge von Geraden voraussetzt, und dann durch Axiome bestimmt, welche Zusammenhänge gelten sollen, z.B. ob durch zwei verschiedene Punkte zwei Geraden verlaufen können, oder nur eine Gerade, oder manchmal auch keine Gerade, ob sich zwei verschiedene Geraden immer schneiden müssen, oder ob es auch Ausnahmefälle gibt. Dazu muß in den Voraussetzungen noch die Punkt-Geraden Inzidenz vorgegeben sein. In der affinen und der euklidischen Geometrie gibt es zum Beispiel parallele Geraden, die sich nicht schneiden, in der projektiven Geometrie (der Ebene) schneiden sich jedoch alle Geraden, es gibt also keine Parallelen. Es ist leicht axiomatisch zu fordern, daß je zwei verschiedene Geraden einen Schnittpunkt haben. Ein andere Frage ist, ob solche geometrischen Gebilde überhaupt existieren. Wenn sie existieren, dann machen unsere Axiome (, die wir hier nicht angegeben haben,) jedenfalls keine Aussage über die Natur der Punkte (rot, grün, flach, rund, nicht ausgedehnt, im realen 3-dimensionalen Raum gelegen etc.). Wenn wir also eine Menge von beliebigen Objekten, etwa Büchern, finden, die in der Axiomatik die Rolle der Punkte übernehmen, und eine weitere Menge von Objekten, etwa Bücherschränken, die die Rolle der Geraden übernehmen, so daß dann alle Axiome der projektiven Geometrie erfüllt sind, so kann man dann von einem projektiven Raum sprechen. So etwas würde man auch als konkretes Modell für einen projektiven Raum bezeichnen.

In der oben angegebenen Definition von projektiven Räumen haben wir jedoch keine axiomatische Beschreibung gegeben. Vielmehr haben wir sofort ein Modell eingeführt, das uns das Rechnen und die Herleitung der mathematischen Aussagen erleichtert. Es steht daher außerhalb unserer Möglichkeit nachzuprüfen, ob die eingeführten Punkte und Geraden tatsächlich die Axiome der projektiven Geometrie erfüllen. Wir werden einfach einige Eigenschaften für den oben definierten projektiven Raum herleiten und dann später vermerken, welche dieser Eigenschaften auch für eine axiomatische Beschreibung verwendet werden können.

Es gibt aber auch eine etwas anschaulichere Begründung für die oben angegebene Definition. Dazu betrachten wir den projektiven Raum $P(\mathbf{R}^3)$, wobei $\mathbf{R}$ der Körper der reellen Zahlen ist, d.h. wir betrachten die Menge der eindimensionalen Unterräume des reellen dreidimensionalen Raumes $\mathbf{R}^3$. Man beachte zunächst, daß hier nicht alle Geraden im $\mathbf{R}^3$ betrachtet werden, sondern nur diejenigen, die durch den Ursprung verlaufen. Sodann betrachten wir die Ebene E, die durch $z = 1$ beschrieben wird. Sie ist parallel zur x-y-Ebene, und keiner der betrachteten eindimensionalen Unterräume liegt in ihr. Die meisten eindimensionalen Unterräume haben jedoch einem Schnittpunkt mit E. Jeder Punkt von E kann so erhalten werden. Wir können also mit den eindimensionalen Unterräumen alle Punkte von E (als Schnittpunkte) beschreiben. Es bleiben nur diejenigen eindimensionalen Unterräume ohne Schnittpunkt mit E, die ganz in der x-y-Ebene liegen. So können wir uns den projektiven Raum $P(\mathbf{R}^3)$ vorstellen als die Menge der Punkte in E und eine Menge von zusätzlichen Punkten, die den eindimensionalen Unterräumen in der x-y-Ebene oder den Richtungen darin entsprechen. Die hier fehlenden Schnittpunkte mit E können wir auch als unendlich ferne Schnittpunkte auffassen, d.h. ein unendlich ferner Punkt ist eine Richtung in der x-y-Ebene. Wir weisen hier noch darauf hin, daß zu einem vorgegebenen eindimensionalen Unterraum in der x-y-Ebene nur ein Punkt im projektiven Raum gegeben ist, nicht wie man zunächst anschaulich meinen könnte zwei Punkte, etwa je einen unendlich fernen Schnittpunkt mit E in jeder Richtung, in der der eindimensionale Unterraum sich ins Unendliche erstreckt.

Das folgende Beispiel zeigt die Notwendigkeit, auch unendlich ferne Punkte möglichst gleichberechtigt in geometrische Argumentationen einzubeziehen. Eine zentrische Streckung auf einer Geraden können wir auch durch eine Abbildung erhalten, wie sie in Figur 4.1 dargestellt ist.

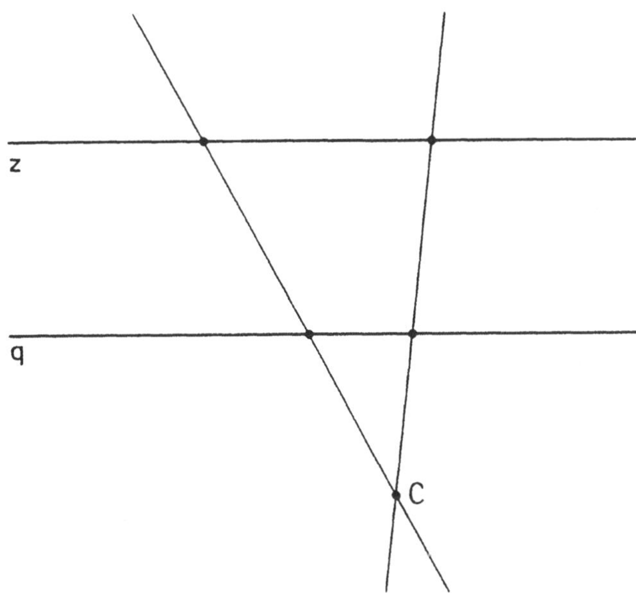

Figur 4.1

Die Abbildung erfolgt von der Geraden q in die Gerade z — beide Geraden sind parallel —, indem man vom Zentrum C ausgehend durch einen beliebigen Punkt auf der Quell-Geraden q eine Gerade zieht und ihren Schnittpunkt mit der Ziel-Geraden z als Bildpunkt verwendet. Je nach Abstand der beiden parallelen Geraden voneinander und vom Zentrum C erhält man verschiedene Streckungsfaktoren. Wenn man aber von der Parallelität der Geraden weggeht, wie in der Figur 4.2 (das ist dann keine Streckung mehr), dann kann man in ähnlicher Weise eine Abbildung von q nach z mit Zentrum C definieren, nur haben nicht mehr alle Punkte aus q einen Bildpunkt. Das geschieht genau dann, wenn die Abbildungsgerade parallel zu z verläuft. Hier wäre also ein unendlich ferner Schnittpunkt (genau einer !) vonnöten. Ebenso hat nicht jeder Punkt von z ein Urbild auf q.

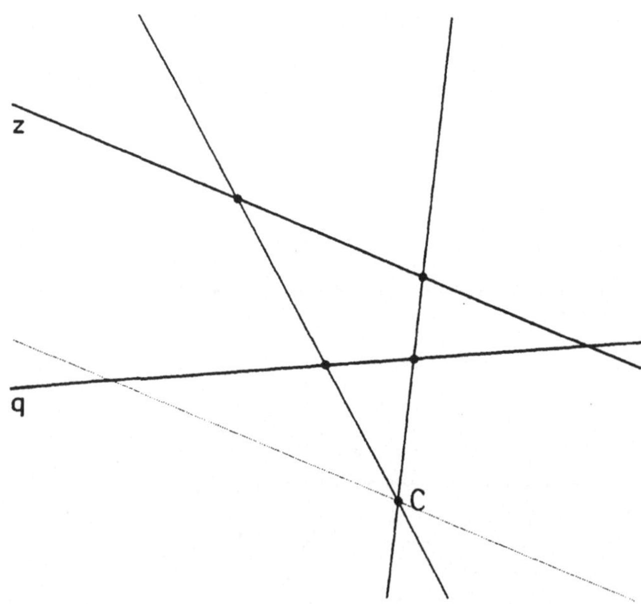

Figur 4.2

Dem üblichen mathematischen Aufbau einer Theorie folgend werden wir zunächst einmal Unterstrukturen von projektiven Räumen einführen und untersuchen. Die Untersuchung der zulässigen Abbildungen verschieben wir auf spätere Kapitel.

4.2 Definition: Sei $W \subseteq V$ ein Unterraum. Dann gilt $P(W) \subseteq P(V)$ und $G(W) \subseteq G(V)$. Das Tripel $(P(W), G(W), \varepsilon \cap P(W) \times G(W))$ (kurz $P(W)$) heißt dann *projektiver Unterraum* von $P(V)$.

4.3 Lemma. *Seien $P(U)$ und $P(W)$ projektive Unterräume von $P(V)$. Sind die beiden Mengen $P(U)$ und $P(W)$ gleich, so sind die Unterräume U und W gleich.*

BEWEIS: Es genügt zu zeigen, daß aus $P(U) \subseteq P(W)$ folgt $U \subseteq W$. Sei $u \in U$ und $u \neq 0$. Dann ist $p = Ku$ ein 1-dimensionaler Unterraum, also $p \in P(U)$. Damit ist auch $p \in P(W)$, insbesondere also $u \in W$. $\square$

4.4 Definition: Die *Dimension* eines projektiven Raumes ist definiert durch

$$\dim(P(V)) := \dim(V) - 1.$$

$P(V)$ mit $\dim(P(V)) = 1$ heißt eine *projektive Gerade*. Die Elemente von $G(V)$ können also auch als projektive Unterräume aufgefaßt werden. $P(V)$ mit $\dim(P(V)) = 2$ heißt eine *projektive Ebene*. Ist $P(W) \subseteq P(V)$ projektiver Unterraum mit $\dim(P(W)) + 1 = \dim(P(V))$, so heißt $P(W)$ eine *projektive Hyperebene* von $P(V)$. Man beachte, daß $P(0) = \emptyset$, also $\dim(\emptyset) = -1$.

4.5 Satz. *Sei $P(V)$ ein projektiver Raum.*

> a) *Durch je zwei verschiedene Punkte p, q gibt es genau ein Gerade (p,q) mit $p \,\varepsilon\, (p,q)$ und $q \,\varepsilon\, (p,q)$.*
>
> b) *Auf jeder Geraden g gibt es mindestens 3 verschiedene Punkte.*
>
> c) *(Veblen-Young) Seien p, q, r, s paarweise verschiedene Punkte in $P(V)$. Wenn die Geraden (p,q) und (r,s) einen Schnittpunkt besitzen, so schneiden sich auch (p,r) und (q,s).*

BEWEIS: a) Seien $p, q \in P(V)$ und $p \neq q$. Dann erzeugen p und q einen 2-dimensionalen Unterraum $(p,q) := p+q$. Die Addition ist hier die Addition von Unterräumen von V. Also ist $(p,q) \in G(V)$, $p \,\varepsilon\, (p,q)$ und $q \,\varepsilon\, (p,q)$. Offenbar ist (p,q) durch p und q eindeutig bestimmt.

b) Sei $g = Kx + Ky$ mit x, y linear unabhängig. Dann sind Kx, Ky und $K(x+y)$ drei paarweise verschiedene Punkte auf g.

c) Unter einem Schnittpunkt zweier Geraden verstehen wir hier einen Punkt, der mit beiden Geraden inzidiert. Entsprechend sagen wir, daß sich zwei Geraden schneiden, wenn sie mindestens einen Schnittpunkt besitzen. Seien $p = Ku$, $q = Kv$, $r = Kx$ und $s = Ky$. Nach Voraussetzung sind je zwei der Vektoren u, v, x, y linear unabhängig. Dann ist $(p,q) = Ku + Kv$ und $(r,s) = Kx + Ky$. Da sich (p,q) und (r,s) im $P(V)$ schneiden, gibt es einen von Null verschiedenen Vektor z in $(Ku + Kv) \cap (Kx + Ky)$, also $z = \alpha \cdot u + \beta \cdot v = \gamma \cdot x + \delta \cdot y$. Dann ist auch $z' = \alpha \cdot u - \gamma \cdot x = \delta \cdot y - \beta \cdot v \neq 0$, Wäre nämlich $z' = 0$, so müßten die Koeffizienten α, β, γ und δ wegen der linearen Unabhängigkeit verschwinden, also wäre auch $z = 0$, was nicht sein kann. z' definiert also einen Schnittpunkt von (p,r) und (q,s). $\square$

Die drei soeben bewiesenen Aussagen über einen projektiven Raum kann man sogar als Axiome für die projektive Geometrie verwenden. In Satz 5.20 werden wir das genauer formulieren. Es sei hier nur vermerkt, daß man aus Satz 4.5 (fast) alle weiteren Aussagen der projektiven Geometrie ableiten kann. Soweit das leicht durchführbar ist, werden wir uns also in den Beweisen wesentlich auf 4.5 stützen.

4.6 Folgerung.   a) *Zwei verschiedene projektive Geraden g und h schneiden sich in höchstens einem Punkt.*

> b) *Sei $P(V)$ eine projektive Ebene. Dann schneiden sich je zwei verschiedene Geraden in genau einem Punkt.*

BEWEIS: a) Seien $p, q \in P(V)$ mit $p \,\varepsilon\, g$, $p \,\varepsilon\, h$, $q \,\varepsilon\, g$ und $q \,\varepsilon\, h$. Sei $p \neq q$. Dann ist $g = h$ wegen 4.5.a) im Widerspruch zur Voraussetzung. Also muß $p = q$ gelten. b) Seien $g, h \in G(V)$. Wenn $g \cap h = 0$, dann ist $\dim(g+h) = \dim(g)+\dim(h) = 4$, also ist $\dim(V) \geq 4$ und $\dim(P(V)) \geq 3$. Da $P(V)$ aber eine projektive Ebene ist, muß $\dim(g \cap h) \geq 1$ gelten, also gibt es einen Schnittpunkt von g und h. Nach 4.6.a) ist dieser eindeutig bestimmt. $\square$

4.7 Folgerung. *Seien p, q, r Punkte in $P(V)$ mit $p \neq r \neq q$. Es gilt $p \,\varepsilon\,(q, r)$ genau dann, wenn $q \,\varepsilon\,(p, r)$.*

BEWEIS: Es genügt eine Richtung zu zeigen. Sei $p \,\varepsilon\,(q, r)$. Man bilde (p, r). Beide Geraden enthalten die Punkte r und p, also sind sie nach 4.5.a) gleich. Daher muß auch q auf dieser Geraden liegen. $\square$

4.8 Lemma. *Sei $P(U)$ ein projektiver Unterraum von $P(V)$.*
    a) Seien $p, q \in P(U)$ und $p \neq q$. Dann ist $(p, q) \in G(U)$.
    b) Sei $g \in G(U)$ und $p \in P(V)$. Wenn $p \,\varepsilon\, g$, dann ist $p \in P(U)$.

BEWEIS: a) Nach 4.5.a) ist $(p, q) = p + q$. Wegen $p, q \subseteq U$ gilt $(p, q) \subseteq U$, also $(p, q) \in G(U)$.
b) Aus $p \,\varepsilon\, g$ folgt $p \subseteq g$. Da mit $g \in G(U)$ auch $g \subseteq U$ gilt, ist $p \subseteq U$, also $p \in P(U)$. $\square$

4.9 Satz. *Seien $P \subseteq P(V)$ und $G \subseteq G(V)$ mit den Eigenschaften*
    a) sind $p, q \in P$ und $p \neq q$, dann ist $(p, q) \in G$;
    b) sei $g \in G$ und $p \in P(V)$; wenn $p \,\varepsilon\, g$, dann ist $p \in P$.
Dann gibt es einen Unterraum $U \subseteq V$ mit $P = P(U)$ und $G = G(U)$, d.h. dann ist $(P, G, \varepsilon \cap (P \times G))$ ein projektiver Unterraum.

BEWEIS: Wir definieren $U := \{u \in V \mid u = 0 \text{ oder } Ku \in P\}$ und zeigen, daß U ein Unterraum von V ist und die gewünschten Eigenschaften hat. Seien $u, v \in U$ und $u \neq 0 \neq v$. Dann sind $Ku, Kv \in P$. Sind u, v linear abhängig, so sind alle Linearkombinationen $\alpha \cdot u + \beta \cdot v = \gamma \cdot u$ wieder in U. Seien also u, v linear unabhängig. Dann ist $Ku + Kv$ eine projektive Gerade, und es gilt $Ku + Kv \in G$, weil $Ku, Kv \in P$. Für jede Linearkombination $\alpha \cdot u + \beta \cdot v \neq 0$ ist dann $K(\alpha \cdot u + \beta \cdot v) \,\varepsilon\, Ku + Kv$, also ist $K(\alpha \cdot u + \beta \cdot v) \in P$ und damit $\alpha \cdot u + \beta \cdot v \in U$. U ist also ein Unterraum von V. Nach Definition von U ist $P = P(U)$. Wegen 4.8.b) und 4.9.a) gilt $G(U) \subseteq G$. Umgekehrt folgt aus 4.8.a) und 4.9.b), daß $G \subseteq G(U)$. $\square$

Mit Lemma 4.8 und Satz 4.9 ist jetzt eine Charakterisierung von projektiven Unterräumen gelungen, die nicht von der analytischen Beschreibung als $P(U)$ mit einem Unterraum U von V abhängt. Man kann also Satz 4.9 entweder als ein „Unterraumkriterium" auffassen, oder aber als eine Möglichkeit, projektive

Unterräume allein mit Hilfsmitteln der synthetischen projektiven Geometrie einzuführen.

4.10 Definition: a) Seien $q_1, \ldots, q_n$ Punkte in $P(V)$. Sie heißen *kollinear*, wenn es eine Gerade g in $G(V)$ gibt mit

$$q_1 \in g, \ldots, q_n \in g.$$

b) Die Geraden $g_1, \ldots, g_n$ in $G(V)$ heißen *komplanar*, wenn es eine projektive Ebene $P(U)$ in $P(V)$ gibt, so daß für alle p in $P(V)$ und $i = 1, \ldots, n$ gilt

$$p \in g_i \implies p \in P(U).$$

c) Seien $P(U_1)$ und $P(U_2)$ projektive Unterräume von $P(V)$. Sie heißen *windschief*, wenn der Durchschnitt von $P(U_1)$ und $P(U_2)$ leer ist. Sonst heißen sie *inzident*.

Man muß im letzten Teil der Definition deutlich unterscheiden zwischen dem Durchschnitt in V und dem Durchschnitt in $P(V)$. U_1 und U_2 werden in V immer einen nicht-leeren Durchschnitt haben, sie sind Unterräume, also liegt 0 im Durchschnitt. Hingegen kann es vorkommen, daß sie keinen gemeinsamen eindimensionalen Unterraum besitzen. Dann ist aber der Durchschnitt von $P(U_1)$ und $P(U_2)$ leer, d.h. die projektiven Räume sind windschief zueinander.

Die folgenden Kapitel wollen wir jeweils mit einem ausführlicher diskutierten Beispiel abschließen. Darin wollen wir die gewonnenen Ergebnisse für das praktische Rechnen anwenden und untersuchen, ob die Methoden für unsere Ziele der graphischen Darstellung auf dem Computer nützlich sind. Ein Teil der Beispiele wird in den nachfolgenden Kapiteln immer wieder aufgegriffen werden, da man mit den zusätzlichen Hilfsmitteln des neuen Kapitels häufig weitere und bessere Rechnungen und Anwendungen durchführen kann.

Der zugrunde liegende Körper sei $\mathbf{R}$, der Körper der reellen Zahlen. Wir betrachten den projektiven Raum $P(\mathbf{R}^4)$. Er hat die Dimension 3, weil $\dim \mathbf{R}^4 = 4$, also $\dim P(\mathbf{R}^4) = \dim \mathbf{R}^4 - 1 = 3$ gilt.

Sei $U = \{(\xi_0, \ldots, \xi_3) | \xi_i \in \mathbf{R}, -\xi_0 + \xi_1 + \xi_2 + \xi_3 = 0\}$, dann ist U ein Unterraum von $\mathbf{R}^4$ der Dimension 3. Das folgt zum Beispiel aus der Theorie der linearen Gleichungssystem oder durch die Angabe einer Basis von U

$$b_1 = (1,1,0,0), b_2 = (1,0,1,0), b_3 = (1,0,0,1).$$

Wir wählen nämlich einfach eine Basis $(1,0,0),(0,1,0),(0,0,1)$ des gewöhnlichen 3-dimensionalen Raumes $\mathbf{R}^3$ in den Koordinaten ξ_1, ξ_2, ξ_3 und fügen für ξ_0 den durch die Gleichung $-\xi_0 + \xi_1 + \xi_2 + \xi_3 = 0$ eindeutig bestimmten Wert hinzu.

Damit wird $P(U)$ eine projektive (Hyper-)Ebene im $P(\mathbf{R}^4)$. Die Gleichung $-\xi_0 + \xi_1 + \xi_2 + \xi_3 = 0$, die wir zur Konstruktion von U verwendet haben, könnten wir zur Konstruktion weiterer Unterräume ersetzen durch eine beliebige Gleichung der Form

$$\alpha_0 \xi_0 + \alpha_1 \xi_1 + \alpha_2 \xi_2 + \alpha_3 \xi_3 = 0$$

mit mindestens einem $\alpha_i \neq 0$. Bei der Konstruktion der Basis von U hatten wir schon gesehen, daß sich ξ_0 aus den für ξ_1, ξ_2, ξ_3 gewählten Werten ergibt. Im allgemeinen Fall bestimme man den Wert von ξ_i für ein i mit $\alpha_i \neq 0$ aus den Werten der anderen ξ_j. Tatsächlich können auf diese Weise alle 3-dimensionalen Unterräume von $\mathbf{R}^4$ und damit alle projektiven Unterebenen von $P(\mathbf{R}^4)$ erhalten werden.

Wir betrachten jetzt einmal die projektive Ebene $P(U_x)$ mit

$$U_x := \{(\xi_0, \xi_1, \xi_2, \xi_3) | \xi_1 = 0\}.$$

Zwei Vektoren aus U_x, zum Beispiel $(1, 0, 1, 0)$ und $(2, 0, 2, 0)$, erzeugen denselben projektiven Punkt in $P(U_x)$ genau dann, wenn sie sich um einen skalaren Faktor unterscheiden: $\mathbf{R}(1, 0, 1, 0) = \mathbf{R}(2, 0, 2, 0)$. Wir brauchen also nur solche Vektoren in U_x zu betrachten, für die $\xi_0 = 1$ oder $\xi_0 = 0$ gilt. Zwei Vektoren $(1, 0, \eta_1, \zeta_1)$ und $(1, 0, \eta_2, \zeta_2)$ beschreiben genau dann denselben Punkt in $P(U_x)$, wenn $\eta_1 = \eta_2$ und $\zeta_1 = \zeta_2$ gelten. η und ζ in $(1, 0, \eta, \zeta)$ dürfen alle Werte aus $\mathbf{R}$ annehmen. Also können wir uns die y-z-Ebene des gewöhnlichen $\mathbf{R}^3$ in $P(U_x)$ liegend vorstellen. Es kommen aber noch weitere Punkte hinzu, nämlich diejenigen, für die $\xi_0 = 0$ gilt. Sie werden weiter unten diskutiert.

Betrachten wir jetzt die projektive Ebene $P(U_y)$ mit

$$U_y := \{(\xi_0, \xi_1, \xi_2, \xi_3) | \xi_2 = 0\}.$$

Wieder gibt es eine ein-eindeutige Beziehung zwischen den Vektoren $(\xi_0, \xi_1, \xi_2, \xi_3)$ in U_y mit $\xi_0 = 1$, d.h. zwischen gewissen Punkten der projektiven Ebene $P(U_y)$, und den Punkten der x-z-Ebene $\{(\xi, 0, \zeta) \in \mathbf{R}^3\}$ im $\mathbf{R}^3$. Schließlich erhalten wir auch die dritte Koordinatenebene des 3-dimensionalen Raumes $\mathbf{R}^3$ als Teilmenge der projektiven Ebene $P(U_z)$ mit

$$U_z := \{(\xi_0, \xi_1, \xi_2, \xi_3) | \xi_3 = 0\}.$$

In allen drei Fällen mußten die Punkte $\mathbf{R}(0, \xi, \eta, \zeta)$ des projektiven Raumes gesondert betrachtet werden. Sie liegen nun in der projektiven Ebene $P(U_\infty)$ mit

$$U_\infty := \{(\xi_0, \xi_1, \xi_2, \xi_3) | \xi_0 = 0\}.$$

Um diese projektive Ebene besser zu verstehen, betrachten wir die injektive Abbildung

$$\Phi : \mathbf{R}^3 \longrightarrow P(\mathbf{R}^4),$$

die durch $\Phi(\xi, \eta, \zeta) = \mathbf{R}(1, \xi, \eta, \zeta)$ definiert wird. Tatsächlich erzeugen $(1, \xi, \eta, \zeta)$ und $(1, \xi', \eta', \zeta')$ denselben projektiven Punkt genau dann, wenn sie sich um einen skalaren Faktor unterscheiden. Dieser ist aber durch die erste Koordinate auf 1 festgelegt, also muß $(\xi, \eta, \zeta) = (\xi', \eta', \zeta')$ gelten. Haben wir umgekehrt einen projektiven Punkt $\mathbf{R}(\nu, \xi, \eta, \zeta)$ mit $\nu \neq 0$, so ist dieser das Bild von $(\xi/\nu, \eta/\nu, \zeta/\nu)$ bei der Abbildung Φ, denn

$$\Phi(\xi/\nu, \eta/\nu, \zeta/\nu) = \mathbf{R}(1, \xi/\nu, \eta/\nu, \zeta/\nu) = \mathbf{R}(\nu, \xi, \eta, \zeta).$$

Genau diejenigen projektiven Punkte $\mathbf{R}(\nu, \xi, \eta, \zeta)$ mit $\nu = 0$ kommen als Bild dieser Abbildung nicht vor. Bei ihnen sind ja auch die Divisionen $\xi/\nu, \eta/\nu, \zeta/\nu$ nicht zulässig. Deswegen bezeichnen wir sie als unendlich ferne oder uneigentliche Punkte. $P(U_\infty)$ nennen wir dann die uneigentliche projektive Ebene im $P(\mathbf{R}^4)$.

Die Wahl der ersten Koordinate ν für die Beschreibung der uneigentlichen Punkte im $P(\mathbf{R}^4)$ ist natürlich sehr willkürlich. Wir hatten oben schon gesehen, daß die Bedingung $\xi_i = 0$ uns eigentlich eine Koordinatenebene auszeichnet. Es liegt kein Grund dafür vor, daß das bei $\xi_0 = 0$ (bzw. $\nu = 0$) anders sein soll. Deswegen ist die Bezeichnung „uneigentlicher Punkt" nur im Zusammenhang mit einer Identifizierung eines Teils von $P(\mathbf{R}^4)$ mit dem $\mathbf{R}^3$ sinnvoll. Es gibt aber sehr viele verschiedene solche Identifizierungen, z.B. $\Psi : \mathbf{R}^3 \longrightarrow P(\mathbf{R}^4), \Psi(\xi, \eta, \zeta) = \mathbf{R}(1 + \xi + \eta + \zeta, \xi, \eta, \zeta)$, so daß im projektiven Raum $P(\mathbf{R}^4)$ keine Punkte besonders ausgezeichnet sind (etwa als uneigentliche Punkte). Im letzten Beispiel der Identifizierung $\Psi : \mathbf{R}^3 \longrightarrow P(\mathbf{R}^4)$ von $\mathbf{R}^3$ mit einer Teilmenge von $P(\mathbf{R}^4)$ ist die Ausnahmemenge der uneigentlichen Punkte genau die projektive Ebene $P(U)$ mit

$$U = \{(\xi_0, \xi_1, \xi_2, \xi_3) \mid -\xi_0 + \xi_1 + \xi_2 + \xi_3 = 0\},$$

die wir anfangs betrachtet hatten. Im 7. Kapitel werden wir die Frage nach den uneigentlichen Punkten in koordinatenfreier Form wieder aufgreifen.

5 Lineare Hüllen

Obwohl die Punkte in einem projektiven Raum nicht mehr wie in einem Vektorraum addiert oder in offensichtlicher Weise anders zusammengefügt werden können, kann man von einem von projektiven Punkten aufgespannten projektiven Unterraum sprechen. Wir wollen in diesem Kapitel die dazu notwendigen Konstruktionen kennenlernen. Dabei werden wir dann auch den Begriff der projektiven Dimension besser verstehen lernen. Wir folgen hier dem Aufbau „von unten her", d.h. wir werden den durch eine Menge aufgespannten projektiven Unterraum durch schrittweise konstruktive Erweiterung der gegebenen Menge erhalten. Ein anderer möglicher Weg wäre die Bildung des Durchschnitts aller projektiven Unterräume, die die gegebene Menge enthalten. Der letztere Weg ist nicht konstruktiv und wäre daher für uns nur bedingt brauchbar.

5.1 Definition: Seien $X, Y \subseteq P(V)$ Teilmengen. Dann heißt

$$X + Y := \{p \in P(V) \mid \exists r \in X, s \in Y : r \neq s \text{ und } p \, \varepsilon \, (r, s)\} \cup X \cup Y$$

Verbindungsraum oder *Summe* von X und Y.
Wir definieren induktiv

$$0X := \emptyset$$

$$1X := X$$

$$2X := X + X$$

$$nX := (n-1)X + X; n > 1.$$

Dann heißt $\langle X \rangle := \bigcup_{n=0}^{\infty} nX$ die *lineare Hülle* von X. Ist $X + X = X$, so heißt X *linear abgeschlossen*.

5.2 Bemerkung: Zunächst beachten wir, daß aus $(n-1)X \subseteq nX$ für alle $n \in \mathbb{N}$ folgt, daß die Mengen nX eine aufsteigende Kette bilden, insbesondere gilt dann $m \leq n \Rightarrow mX \subseteq nX$. Wenn in dieser Kette an einer Stelle ein Gleichheitszeichen auftritt, dann sind alle nachfolgenden Terme und auch $\langle X \rangle$ untereinander gleich. Wir betrachten jetzt einige Spezialfälle der Definition. Mit der Definition der Summe folgt aus $X = \emptyset$ sofort $X + Y = Y$. Weiter erhält man für einpunktige Mengen $X = \{r\} \neq \{s\} = Y$ auch $X + Y = \{p \mid p \, \varepsilon \, (r, s)\}$. Sind X und Y einpunktig und gleich, so gilt $X + Y = X$.
Für die linearen Hüllen erhält man damit $\langle \emptyset \rangle = \emptyset$ und $\langle \{r\} \rangle = \{r\}$.
Die lineare Hülle eines projektiven Unterraumes $P(W)$ stimmt mit $P(W)$ überein. Das folgt aus 4.8, weil $P(W) + P(W) = P(W)$.
Sind X, Y und Z Teilmengen von $P(V)$ mit $X \subseteq Y$, so folgt direkt aus der Definition $X + Z \subseteq Y + Z$.

5.3 Lemma. *Für Teilmengen $X, Y, Z \subseteq P(V)$ gelten $(X+Y)+Z = X+(Y+Z)$ und $X + Y = Y + X$.*

BEWEIS: Die Aussage $X + Y = Y + X$ folgt direkt aus der Symmetrie der Definition der Summe. Für die erste Aussage der Assoziativität genügt es, nur die mengentheoretische Inklusion $\subseteq$ " zu zeigen. Sei $p \in (X+Y)+Z$. Wir können annehmen, daß p weder in $X + Y$ noch in $Y + Z$ noch in $X + Z$ liegt, denn sonst liegt p wegen 5.2 in $X + (Y + Z)$. Unter dieser Annahme gibt es $q \in X + Y$ und $t \in Z$ mit $p \, \varepsilon \, (q, t)$. Außerdem gibt es $r \in X$ und $s \in Y$ mit $q \, \varepsilon \, (r, s)$. Mit 4.7 sieht man, daß (p, t) und (r, s) den gemeinsamen Schnittpunkt q haben. Nach 4.5.c) haben dann auch (p, r) und (s, t) einen gemeinsamen Schnittpunkt q'. Dann gelten $p \, \varepsilon \, (r, q')$ wegen 4.7 und $q' \, \varepsilon \, (s, t)$, also $p \in X + (Y + Z)$. $\square$

5.4 Folgerung. *Es gilt $mX + nX = (m + n)X$.*

BEWEIS: durch vollständige Induktion mit

$$mX + nX = mX + (n-1)X + X = (m + n - 1)X + X = (m + n)X. \qquad \square$$

5.5 Lemma. *Seien X und $Y_i, i \in I \neq \emptyset$ Teilmengen von $P(V)$. Dann gilt*

$$X + \bigcup Y_i = \bigcup (X + Y_i).$$

BEWEIS: folgt direkt aus der Definition. $\square$

5.6 Satz. *Für Teilmengen X, Y von $P(V)$ gilt $\langle X \cup Y \rangle = \langle X \rangle + \langle Y \rangle$.*

BEWEIS: Wir zeigen zunächst

$$m(X \cup Y) = \bigcup_{n=0}^{m} (nX + (m - n)Y)$$

für alle $m \in \mathbf{N}$. Für $m = 1$ sieht man das sofort mit der Bemerkung 5.2. Zum Induktionsschritt gilt

$$
\begin{aligned}
(m + 1)(X \cup Y) &= m(X \cup Y) + (X \cup Y) \\
&= \bigcup_{n=0}^{m} (nX + (m - n)Y) + (X \cup Y) \\
&= \bigcup_{n=0}^{m} (nX + (m - n)Y + (X \cup Y)) \\
&= \bigcup_{n=0}^{m} (((n + 1)X + (m - n)Y) \cup (nX + (m - n + 1)Y)) \\
&= \bigcup_{n=0}^{m+1} (nX \cup (m + 1 - n)Y).
\end{aligned}
$$

Dann rechnet man unter Verwendung von 5.5

$$\langle X \rangle + \langle Y \rangle = \bigcup_{m=0}^{\infty} mX + \bigcup_{n=0}^{\infty} nY$$

$$= \bigcup_{m=0}^{\infty} \bigcup_{n=0}^{\infty} (mX + nY)$$

$$= \bigcup_{m=0}^{\infty} \bigcup_{n=0}^{m} (mX + (n-m)Y)$$

$$= \bigcup_{m=0}^{\infty} m(X + Y)$$

$$= \langle X + Y \rangle. \qquad \square$$

5.7 Satz. *Folgende Aussagen für $X \subseteq P(V)$ sind äquivalent:*
   a) X ist linear abgeschlossen,
   b) $\langle X \rangle = X$,
   c) $X = P(U)$ ist ein projektiver Unterraum.

BEWEIS: $a) \Rightarrow c)$: Sei $X + X = X$. Wir definieren G als die Menge der Geraden (p,q) mit $p, q \in X$. Dann erfüllen X und G die Voraussetzungen von 4.9. Also ist $X = P(U)$ ein projektiver Unterraum.
$c) \Rightarrow b)$: wurde in 5.2 diskutiert.
$b) \Rightarrow a)$: Wegen $X \subseteq X + X \subseteq \langle X \rangle$ folgt aus $\langle X \rangle = X$ direkt $X + X = X$. $\square$

Wir erinnern an die Bemerkung im Anschluß an Satz 4.9. Mit Satz 5.7 sind zwei weitere Möglichkeiten gegeben, projektive Unterräume allein auf synthetischem (axiomatischem) Weg ohne analytische Hilfsmittel zu behandeln. Die verwendeten Hilfsmittel, Verbindungsraum und lineare Hülle, können offenbar auch allein mit den Axiomen der projektiven Geometrie eingeführt werden.

5.8 Folgerung. $\langle X \rangle = \langle \langle X \rangle \rangle$, *d.h. die lineare Hülle einer Menge X ist linear abgeschlossen.*

BEWEIS: Seien $p, q \in \langle X \rangle$. Dann gibt es ein m mit $p, q \in mX$. Alle Punkte auf (p,q) liegen in $mX + mX = 2mX \subseteq \langle X \rangle$. Damit ist $\langle X \rangle + \langle X \rangle = \langle X \rangle$. Nach 5.7 folgt die Behauptung. $\square$

5.9 Folgerung. $X \subseteq \langle Y \rangle$ *impliziert* $\langle X \rangle \subseteq \langle Y \rangle$.

BEWEIS: Offenbar gilt $X \subseteq Z \Rightarrow \langle X \rangle \subseteq \langle Z \rangle$. Für $Z := \langle Y \rangle$ folgt aus $X \subseteq \langle Y \rangle$ also $\langle X \rangle \subseteq \langle \langle Y \rangle \rangle$. Nach 5.8 ist daher $\langle X \rangle \subseteq \langle Y \rangle$. $\square$

5.10 Folgerung. *Seien $p, q \in P(V)$ mit $p \neq q$. Dann gilt $\{r \in P(V) \mid r \varepsilon (p, q)\} = \langle \{p, q\} \rangle$.*

BEWEIS: Aus der Definition der Summe folgt $2\{p, q\} = \{p, q\} + \{p, q\} = \{r \in P(V) \mid r \varepsilon (p, q)\}$. Wir zeigen, daß $2\{p, q\}$ schon linear abgeschlossen ist. Seien $r, s \in 2\{p, q\}$ mit $r \neq s$. Dann ist $(r, s) = (p, q)$, also gilt $t \varepsilon (r, s) \Rightarrow t \in 2\{p, q\}$, d.h. $2\{p, q\}$ ist linear abgeschlossen. Nach 5.7 folgt damit $2\{p, q\} = \langle 2\{p, q\} \rangle = \langle \{p, q\} \rangle$. $\square$

Die obige Überlegung zeigt jetzt, daß

$$r \varepsilon (p, q) \Longleftrightarrow r \in \langle \{p, q\} \rangle$$

für $p \neq q$ gilt. Man kann damit jede Gerade (p, q) in $G(V)$ mit $\langle \{p, q\} \rangle$ identifizieren. Wir werden das im folgenden häufig verwenden, ohne weiter darauf hinzuweisen.

5.11 Satz. *Seien $P(U_1)$ und $P(U_2)$ projektive Unterräume von $P(V)$. Dann gilt*

$$\langle P(U_1) \cup P(U_2) \rangle = P(U_1 + U_2) = P(U_1) + P(U_2).$$

BEWEIS: Wegen $P(U_1) \cup P(U_2) \subseteq P(U_1 + U_2)$ gilt $\langle P(U_1) \cup P(U_2) \rangle \subseteq P(U_1 + U_2)$. Sei $p \in P(U_1 + U_2)$. Dann gibt es $u_1 \in U_1$ und $u_2 \in U_2$ mit $p = K(u_1 + u_2)$. Wenn u_1 und u_2 linear abhängig sind, dann ist sicher $p \in P(U_1) + P(U_2)$. Sind u_1 und u_2 linear unabhängig, dann ist $p \varepsilon (Ku_1, Ku_2)$, also wieder $p \in P(U_1) + P(U_2)$. Schließlich sind die $P(U_i)$ linear abgeschlossen, daher gilt nach 5.6 und 5.7 $P(U_1) + P(U_2) = \langle P(U_1) \cup P(U_2) \rangle$. $\square$

5.12 Folgerung. *Seien $p_0, \ldots, p_n$ Punkte in $P(V)$. Seien $x_0, \ldots, x_n$ Repräsentanten für die p_i, d.h. $p_i = Kx_i$. Sei U der von den $x_0, \ldots, x_n$ erzeugte Unterraum. Dann gilt $\langle \{p_0, \ldots, p_n\} \rangle = P(U)$. Insbesondere folgt $\dim \langle \{p_0, \ldots, p_n\} \rangle \leq n$.*

BEWEIS: Wir bezeichnen den von den $x_i, \ldots, x_j$ aufgespannten Unterraum von V mit $\langle x_i, \ldots, x_j \rangle$. Offenbar gilt $\langle \emptyset \rangle = P(0)$, $\langle \{p_0\} \rangle = P(\langle x_0 \rangle)$ und $\langle \{p_0, p_1\} \rangle = P(\langle x_0, x_1 \rangle)$ wegen 5.10. Seien nun $p_0, \ldots, p_n$ gegeben. Wir führen eine Induktion durch. Seien $x_0, \ldots, x_n$ Repräsentanten für die gegebenen Punkte. Die Unterräume U_1 und U_2 seien von $x_0, \ldots, x_{n-1}$ bzw. x_n erzeugt. Dann gilt

$$\langle \{p_0, \ldots, p_n\} \rangle = \langle \{p_0, \ldots, p_{n-1}\} \cup \{p_n\} \rangle = \langle \{p_0, \ldots, p_{n-1}\} \rangle + \langle \{p_n\} \rangle$$
$$= P(U_1) + P(U_2) = P(U_1 + U_2) = P(\langle x_0, \ldots, x_n \rangle)$$

Die zweite Behauptung folgt unmittelbar. $\square$

5.13 Folgerung. *Sei P eine linear abgeschlossene Teilmenge von $P(V)$ und $\dim(P) = n$. Dann gibt es $n+1$ Punkte $p_0, \ldots, p_n \in P$ mit $P = \langle \{p_0, \ldots, p_n\} \rangle$.*

BEWEIS: Nach 5.7 ist $P = P(U)$ für einen Unterraum U von V mit $\dim(U) = n+1$. Sei $x_0, \ldots, x_n$ eine Basis für U und seien $p_i := Kx_i$. Dann gilt $p_i \in P$, also $\langle \{p_0, \ldots, p_n\} \rangle \subseteq P$. Da $\langle \{p_0, \ldots, p_n\} \rangle$ linear abgeschlossen ist, ist $\langle \{p_0, \ldots, p_n\} \rangle = P(U')$ und $p_0, \ldots, p_n \in P(U')$, also $U \subseteq U'$. Nach 5.12 folgt $P = \langle \{p_0, \ldots, p_n\} \rangle$. $\square$

Mit den Folgerungen 5.12 und 5.13 ist jetzt der Begriff der Dimension eines projektiven Raumes allein auf die projektiven Begriffe des Punktes, der Geraden und der Inzidenz zurückgeführt. Unsere Zielsetzung ist hier also ähnlich wie bei der Diskussion der projektiven Unterräume, die wir auch allein mit synthetischen Hilfsmitteln beschreiben konnten. Wir bemerken insbesondere, daß die Dimension eines projektiven Unterraumes genau dann n ist, wenn es Punkte $p_0, \ldots, p_n$ gibt mit $P = \langle \{p_0, \ldots, p_n\} \rangle$ (5.13) und keine geringere Anzahl von Punkten P erzeugen kann (5.12).

5.14 Folgerung. *Sei P linear abgeschlossen. P ist genau dann (die Punktmenge einer) projektive Ebene, wenn es drei nicht kollineare Punkte p, q, r gibt mit $P = \langle \{p, q, r\} \rangle$.*

BEWEIS: Sei $P = \langle \{p, q, r\} \rangle$. Dann ist $\dim(P) \le 2$ nach 5.12. Aber $\dim(P) \le 1$ impliziert, daß p, q, r kollinear sind, also gilt $\dim(P) = 2$. Sei $P = P(U)$ eine projektive Ebene, dann gibt es nach 5.13 Punkte p, q, r mit $P = \langle \{p, q, r\} \rangle$. Diese können jedoch nicht kollinear sein. $\square$

5.15 Satz. *Seien P und Q linear abgeschlossen. Dann gilt*

$$\dim(P) + \dim(Q) = \dim(P + Q) + \dim(P \cap Q).$$

BEWEIS: Sei $P = P(U)$ und $Q = P(W)$. Dann folgt $P \cap Q = P(U) \cap P(W) = P(U \cap W)$. Verwenden wir dazu 5.11, so erhalten wir

$$\begin{aligned}
\dim(P) + \dim(Q) &= \dim(U) + \dim(W) - 2 = \dim(U + W) + \dim(U \cap W) - 2 \\
&= \dim(P(U + W)) + \dim(P(U \cap W)) \\
&= \dim(P + Q) + \dim(P \cap Q).
\end{aligned}$$

Die letzte Gleichheit verwendet die Aussage von Satz 5.11, wonach $P(U + W) = P(U) + P(W)$ gilt. Außerdem ist direkt aus der Definition der projektiven Räume zu sehen, daß $P(U \cap W) = P(U) \cap P(W)$ gilt; die eindimensionalen Unterräume von $U \cap W$ sind genau die eindimensionalen Unterräume von U, die auch in W liegen. $\square$

Da sich der Beweis dieses Satzes mit analytischen Hilfsmitteln besonders einfach durchführen läßt, haben wir in diesem Fall davon abgesehen, uns nur auf synthetische Methoden zu beschränken.

5.16 Folgerung. *Sei H eine Hyperebene von $P(V)$ und g in $G(V)$. Dann ist der Durchschnitt von g und H nicht leer.*

BEWEIS: Es gilt die folgende Abschätzung

$$\dim(H \cap g) = \dim(H) + \dim(g) - \dim(H + g) \geq n - 1 + 1 - n = 0.$$

Also enthält $H \cap g$ mindestens einen Punkt. $\square$

5.17 Folgerung. *Zwei verschiedene Hyperebenen in $P(V)$ schneiden sich in einem projektiven Unterraum der Dimension $\dim(P(V)) - 2$.*

BEWEIS: Es gilt

$$\dim(H \cap H') = \dim(H) + \dim(H') - \dim(H + H') = (n-1) + (n-1) - n = n - 2.$$

In der Rechnung wird verwendet, daß für zwei verschiedene projektive Hyperebenen H und H' der Verbindungsraum $H + H'$ echt größer als jede der beiden Hyperebenen ist. Da der Verbindungsraum linear abgeschlossen ist, ist er von der Gestalt $P(W)$, wobei W die Unterräume U bzw. U' mit $H = P(U)$ und $H' = P(U')$ umfaßt. Aber U und U' haben die Kodimensions eins, also muß $W = V$ gelten und damit $H + H' = P(V)$. $\square$

5.18 Lemma. *Sei $P(W)$ ein projektiver Unterraum und seien $p, q \notin P(W)$. Dann gilt $q \in P(W) + p$ genau dann, wenn $p \in P(W) + q$ gilt.*

BEWEIS: Seien $p = \mathrm{R}x$ und $q = \mathrm{R}y$. Es gilt $q \in P(W) + p$ genau dann, wenn $y = w + tx$ $(t \neq 0)$ genau dann, wenn $x = w' + (1/t)y$ genau dann, wenn $p \in P(W) + q$. $\square$

5.19 Satz (DESARGUES, Girard 1591-1661). *Seien die Punkte p_i, q_i $(i = 1, 2, 3)$ und s im projektiven Raum $P(V)$ paarweise verschieden. Sei $s \, \varepsilon \, (p_i, q_i)$ $(i = 1, 2, 3)$. Dann gibt es kollineare Punkte b_{12}, b_{23}, b_{31} mit $b_{ij} \, \varepsilon \, (p_i, p_j)$ und $b_{ij} \, \varepsilon \, (q_i, q_j)(i, j = 1, 2, 3, i \neq j)$.*

BEWEIS: Wir wählen $x_i, y_i, z \in V$, $i = 1, 2, 3$ so, daß $p_i = Kx_i$, $q_i = Ky_i$, $s = Kz$ gelten. Da die gegebenen Punkte paarweise verschieden sind, sind x_i und y_i für jedes i linear unabhängig. Andrerseits ist z von x_i, y_i linear abhängig wegen $s \, \varepsilon \, (p_i, q_i)$, also eine Linearkombination der beiden Vektoren. Da wir x_i und y_i noch um skalare Faktoren ändern dürfen, können wir die Vektoren x_i und y_i so wählen, daß zusätzlich $z = x_i - y_i$, $i = 1, 2, 3$ gilt. Daraus folgt $x_i - x_j = y_i - y_j$

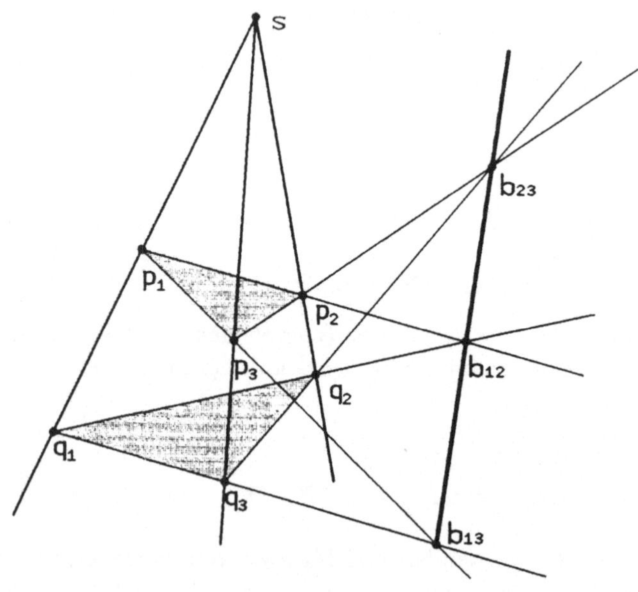

Figur 5.1

für $i, j = 1, 2, 3$. Damit definieren wir die Schnittpunkte $b_{ij} = K(x_i - x_j)$. Weiter gilt $x_1 - x_3 = (x_1 - x_2) + (x_2 - x_3)$. Das heißt aber, daß die drei Schnittpunkte kollinear sind. $\square$

Die obige Abbildung gibt auch Anlaß zu einer rein geometrischen Plausibilitätsbetrachtung. Man stelle sich zunächst die ganze Abbildung dreidimensional vor. Dann wird ausgehend von dem Zentrum s das Dreieck p_1, p_2, p_3 auf das Dreieck q_1, q_2, q_3 projiziert. Die beiden Ebenen, in denen die beiden Dreiecke liegen, schneiden sich in der Geraden S. Um zu sehen, daß sich die Geraden P_1 und Q_1 überhaupt schneiden und nicht etwa windschief sind, beachten wir, daß sie beide in der Ebene liegen müssen, die durch die Projektionsgeraden B_{12} und B_{13} festgelegt wird. Dann ist es aber auch klar, daß sie sich genau auf der Geraden S schneiden müssen, weil ihr Schnittpunkt in den beiden durch die Dreiecke bestimmten Ebenen liegt. Ebenso argumentiert man für die Schittpunkte b_{12} und b_{13}. Eine (Parallel-)Projektion des gesamten Gebildes ist aber schon die vorliegende Abbildung. Sicherlich ist dieser „Beweis" nicht exakt, weil mögliche Grenzfälle und von R verschiedene Körper nicht berücksichtigt sind, er gibt aber einen guten Einblick in den geometrischen Hintergrund des Desargues'schen Satzes.

Eine zweite Bemerkung gilt einer Tatsache, die aus der Abbildung jedenfalls im Spezialfall abgelesen werden kann. Wir formulieren sie zunächst vollständig:

Seien die Geraden S, P_i, Q_i ($i = 1, 2, 3$) paarweise verschieden. Sei $S \ni P_i \cap Q_i (i = 1, 2, 3)$. Dann gibt es Geraden B_{12}, B_{23}, B_{31}, die einen gemeinsamen Schnittpunkt s haben, mit $B_{ij} \ni P_i \cap P_j$ und $B_{ij} \ni Q_i \cap Q_j (i, j = 1, 2, 3, i \neq j)$.

Die Aussage ist anhand der Abbildung zwar plausibel, aber keineswegs bewiesen. Es sollte jedoch auffallen, daß die Formulierung aus dem Desargues'schen Satz hervorgeht, indem an jeder Stelle das Wort „Punkt" durch „Gerade" ersetzt und umgekehrt und die Inzidenz umkehrt, also "ε" durch " $\ni$ " ersetzt. Tatsächlich ist es richtig, daß auf diese Art und Weise aus wahren Sätzen der ebenen projektiven Geometrie neue wahre Sätze ohne jeden neuen Beweis erhalten werden. Dieser Prozeß der Vertauschung wird auch Dualität genannt. Wir werden diesen Begriff nicht weiter benötigen und verweisen den interessierten Leser auf die Lehrbuchliteratur über projektive Geometrie.

In dem nachfolgenden Satz machen wir eine Aussage darüber, unter welchen Voraussetzungen eine Menge P von „Punkten" und eine Menge G von „Geraden" zusammen mit einer „Inzidenzrelation" I einen projektiven Raum bilden. Wenn wir für eine solche Konfiguration verlangen, daß z.B. der Desargues'sche Satz „gilt", so soll die Aussage des Desargues'schen Satzes auch noch gelten, wenn wir im Satz den projektiven Raum $P(V)$ durch die Mengen P, G und die Inzidenzrelation I ersetzen.

5.20 Satz. *Seien zwei Mengen P und G zusammen mit einer Inzidenzrelation $I \subseteq P \times G$ gegeben, für die die Aussagen a), b) und c) von Satz 4.5 gelten, und sei $\dim(P, G, I) \geq 2$ (im Sinne von 5.13). Wenn der Desargues'sche Satz oder $\dim(P) > 2$ gelten, dann ist (P, G, I) isomorph zu einem projektiven Raum $P(V)$ über einem geeigneten Schiefkörper K. (ohne Beweis)*

Wir greifen das Beispiel des 3-dimensionalen projektiven Raumes $P(\mathbf{R}^4)$ aus dem 1. Kapitel und der verschiedenen projektiven Ebenen darin wieder auf. Nach 5.12 ist $P(\mathbf{R}^4) = \langle \{p_0, \ldots, p_3\} \rangle$ mit $p_0 = \mathbf{R}(1, 0, 0, 0), p_1 = \mathbf{R}(0, 1, 0, 0), p_2 = \mathbf{R}(0, 0, 1, 0)$ und $p_3 = \mathbf{R}(0, 0, 0, 1)$. Für $P(U_x)$ mit $U_x = \{(x_0, x_1, x_2, x_3)|x_1 = 0\}$ gilt $P(U_x) = \langle \{p_0, p_2, p_3\} \rangle$. Weiter ist $P(U_\infty) = \langle \{p_1, p_2, p_3\} \rangle$. Das Beispiel $P(U_\infty)$ zeigt insbesondere, daß die Punkte p_1, p_2, p_3, die man gern als „Erzeugende" für die „x-, y- bzw. z-Achsen" betrachten möchte, uneigentliche Punkte sind. Sie liegen also nicht auf den in $\mathbf{R}^3$ identifizierten Teilen der Achsen, geben aber ihre Richtung an. Die x-Achse $P(W)$ mit $W = \{(x_0, x_1, 0, 0)|x_0, x_1 \in \mathbf{R}\}$ wird als $P(W) = \langle \{q_0, q_1\} \rangle$ mit $q_0 = \mathbf{R}(1, 0, 0, 0)$ und $q_1 = \mathbf{R}(1, 1, 0, 0)$ erzeugt. Die lineare Hülle von $\{q_0, q_1\}$ enthält also auch uneigentliche Punkte. Tatsächlich ist der Schnitt von $P(U_\infty)$ mit jedem projektiven Unterraum der

Dimension ≥ 1 nicht leer (Satz 5.15), d.h. jeder projektive Unterraum der Dimension ≥ 1 enthält uneigentliche Punkte.

Die Punkte $p_0, \ldots, p_7$ in $P(\mathbf{R}^4)$ mit

$$p_0 = \mathbf{R}(1,0,0,0), \qquad p_4 = \mathbf{R}(1,1,1,0),$$
$$p_1 = \mathbf{R}(1,1,0,0), \qquad p_5 = \mathbf{R}(1,1,0,1),$$
$$p_2 = \mathbf{R}(1,0,1,0), \qquad p_6 = \mathbf{R}(1,0,1,1),$$
$$p_3 = \mathbf{R}(1,0,0,1), \qquad p_7 = \mathbf{R}(1,1,1,1),$$

können wir als Eckpunkte eine Würfels auffassen. Sie alle sind eigentliche Punkte und spannen $P(\mathbf{R}^4)$ auf.

Man kann jedoch nach 5.13 den Raum $P(\mathbf{R}^4)$ auch schon mit 4 Punkten aufspannen. Diese können ebenfalls alle als eigentliche Punkte gewählt werden. Geeignet sind z.B. die Punkte

$$p_0 = \mathbf{R}(1,0,0,0), \qquad p_2 = \mathbf{R}(1,0,1,0),$$
$$p_1 = \mathbf{R}(1,1,0,0), \qquad p_3 = \mathbf{R}(1,0,0,1).$$

Sie entstehen nämlich aus einer Basis von $\mathbf{R}^4$. Im Beweis von 5.13 hatten wir ebenfalls von einer Basis ausgehend eine Erzeugendenmenge mit $n+1$ Elementen erhalten. Die oben angegebenen Punkte definieren übrigens ein Tetraeder im affinen 3-dimensionalen Teilraum von $P(\mathbf{R}^4)$. Der Leser sollte einmal eine entsprechende Erzeugendenmenge für den 4-dimensionalen projektiven Raum $P(\mathbf{R}^5)$ angeben.

Die mindestens 4 erzeugenden Punkte des projektiven Raumes $P(\mathbf{R}^4)$ müssen übrigens nicht alle eigentliche Punkte sein. Der andere Extremfall ist, daß drei der vier Punkte uneigentlich sind. Einer der vier Punkte muß allerdings eigentlich sein, weil ja sonst von den Punkten nur die uneigentliche Hyperebene aufgespannt werden kann. Man kann also die Punkte

$$p_0 = \mathbf{R}(1,0,0,0), \qquad p_2 = \mathbf{R}(0,0,1,0),$$
$$p_1 = \mathbf{R}(0,1,0,0), \qquad p_3 = \mathbf{R}(0,0,0,1)$$

als Erzeugendenmenge verwenden, denn sie entstehen wiederum aus einer Basis von $\mathbf{R}^4$.

6 Affine Teilräume

Projektive Räume sollen Erweiterungen unseres Anschauungsraumes — des affinen Raumes — durch unendlich ferne Punkte sein. Darauf hatten wir schon zu Beginn des Kapitels 4 hingewiesen. In diesem Kapitel wollen wir den Zusammenhang mit dem Begriff des affinen Raumes studieren. Wir werden zeigen, daß in jedem projektiven Raum eine Teilmenge enthalten ist, die als affiner Raum aufgefaßt werden kann. Die nicht in diesem affinen Unterraum enthaltenen Punkte können als unendlich ferne Punkte aufgefaßt werden. Sie werden eine projektive Hyperebene bilden. Jede projektive Hyperebene kann als unendlich ferne Hyperebene auftreten, denn im projektiven Raum ist keine projektive Hyperebene besonders ausgezeichnet.

Für die geplanten graphischen Anwendungen bedeutet diese Feststellung, daß nach einer Einbettung unseres affinen Raumes in einen projektiven Raum die „endlichen" Punkte von den „unendlichen" Punkten ununterscheidbar geworden sind. Das bedeutet insbesondere, daß sie bei geeigneten Abbildungen auch in „unendliche" Punkte übergehen können.

Die Frage, wie sich affinen Abbildungen wie z.B. Spiegelung, Drehung, Translation, Scherung, Streckung etc. auf projektive Räume übertragen, werden wir erst in Kapitel 14 genauer studieren.

In Kapitel 2 haben wir schon affine Räume studiert. Sie haben jedoch einen engen und sehr interessanten Zusammenhang mit projektiven Räumen. Diesen Zusammenhang wollen wir im folgenden unter Verwendung der analytischen Beschreibung der projektiven Räume genauer untersuchen. Es wird sich herausstellen, daß ein projektiver Raum im wesentlichen aus einem affinen Raum zusammen mit gewissen „unendlich fernen" Punkten besteht. Jedoch werden alle Punkte im Projektiven gleichwertig sein. Unsere Konstruktion verwendet einen einmal ausgewählten Vektor a außerhalb eines Unterraumes W der Kodimension 1 im Vektorraum V, der den projektiven Raum definiert. Obwohl unsere Konstruktionen bei beliebiger Wahl von a durchgeführt werden können, sind die Ergebnisse nicht völlig unabhängig von der Wahl von a. Dieses wird sich deutlicher im 8. Kapitel herausstellen.

6.1 Lemma. *Seien $V = W \oplus Ka$ und $A := P(V) \setminus P(W)$. Dann gibt es genau eine Abbildung $\omega . A \longrightarrow W$ mit*

$$\forall p \in A : p = K(\omega(p) + a).$$

BEWEIS: Sei $p = Kx \in A$. Da $Kx \not\subseteq W$, gibt es eindeutig bestimmte $w \in W$ und $\lambda \in K \setminus \{0\}$ mit $x = w + \lambda a$. Wir setzen $\alpha := \lambda^{-1}$ und $\omega(p) := \alpha w$. Dann ist $\alpha \cdot x = \omega(p) + a$. Wird x durch $\mu \dot{x}$ ersetzt mit $\mu \neq 0$, so ist $\mu x = \mu w + \mu \lambda a$. Dann folgt $(\lambda \mu)^{-1} \mu x = \alpha x = \omega(p) + a$. Also hängt $\omega(p)$ nur von p und nicht von der Wahl des Repräsentanten x ab. $\Box$

6.2 Satz. *Sei $P(W)$ eine projektive Hyperebene des projektiven Raumes $P(V)$. Dann ist $A := P(V) \setminus P(W)$ ein affiner Raum mit Translationsraum W. Die affine Struktur von (A, W) ist bis auf einen skalaren Faktor eindeutig bestimmt. $P(W)$ heißt dann* **uneigentliche Hyperebene.**

BEWEIS: Da $W \subseteq V$ ein Unterraum der Kodimension eins ist, ist $V = W \oplus Ka$ mit einem Vektor $a \in V \setminus W$. Wir können also 6.1 anwenden. Seien $p = Kx$ und $q = Ky$ aus A. Dann definieren wir $\tau(p, q) := \omega(q) - \omega(p)$.
Wir weisen Axiom a) nach. Seien p wie oben und $w \in W$ gegeben. Wir definieren $q := K(w + \alpha \cdot x)$, wobei $\alpha \cdot x = \omega(p) + a$. Dann ist $w + \alpha \cdot x = (w + \omega(p)) + a$, also $\tau(p, q) = (w + \omega(p)) - \omega(p) = w$. Sind $q = Ky$ und $q' = Ky'$ mit $\tau(p, q) = \tau(p, q')$ gegeben, so ist $\omega(q) = \omega(q')$, also $q = K(\omega(q) + a) = K(\omega(q') + a) = q'$. Damit ist Axiom a) nachgewiesen.
Seien nun drei Punkte $p = Kx$, $q = Ky$ und $r = Kz$ in A gegeben. Dann ist $\tau(p, r) = \omega(r) - \omega(p) = (\omega(r) - \omega(q)) + (\omega(q) - \omega(p)) = \tau(p, q) + \tau(q, r)$. Also gilt auch Axiom b). Wir diskutieren jetzt die Abhängigkeit von der Wahl von a etwas genauer. Ist $b \in V$ ein weiterer Vektor mit $V = W \oplus Kb$, so ist $b = w' + \lambda' a$. Bezüglich b erhalten wir die Gleichung $\beta x = \omega'(p) + b = \omega'(p) + w' + \lambda' a$. Also gilt $\lambda'^{-1} \beta x = (\lambda'^{-1} \omega'(p) + \lambda'^{-1} w') + a$, woraus

$$\omega'(p) + w' = \lambda \omega(p)$$

folgt. Für einen Translationsvektor $\tau'(p, q)$ bezüglich b gilt daher $\tau'(p, q) = \omega'(q) - \omega'(p) = \lambda'(\omega(q) - \omega(p)) = \lambda' \tau(p, q)$. Also ändert eine Änderung von a alle Translationsvektoren $\tau(p, q)$ nur um einen festen Skalarfaktor. Die Struktur eines affinen Raumes auf A ist also nicht eindeutig festgelegt, sondern von der Wahl von $a \in V$ abhängig. Jedoch kann die Abbildung τ nur um einen festen Faktor geändert werden, was im wesentlichen einer Änderung des Abbildungsmaßstabes entspricht. $\Box$

6.3 Folgerung. *Ist g in $G(V)$ und g nicht ganz in $P(W)$ gelegen, dann ist $g \setminus P(W) = g \cap A$ eine affine Gerade in A. Weiter besteht $g \cap P(W)$ aus genau einem Punkt.*

BEWEIS: Da g aus einem zweidimensionalen Unterraum von V besteht, kann man $g = Ka + Kw$ mit $a \notin W$ schreiben. Da $W \subseteq V$ ein Unterraum der Kodimension eins ist, also der Durchschnitt von g mit W die Dimension 1 hat, kann $w \in W$ gewählt werden. Wir halten nun a und w für die folgende Überlegung fest und definieren die Abbildung ω in bezug auf $a \in V$. Sei $p_0 = Ka \in g \cap A$. Dann gilt

$$p \in g \cap A \Longleftrightarrow p = K(\beta \cdot w + a) \Longleftrightarrow \omega(p) = \beta \cdot w \Longleftrightarrow p = \beta \cdot w + p_0.$$

Man beachte die Benutzung des Pluszeichens in der letzten Gleichung im Sinne der Addition bei affinen Räumen. Dann ist $g \cap A = Kw + p_0$ also eine affine Gerade. Die Aussage über $g \cap P(W)$ wurde in 5.16 bewiesen. Zwei Punkte können nicht im Durchschnitt liegen, weil dann g ganz in $P(W)$ läge. $\Box$

6.4 Bemerkung: Sei $P(W)$ eine projektive Hyperebene in $P(V)$, die wir als uneigentliche Hyperebene auffassen. Seien p_1, p_2 zwei verschiedene Punkte in $A = P(V) \setminus P(W)$. Die Gerade $g = (p_1, p_2)$ schneidet dann $P(W)$ in genau einem Punkt. Da A ein affiner Raum ist und $g \setminus P(W)$ eine affine Gerade ist, können je zwei Punkte aus $P(V) \setminus P(W)$ durch eine affine Gerade verbunden werden.
Ist $K = \mathbf{R}$, so gibt es also zwischen je zwei Punkten p_1, p_2 in $P(V) \setminus P(W)$ einen Weg (eine Strecke), der p_1 und p_2 verbindet und der $P(W)$ nicht schneidet. Das ist natürlich unabhängig davon, ob man $P(W)$ als uneigentliche Hyperebene auffaßt oder nicht.
Insbesondere kann man in der projektiven Ebene $P(\mathbf{R}^3)$ nicht von zwei Seiten einer Geraden sprechen. Gleichgültig, wo nämlich zwei Punkte bezüglich der Geraden g liegen, es gibt immer eine geradlinige Verbindung von p_1 nach p_2, die g nicht trifft, wenn nur p_1 und p_2 nicht auf g liegen. $\Box$

6.5 Folgerung. *Ist h eine affine Gerade in A, so gibt es genau eine projektive Gerade $[h]$ in $G(V)$ mit $h = [h] \cap A$.*

BEWEIS: Sei $h = Kw + p_0$ affine Gerade mit $p_0 = Ka \in A$. Dann ist $[h] := Ka + Kw$ eine projektive Gerade in $P(V)$. Offenbar ist $h \subseteq [h] \cap A$, weil jeder Punkt $\lambda w + p_0 = K(\lambda w + a)$ in der durch a definierten affinen Struktur von A in $[h] \cap A$ liegt. Ist umgekehrt $p \in [h] \cap A$, so ist $p = K(\lambda w + a)$, weil $p \notin P(W)$. Damit ist $p \in h$, also $h = [h] \cap A$. Da h mindestens zwei Punkte besitzt und durch diese zwei Punkte genau eine projektive Gerade verläuft, ist $[h]$ in $G(V)$ eindeutig bestimmt. $\Box$

6.6 Folgerung. *Die Zuordnung $h \longmapsto [h]$ ist eine Bijektion zwischen allen affinen Geraden in A und den projektiven Geraden in $P(V)$, die nicht ganz in $P(W)$ liegen.*

6.7 Folgerung. *Seien h_1 und h_2 zwei affine Geraden in A. h_1 und h_2 sind genau dann parallel, wenn $[h_1] \cap P(W) = [h_2] \cap P(W)$.*

BEWEIS: Seien $h_1 = Kw_1 + p_1$ und $h_2 = Kw_2 + p_2$ affine Geraden. Seien $p_1 = Ka_1$ und $p_2 = Ka_2$. Die zugehörigen projektiven Geraden sind $[h_i] = Kw_i + Ka_i$. Die Schnittpunkte mit $P(W)$ sind die Punkte Kw_i. Dann sind

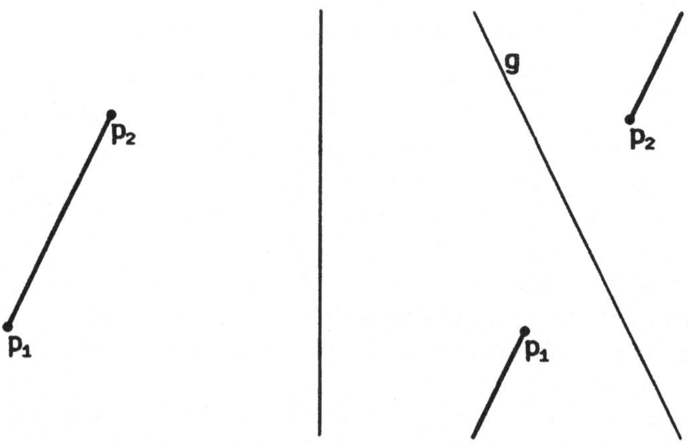

Figur 6.1

die affinen Geraden parallel genau dann, wenn $Kw_1 = Kw_2$ genau dann, wenn $[h_1] \cap P(W) = [h_2] \cap P(W)$. □

6.8 Bemerkung: Ein affiner Raum A mit Translationsraum W wird also zu einem projektiven Raum P „vervollständigt", indem man zu A weitere „uneigentliche" Punkte hinzufügt, zu jeder Parallelenschar von affinen Geraden in A genau einen uneigentlichen Punkt, und alle uneigentlichen Punkte zusammenfaßt zur „uneigentlichen" Hyperebene. Jede Gerade (und allgemeiner jeder affine Unterraum) von A wird durch Hinzunahme des zugehörigen uneigentlichen Punktes zu einer projektiven Geraden in P verlängert. Dazu kann man wie folgt vorgehen. Sei A' ein affiner Raum mit Translationsraum W. Man bilde $V := W + Kz$ mit einem nicht in W gelegenen Vektor z. Dann ist $P(W)$ in $P(V)$ eine projektive Hyperebene. Der oben konstruierte affine Raum $A = P(V) \setminus P(W)$ mit Translationsraum W ist dann affin äquivalent zum affinen Raum A', weil je zwei affine Räume A und A' mit gemeinsamem Translationsraum W affin äquivalent sind. $P(W)$ ist die Hyperebene, die aus den uneigentlichen Punkten besteht. □

Wir wenden uns wieder unseren Beispielen zu. Im projektiven Raum $P(\mathbf{R}^4)$

betrachten wir einmal die projektive Hyperebene $P(U)$ mit

$$U = \{(\xi_0, \ldots, \xi_3) | \xi_i \in \mathbf{R}, -\xi_0 + \xi_1 + \xi_2 + \xi_3 = 0\},$$

die wir schon im ersten Abschnitt studiert haben. Dort sahen wir, daß die Punkte des zugehörigen affinen Raumes $A = P(\mathbf{R}^4) \setminus P(U)$ als Bilder bei der Abbildung

$$\Psi: \mathbf{R}^3 \ni (\xi, \eta, \zeta) \longmapsto \mathbf{R}(1 + \xi + \eta + \zeta, \xi, \eta, \zeta)$$

erhalten werden können. Für die Konstruktion von 6.2 ist $\mathbf{R}^4 = U \oplus \mathbf{R}(1, 0, 0, 0)$, wobei der Vektor $a = (1, 0, 0, 0)$ keineswegs eindeutig bestimmt ist, sondern durch jeden anderen Vektor aus $\mathbf{R}^4 \setminus U$ ersetzt werden kann. Wir berechnen jetzt den Translationsvektor $\tau(p, q)$ für zwei Punkte $p, q \in A$. Seien $p = (\xi_0, \xi_1, \xi_2, \xi_3)$ und $q = (\eta_0, \eta_1, \eta_2, \eta_3)$. Dann lassen sie sich ihre Koordinaten bezüglich der direkten Summe $\mathbf{R}^4 = U \oplus \mathbf{R}(1, 0, 0, 0)$ zerlegen als

$$\frac{1}{\xi_0 - \xi_1 - \xi_2 - \xi_3} \cdot (\xi_0, \xi_1, \xi_2, \xi_3) = \frac{(\xi_1 + \xi_2 + \xi_3, \xi_1, \xi_2, \xi_3)}{\xi_0 - \xi_1 - \xi_2 - \xi_3} + (1, 0, 0, 0),$$

$$\frac{1}{\eta_0 - \eta_1 - \eta_2 - \eta_3} \cdot (\eta_0, \eta_1, \eta_2, \eta_3) = \frac{(\eta_1 + \eta_2 + \eta_3, \eta_1, \eta_2, \eta_3)}{\eta_0 - \eta_1 - \eta_2 - \eta_3} + (1, 0, 0, 0).$$

Dabei ist zu beachten, daß $\xi_0 - \xi_1 - \xi_2 - \xi_3 \neq 0$ gilt, denn unsere Punkte liegen nicht in der projektiven Hyperebene. Damit ist

$$\omega(p) = \frac{(\xi_1 + \xi_2 + \xi_3, \xi_1, \xi_2, \xi_3)}{\xi_0 - \xi_1 - \xi_2 - \xi_3} \qquad \text{und} \qquad \omega(q) = \frac{(\eta_1 + \eta_2 + \eta_3, \eta_1, \eta_2, \eta_3)}{\eta_0 - \eta_1 - \eta_2 - \eta_3}.$$

Weiter erhalten wir nach 6.2

$$\tau(p, q) = \frac{(\eta_1 + \eta_2 + \eta_3, \eta_1, \eta_2, \eta_3)}{\eta_0 - \eta_1 - \eta_2 - \eta_3} - \frac{(\xi_1 + \xi_2 + \xi_3, \xi_1, \xi_2, \xi_3)}{\xi_0 - \xi_1 - \xi_2 - \xi_3}.$$

Kehren wir zu der Abbildung Ψ zurück. Wir werden zeigen, daß sie eine Affinität auf A ist. Zunächst beachten wir, daß $w\Psi(\xi_1, \xi_2, \xi_3) = (\xi_1 + \xi_2 + \xi_3, \xi_1, \xi_2, \xi_3)$ gilt. Weiter definieren wir eine lineare Abbildung $f: \mathbf{R}^3 \longrightarrow U$ durch

$$f(\xi_1, \xi_2, \xi_3) = (\xi_1 + \xi_2 + \xi_3, \xi_1, \xi_2, \xi_3).$$

Dann ist für Punkte im affinen Raum $(\xi_1, \xi_2, \xi_3), (\eta_1, \eta_2, \eta_3) \in \mathbf{R}^3$

$$\begin{aligned}
f(\tau'((\xi_1, \xi_2, \xi_3), (\eta_1, \eta_2, \eta_3))) \\
= (\eta_1 - \xi_1 + \eta_2 - \xi_2 + \eta_3 - \xi_3, \eta_1 - \xi_1, \eta_2 - \xi_2, \eta_3 - \xi_3) \\
= \tau(\Psi(\xi_1, \xi_2, \xi_3), \Psi(\eta_1, \eta_2, \eta_3)).
\end{aligned}$$

Also ist (Ψ, f) eine Affinität.

Der Leser möge einmal überprüfen, ob die Abbildung (Ψ, g) auch eine Affinität ist, wenn der Vektor $a = (1, 0, 0, 0)$ ersetzt wird durch $(2, 0, 0, 0)$ bzw. $(-1, 0, 0, 0)$. Gibt es eine lineare Abbildung $g \colon \mathbf{R}^3 \longrightarrow U$, für die (Ψ, g) eine Affinität ist, wenn $a = (1, 1, 1, 1)$ gilt?

7 Homogene Koordinaten

Bisher haben wir die projektiven Räume von einem mehr abtrakten Standpunkt aus kennengelernt. Um jedoch die Punkte genau angeben zu können, benötigen wir eine Erfassung der Punkte mit reellen Zahlen. Dazu ist der Ansatz der analytischen projektiven Geometrie besonders geeignet. Man könnte nun den allgemein gewählten Vektorraum V für die Konstruktion des projektiven Raumes $P(V)$ durch den mit Koordinaten versehenen Raum $\mathbf{R}^n$ ersetzen. Das engt jedoch die Anwendungsmöglichkeiten erheblich ein. Ein Unterraum U von $\mathbf{R}^n$ braucht schon nicht mehr diese Form zu haben und wäre dann nicht mehr leicht zu behandeln. Wir werden daher nur eine beliebige Basis von V für die Koordinaten heranziehen.

Unser erster Ansatz soll sich jedoch nicht auf den Vektorraum V beziehen, sondern das abstrakte Konzept der projektiven Abhängigkeit verwenden. Dieses liefert uns sofort den richtigen Begriff der projektiven Basis — im Gegensatz zum projektiven Koordinatensystem. Erst danach werden wir die Beziehung zur Basis des zugehörigen Vektorraumes aufklären.

Zur Koordinatendarstellung von Punkten verwendet man jedoch meist den Begriff des projektiven Koordinatensystems. Damit können dann die Punkte in einer Weise durch „homogene Koordinaten" erfaßt werden, die später besonders günstig bei der Behandlung von Abbildungen von projektiven Räumen sein werden. Zwar werden die homogenen Koordinaten für einen projektiven Punkt nicht eindeutig durch den Punkt festgelegt werden, jedoch eindeutig bis auf einen gemeinsamen Faktor.

Schließlich soll auch der Zusammenhang mit affinen Koordinaten eines Punktes in einem affinen Unterraum dargestellt werden. Wir werden dann noch einmal sehen, daß z.B. bei der Parametrisierung der projektiven Geraden die unendlich fernen Punkte tatsächlich mit einem Parameter erfaßt werden, der unendlich werden kann.

7.1 Definition: Ein Punkt p in $P(V)$ heißt von der Teilmenge X in $P(V)$ *projektiv abhängig*, wenn $p \in \langle X \rangle$. Wir schreiben dafür auch $p \prec X$.

7.2 Satz. *Die Relation der projektiven Abhängigkeit ist eine Abhängigkeitsrelation, d.h. sie erfüllt die folgenden Bedingungen*

    a) $p \in Y \implies p \prec Y,$

    b) $p \prec Y \implies \exists E \subseteq Y$ *endlich:* $p \prec E,$

    c) $p \prec Y \wedge (\forall y \in Y : y \prec Z) \implies p \prec Z,$

    d) $p \prec (Y \cup \{q\}) \wedge p \nprec Y \implies q \prec (Y \cup \{p\}).$

BEWEIS: Zu a: folgt aus $Y = 1Y \subseteq \langle Y \rangle$.

Zu b: Sei $p \prec Y$. Dann gibt es ein $n \in \mathbb{N}$ mit $p \in nY$. Folglich existieren $q_0, \ldots, q_{n-1} \in Y$ und $r_i \in iY$, $i = 1, \ldots, n$ mit

$$r_1 \in Y \wedge r_1 = q_0,$$
$$r_2 \in 2Y \wedge r_2 \, \varepsilon \, (r_1, q_1),$$
$$r_3 \in 3Y \wedge r_3 \, \varepsilon \, (r_2, q_2),$$
$$\cdots$$
$$r_n \in nY \wedge r_n \, \varepsilon \, (r_{n-1}, q_{n-1}) \wedge r_n = p.$$

Für $E := \{q_0, \ldots, q_{n-1}\}$ ist die Behauptung dann erfüllt.

Zu c: Aus $\forall y \in Y : y \prec Z$ folgt $Y \subseteq \langle Z \rangle$, nach 5.9 also auch $\langle Y \rangle \subseteq \langle Z \rangle$. Das ist aber die Behauptung.

Zu d: Sei $p \in \langle Y \cup \{q\} \rangle = \langle Y \rangle + \langle \{q\} \rangle = \langle Y \rangle + \{q\}$. Es gibt daher ein y mit $p \varepsilon (y, q)$. Da jedoch $p \not\prec Y$, also $p \notin \langle Y \rangle$, ist $p \neq y$. Wir können 4.7 verwenden und sehen $q \varepsilon (y, p)$. Damit gilt $q \in \langle Y \rangle + \{p\} = \langle Y \cup \{p\} \rangle$. $\square$

Es gibt eine leichte Verallgemeinerung der linearen Abhängigkeit zum Begriff einer allgemeinen Abhängigkeitsrelation (gelegentlich auch Matroid genannt), mit der die folgende Definition auch als Folgerung des vorangehenden Satzes bewiesen werden kann. Wir werden jedoch diesen Begriff nicht weiter verfolgen und definieren daher wie folgt.

7.3 Definition: Sei $\dim P(V) = n$. Dann besteht eine *projektive Basis* von $P(V)$ aus $n + 1$ Punkten, die in keiner Hyperebene gemeinsam enthalten sind.

Damit kann der Begriff der projektiven Basis auch mit Hilfsmitteln der axiomatischen projektiven Geometrie eingeführt werden. Der mit dem Begriff der allgemeinen Abhängigkeit vertraute Leser möge die Definition 7.3 daher als Folgerung aus dem Satz 7.2 herleiten.

7.4 Folgerung. $p_0, \ldots, p_n$ *in* $P(V)$ *sind genau dann eine projektive Basis, wenn ihre Repräsentanten* $x_0, \ldots, x_n$ *in* V *eine Basis bilden.*

BEWEIS: Sei $p_0, \ldots, p_n$ eine projektive Basis des n-dimensionalen projektiven Raumes $P(V)$. Nach 5.12 ist V der von den x_i aufgespannte Raum. Wegen

$$\dim V = \dim P(V) + 1$$

ist $x_0, \ldots, x_n$ dann eine Basis von V. Ist umgekehrt $x_0, \ldots, x_n$ eine Basis von V, so gilt $\langle \{p_0, \ldots, p_n\} \rangle = P(V)$ wiederum nach 5.12. Die Punkte $p_0, \ldots, p_n$ sind daher in keiner gemeinsamen Hyperebene enthalten und bilden eine projektive Basis von $P(V)$ wegen $\dim P(V) = n$. $\square$

7.5 Definition: Sei $\dim P(V) = n$. Ein *projektives Koordinatensystem* für $P(V)$ besteht aus $n + 2$ Punkten in $P(V)$, so daß keine $n + 1$ Punkte in einer gemeinsamen Hyperebene liegen.

7.6 Folgerung. *$S := \{p_0, \ldots, p_{n+1}\}$ ist ein projektives Koordinatensystem für $P(V)$ genau dann, wenn je $n+1$ von diesen Punkten eine projektive Basis von $P(V)$ bilden.*

7.7 Definition: Sei S ein projektives Koordinatensystem für den projektiven Raum $P(V)$. Seien $x_0, \ldots, x_{n+1}$ Repräsentanten für S. Da diese Vektoren in V linear abhängig sind und je $n+1$ von ihnen linear unabhängig sind, gibt es eine nichttriviale Linearkombination $\beta_0 x_0 + \ldots + \beta_{n+1} x_{n+1} = 0$ mit allen Koeffizienten $\beta_i \neq 0$. Ohne Einschränkung können wir also die Repräsentanten $x_0, \ldots, x_{n+1}$ so wählen, daß $x_0 + \ldots + x_{n+1} = 0$. Weiterhin wählen wir aus S einen Punkt p_{n+1} aus. Er wird *Einheitspunkt* genannt. Die übrigen Punkte $p_0, \ldots, p_n$ heißen *Grundpunkte*. Sei p in $P(V)$ gegebenen und x ein Repräsentant von p in V. Dann heißen die $(\alpha_0, \ldots, \alpha_n)$ mit $x = \alpha_0 x_0 + \alpha_1 x_1 + \ldots + \alpha_n x_n$ *homogene Koordinaten* für p bezüglich des projektiven Koordinatensystems $\{p_0, \ldots, p_{n+1}\}$ mit Einheitspunkt p_{n+1}.

7.8 Satz. *Sei S ein projektives Koordinatensystem mit Einheitspunkt p_{n+1}. Dann sind die homogenen Koordinaten $(\alpha_0, \ldots, \alpha_n)$ eines Punktes p in $P(V)$ bis auf ein Vielfaches mit einem Faktor $\alpha \neq 0$ aus $\mathbf{R}$ eindeutig bestimmt. Jedes Vielfache $\alpha(\alpha_0, \ldots, \alpha_n)$ der homogenen Koordinaten von p kann durch eine geeignete Wahl der Repräsentanten $x_0, \ldots, x_{n+1}$ mit $x_0 + \ldots + x_{n+1} = 0$ oder x als $n+1$-Tupel von homogenen Koordinaten von p erhalten werden. Zu jeder Wahl $(\alpha_0, \alpha_1, \ldots, \alpha_n) \neq 0$ gibt es genau einen Punkt mit diesen homogenen Koordinaten.*

BEWEIS: Seien $p_i = \mathbf{R}x_i = \mathbf{R}x_i'$, $x_0 + \ldots + x_{n+1} = 0$ und $x_0' + \ldots + x_{n+1}' = 0$. Seien $x_i' = \beta_i x_i$. Die $x_0, \ldots, x_n$ sind nach Voraussetzung über projektive Koordinatensysteme eine Basis von V. Aus der Gleichung über die x_i' folgt

$$-\beta_{n+1} x_{n+1} = \beta_0 x_0 + \ldots + \beta_n x_n.$$

Durch Multiplikation der Gleichung $x_0 + \ldots + x_{n+1} = 0$ mit β_{n+1} erhalten wir

$$-\beta_{n+1} x_{n+1} = \beta_{n+1} x_0 + \ldots + \beta_{n+1} x_n.$$

Aus diesen beiden Gleichungen folgt $\alpha := \beta_0 = \ldots = \beta_{n+1}$. Ist nun $p = \mathbf{R}x$. So ist $x = \alpha_0 x_0' + \ldots + \alpha_n x_n' = \alpha \alpha_0 x_0 + \ldots + \alpha \alpha_n x_n$, also ändern sich die homogenen Koordinaten beim Übergang zu neuen Repräsentanten für S nur um den Faktor α. Ebenso kommt für einen anderen Repräsentanten für p ebenfalls nur ein gemeinsamer Faktor hinzu. Man kann also auch x so wählen, daß ein beliebiger Faktor $\alpha \neq 0$ auf den homogenen Koordinaten ausgeglichen wird. Zum Beweis der letzten Aussage des Satzes bilde man $p = \mathbf{R}x$ mit $x = \alpha_0 x_0 + \ldots + \alpha_n x_n$. $\square$

7.9 Folgerung. *Die homogenen Koordinaten für* $p_0, \ldots, p_n, p_{n+1}$ *sind*

$$e_0 = (1, 0, \ldots, 0), \ldots, e_n = (0, \ldots, 1), e_{n+1} = (1, 1, \ldots, 1).$$

BEWEIS: Für die Punkte $p_0, \ldots, p_n$ folgt das aus $p_i = \mathbf{R}x_i$ und $x_i = 1 \cdot x_i$. Für $p_{n+1} = \mathbf{R}x_{n+1}$ gilt $x_{n+1} = -x_0 - \ldots - x_n$, also ist $(-1, \ldots, -1)$ ein $n + 1$-Tupel homogener Koordinaten für p_{n+1}. Aber die homogenen Koordinaten dürfen mit dem Faktor $-1 \neq 0$ multipliziert werden, also sind auch $(1, \ldots, 1)$ homogene Koordinaten für p_{n+1}. $\Box$

7.10 Folgerung. *Sei S ein projektives Koordinatensystem mit Einheitspunkt p_{n+1}. Sei $P(W)$ die Hyperebene durch $\{p_1, \ldots, p_n\}$. Dann haben die eigentlichen Punkte (bzgl. $P(W)$) von $P(V)$ homogene Koordinaten $(\alpha_0, \ldots, \alpha_n)$ mit $\alpha_0 \neq 0$ und die uneigentlichen Punkte (in $P(W)$) homogene Koordinaten $(\alpha_0, \ldots, \alpha_n)$ mit $\alpha_0 = 0$.*

BEWEIS: Sei $p = \mathbf{R}x \in P(V)$ mit homogenen Koordinaten $(\alpha_0, \ldots, \alpha_n)$, also $x = \alpha_0 x_0 + \ldots + \alpha_n x_n$. Der Punkt p ist genau dann uneigentlich, wenn $p \in P(W)$ genau dann, wenn $x \in W$ genau dann, wenn $\alpha_0 = 0$. $\Box$

7.11 Definition: Sei (A, V, σ) ein affiner Raum. Ein *affines Koordinatensystem* für A besteht aus einem Punkt $a \in A$ und einer Basis $x_1, \ldots, x_n$ von V. Dann läßt sich jeder Punkt $b \in A$ eindeutig darstellen als $b = \alpha_1 x_1 + \ldots + \alpha_n x_n + a$. $(\alpha_1, \ldots, \alpha_n)$ heißen die *affinen Koordinaten* von b.

7.12 Folgerung. *Wählt man für einen eigentlichen Punkt p mit Repräsentanten x die Repräsentanten $\{x_0, \ldots, x_{n+1}\}$ von S so, daß für die homogenen Koordinaten $\alpha_0, \ldots, \alpha_n)$ von x gilt $\alpha_0 = 1$, dann sind $(\alpha_1, \ldots, \alpha_n)$ die affinen Koordinaten von p bzgl. $\{x_1, \ldots, x_n\}$.*

BEWEIS: Wir wählen ein festes Repräsentantensystem $x_0, \ldots, x_{n+1}$ für S und betrachten die Basis $x_1, \ldots, x_n$ von W und $a = \mathbf{R}x_0$. Sei nun $p = \mathbf{R}x \in A$ und $\alpha x = x_0 + \alpha_1 x_1 + \ldots + \alpha_n x_n$. Dann ist $p = (\alpha_1 x_1 + \ldots + \alpha_n x_n) + a$ (vgl. 2.11), also sind $(\alpha_1, \ldots, \alpha_n)$ affine Koordinaten von p bezüglich a und $x_1, \ldots, x_n$. $\Box$

7.13 Bemerkung: (Parametrisierung der projektiven Geraden): Sei $g = P(U)$ eine projektive Gerade. Je drei paarweise verschiedene Punkte p_0, p_1, p_2 bilden ein projektives Koordinatensystem für g mit Einheitspunkt p_2. Sei q ein weiterer Punkt auf g. Seien x_i, y Repräsentanten in V für diese Punkte mit $x_0 + x_1 + x_2 = 0$. Dann läßt sich $y = \alpha_0 x_0 + \alpha_1 x_1$ mit den homogenen Koordinaten (α_0, α_1) darstellen. Wegen 7.8 ist aber q schon durch die Angabe von $\xi = \alpha_1 / \alpha_0$ eindeutig bestimmt, mit Ausnahme des Falles $\alpha_0 = 0$. Wir definieren also $\widehat{\mathbf{R}} := \mathbf{R} \cup \{\infty\}$ und setzen $\xi = \infty$, wenn $\alpha_0 = 0$. Damit haben wir eine Bijektion zwischen den

Punkten auf g und $\widehat{\mathbf{R}}$ durch $y = x_0 + \xi x_1$ bzw. $y = x_1$ angegeben. Diese heißt *Parametrisierung der Geraden g* mit p_0, p_1, p_2. Sie ist unabhängig von der Wahl der Repräsentanten x_0, x_1, x_2 mit $x_0 + x_1 + x_2 = 0$. Die Punkte p_0, p_1, p_2 haben die homogenen Koordinaten $(1,0)$, $(0,1)$ und $(1,1)$. Die zugehörigen Parameter sind 0, ∞ und 1. Eine Änderung nur von p_2 zu $\mathbf{R}(\lambda x_0 + \mu x_1)$ ändert den Maßstab der Parametrisierung um den festen Faktor λ/μ, wie man leicht nachrechnet, läßt jedoch die Parameter 0 für p_0 und ∞ für p_1 unverändert. Wir können also $\widehat{\mathbf{R}}$ selbst als eine projektive Gerade auffassen. Sie hätte dann $0, \infty$ und 1 als projektives Koordinatensystem. $\square$

Für unsere Sammlung von Beispielen wollen wir im folgenden eine Methode entwickeln, die es gestattet, in einem projektiven Unterraum U eines projektiven Raumes $P(\mathbf{R}^n)$ ein projektives Koordinatensystem zu erkennen und die wichtige Bedingung $x_0 + \ldots + x_{r+1} = 0$ für die Repräsentanten zu erzwingen. Seien also $r + 2$ Punkte $p_0, \ldots, p_{r+1}$ gegeben. Wir wollen feststellen, ob sie ein projektives Koordinatensystem eines r-dimensionalen projektiven Unterraumes U darstellen.

Seien Vektoren $x_i \neq 0$ mit $p_i = \mathbf{R}x_i$ $(i = 0, \ldots, r + 1)$ gegeben. Seien weiterhin die Koeffizienten der Vektoren gegeben durch $x_i = (\xi_{ji}|j = 1, \ldots, n)$. Zunächst bemühen wir uns darum, die Vektoren x_i so zu ändern, daß $x_0 + \ldots + x_{r+1} = 0$ gilt. Wenn die gegebenen Punkte ein projektives Koordinatensystem bilden, so spannen je $r+1$ Vektoren einen $(r+1)$-dimensionalen Untervektorraum auf. Die $r+2$ Vektoren sind linear abhängig und in der Relation $\alpha_0 x_0 + \ldots + \alpha_{r+1} x_{r+1} = 0$ sind alle Koeffizienten $\alpha_i \neq 0$. Ohne Einschränkung können wir den Koeffizienten $\alpha_0 = 1$ ansetzen. Die weiteren Koeffizienten müssen bestimmt werden. Dazu fassen wir die (Spalten-)Vektoren $x_1, \ldots, x_{r+1}$ als Spalten einer Matrix

$$X := (x_1, \ldots, x_{r+1}) = (\xi_{ji})$$

auf und lösen das lineare Gleichungssystem $Xa = -x_0$ mit $a = (\alpha_i|i = 1, \ldots, r + 1)$. Durch das Gauß-Jordan-Verfahren können wir die Matrix

$$X' := (x_1, \ldots x_{r+1}, -x_0)$$

auf die Form

$$Y' = \begin{pmatrix} 1 & 0 & \ldots & 0 & \alpha_1 \\ 0 & 1 & \ldots & 0 & \alpha_2 \\ \vdots & \vdots & & \vdots & \vdots \\ 0 & 0 & \ldots & 1 & \alpha_{r+1} \\ 0 & 0 & \ldots & 0 & \alpha_{r+2} \\ 0 & 0 & \ldots & 0 & 0 \\ \vdots & \vdots & & \vdots & \vdots \end{pmatrix}$$

bringen.

Sollte $\alpha_{r+2} \neq 0$ sein, so ist das lineare Gleichungssystem nicht lösbar, d.h. die Punkte $p_0, \ldots, p_{r+1}$ liegen nicht in einem gemeinsamen r-dimensionalen projektiven Unterraum. In diesem Falle wäre eine Fehlermeldung

Die Punkte liegen nicht in einem r-dimensionalen projektiven Unterraum!

angebracht.

Wenn bei diesem Verfahren nicht alle oben angezeigten Stellen der Hauptdiagonalen mit Einsen besetzt sind — in diesem Falle ergibt das Gauß-Jordan-Verfahren eine Matrix mit einem geringeren Rang —, so ist der Rang der Matrix X kleiner als $r + 1$, d.h. die Punkte $p_1, \ldots, p_{r+1}$ bilden keine projektive Basis von U. Als Fehlermeldung vereinbaren wir

Eine echte Teilmenge der Punkte ist projektiv abhängig!

Ist jedoch $\alpha_{r+2} = 0$ und sind $r + 1$ Einsen in der Hauptdiagonalen, so sind die $(\alpha_i, i = 1, \ldots, r+1)$ eine Lösung des Gleichungssystems $Xa = -x_0$. Ist einer der Koeffizienten $\alpha_i = 0$, so sind wiederum $r + 1$ Vektoren der x_i linear abhängig, und wir geben dieselbe Fehlermeldung aus:

Eine echte Teilmenge der Punkte ist projektiv abhängig!

Sind auch alle $\alpha_i \neq 0$, so ersetzen wir die $x_1, \ldots, x_{r+1}$ durch $\alpha_1 x_1, \ldots, \alpha_{r+1} x_{r+1}$ und haben damit die Bedingung $x_0 + \ldots + x_{r+1} = 0$ erfüllt.

Für eine konkrete Rechnung verwenden wir im $P(\mathbf{R}^5)$ die Punkte p_0, p_1, p_2, p_3 mit den Vektoren

$$
x_0 = \begin{pmatrix} -1 \\ 0 \\ 0 \\ 0 \\ 4 \end{pmatrix}, \; x_1 = \begin{pmatrix} 1 \\ 2 \\ 0 \\ 0 \\ 0 \end{pmatrix}, \; x_2 = \begin{pmatrix} 0 \\ 1 \\ 2 \\ 0 \\ 0 \end{pmatrix}, \; x_3 = \begin{pmatrix} 0 \\ 0 \\ 1 \\ 2 \\ 0 \end{pmatrix}.
$$

Die entprechende Matrix ist

$$
X' = \begin{pmatrix} 1 & 0 & 0 & 1 \\ 2 & 1 & 0 & 0 \\ 0 & 2 & 1 & 0 \\ 0 & 0 & 2 & 0 \\ 0 & 0 & 0 & -4 \end{pmatrix},
$$

und die nach dem Gauß-Jordan-Verfahren bestimmte Matrix ist

$$Y' = \begin{pmatrix} 1 & 0 & 0 & 1 \\ 0 & 1 & 0 & -2 \\ 0 & 0 & 1 & 4 \\ 0 & 0 & 0 & -8 \\ 0 & 0 & 0 & 0 \end{pmatrix}.$$

Der Koeffizient $\alpha_4 = -8$ ist von Null verschieden, also erhalten wir die Meldung

    Die Punkte liegen nicht in einem r-dimensionalen projektiven
    Unterraum!

Ändern wir jedoch den Vektor x_0 ab zu

$$x_0 = \begin{pmatrix} -1 \\ 0 \\ 4 \\ 0 \\ 0 \end{pmatrix},$$

so ergibt sich als Matrix nach dem Gauß-Jordan-Verfahren

$$Y' = \begin{pmatrix} 1 & 0 & 0 & 1 \\ 0 & 1 & 0 & -2 \\ 0 & 0 & 1 & 0 \\ 0 & 0 & 0 & 0 \\ 0 & 0 & 0 & 0 \end{pmatrix}.$$

Nun ist der Koeffizient $\alpha_3 = 0$, also erhalten wir die Meldung

    Eine echte Teilmenge der Punkte ist projektiv abhängig!

Mit der Wahl

$$x_0 = \begin{pmatrix} -1 \\ -1 \\ 1 \\ -2 \\ 0 \end{pmatrix}$$

schließlich haben wir Glück, denn wir erhalten

$$Y' = \begin{pmatrix} 1 & 0 & 0 & -1 \\ 0 & 1 & 0 & 1 \\ 0 & 0 & 1 & -1 \\ 0 & 0 & 0 & 0 \\ 0 & 0 & 0 & 0 \end{pmatrix}.$$

Wir können also die Repräsentanten der projektiven Punkte p_i ersetzen durch

$$x_0 = \begin{pmatrix} -1 \\ -1 \\ 1 \\ -2 \\ 0 \end{pmatrix}, \; x_1 = \begin{pmatrix} 1 \\ 2 \\ 0 \\ 0 \\ 0 \end{pmatrix}, \; x_2 = \begin{pmatrix} 0 \\ -1 \\ -2 \\ 0 \\ 0 \end{pmatrix}, \; x_3 = \begin{pmatrix} 0 \\ 0 \\ 1 \\ 2 \\ 0 \end{pmatrix}.$$

Es ist klar, daß bei vorgegebenen drei linear unabhängigen Vektoren x_1, x_2, x_3 aus $\mathbf{R}^5$ ein vierter Vektor x_0 im allgemeinen nicht linear abhängig von den vorgegebenen Vektoren sein wird, und falls er doch davon linear abhängig sein sollte, so kann es leicht vorkommen, daß er schon von zweien oder gar von einem der vorgegebenen Vektoren abhängig ist. Wenn unsere Vektoren also durch geometrische Konstruktionen entstehen, so ist es günstig, wenn außer der Umformung auf Repräsentanten mit $x_0 + \ldots + x_3 = 0$ auch eine Kontrolle der Vorbedingungen stattfindet, damit ein kontrollierter Abschluß beim Auftreten von Fehlern stattfinden kann.

8 Kollineationen und projektive Abbildungen

Wir betrachten in diesem Abschnitt strukturerhaltende Abbildungen zwischen projektiven Räumen. Wiederum ist der Ansatz aus der analytischen projektiven Geometrie der einfachere, aber auch weniger intuitive Ansatz. Sei $f: V \longrightarrow W$ eine lineare Abbildung von Vektorräumen. Zunächst untersuchen wir, ob aus f eine Abbildung von $P(V)$ nach $P(W)$ konstruiert werden kann. Wegen $f(\alpha x) = \alpha f(x)$ möchte man $P(f)(Kx) := Kf(x)$ definieren. Diese „Einschränkung“ von f auf $P(V)$ kann jedoch nur unter besonderen Voraussetzungen eingeführt werden. Auf $V \setminus 0$ wird eine Äquivalenzrelation dadurch definiert, daß zwei Vektoren x und y äquivalent genannt werden, wenn sie denselben eindimensionalen Unterraum aufspannen. Wir müssen also untersuchen, ob die Abbildung f äquivalente Vektoren auf äquivalente Vektoren abbildet. Dabei ist der ausgeschlossene Nullvektor besonders zu beachten.

8.1 Lemma. *Seien V und W Vektorräume und sei $f: V \longrightarrow W$ eine lineare Abbildung. f induziert durch Einschränkung eine Abbildung $P(f): P(V) \longrightarrow P(W)$ genau dann, wenn f injektiv ist.*

BEWEIS: Sei $x \in V$ und $x \neq 0$. Dann soll f den projektiven Punkt Kx in den projektiven Punkt $Kf(x)$ abbilden, also muß $f(x) \neq 0$ gelten. Das ist genau dann für alle $x \in V$ der Fall, wenn f injektiv ist. $\square$

8.2 Definition: Eine Abbildung $F: P(V) \longrightarrow P(W)$ heißt *projektive Abbildung*, wenn es eine (notwendig injektive) lineare Abbildung $f: V \longrightarrow W$ gibt mit $F = P(f)$ gibt.

Wir beachten, daß für eine injektive lineare Abbildung $f: V \longrightarrow W$ auch die Abbildung $P(f): P(V) \longrightarrow P(W)$ injektiv ist. Ist nämlich $P(f)(Kx) = P(f)(p) = P(f)(q) = P(f)(Ky)$ mit $p = Kx$ und $q = Ky$, so ist $Kf(x) = Kf(y)$, also $f(x) = \alpha f(y) = f(\alpha y)$. Weil f injektiv ist, ist $x = \alpha y$ und damit auch $Kx = Ky$. Da für eine projektive Abbildung $P(f)$ die lineare Abbildung f immer injektiv ist, folgt hieraus

8.3 Folgerung. *Jede projektive Abbildung ist injektiv.* $\square$

Wir bemerken, daß die Verknüpfung zweier injektiver linearer Abbildungen wieder injektiv ist. Da $P(f)$ die Einschränkung von f auf die Äquivalenzklassen ist, gilt $P(f)P(g) = P(fg)$ und $P(\mathrm{id}_V) = \mathrm{id}_{P(V)}$.

Betrachten wir nun zwei projektive Räume $P(V)$ und $P(W)$ gleicher Dimension, so ist eine projektive Abbildung $P(f): P(V) \longrightarrow P(W)$ notwendig bijektiv. Das bringt uns zu

8.4 Definition: Eine *Projektivität* ist eine bijektive projektive Abbildung. Die Gruppe der Projektivitäten von $P(V)$ in sich wird mit PGL(V) bezeichnet.

Wir bemerken hier, daß $P(f)$ genau dann surjektiv ist, wenn f surjektiv ist. Also werden die Projektivitäten von Isomorphismen von Vektorräumen erzeugt.

8.5 Satz. *Seien f und g injektive lineare Abbildungen von V nach W. Dann ist $P(f) = P(g)$ genau dann, wenn es ein $\alpha \in K$ gibt mit $f = \alpha \cdot g$.*

BEWEIS: Wenn $f = \alpha \cdot g$, dann gilt für jeden Punkt $p = Kx$ aus $P(V)$ die Gleichung $P(f)(Kx) = K\alpha \cdot g(x) = P(g)(Kx)$, also ist $P(f) = P(g)$. Sei nun umgekehrt $P(f) = P(g)$. Wir müssen ein α finden mit $f = \alpha g$. Sei $p \in P(V)$ mit $p = Kx$. Wegen $P(f)(p) = P(f)(Kx) = Kf(x)$ und $P(g)(p) = P(g)(Kx) = Kg(x)$ gibt es ein $\alpha_x \neq 0$ (abhängig von x) mit $f(x) = \alpha_x \cdot g(x)$. Das gilt für alle $x \in V \setminus \{0\}$. Wir wollen nun zeigen, daß für alle x und y gilt $\alpha_x = \alpha_y$. Dann können wir $\alpha := \alpha_x$ setzen. Sind x und y linear abhängig, so müssen α_x und α_y übereinstimmen, denn für $x = \lambda y$ gilt $f(x) = \lambda f(y) = \lambda \alpha_y \cdot g(y) = \alpha_y \cdot g(x)$. Sind x und y linear unabhängig, so ist $x + y \neq 0$, also $f(x + y) = \alpha_{x+y} \cdot g(x + y) = f(x) + f(y) = \alpha_x \cdot g(x) + \alpha_y \cdot g(y)$. Daraus folgt $\alpha_{x+y} = \alpha_x = \alpha_y$, da g injektiv ist, und somit $g(x)$ und $g(y)$ linear unabhängig sind. $\square$

8.6 Folgerung. *Man kann $K^* = K \setminus \{0\}$ als Untergruppe von $\mathrm{GL}(V)$ auffassen. Dann gibt es einen Isomorphismus $\mathrm{PGL}(V) \cong \mathrm{GL}(V)/K^*$, d.h. es gibt eine kurze exakte Folge von Gruppen*

$$0 \longrightarrow K^* \longrightarrow \mathrm{GL}(V) \overset{\phi}{\longrightarrow} \mathrm{PGL}(V) \longrightarrow 0.$$

BEWEIS: Zunächst fassen wir jedes Element $\alpha \in K^*$ als Automorphismus von V auf, indem wir α auf V durch Multiplikation von links operieren lassen. Zwei verschiedene Elemente aus K^* ergeben dabei verschiedene Automorphismen von V. Also kann K^* als Teilmenge von $\mathrm{GL}(V)$ aufgefaßt werden. Weiter entspricht die Multiplikation von Elementen aus K^* der Hintereinander-Ausführung von Automorphismen in $\mathrm{GL}(V)$, also kann K^* als Untergruppe von $\mathrm{GL}(V)$ angesehen werden.
Nach Definition von $\mathrm{PGL}(V)$ gibt es eine surjektive Abbildung ϕ von $\mathrm{GL}(V)$ auf $\mathrm{PGL}(V)$. Offenbar ist diese Abbildung ein Homomorphismus. K^* ist der Kern dieses Epimorphismus. Ist nämlich $\phi(f) = P(f) = \mathrm{id}_{P(V)}$, so ist nach 8.5 $f = \alpha \cdot \mathrm{id}_V$, also $f \in K^* \cdot \mathrm{id}_V$. Diese Menge haben wir mit K^* identifiziert. Nach dem Homomorphiesatz für Gruppen induziert ϕ einen Isomorphismus $\mathrm{PGL}(V) \cong \mathrm{GL}(V)/K^*$.
Die Aussage über die kurze exakte Folge ist äquivalent zu dem eben Bewiesenen.
$\square$

Wir wollen jetzt gewisse Abbildungen zwischen projektiven Räumen einführen, die mit Hilfsmitteln der synthetischen projektiven Geometrie charakterisiert werden. Die einfachste Eigenschaft ist die, Geraden auf Geraden abzubilden. Für die projektiven Punkte bedeutet dies, daß kollineare Punkte nach der Abbildung kollinear bleiben sollen. Es gibt jedoch einige unerwünschte Eigenschaften, die man möglichst ausschließen möchte. So gibt es z.B. eine bijektive Abbildung der reellen projektiven Ebene auf die reelle projektive Gerade (aus Gründen der Kardinalität), die sicher immer Kollinearität erhält. Jedoch ist das für die Umkehrabbildung nicht der Fall. Wir definieren daher wie folgt:

8.7 Definition: Sei $F\colon P(V) \longrightarrow P(W)$ eine bijektive Abbildung. F heißt eine *Kollineation*, wenn F und F^{-1} je drei kollineare Punkte in kollineare Punkte abbilden.

8.8 Satz. *Eine Projektivität $F\colon P(V) \longrightarrow P(W)$ ist eine Kollineation.*

BEWEIS: Eine injektive lineare Abbildung von Vektorräumen bildet 2-dimensionale Unterräume auf 2-dimensionale Unterräume ab, also bildet eine projektive Abbildung projektive Geraden auf projektive Geraden ab. Daraus folgt die Behauptung. $\square$

Kollineationen sind das Äquivalent der synthetischen projektiven Geometrie zum Begriff der Projektivität aus der analytischen projektiven Geometrie. Trivialerweise ist jedoch jede beliebige bijektive Abbildung einer projektiven Geraden auf eine projektive Gerade eine Kollineation, d.h. es gibt weitaus mehr Kollineationen der projektiven Geraden, als es Projektivitäten gibt. Deshalb werden diese beiden Begriffe auch nicht völlig übereinstimmen. Die genaue Aussage finden wir in Satz 8.10. Daß Kollineationen aber trotzdem die „richtigen" Abbildungen für die projektive Geometrie sind, zeigt u.a. der folgende Satz.

8.9 Satz. *Sei $F\colon P(V) \longrightarrow P(W)$ eine Kollineation. Eine Teilmenge $P \subseteq P(V)$ ist genau dann ein projektiver Unterraum, wenn $F(P) \subseteq P(W)$ ein projektiver Unterraum ist. Ist $P \subseteq P(V)$ ein projektiver Unterraum, so gilt $\dim(P) = \dim(F(P))$.*

BEWEIS: Offenbar ist die Umkehrabbildung einer Kollineation wieder eine Kollineation. Also muß zunächst nur gezeigt werden, daß das Bild eines projektiven Unterraumes wieder ein projektiver Unterraum ist. Wir verwenden die Charakterisierung nach Satz 4.9. Sei P ein projektiver Unterraum mit $G = \{(p,q)|p,q \in P, p \neq q\}$ als Menge der Geraden. Wir bilden $G' := \{(p',q')|p',q' \in F(P), p' \neq q'\}$. Dann ist für $F(P)$ und G' offenbar die Bedingung a) aus Satz 4.9 erfüllt. Seien nun $p \in P$, $q \in P$, $p' = F(p)$, $q' = F(q)$, $p' \neq q'$, $(p',q') \in G'$ und $r' = F(r) \in P(W)$. Wegen der Surjektivität von F läßt sich so jede Gerade aus G' und jeder Punkt aus $F(W)$ darstellen. Sei weiterhin $r'\varepsilon(p',q')$. Dann sind p',q',r' kollinear. Da F^{-1} eine Kollineation ist, sind auch p,q,r kollinear, also gilt $r\varepsilon(p,q)$, denn auch p und q müssen verschieden sein. Da P ein projektiver

Unterraum ist, ist $r \in P$ (Lemma 4.8.b), also $r' \in F(P)$. Damit ist auch Teil b) von Satz 4.9 erfüllt und $F(P)$ ein projektiver Unterraum.

Es bleibt die Behauptung über die Dimension zu zeigen. Ist $r \in (p, q)$, so ist auch $F(r) \in (F(p), F(q))$, da F eine Kollineation ist. Sei $Y \subseteq P(V)$. Ist nun $r \in \langle Y \rangle$ und existieren $y_1, y_2 \in Y$ mit $r \in (y_1, y_2)$ (der Fall $r \in Y$ ist trivial), so ist $F(r) \in (F(y_1), F(y_2))$, also auch $F(r) \in \langle F(Y) \rangle$. Daraus folgt $F(\langle Y \rangle) \subseteq \langle F(Y) \rangle$. Insbesondere ist dann $\dim F(P) \le \dim P$, wenn man für $Y = \{p_0, \ldots, p_n\}$ eine projektive Basis für P wählt. Aus Symmetriegründen folgt nun die Behauptung. $\Box$

Mit den weiter oben angegebenen pathologischen Beispielen für Kollineationen haben wir tatsächlich alle Möglichkeiten erschöpft. Ist die Dimension der verwendeten projektiven Räume genügend groß, so fallen die Begriffe Kollineation und Projektivität zusammen. Das wird durch den Hauptsatz der projektiven Geometrie ausgesagt. Da wir später nur verwenden werden, daßProjektivitäten kollinear sind und die Umkehrung im folgenden nicht weiter benötigen, zitieren wir lediglich diesen Satz. Der interessierte Leser kann in der Lehrbuchliteratur über projektive Geometrie einen Beweis dafür finden.

8.10 Hauptsatz der projektiven Geometrie. *Seien $P(V)$ und $P(W)$ projektive Räume mit $\dim(P(V) = \dim(P(W)) \ge 2$ über dem Körper $\mathbf{R}$ der reellen Zahlen. Sei $F: P(V) \longrightarrow P(W)$ eine Kollineation. Dann ist F eine Projektivität.*

Für die nächsten Sätze werden wir wieder analytische Hilfsmittel zu Hilfe nehmen, da der Zusammenhang zwischen Projektivitäten und Affinitäten untersucht werden soll. Affine Räume sind aber wegen der damit verbundenen (Translations-) Vektorräume viel enger mit Koordinaten verbunden, als das bei projektiven Räumen der Fall ist.

8.11 Satz. *Sei $F: P(V) \longrightarrow P(W)$ eine Projektivität. Sei $H \subseteq P(V)$ eine Hyperebene. Seien $A := P(V) \setminus H$ und $B := P(W) \setminus F(H)$ die durch H bzw. $F(H)$ bestimmten affinen Räume. Dann ist $F|_A: A \longrightarrow B$ eine Affinität.*

Beweis: Wir zeigen genauer, daß es für jede gemäß 6.2 auf A bzw. B definierte affine Struktur eine lineare Abbildung $g: U \longrightarrow U'$ mit $H = P(U)$ und $H' = P(U')$ gibt, so daß $(F|_A, g): (A, U, \tau) \longrightarrow (B, U', \tau')$ eine Affinität ist.

Es ist $F = P(f)$ für einen Isomorphismus $f: V \longrightarrow W$. Die lineare Abbildung f ist durch F nicht eindeutig bestimmt (vgl. 8.5). Wir halten daher f für die folgenden Überlegungen fest. Sei $H = P(U)$. Sei $U' = f(U)$. Dann sind nach 6.2 (A, U, τ) und (B, U', τ') affine Räume. Wir zerlegen $V = U \oplus Ka$. Die Zerlegung induziert über den Isomorphismus f eine Zerlegung $W = U' \oplus Ka'$ mit $a' = f(a)$. Die Abbildungen $w: A \longrightarrow U$ und $w': B \longrightarrow U'$ nach 6.1 sind definiert durch $p = K(w(p) + a)$ und $p' = K(w'(p') + a')$ mit $p \in A$ und $p' \in B$.

Ist $p' = F(p)$, so erhält man

$$K(w'(p') + a') = p' = F(p) = K(f(w(p) + a)) = K(fw(p) + f(a))$$
$$= K(fw(p) + a').$$

Wegen der Eindeutigkeit von $w'(p')$ erhält man $w'(F(p)) = f(w(p))$.
Mit dieser Formel können wir jetzt die Bedingung für eine affine Abbildung (2.12)
erfüllen. Es gilt

$$f(\tau(p, q)) = f(w(q) - w(p)) = fw(q) - fw(p) = w'(F(q)) - w'(F(p))$$
$$= \tau'(F(p), F(q)).$$

Wenn wir also die Einschränkung von f auf U verwenden $f : U \longrightarrow U'$, so ist

$$(F|_A, f|_U) : (A, U, \tau) \longrightarrow (B, U', \tau')$$

die gewünschte affine Abbildung. Hier ist zu beachten, daß die so konstruierte
Abbildung von der Wahl von f abhängt. Ein Änderung von f verändert auch
die Zerlegung von W, also insbesondere die affine Struktur von B. Jedoch ist
die Abbildung von der Menge A in die Menge B durch die Definition im Satz
eindeutig festgelegt. Schließlich ist auch klar, daß die Einschränkung von F zu
$F|_A : A \longrightarrow B$ bijektiv ist. $\square$

Es gilt nun auch die Umkehrung des soeben bewiesenen Satzes.

8.12 Satz. *Seien $P(V)$ und $P(W)$ projektive Räume gleicher Dimension. Seien
$H \subseteq P(V)$ und $H' \subseteq P(W)$ Hyperebenen, und seien A bzw. B die durch H
bzw. H' definierten affinen Räume. Sei $G : A \longrightarrow B$ eine Affinität. Dann gibt es
genau eine Projektivität $F : P(V) \longrightarrow P(W)$ mit $F|_A = G$.*

BEWEIS: Seien die Strukturen der affinen Räume (A, U, τ) und (B, U', τ') durch
die Zerlegungen $V = U \oplus Ka$ und $W = U' \oplus Ka'$ definiert. Es gelten also
$\tau(p, q) = w(q) - w(p)$ und $\tau'(p', q') = w'(q') - w'(p')$, wobei w bzw. w' aus den
oben gegebenen Zerlegungen entstehen (6.1). Sei $(G, g) : (A, U, \tau) \longrightarrow (B, U', \tau')$
die gegebene Affinität. Wir definieren eine lineare Abbildung $f : V \longrightarrow W$ mit
$f|_U = g$ und $P(f) = G$. Auf U ist f also durch g festgelegt. Sei $p = Ka$ und
$G(p) = K(w'(G(p)) + a')$. Sei $u' := w'(G(p))$. Dann definieren wir $f(a) := u' + a'$.
Dadurch ist die lineare Abbildung f vollständig definiert. Es ist nun zu zeigen
$P(f) = G$ auf A. Für $v + p \in A$ gilt $G(v + p) = g(v) + G(p) = g(v) + K(u' +
a') = K(g(v) + u' + a')$. Bei dem letzten Gleichheitszeichen verwenden wir die
affine Struktur auf B, die durch die Wahl von a' definiert wird. Weiter gilt
$P(f)(v + p) = P(f)(K(v + a)) = K(f(v) + f(a)) = K(g(v) + u' + a')$. Also sind
G und $P(f)$ dieselben Abbildungen auf A.

Um die Eindeutigkeit von $P(f)$ zu zeigen, nehmen wir an, daß $F\colon P(V) \longrightarrow P(W)$ eine weitere Projektivität ist, die $G\colon A \longrightarrow B$ fortsetzt. Seien $p \in H$ und g eine projektive Gerade durch p, die nicht ganz in H liegt, z.B. eine Gerade durch einen vorgegebenen Punkt in A. Sei $h = g \cap A$ der affine Teil von der Geraden g. Dann ist $\{p\} = g \cap H$ die „Richtung" von h. Wenden wir $P(f)$ und F auf h an, so ergeben sie dasselbe Bild in B, weil sie beide die Affinität G fortsetzen. Damit gilt auch $P(f)(g) = F(g)$. Auf h liegen nämlich nach 4.5 mindestens zwei verschiedene Punkte, da wir einen Punkt aus g fortgelassen haben, und die Bilder von g in $P(W)$ sind wieder Geraden. Diese sind dann durch die beiden Bildpunkte schon eindeutig bestimmt und müssen daher übereinstimmen. Da aber $P(f)$ und F auch beide die Hyperebene H in H' abbilden, gilt $\{P(f)(p)\} = P(f)(g) \cap P(f)(H) = F(g) \cap F(H) = \{F(p)\}$. Also stimmen $P(f)$ und F auch auf den Punkten außerhalb von A überein. $\square$

Wir bemerken, daß in dem oben angegebenen Beweis die Konstruktion von $P(f)$ stark von der affinen Struktur der Punktmengen A bzw. B abzuhängen scheint, insbesondere von der Wahl von a und a'. Tatsächlich können A und B verschiedene affine Strukturen mir denselben Translationsräumen U bzw. U' besitzen, je nachdem wie a und a' festgelegt werden. Es genügt für uns anzunehmen, daß die Abbildung $G\colon A \longrightarrow B$ für nur eine dieser Strukturen eine Affinität mit zugehöriger linearer Abbildung $g\colon U \longrightarrow U'$ ist, um damit schon die Existenz einer Fortsetzung zu einer Projektivität zu erhalten. Diese ist dann durch die oben gegebenen geometrischen Überlegungen eindeutig bestimmt.

8.13 Folgerung. *Sei $H \subseteq P(V)$ eine Hyperebene. Dann gibt es einen Isomorphismus zwischen der Gruppe der Projektivitäten $F\colon P(V) \longrightarrow P(V)$, die H in sich abbilden, und der Gruppe der Affinitäten $G\colon A \longrightarrow A$, wobei $A = P(V) \setminus H$ ist und die affine Struktur von A fest gewählt ist.*

BEWEIS: Ausgehend von einer Projektivität $F\colon P(V) \longrightarrow P(V)$ erhält man nach 8.11 eine Affinität $G\colon A \longrightarrow A$ durch Einschränkung und dann eine eindeutig bestimmte Fortsetzung wieder zu einer Projektivität, die notwendig F sein muß. Ist umgekehrt (G, g) eine Affinität, so ergeben die Konstruktionen aus 8.11 und 8.12 eine Affinität (G, g'). Aber wegen $g'(\tau(b, c)) = \tau(G(b), G(c)) = g(\tau(b, c))$ müssen g und g' übereinstimmen, da sich jeder Vektor aus U als Translationsvektor $\tau(b, c)$ darstellen läßt. $\square$

9 Ausgeartete projektive Abbildungen

Die im letzten Kapitel betrachteten projektiven Abbildungen werden für unsere
Zwecke nicht ausreichend sein. Schließlich wollen wir höher-dimensionale projektive Räume in niedrig-dimensionale Räume abbilden, z.B. den 3-dimensionalen
projektiven Raum auf den Computerbildschirm, also einen Ausschnitt des 2-
dimensionalen projektiven Raumes. Dazu sind die projektiven Abbildungen offenbar nicht geeignet. Wir müssen also doch lineare Abbildungen zwischen Vektorräumen zulassen, die nicht injektiv sind, wie es in 8.2 gefordert wird. Das
kann wegen 8.1 nur um den Preis geschehen, daß die auf dem projektiven Raum
induzierte Abbildung nicht mehr überall definiert ist, eine zunächst recht ungewöhnliche Situation. Jedoch verhalten sich diese ausgearteten projektiven Abbildungen in vielerlei Hinsicht ganz ähnlich, wie die bisher studierten projektiven
Abbildungen. Vor allem ist der Übergang in einen projektiven Raum niedrigerer Dimension mit ganz speziellen Typen von Abbildungen, den Projektionen,
möglich, alles weitere kann dann wieder mit den schon bekannten projektiven
Abbildungen behandelt werden.

9.1 Lemma. *Sei $f: V \longrightarrow W$ eine lineare Abbildung. Sei $Z := \mathrm{Kern}(f)$. Dann
induziert f eine Abbildung $P(f): P(V) \setminus P(Z) \longrightarrow P(W)$ mit $P(f)(Kx) :=
Kf(x)$, die kollineare Punkte in kollineare Punkte abbildet.*

BEWEIS: Sei $p \in P(V) \setminus P(Z)$ und $p = Kx$. Da $x \notin Z$, ist $f(x) \neq 0$, also $Kf(x) \in
P(W)$. Offenbar ist $Kf(x)$ unabhängig von der Auswahl der Repräsentanten x
für p, also ist $P(f)$ mit $P(f)(Kx) := Kf(x)$ eine wohldefinierte Abbildung.
Seien $p = Kx$, $q = Ky$ und $r = Kz$ kollinear. Dann liegen x, y, z in einem
2-dimensionalen Unterraum von V, sind also linear abhängig. Deshalb sind auch
$f(x)$, $f(y)$ und $f(z)$ linear abhängig, also $P(f)(p)$, $P(f)(q)$ und $P(f)(r)$ kollinear.
$\square$

Man beachte, daß die $q \in P(Z)$ durch f auf 0-dimensionale Unterräume von
W abgebildet werden, also nicht nach $P(W)$. Wenn $f \neq 0$ im vorhergehenden
Lemma gilt, so stimmt der Kern der Abbildung nicht mit V überein, so daß
also $P(V) \setminus P(Z)$ nicht leer ist. Die Möglichkeit $f = 0$ wird zwar für unsere
Anwendungen kaum von Bedeutung sein; sie kann aber durch Komposition von
Abbildungen $fg = 0$ unkontrolliert auftreten. Wir werden trotzdem im folgenden
annehmen, daß $f \neq 0$ gilt.

Sind drei paarweise verschiedene kollineare Punkte in $P(V) \setminus P(Z)$ gegeben,
so daß die Bilder zweier dieser Punkte zusammenfallen, dann werden alle drei
Punkte auf denselben Bildpunkt durch $P(f)$ abgebildet. Das sieht man leicht
mit ähnlichen Argumenten, wie im Beweis des Lemmas.

Die Punktmenge $P(V) \setminus P(Z)$ ist leer, wenn $P(Z) = P(V)$. Sie bildet einen
affinen Unterraum, wenn $\dim P(Z) = \dim P(V) - 1$. Ist jedoch $\dim P(Z) <$

$\dim P(V) - 1$, so ist $P(V) \setminus P(Z)$ eine Punktmenge, die einen affinen Unterraum echt umfaßt und für $P(Z) \neq \emptyset$ nicht mit dem ganzen projektiven Raum übereinstimmt.

9.2 Definition: Eine wie in 9.1 durch eine lineare Abbildung $f: V \longrightarrow W$ induzierte Abbildung $P(f): P(V) \setminus P(Z) \longrightarrow P(W)$ heißt *ausgeartete projektive Abbildung* von $P(V)$ nach $P(W)$ mit *Zentrum $P(Z)$*.

Wir bemerken, daß eine ausgeartete projektive Abbildung $P(f)$ genau dann eine projektive Abbildung ist, wenn das Zentrum $P(Z)$ leer ist. Daher nennen wir eine gewöhnliche projektive Abbildung auch eine *nicht-ausgeartete projektive Abbildung*.

9.3 Lemma. *Zwei lineare Abbildungen f und g von V nach W induzieren genau dann dieselbe ausgeartete projektive Abbildung $P(f) = P(g)$ (mit gleichem Zentrum), wenn es ein $\alpha \in K, \alpha \neq 0$ mit $f = \alpha g$ gibt.*

BEWEIS: Wenn f und g sich nur um einen Faktor aus $K \setminus \{0\}$ unterscheiden, dann haben sie denselben Kern und induzieren offensichtlich auch dieselben ausgearteten projektiven Abbildungen.

Da ausgeartete projektive Abbildungen nur von von Null verschiedenen linearen Abbildungen induziert werden, gibt es ein $x \in V$ mit $g(x) \neq 0$. Dann ist $Kf(x) = P(f)(Kx) = P(g)(Kx) = Kg(x)$, also gibt es ein $\alpha \neq 0$ mit $f(x) = \alpha g(x)$. Wir müssen jetzt zeigen, daß der Faktor α für alle $x \in V$ denselben Wert hat. Da die Zentren von $P(f)$ und $P(g)$ übereinstimmen, stimmen auch $Z = \mathrm{Kern}(f)$ und $\mathrm{Kern}(g)$ überein. Dort ist der Faktor α beliebig wählbar. Wir zerlegen V in eine direkte Summe $V = Z \oplus U$. Seien nun $x, y \in U \setminus \{0\}$. Sind x, y linear abhängig, etwa $x = \beta y$, so ist $f(y) = \alpha_y g(y)$ und $\alpha_x g(x) = f(x) = \beta f(y) = \beta \alpha_y g(y) = \alpha_y g(x)$, also ist $\alpha_x = \alpha_y$. Seien x, y linear unabhängig. Dann ist $f(x) = \alpha_x g(x)$, $f(y) = \alpha_y g(y)$ und $f(x + y) = \alpha_{x+y} g(x + y)$. Daraus folgt $g(\alpha_x x + \alpha_y y) = f(x + y) = g(\alpha_{x+y} x + \alpha_{x+y} y)$, also $g((\alpha_x - \alpha_{x+y})x + (\alpha_y - \alpha_{x+y})y) = 0$. x und y liegen in U, also auch jede Linearkombination von x und y. Auf U ist g aber injektiv. Daher gilt $(\alpha_x - \alpha_{x+y})x + (\alpha_y - \alpha_{x+y})y = 0$. Da x und y linear unabhängig sind, ist $\alpha_x = \alpha_{x+y} = \alpha_y$. Auf ganz U gilt daher $f = \alpha g$, daher auch auf V. $\square$

9.4 Lemma. *Sei $P(f): P(V) \setminus P(Z) \longrightarrow P(W)$ eine ausgeartete projektive Abbildung. Dann ist $\mathrm{Bild}(P(f))$ ein projektiver Unterraum von $P(W)$.*

BEWEIS: Sei $U := \mathrm{Bild}(f)$. Wir zeigen $P(U) = \mathrm{Bild}(P(f))$. Es gelten folgende Äquivalenzen: $q \in P(U) \iff \exists y \in U \setminus \{0\}: q = Ky \iff \exists x \in V \setminus Z: q = Kf(x) \iff \exists p \in P(V) \setminus P(Z): q = P(f)(p) \iff q \in \mathrm{Bild}(P(f))$. $\square$

Man könnte annehmen, daß augeartete projektive Abbildungen, nachdem ein Teil des kritischen Definitionsbereiches ausgeschnitten worden ist, nunmehr wie auch die projektiven Abbildungen injektiv sind. Daß das nicht der Fall ist, zeigt das folgende Lemma. Tatsächlich sind danach ausgeartete projektive Abbildungen niemals injektiv, solange das Zentrum nicht leer ist und die Abbildung keine gewöhnliche projektive Abbildung ist.

9.5 Lemma. *Sei* $P(f)\colon P(V)\setminus P(Z) \longrightarrow P(W)$ *eine ausgeartete projektive Abbildung. Seien* $p,q \in P(V)\setminus P(Z)$ *mit* $p \neq q$. *Es ist* $P(f)(p) = P(f)(q)$ *genau dann, wenn* $(p,q) \cap P(Z) \neq \emptyset$.

BEWEIS: Seien $p = Kx$ und $q = Ky$ wie im Lemma gegeben. Wegen $p \neq q$ sind x und y linear unabhängig. Dann sind äquivalent $P(f)(p) = P(f)(q) \Longleftrightarrow$ $Kf(x) = Kf(y) \Longleftrightarrow \exists \alpha \neq 0\colon f(x) = \alpha f(y) \Longleftrightarrow \exists \alpha \neq 0\colon f(x - \alpha y) = 0 \Longleftrightarrow$ $\exists \alpha \neq 0\colon x - \alpha y \in Z \setminus \{0\} \Longleftrightarrow \exists \alpha \neq 0\colon K(x - \alpha y) \in (p,q) \cap P(Z)$. $\square$

9.6 Satz. *Sei* $P(f)\colon P(V)\setminus P(Z) \longrightarrow P(W)$ *eine ausgeartete projektive Abbildung. Sei* $p \in P(V)\setminus P(Z)$ *und* $Q := (p + P(Z)) \setminus P(Z)$. *Dann gilt* $P(f)(Q) = \{P(f)(p)\}$, *d.h. der gesammte Verbindungsraum zwischen* p *und dem Zentrum* $P(Z)$ *wird auf einen Punkt in* $P(V)$ *abgebildet.*

BEWEIS: Sei $q \in Q$, $q \neq p$. Dann gibt es ein $r \in P(Z)$ mit $q\varepsilon(r,p)$, bzw. $r\varepsilon(p,q)$. Nach 9.5 gilt dann $P(f)(q) = P(f)(p)$. $\square$

Damit haben wir einen vollständigen Überblick darüber erhalten, welche Punkte bei einer ausgearteten projektiven Abbildung identifiziert werden, d.h. auf denselben Punkt abgebildet werden, welche Information aus dem Urbildraum also in einem einzigen Punkt des Bildraumes abgelegt wird. In gewissen projektiven Unterräumen wird eine ausgeartete projektive Abbildung jedoch keine Punkte identifizieren, wie die Folgerung zeigt.

9.7 Folgerung. *Sei* $P(f)\colon P(V)\setminus P(Z) \longrightarrow P(W)$ *eine ausgeartete projektive Abbildung. Dann ist für jeden projektiven Unterraum* $P(U)$ *von* $P(V)$ *mit* $P(U) \cap P(Z) = \emptyset$ *die Einschränkung* $P(f)|_{P(U)}\colon P(U) \longrightarrow P(W)$ *eine projektive Abbildung.*

BEWEIS: Wenn $P(U) \cap P(Z) = \emptyset$ gilt, dann ist $U \cap Z = 0$. Also ist $f|_U$ injektiv. Offenbar ist dann $P(f)|_{P(U)} = P(f|_U)$. $\square$

Nach dieser Folgerung werden also durch eine ausgeartete projektive Abbildung viele projektive Abbildungen auf projektiven Unterräumen induziert. Wenn wir z.B. eine ausgeartete projektive Abbildung $P(f)\colon P(\mathbf{R}^n) \longrightarrow P(\mathbf{R}^3)$ betrachten — und für uns werden die Fälle $n = 4,5$ besonders interessant sein — , so wird durch $P(f)$ eine Projektivität auf jeder projektiven Ebene induziert, die das Zentrum Z der Abbildung $P(f)$ nicht trifft. Wir werden sogleich sehen, daß das Zentrum im Falle $n = 4$ aus genau einem Punkt besteht und im Falle $n = 5$ aus einer projektiven Geraden.

9.8 Definition: Sei $V = Z \oplus U$ und $f: V \longrightarrow U$ mit $f(z + u) := u$. Dann heißt die ausgeartete projektive Abbildung $P(f): P(V) \setminus P(Z) \longrightarrow P(U)$ *Projektion von $P(V)$ auf $P(U)$ von $P(Z)$ aus.*

9.9 Satz. *Sei $P(f): P(V) \setminus P(Z) \longrightarrow P(W)$ eine ausgeartete projektive Abbildung. Dann gibt es einen projektiven Unterraum $P(U)$ von $P(V)$ und eine Projektion $P(g)$ von $P(V)$ auf $P(U)$ von $P(Z)$ aus und eine projektive Abbildung $P(h): P(U) \longrightarrow P(W)$ mit $P(f) = P(h)P(g)$.*

BEWEIS: Sei $Z = \mathrm{Kern}(f)$. Man zerlege V in eine direkte Summe $V = Z \oplus U$. Es sei $g: V \longrightarrow U$ die Projektion $g(z + u) = u$ und $h = f|_U: U \longrightarrow W$ die Einschränkung von f auf U. Dann gilt $f = hg$. Weiter ist h injektiv. Also ist $P(h)$ eine projektive Abbildung, $P(g)$ eine Projektion und $P(f) = P(h)P(g)$:

$$P(V) \setminus P(Z) \xrightarrow{P(g)} P(U)$$

$$P(f) \searrow \qquad \downarrow P(h)$$

$$P(W).$$

□

9.10 Folgerung. *Sei $P(f): P(V) \setminus P(Z) \longrightarrow P(W)$ eine ausgeartete projektive Abbildung. Dann gilt*

$$\dim P(V) = \dim P(Z) + \dim \mathrm{Bild}(P(f)) + 1.$$

BEWEIS: Nach 9.9 kan. $\mathrm{Bild}(P(f))$ durch $P(U)$ bei der dort betrachteten Projektion ersetzt werden, da $P(g)$ eine projektive Abbildung, also eine Kollineation ist (8.8). Wegen $\dim(V) = \dim(Z) + \dim(U)$ folgt dann die Behauptung. □

9.11 Folgerung. *Sei $P(f): P(V) \setminus P(Z) \longrightarrow P(W)$ eine surjektive ausgeartete projektive Abbildung und sei $\dim P(W) = 2$.*

a) *Wenn $\dim P(V) = 3$ ist, dann ist $\dim P(Z) = 0$, d.h. das Zentrum besteht aus einem Punkt. Die Urbilder von Punkten aus $P(W)$ bestehen aus affinen Geraden in $P(V)$.*

b) *Wenn $\dim P(V) = 4$ ist, dann ist $\dim P(Z) = 1$, d.h. das Zentrum besteht aus einer projektiven Geraden. Die Urbilder von Punkten aus $P(W)$ bestehen aus affinen Ebenen in $P(V)$.*

BEWEIS: Wir brauchen nur die Aussage über die Urbilder von Punkten zu zeigen. Nach 9.5 und 9.6 ist $Q = (p + P(Z)) \setminus P(Z)$ mit $p \notin P(Z)$ das Urbild des Punktes $P(f)(p)$. Da $P(Z)$ in $p + P(Z)$ eine projektive Hyperebene ist, ist Q nach 6.2 ein affiner Raum mit Translationsraum Z. □

Wir haben die Eigenschaften ausgearteter projektiver Abbildungen kennengelernt und wollen nun eine wichtige Konstruktionsvorschrift für solche Abbildungen einführen.

9.12 Satz. *Sei $p_0,\dots,p_{n+1}$ ein Koordinatensystem von $P(V)$ und $q_r,\dots,q_{n+1}$ ein Koordinatensystem von $P(W)$. Dann gibt es genau eine (ausgeartete) projektive Abbildung $P(f)\colon P(V)\setminus P(Z)\longrightarrow P(W)$ mit $p_0,\dots,p_{r-1}\in P(Z)$ und $P(f)(p_i)=q_i$ für $r\le i\le n+1$. Außerdem ist $P(f)$ surjektiv.*

BEWEIS: Wie in 7.8 seien $p_i=Kx_i$ mit $x_0+\dots+x_{n+1}=0$ und $q_i=Ky_i$ mit $y_r+\dots+y_{n+1}=0$. Wir definieren $f\colon V\longrightarrow W$ durch $f(x_0)=\dots=f(x_{r-1})=0$ und $f(x_i)=y_i$ für $r\le i\le n$. Damit ist f auf einer Basis von V festgelegt. Wegen $f(-x_{n+1})=f(x_0+\dots+x_n)=f(x_0)+\dots f(x_n)=y_r+\dots+y_n=-y_{n+1}$ erfüllt f die geforderten Bedingungen $p_0,\dots,p_{r-1}\in P(Z)$ und $P(f)(p_i)=q_i$ für $r\le i\le n+1$. Weil ein projektives Koordinatensystem im Bild von $P(f)$ liegt, ist $P(f)$ surjektiv.

Sei $P(g)$ eine weitere (ausgeartete) projektive Abbildung, die die geforderten Bedingungen erfüllt. Auf den Repräsentanten x_i gilt dann $g(x_i)=0$ für $i=0,\dots,r-1$ und $g(x_i)=\alpha_i y_i$ für $i=r,\dots,n+1$. Für x_{n+1} erhalten wir $\alpha_{n+1}y_{n+1}=g(x_{n+1})=-g(x_0)-\dots-g(x_n)=-\alpha_r y_r-\dots-\alpha_n y_n$. Wie im Beweis von 7.8 sieht man jedoch, daß eine Änderung der Repräsentanten nur um einen gemeinsamen Faktor α bei den y_i möglich ist. Also ist $g=\alpha f$. Damit ist wie in 9.3 $P(f)=P(g)$. $\square$

Jetzt stehen uns ausreichende Hilfsmittel zur Verfügung, um die Begriffe aus graphischen Anwendungen in die Sprechweise der projektiven Geometrie zu übertragen. Insbesondere sind wir daran interessiert, die Möglickeit des Sehens mit dem Auge in geeigneter Form auch auf höherdimensionale Räume auszudehnen. Die Frage, die wir später noch ausführlicher besprechen müssen, ist, wie etwa ein Mensch im 4-dimensionalen Raum sehen könnte, oder, falls eine technische Sonde in einen 4-dimensionalen Raum geschickt werden könnte, wie die damit entstehenden Bilder zu interpretieren wären. Die durch solche Untersuchungen erzielten Ergebnisse wollen wir dann auf Darstellungen von Flächen, Körpern und 4-dimensionalen Gebilden im 4-dimensionalen Raum mit verdeckten Linien und Flächen anwenden.

Häufig werden 4-dimensionale Objekte dargestellt, indem man sie mit einem 3-dimensionalen Unterraum schneidet und dann das 3 dimensionale Objekt projiziert. Diese Begriffsbildung ist für unsere Zwecke nicht angemessen. Schon die Analogie mit dem 3-dimensionalen Fall zeigt den falschen Ansatz, da z.B. Fünfecke und sogar reguläre Sechsecke als Schnitt einer Ebene mit einem 3-dimensionalen Würfel auftreten können. Es ist sehr schwer, die so entstehende Information über einen Würfel zu interpretieren. Sicher entspricht das nicht der gewohnten Darstellungsweise. Wenn aber schon im 3-dimensionalen Fall dieses Konzept keine leicht verständliche Information über das darzustellende geometrische Gebilde liefert, muß bei unserer sehr beschränkten Vorstellung von 4-dimensionalen Gebilden dieses Verfahren vollends versagen. Der andere Weg zur Darstellung 4-dimensionaler Objekte, den man häufig einschlägt, verwendet zunächst eine Projektion in den 3-dimensionalen Raum und sodann eine womöglich perspektivische Darstellung des 3-dimensionalen Raumes in der 2-dimensionalen Ebene. Der Leser möge entscheiden, ob eine so gegebene Darstellung unter den Gesichtspunkten der folgenden Definition auch eine brauchbare Sichtabbildung ist und ob sich jede Sichtabbildung so erhalten läßt.

9.13 Definition: Eine *Sichtabbildung* ist ein Tripel

$$(P(f), P(W), P(W'))$$

mit einer (ausgearteten) projektiven surjektiven Abbildung

$$P(f): P(V) \setminus P(Z) \longrightarrow P(V')$$

mit Zentrum $P(Z)$ und Hyperebenen $P(W) \subseteq P(V)$ und $P(W') \subseteq P(V')$. Die projektiven Geraden in $P(V)$ nennen wir *Lichtgeraden*. Das Zentrum $P(Z)$ heißt der *Fokus* der Sichtabbildung und $P(V')$ heißt der *Bildraum*. $P(W)$ heißt der *Horizont* der Sichtabbildung.

Wir stellen uns vor, daß die Punkte aus $P(V)$ „entlang" Lichtgeraden durch den Fokus $P(Z)$ auf die Bildebene $P(V')$ abgebildet werden. Nach Lemma 9.5 werden alle Punkte einer Lichtgeraden durch $P(Z)$, also einer sogenannten *fokussierten Lichtgeraden*, auf denselben Punkt in $P(V')$ abgebildet. Wie Satz 9.6 zeigt, kann es natürlich mehrere fokussierte Lichtgeraden geben, die denselben Bildpunkt bestimmen. Diese Beobachtung wird später für uns wichtig sein, wenn wir Sichtbarkeit und verdeckte Punkte studieren werden.

Wir werden später das Problem der Sichtbarkeit studieren. Dabei benötigen wir Begriffe, die es uns erlauben zu untersuchen, ob ein Punkt zwischen zwei anderen Punkten liegt und damit einen der Punkte verdeckt. Dieses Konzept ist nur auf Geraden sinnvoll, so daß wir nicht einfach den ganzen in 9.6 durch p bestimmten Unterraum verwenden können, sondern den Begriff der Lichtgeraden und der fokussierten Lichtgeraden einführen müssen.

Die uneigentliche Hyperebene $P(W')$ in $P(V')$ hat bei $P(f)$ eine Hyperebene $P(U)$ als Urbild, die $P(Z)$ umfaßt. $P(U)$ heißt die *Blindebene* der Sichtabbildung, denn keiner der Punkte aus $P(U)$ hat in $P(V')$ einen affinen Bildpunkt. Damit erklärt sich auch das zu Beginn des Kapitel 4 angegebene Paradoxon des Photographen. Zu jedem Öffnungswinkel, der echt kleiner als 180° ist, ist es rechnerisch möglich, einen verzerrungsfreien, d.h. linear abbildenden, Photoapparat zu konstruieren, der den entsprechenden Teilraum in eine affine Ebene abbildet. Bei einer Öffnung von 180° ist das nicht mehr möglich, weil dann die Blindebene in affine Punkte abgebildet würde. Öffnungswinkel über 180° sind mathematisch möglich mit einer „Faltung", wie wir in Kapitel 11 sehen werden. Aber auch dann bleibt die Blindebene bestehen. Wir werden später das Modell eines Photoapparats noch genauer mathematisch beschreiben und sogar ein Modell für einen 4-dimensionalen Photoapparat angeben.

Man könnte meinen, daß der Horizont, den man in der Natur, insbesondere auf dem Meer, sieht, Folge der Erdkrümmung ist, weil dort in Blickrichtung die Erde "aufhört". Aber auch bei einer ebenen unendlich ausgestreckten Erdoberfläche würde man genauso einen Horizont sehen, das Bild der uneigentlichen oder unendlich fernen Geraden auf der Erdoberfläche bei der projektiven Abbildung auf den Augenhintergrund.

Der Vorteil der projektiven Abbildungen ist, daß die Blindebene im allgemeinen nicht mit dem Horizont $P(W)$ in $P(V)$ übereinstimmen muß. Wenn gilt $P(U) = P(W)$, dann nennen wir $P(f)$ eine *Parallel-Projektion*. Sonst heißt die Sichtabbildung eine *Perspektiv-Projektion*. Der Name Parallel-Projektion rührt daher, daß die affinen Urbilder von Punkten $p, q \in P(V')$ parallel im Sinne von affinen Unterräumen von $P(V) \setminus P(W)$ sind, wie das folgende Lemma zeigt.

9.14 Lemma. *Sei $(P(f), P(W), P(W'))$ eine Parallel-Projektion. Seien $p', q' \in P(V') \setminus P(W')$ zwei verschiedene Punkte im Bild von $P(f)$. Dann sind ihre Urbilder im affinen Raum $P(V) \setminus P(W)$ parallel.*

BEWEIS: Seien p bzw. q in $P(V) \setminus P(W)$ Urbildpunkte für p' bzw. q'. Nach Lemma 9.5 und Satz 9.6 sind die zu betrachtenden Urbildräume $(p+P(Z))\setminus P(Z)$ bzw. $(q + P(Z)) \setminus P(Z)$. Da die Bildpunkte verschieden sind, schneiden sich $p + P(Z)$ und $q + P(Z)$ genau in $P(Z)$. Auch der Schnitt mit der uneigentlichen Hyperebene ist in beiden Fällen $P(Z)$ aus Dimensionsgründen. Daher ist Z der Translationsraum für $(p + P(Z)) \setminus P(W)$ und auch für $(q + P(Z)) \setminus P(W)$, d.h. die beiden affinen Urbildräume sind parallel. $\square$

Ein gutes Modell für die durch diese Definition geschaffenen neuen Möglichkeiten erhalten wir durch eine ausgeartete projektive Abbildung

$$P(f) \colon P(\mathbf{R}^4) \longrightarrow P(\mathbf{R}^2)$$

des 3-dimensionalen projektiven Raumes in den eindimensionalen projektiven Raum. Der Fokus besteht jetzt aus einer projektiven Geraden, ebenso wie der Bildraum. Man kann sich bildlich gut vorstellen, daß die Punkte des affinen 3-dimensionalen Raumes mit Lichtstrahlen durch einen eindimensionalen Schlitz, den Fokus, auf eine zu diesem Schlitz windschiefe Gerade abgebildet werden. Von jedem Punkt im Raum ist durch den Schlitz genau ein Punkt der Bildgeraden sichtbar. Auf eben diesen wird er bei der Sichtabbildung abgebildet (vgl. Figur 9.1). Ebenso läßt sich jede Sichtabbildung vom 4-dimensionalen projektiven Raum in die projektive Ebene als Abbildung durch einen Schlitz auffassen. Eine solche Zuordnung werden wir in Zahlen am Schluß der folgenden Beispiele als eine Sichtabbildung darstellen. Dabei bekommt man auch ein Gefühl dafür, wieviele verschiedene Punkte bei der Sichtabbildung auf denselben Punkt abgebildet werden. Offenbar können ganze Flächen in diesem Beispiel einen gemeinsamen Bildpunkt haben. Das wissen wir auch schon aus 9.6 und 9.11.

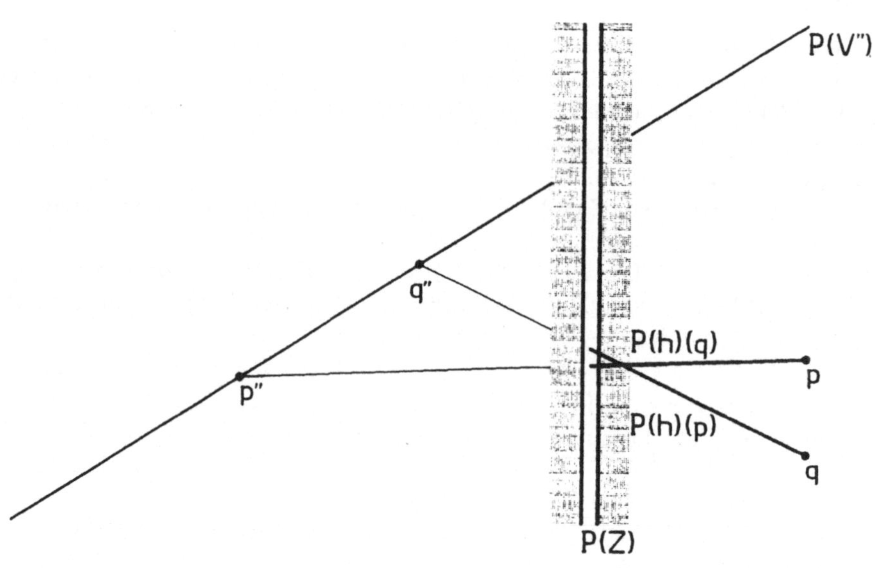

Figur 9.1

Wir wollen dieses Modell noch genauer mit den hier eingeführten ausgearteten projektiven Abbildungen beschreiben und vergleichen. Dabei werden wir sehen, daß das oben angegebene Modell im wesentlichen schon alle Möglichkeiten für eine ausgeartete projektive Abbildung ausschöpft. Sei dazu

$$P(f)\colon P(V) \setminus P(Z) \longrightarrow P(V')$$

eine ausgeartete projektive (surjektive) Abbildung mit Zentrum $P(Z)$. Wir können ohne Einschränkung annehmen, daß $P(f)$ surjektiv ist, weil nach 9.4 das Bild von $P(f)$ wieder ein projektiver Raum ist.

Sei weiter

$$P(h)\colon P(V)\setminus P(V'') \longrightarrow P(Z) \text{ mit } P(h)|_{P(Z)} = \mathrm{id}_{P(Z)}$$

eine ausgeartete projektive Abbildung mit Zentrum $P(V'')$. Wegen $P(h)|_{P(Z)} = \mathrm{id}_{P(Z)}$ gibt es ein $\lambda \neq 0$ in $\mathbf{R}$ mit $h|_Z = \lambda \cdot \mathrm{id}_Z$. Wegen $P(\lambda^{-1}h) = P(h)$ können wir h durch $\lambda^{-1}h$ ersetzen und somit annehmen, daß für $h\colon V \longrightarrow Z \subseteq V$ gilt $h|_Z = \mathrm{id}_Z$. Diese Abbildung ist in dem oben betrachteten Modell die Zuordnung, die jedem Urbildpunkt den Durchstoßpunkt seines Abbildungsstrahls durch den Fokus zuordnet. Alles wird mit den Lichtstrahlen zunächst auf den Fokus und dann weiter auf den Bildraum abgebildet. Dabei liegen Urbildpunkt, Durchstoßpunkt durch den Fokus und Bildpunkt auf einer Lichtgeraden. Es gilt nun auch in der mathematischen Beschreibung des Modells

9.15 Lemma. *Es gibt eine Projektivität*

$$P(g)\colon P(V') \longrightarrow P(V''),$$

so daß $P(gf)|_{P(V'')} = \mathrm{id}_{P(V'')}$ *und für alle* $p \in P(V) \setminus (P(V'') \cup P(Z))$ *gilt:* p, $P(h)(p)$ *und* $P(gf)(p)$ *sind kollinear.*

BEWEIS: Da $f\colon V \longrightarrow V'$ surjektiv ist, gibt es zu jedem $v' \in V'$ ein $v \in V$ mit $f(v) = v'$. Wir definieren $g\colon V' \longrightarrow V'' \subseteq V$ durch $g(v') := v - h(v)$. Um die Unabhängigkeit dieser Definition von der Wahl von $v \in V$ mit $f(v) = v'$ zu zeigen, seien $v_1, v_2 \in V$ mit $f(v_1) = f(v_2) = v'$ gegeben. Da $f(v_1 - v_2) = 0$, gibt es ein $z \in Z = \mathrm{Kern}(f)$ mit $v_1 = v_2 + z$. Dann ist aber $v_1 - h(v_1) = v_2 + z - h(v_2 + z) = v_2 - h(v_2) + z - h(z) = v_2 - h(v_2)$. Jetzt sieht man leicht, daß g eine lineare Abbildung ist. Schließlich ist $g(v') = v - h(v) \in V'' \subseteq V$, weil $h(v - h(v)) = 0$ gilt. Wir zeigen jetzt, daß $g\colon V' \longrightarrow V''$ sogar ein Isomorphismus ist. Sei $g(v') = v - h(v) = 0$, dann ist $v = h(v) \in Z$, also $v' = f(v) = 0$. Damit ist g injektiv. Sei $v'' \in V''$ gegeben. Dann ist $h(v'') = 0$, also $gf(v'') = v'' - h(v'') = v''$. Damit ist g auch surjektiv. Es gilt sogar $gf|_{V''} = \mathrm{id}_{V''}$, also $P(gf)|_{P(V'')} = \mathrm{id}_{P(V'')}$.
Wir zeigen jetzt $V = V'' \oplus Z$. Nach Definition von g gilt $gf(v) = v - h(v)$ oder $v = gf(v) + h(v) \in V'' + Z$. Ist $v \in V'' \cap Z$, so gilt $h(v) = 0$ und $f(v) = 0$, also $v = gf(v) + h(v) = 0$. Die Behauptung $v = gf(v) + h(v)$ impliziert, daß $p = \mathbf{R}v$, $P(gf)(p)$ und $P(h)(p)$ kollinear sind, sofern alle Terme definiert sind. Das ist genau dann der Fall, wenn $v \notin V'' \cup Z$. $\square$

9.16 Satz. *Zu jeder ausgearteten projektiven surjektiven Abbildung*

$$P(f)\colon P(V)\setminus P(Z) \longrightarrow P(V')$$

gibt es eine ausgeartete projektive Abbildung

$$P(h)\colon P(V) \setminus P(V'') \longrightarrow P(Z) \text{ mit } P(h)|_{P(Z)} = \mathrm{id}_{P(Z)}$$

und eine Projektivität $P(g)\colon P(V') \longrightarrow P(V'')$, *so daß*

$$P(f)(p) = P(g)^{-1}((p, P(h)(p)) \cap P(V''))$$

der Schnittpunkt der Geraden $(p, P(h)(p))$ *mit dem projektiven Unterraum* $P(V'')$ *ist für alle* $p \in P(V) \setminus (P(V'') \cup P(Z))$.
Sei umgekehrt eine ausgeartete projektive Abbildung

$$P(h)\colon P(V) \setminus P(V'') \longrightarrow P(Z) \text{ mit } P(h)|_{P(Z)} = \mathrm{id}_{P(Z)}$$

in einen projektiven Unterraum $P(Z) \subseteq P(V)$ *gegeben. Dann schneidet die Gerade* $(p, P(h)(p))$ *für* $p \in P(V) \setminus (P(V'') \cup P(Z))$ *den projektiven Unterraum* $P(V'')$ *in genau einem Punkt. Weiter gibt es eine ausgeartete projektive surjektive Abbildung* $P(g)\colon P(V) \setminus P(Z) \longrightarrow P(V'')$ *mit* $P(f)(p) = P(g)^{-1}((p, P(h)(p)) \cap P(V''))$.

BEWEIS: Um die Konstruktionen im Beweis des vorhergehenden Lemmas anwenden zu können, bemerken wir, daß jeder Untervektorraum $Z \subseteq V$ ein direkter Summand ist, d.h. es existiert ein weiterer Unterraum $V'' \subseteq V$ mit $V'' \oplus Z = V$ nach Satz 1.22. Damit erhalten wir eine lineare Abbildung $h\colon V \longrightarrow Z$ mit $h|_Z = \mathrm{id}_Z$ mit $V'' = \mathrm{Kern}(h)$ (vgl. 1.38). Die Voraussetzungen des Lemmas sind erfüllt. Wir erhalten, daß $P(g)P(f)(p)$ auf $(p, P(h)(p))$ und in $P(V'')$ liegt. Da $P(h)(p) \in P(Z)$ und $P(Z) \cap P(V'') = \emptyset$, gibt es genau einen Schnittpunkt wie behauptet.
Ist $P(h)$ gegeben, so können wir wie oben annehmen, daß $h|_Z = \mathrm{id}_Z$. Dann ist $V = V'' \oplus Z$ mit $V'' := \mathrm{Kern}(h)$ (vgl 1.38). Die projektive Gerade $(p, P(h)(p))$ wird als projektiver Unterraum von dem Untervektorraum erzeugt, der von v und $h(v)$ aufgespannt wird. Dabei ist v ein Repräsentant von p. Da $v \notin Z$ und $h(v) \in Z$ und da $v \notin V''$ also $h(v) \neq 0$, sind v und $h(v)$ linear unabhängig. Sie spannen einen 2-dimensionalen Untervektorraum auf. Wegen $h(v - h(v)) = 0$ liegt $v - h(v)$ in $V'' \setminus \{0\}$. Wegen $v \notin V''$ ist damit gezeigt, daß die Gerade $(p, P(h)(p))$ den projektiven Unterraum $P(V'')$ in genau einem Punkt schneidet. Der Repräsentant $f(v) := v - h(v)$ des Schnittpunkts ist von v in linearer Weise abhängig, so daß die Zuordnung $P(f)$ eine ausgeartete projektive Abbildung ist.
$\square$

Ein einfaches Beispiel für eine solche Sichtabbildung $P(f)$ ist in der Figur 9.2 gegeben. Hier ist $V' = V''$ und $g = \mathrm{id}$. Die projektive Ebene $P(V)$ ist hier die Darstellungsebene und Punkte $p \in P(V)$ werden in Punkte $P(f)(p) \in P(V')$

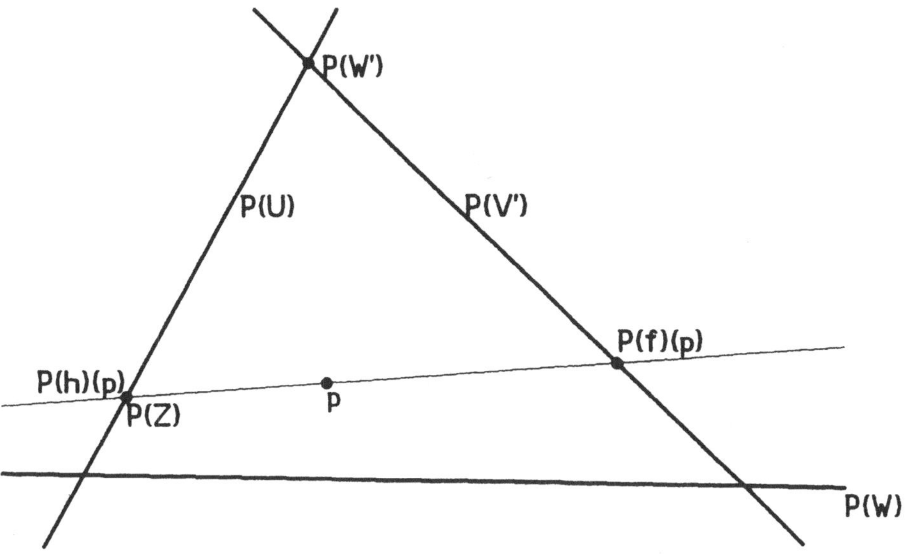

Figur 9.2

abgebildet. $P(f)(p)$ kann man finden als Schnittpunkt zwischen der Geraden $(p, P(h)(p))$ und der Bildgeraden $P(V')$. Das Zentrum $P(Z)$ der Abbildung besteht nur aus einem Punkt, deshalb ist $P(Z) = \{P(h)(p)\}$. Der uneigentliche Punkt $P(W')$ auf $P(V')$ gibt Anlaß zu der Blindgeraden $P(U)$. Die uneigentliche Gerade oder der Horizont $P(W)$ in $P(V)$ ist davon unabhängig.

Ist jetzt eine Sichtabbildung $P(f)$ zusammen mit $P(h)$ und $P(g)$ wie im Satz gegeben, so beschreiben $P(gf)$ und $P(h)$ das oben angegebene Modell. Wegen 9.16 ist

$$P(gf)(p) = (p, P(h)(p)) \cap P(V'')$$

und wegen 9.15 ist

$$P(h)(p) = (p, P(gf)(p)) \cap P(Z).$$

Auf $P(V) \setminus (P(V'') \cup P(Z))$ bestimmen sich $P(h)$ und $P(gf)$ gegenseitig. $P(f)$ und $P(g)$ allein werden nicht benötigt. Die Situation ist also in $P(Z)$ und $P(V'')$, $P(gf)$ und $P(h)$ vollkommen symmetrisch mit $P(h)|_{P(Z)} = \mathrm{id}_{P(Z)}$ und $P(gf)|_{P(V'')} = \mathrm{id}_{P(V'')}$. Die projektive Abbildung $P(f)$ und der Raum $P(V')$ werden nicht weiter benötigt. Wir definieren also

9.17 Definition: Ein *Auge* oder eine *vollständige Sichtabbildung*

$$(P(f), P(h), P(W), P(W'))$$

besteht aus einer Sichtabbildung $(P(f), P(W), P(W'))$ mit $P(V') \subseteq P(V) \setminus P(Z)$ und einer (ausgearteteten) projektiven surjektiven Abbildung $P(h)\colon P(V) \setminus P(V') \longrightarrow P(Z)$, so daß

i) für alle $p \in P(V) \setminus (P(V') \cup P(Z))$ gilt: p, $P(f)(p)$ und $P(h)(p)$ sind kollinear,

ii) $P(h)|_{P(Z)} = \mathrm{id}_{P(Z)}$,

iii) $P(f)|_{P(V')} = \mathrm{id}_{P(V')}$.

Die Geraden $(p, P(f)(p)) = (p, P(h)(p))$ heißen *Sichtgeraden* zu p.

Wir wollen nun noch den klassischen Fall der projektiven Abbildung

$$P(f)\colon P(\mathbf{R}^4) \setminus P(Z) \longrightarrow P(\mathbf{R}^3)$$

diskutieren, die Perspektiv- oder Parallel-Projektion des 3-dimensionalen Raumes auf den 2-dimensionalen Raum. Hier ist $P(Z) = \{p_f\}$ ein Punkt. Damit scheint die ausgeartete projektive Abbildung $P(h)$ von $P(\mathbf{R}^4)$ nach $P(Z)$ schon festgelegt zu sein. Es gibt jedoch viele verschiedene ausgeartete projektive Abbildungen von $P(\mathbf{R}^4)$ auf diesen Punkt. Es muß nämlich noch das Zentrum $P(V'')$ der Abbildung $P(h)$, also eine projektive Ebene in $P(\mathbf{R}^4)$ ausgewählt werden. Genau dorthin wird dann $P(\mathbf{R}^3)$ durch $P(g)$ abgebildet. Wir haben damit das bekannt Modell eines Photoapparats mit einem Punkt als Fokus wiedererhalten. Obwohl es viele Auswahlmöglichkeiten für $P(f)$ gibt, wird jetzt $P(gf)$ vollständig beschrieben durch $P(gf)(p) = (p, p_f) \cap P(V'')$.

Als Beispiele für den in diesem Kapitel entwickelten Stoff betrachten wir zunächst eine (nicht-)ausgeartete projektive Abbildung $P(\mathbf{R}^3) \longrightarrow P(\mathbf{R}^3)$. Nach Satz 9.12 brauchen wir die Abbildung nur auf einem Koordinatensystem zu beschreiben. Für die beiden genannten projektiven Räume besteht jedes Koordinatensystem aus genau vier Punkten. Da wir den Bildraum nicht einschränken, d.h. da wir nicht nur ein Koordinatensystem für einen projektiven Unterraum von $P(\mathbf{R}^3)$ wählen, wird die Abbildung gemäß 9.12 ein volles Koordinatensystem des Zielraumes im Bild besitzen, also surjektiv sein. Weiterhin bleibt bei dieser Festlegung kein Platz für ein Zentrum der projektiven Abbildung. Wir erhalten also eine Projektivität, die vollständig dadurch beschrieben ist, in welches (nicht-ausgeartete) Viereck ein vorgegebenes Viereck abgebildet wird. Insbesondere sehen wir, daß bei geeigneter Wahl der Koordinaten ein „Quadrat" (in einem affinen Teilraum des $P(\mathbf{R}^3)$) durch eine geeignete Projektivität in ein beliebiges Viereck abgebildet werden kann, und daß dadurch die Projektivität vollständig festgelegt ist.

Andererseits können in der projektiven Ebene Dreiecke in vielerlei Weise auf andere Dreiecke durch Projektivitäten abgebildet werden. Insbesondere kann ein „gleichschenkliges Dreieck" (in einem affinen Teilraum des $P(\mathbf{R}^3)$) auf viele Weisen in ein anderes Dreieck abgebildet werden. Es erhebt sich die Frage, ob es Projektivitäten gibt, die etwa alle „Winkelhalbierenden", alle „Lote" oder alle „Seitenhalbierenden" eines gegebenen Dreiecks erhalten. Das ist tatsächlich möglich, weil die vorgegebenen Stücke sich jeweils in einem Punkt treffen. Man hat ja noch die Möglichkeit, das Bild eines weiteren Punktes vorzugeben, das man als Schnittpunkt der gewünschten Stücke wählen kann. Die vier Punkte müssen nur ein Koordinatensystem der projektiven Ebene bilden.

Eine interessante Anwendung ist die Auswertung von Flugzeugaufnahmen der Erdoberfläche. Die Aufnahme der Photokamera kann man angenähert als Bild einer ausgearteten projektiven Abbildung des projektiven Raumes auf die projektive Ebene deuten. Das Zentrum der Abbildung ist das Zentrum des Linsensystems. Faßt man die Erdoberfläche als projektive Ebene auf, und ist das Zentrum (der Linse) nicht in dieser Ebene gelegen, so erhält man eine Projektivität zwischen der Erdoberfläche und der Filmebene. Um Objekte maßstabsgetreu rekonstruieren zu können, muß man also die Koordinaten von vier Punkten (eines Koordinatensystems) der Erdoberfläche kennen und die zugehörigen Bildpunkte nach der Aufnahme ausmessen. Dann ist die Rekonstruktion der Projektivität und der Koordinaten der übrigen aufgenommenen Punkte aus dem Bild möglich. Das Prinzip einer solchen Flugzeugaufnahme ist in der Figur 9.3 dargestellt.

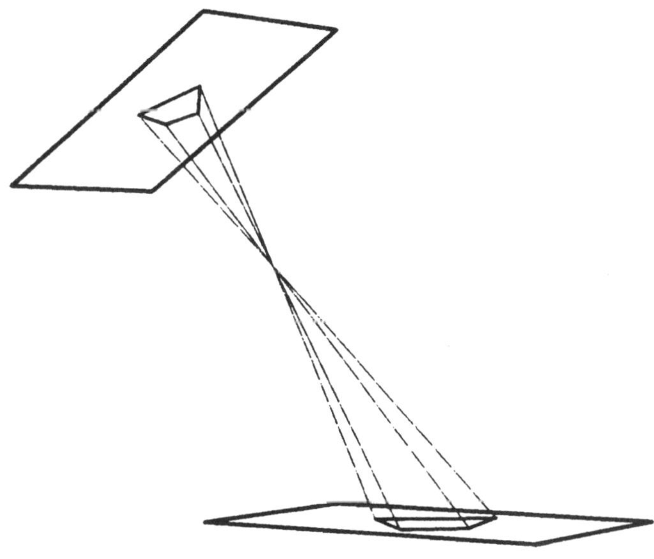

Figur 9.3

Algorithmus zur Bestimmung der Matrix für eine Sichtabbildung: Da das oben allgemein beschriebene Verfahren für die Computer-Graphik von Bedeutung ist, wollen wir die explizite Konstruktion einer solchen Projektivität durchführen. Gegeben sei ein Koordinatensystem $p_0, p_1, p_2, p_3 \in U \subseteq P(\mathbf{R}^n)$ einer projektiven Ebene U in $P(\mathbf{R}^n)$ und ein Koordinatensystem $q_0, q_1, q_2, q_3 \in P(\mathbf{R}^3)$. Weiter sei $Z \subseteq \mathbf{R}^n$ ein $(n-3)$-dimensionaler Unterraum, so daß $U \cap P(Z) = \emptyset$ gilt. Sei $z_4, \ldots, z_n$ eine Basis von Z. Die Punkte p_i und q_i seien gegeben durch die Vektoren x_i bzw. y_i mit $p_i = Kx_i$, $q_i = Ky_i$ für $i = 0, 1, 2, 3$ mit den Koeffizienten $x_i = (\xi_{ji}|j = 1, \ldots, n)$ und $y_i = (\eta_{ji}|j = 1, 2, 3)$. Die Vektoren z_i mögen die Koeffizienten $z_i = (\zeta_{ji}|j = 1, \ldots, n)$ haben. Das angegebene Verfahren soll nicht nur eine Matrix bestimmen, die die ausgeartete projektive Abbildung $P(f) \colon P(\mathbf{R}^n) \longrightarrow P(\mathbf{R}^3)$ mit Zentrum $P(Z)$ und $P(f)(p_i) = q_i, i = 0, 1, 2, 3$ beschreibt, sondern auch die notwendigen Voraussetzungen über die Koordinatensysteme und die Lage des Zentrums überprüfen. Im Falle einer falschen Eingabe soll der auftretende Fehler festgestellt werden.

Im ersten Schritt ändern wir die Vektoren x_i und y_i in einer Weise ab, daß nicht nur $p_i = Kx_i$ und $q_i = Ky_i$ für $i = 0, 1, 2, 3$ gelten, sondern dazu noch die Gleichungen $x_0 + x_1 + x_2 + x_3 = 0$ und $y_0 + y_1 + y_2 + y_3 = 0$. Ein solches Verfahren wurde in Satz 2.28 und Kapitel 7 beschrieben. Das Verfahren stellt gleichzeitig fest, ob die vier projektiven Punkte jeweils ein Koordinatensystem für eine projektive Ebene ergeben. Wir nehmen also für den nächsten Schritt an, daß die Vektoren x_i und y_i schon die gewünschten Eigenschaften haben.

Im zweiten Schritt bilden wir aus den Koeffizienten der x_i und der z_i die Matrix

$$
A = \begin{pmatrix} \xi_{11} & \xi_{12} & \xi_{13} & \zeta_{14} & \cdots & \zeta_{1n} \\ \vdots & \vdots & \vdots & \vdots & & \vdots \\ \xi_{n1} & \xi_{n2} & \xi_{n3} & \zeta_{n4} & \cdots & \zeta_{nn} \end{pmatrix}^{-1}.
$$

Das kann z.B. nach dem Gauß-Jordan-Verfahren wie in Satz 2.18 erfolgen. Weiter werde aus den Koeffizienten der y_i die Matrix

$$
B = \begin{pmatrix} \eta_{11} & \eta_{12} & \eta_{13} & 0 & \cdots & 0 \\ \eta_{21} & \eta_{22} & \eta_{23} & 0 & \cdots & 0 \\ \eta_{31} & \eta_{32} & \eta_{33} & 0 & \cdots & 0 \end{pmatrix}
$$

gebildet. Dann definiert die Multiplikation von links mit $B \cdot A$ auf $\mathbf{R}^n$ eine lineare Abbildung $f \colon \mathbf{R}^n \longrightarrow \mathbf{R}^3$ mit $f(z_j) = 0$, $f(x_i) = y_i$ für $i = 0, 1, 2, 3$. Also ist $P(f)$ die gewünschte Abbildung.

Für ein konkretes Beispiel wählen wir die Punkte in $P(\mathbf{R}^5)$ mit den Vektoren

$$x_0 = \begin{pmatrix} -1 \\ -1 \\ 1 \\ -2 \\ 0 \end{pmatrix}, \ x_1 = \begin{pmatrix} 1 \\ 2 \\ 0 \\ 0 \\ 0 \end{pmatrix}, \ x_2 = \begin{pmatrix} 0 \\ -1 \\ -2 \\ 0 \\ 0 \end{pmatrix}, \ x_3 = \begin{pmatrix} 0 \\ 0 \\ 1 \\ 2 \\ 0 \end{pmatrix}$$

aus dem Beispiel aus Kapitel 7. Weiter sei der 2-dimensionale Unterraum Z erzeugt von den Vektoren

$$z_4 = \begin{pmatrix} 0 \\ 0 \\ 0 \\ 1 \\ 1 \end{pmatrix}, \ z_5 = \begin{pmatrix} 0 \\ 0 \\ 0 \\ 0 \\ 1 \end{pmatrix}.$$

Wir erhalten damit Matrizen

$$A^{-1} = \begin{pmatrix} 1 & 0 & 0 & 0 & 0 \\ 2 & -1 & 0 & 0 & 0 \\ 0 & -2 & 1 & 0 & 0 \\ 0 & 0 & 2 & 1 & 0 \\ 0 & 0 & 0 & 1 & 1 \end{pmatrix}$$

und

$$A = \begin{pmatrix} 1 & 0 & 0 & 0 & 0 \\ 2 & -1 & 0 & 0 & 0 \\ 4 & -2 & 1 & 0 & 0 \\ -8 & 4 & -2 & 1 & 0 \\ 8 & -4 & 2 & -1 & 1 \end{pmatrix}.$$

Schließlich seien die Bildvektoren y_i gegeben durch

$$y_0 = \begin{pmatrix} 1 \\ 0 \\ 0 \end{pmatrix}, \ y_1 = \begin{pmatrix} 1 \\ 1 \\ 0 \end{pmatrix}, \ y_2 = \begin{pmatrix} 1 \\ 1 \\ 1 \end{pmatrix}, \ y_3 = \begin{pmatrix} 1 \\ 0 \\ 1 \end{pmatrix}.$$

Mit der in Kapitel 7 eingeführten Methode ändern wir diese Vektoren ab zu

$$y_0 - \begin{pmatrix} -1 \\ 0 \\ 0 \end{pmatrix}, \ y_1 = \begin{pmatrix} 1 \\ 1 \\ 0 \end{pmatrix}, \ y_2 = \begin{pmatrix} -1 \\ -1 \\ -1 \end{pmatrix}, \ y_3 - \begin{pmatrix} 1 \\ 0 \\ 1 \end{pmatrix}.$$

Dadurch erhalten wir die Matrix

$$B = \begin{pmatrix} 1 & -1 & 1 & 0 & 0 \\ 1 & -1 & 0 & 0 & 0 \\ 0 & -1 & 1 & 0 & 0 \end{pmatrix}.$$

Das Produkt dieser beiden Matrizen und damit die gesuchte Abbildungsmatrix
ist

$$B \cdot A = \begin{pmatrix} 3 & -1 & 1 & 0 & 0 \\ -1 & 1 & 0 & 0 & 0 \\ 2 & -1 & 1 & 0 & 0 \end{pmatrix}.$$

Damit ist auch gleichzeitig ein Beispiel einer Sichtabbildung von $P(\mathbf{R}^5)$ nach
$P(\mathbf{R}^3)$ angegeben.

Um nun auch eine vollständige Sichtabbildung zu erhalten, benötigen wir weiterhin eine Projektion $h\colon V \longrightarrow Z$, die auf Z die Identität induziert. Wir fassen
$Z \subseteq V$ als Untervektorraum auf, so daß wir eine lineare Abbildung $h\colon V \longrightarrow V$
mit $\mathrm{Bild}(h) = Z$ und $h^2 = h$ benötigen. Der Kern kann noch festgelegt werden.
Wir weisen aber schon an dieser Stelle darauf hin, daß diese Wahl des Kerns von
h, wiewohl sie h dann eindeutig bestimmt, sehr wichtig ist. Verschiedene Kerne
ergeben verschiedene vollständige Sichtabbildungen. Das wird sich besonders bei
der Behandlung von verdeckten Linien bemerkbar machen.

Für unser Beispiel wählen wir $\mathrm{Kern}(h) = V'' = \mathbf{R}x_1 + \mathbf{R}x_2 + \mathbf{R}x_3$. Durch Basis-
wechsel mit A bzw. A^{-1} erhalten wir eine Projektionsmatrix für die Abbildung
h als

$$A^{-1} \cdot \begin{pmatrix} 0 & 0 & 0 & 0 & 0 \\ 0 & 0 & 0 & 0 & 0 \\ 0 & 0 & 0 & 0 & 0 \\ 0 & 0 & 0 & 1 & 0 \\ 0 & 0 & 0 & 0 & 1 \end{pmatrix} \cdot A = \begin{pmatrix} 0 & 0 & 0 & 0 & 0 \\ 0 & 0 & 0 & 0 & 0 \\ 0 & 0 & 0 & 0 & 0 \\ -8 & 4 & -2 & 1 & 0 \\ 0 & 0 & 0 & 0 & 1 \end{pmatrix}.$$

Wir bestimmen schließlich auch die durch $P(h)$ und $P(f)$ bestimmte Abbildung
$P(g)$ wie im Beweis von 9.15. Die lineare Abbildung g muß $\mathbf{R}^3$ so auf V''
abbilden, daß $gf|_{V''} = \mathrm{id}_{V''}$ und $Z = \mathrm{Kern}(gf)$. Durch die Matrix

$$C = \begin{pmatrix} 1 & 0 & 0 \\ 2 & -1 & 0 \\ 0 & -2 & 1 \\ 0 & 0 & 2 \\ 0 & 0 & 0 \end{pmatrix}$$

werden die kanonischen Einheitsvektoren e_1, e_2 bzw. e_3 auf die Vektoren x_1, x_2
bzw. x_3 abgebildet, durch die Matrix

$$D = \begin{pmatrix} 1 & -1 & 1 \\ 1 & -1 & 0 \\ 0 & -1 & 1 \end{pmatrix}$$

auf die Vektoren y_1, y_2 bzw. y_3. Das Produkt

$$C \cdot D^{-1} = \begin{pmatrix} 1 & 0 & -1 \\ 1 & 1 & -1 \\ -1 & 2 & 2 \\ 2 & -2 & 0 \\ 0 & 0 & 0 \end{pmatrix}$$

ergibt dann die gesuchte Abbildung g. Die Komposition mit f wird durch die Matrix

$$\begin{pmatrix} 1 & 0 & 0 & 0 & 0 \\ 0 & 1 & 0 & 0 & 0 \\ 0 & 0 & 1 & 0 & 0 \\ 8 & -4 & 2 & 0 & 0 \\ 0 & 0 & 0 & 0 & 0 \end{pmatrix}$$

dargestellt. Die so gewonnene vollständige Sichtabbildung hat jetzt allerdings den Nachteil, daß der durch x_1, x_2, x_3 definierte projektive Unterraum genau das Zentrum von $P(h)$ ist. Dort ist also $P(h)$ nicht definiert. Wenn wir auf die anfangs gestellte Aufgabe zurückkommen, eine projektive (ausgeartete) Abbildung zu finden, die die Punkte p_i in die Punkte q_i abbildet, so sollte man bei Erweiterung dieser Abbildung zu einer vollständigen Sichtabbildung darauf achten, daß $P(h)$ zumindest auf diesen Punkten definiert ist, also einen anderen Kern für h wählen. Wir überlassen dem Leser das Auffinden einer weiteren vollständigen Sichtabbildung, die diese Bedingung erfüllt.

10 Strecken in projektiven Räumen

Uns interessiert der Begriff der Strecke in einem reellen projektiven Raum $P(V)$. Die folgende Diskussion verwendet die Anordnung der Elemente von $\mathbf{R}$, gilt also nicht für beliebige Körper. Das ist aber sowieso der wichtigste Fall für uns.

Schon in 6.4 haben wir gesehen, daß es in $P(V)\setminus P(W)$ immer eine Strecke von p_1 nach p_2 gibt, die $P(W)$ nicht schneidet. In 7.13 haben wir die Gerade (p_1, p_2) mit der vervollständigten Zahlengeraden $\widehat{\mathbf{R}}$ identifiziert, oder aber mit den Punkten eines Kreises. Die in 6.4 angegebene Strecke ist also nur eine Möglichkeit der geradlinigen Verbindung von p_1 nach p_2. Die zweite Möglichkeit ergibt sich, indem man auf dem anderen Teil des Kreises von p_1 nach p_2 läuft. Dabei läuft man durch den uneigentlichen Punkt der projektiven Geraden.

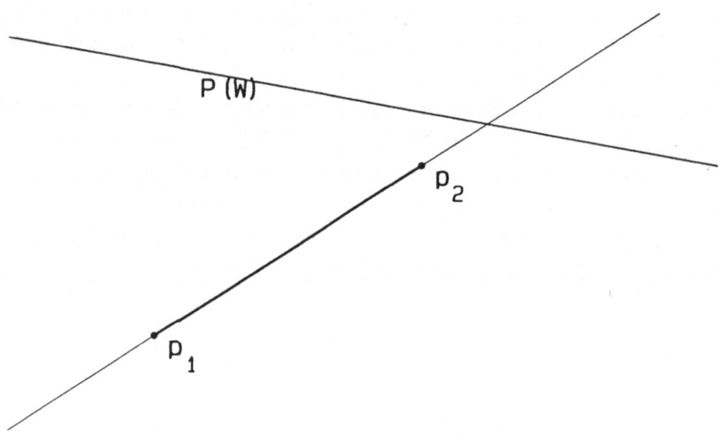

Figur 10.1

Es gibt also immer zwei auf einer projektiven Geraden gelegene Verbindungsstrecken zwischen p_1 und p_2. Wenn ein affiner Unterraum oder eine uneigentliche Hyperebene ausgezeichnet sind, dann enthält genau eine der beiden Verbindungsstrecken einen uneigentlichen Punkt, vorausgesetzt p_1 und p_2 sind eigentliche Punkte.

Der tiefere mathematische Hintergrund der folgenden Überlegungen über Strecken ist die Tatsache, daß die stetige Abbildung $\mathbf{R}^n \setminus \{0\} \longrightarrow P(\mathbf{R}^n)$ faktorisiert werden kann durch S^{n-1}, die $(n-1)$-Sphäre. Die Abbildung $\mathbf{R}^n \setminus \{0\} \longrightarrow S^{n-1}$ ist eine Homotopie-Äquivalenz, aus topologischer Sicht also unbedeutend. Die linearen Abbildungen auf $\mathbf{R}^n$ schränken sich in mit der Homotopie-Äquivalenz verträglichen Weise auf die $(n-1)$-Sphäre S^{n-1} ein. Die nunmehr für uns wichtige stetige Abbildung $S^{n-1} \longrightarrow P(\mathbf{R}^n)$ ist dann eine 2-fache Überlagerung. Da die projektiven Transformationen jedoch schon auf der $(n-1)$-Sphäre definiert sind, erhalten wir unsere im folgenden beschriebenen Möglichkeiten, die Strecken zu unterscheiden.

10.1 Definition: Die beiden *Strecken* zwischen den (verschiedenen) Punkten p_1 und p_2 sind definiert durch

$$S_1 := \{\mathbf{R}((1-\sigma)x + \sigma y)|0 \le \sigma \le 1\},$$

$$S_2 := \{\mathbf{R}((\sigma - 1)x + \sigma y)|0 \le \sigma \le 1\}.$$

Dabei seien $p_1 = \mathbf{R}x$ und $p_2 = \mathbf{R}y$. Die Definition der Strecken S_1 und S_2 hängt zwar von der Wahl der Repräsentanten für p_1 und p_2 ab, jedoch nicht die Menge $\{S_1, S_2\}$, wie das nachfolgende Lemma zeigt.

10.2 Lemma. *Die Strecken S_i ändern sich nicht, wenn man x durch λx und y durch μy mit $\lambda\mu > 0$ ersetzt. Sie werden vertauscht für $\lambda\mu < 0$.*

BEWEIS: Seien λ und μ fest gegeben mit $\lambda\mu > 0$. Dann ist auch $\nu := \lambda/\mu > 0$. Die Vektoren $(1-\rho)\lambda x + \rho\mu y$ und $(1-\sigma)x + \sigma y$ definieren genau dann denselben projektiven Punkt, wenn es ein $\alpha(\ne 0)$ gibt mit

$$(1-\rho)\lambda x + \rho\mu y = \alpha((1-\sigma)x + \sigma y).$$

Da x und y linear unabhängig sind, erhält man durch Koeffizientenvergleich $(1-\rho)\lambda = \alpha(1-\sigma)$ und $\rho\mu = \alpha\sigma$. Es gilt $\sigma = 0$ genau dann, wenn $\rho = 0$. Für $\sigma \ne 0$ erhält man durch Division durch $\alpha\sigma$ und Umordnen

$$\frac{1}{\sigma} = \frac{\nu}{\rho} - \nu + 1.$$

Da $\nu > 0$, ergibt ein einfaches Umformen von Ungleichungen, daß $0 < \rho \le 1$ genau dann gilt, wenn $0 < \sigma \le 1$. Wenn also $\lambda\mu > 0$ ist, dann ändert sich die dargestellte Strecke S_1 nicht, wenn x durch λx und y durch μy ersetzt wird. Ebenso argumentiert man für die Strecke S_2 und die Vektoren $(\rho - 1)\lambda x + \rho\mu y$ und $(\sigma - 1)x + \sigma y$, denn auch sie ergeben beim Vergleich

$$\frac{1}{\sigma} = \frac{\nu}{\rho} - \nu + 1$$

bzw. $\rho = 0$ genau dann, wenn $\sigma = 0$.

Ist jedoch $\lambda\mu < 0$, so ist auch $\nu := \lambda/\mu < 0$. Die Vektoren $(1-\rho)\lambda x + \rho\mu y$ und $(\sigma - 1)x + \sigma y$ definieren genau dann denselben projektiven Punkt, wenn es ein $\alpha(\neq 0)$ gibt mit

$$(1-\rho)\lambda x + \rho\mu y = \alpha((\sigma - 1)x + \sigma y).$$

Da x und y linear unabhängig sind, erhält man durch Koeffizientenvergleich und Division ähnlich wie oben die Gleichung

$$\frac{1}{\sigma} = -\frac{\nu}{\rho} + \nu + 1.$$

Da $\nu < 0$, ergibt wiederum ein einfaches Umformen von Ungleichungen, daß $0 < \rho \leq 1$ genau dann gilt, wenn $0 < \sigma \leq 1$. Außerdem folgt aus den ursprünglichen Gleichungen $\rho = 0$ genau dann, wenn $\sigma = 0$. Wenn also $\lambda\mu < 0$ ist, dann ändert sich die dargestellte Strecke, wenn x durch λx und y durch μy ersetzt wird. Analog argumentiert man für die Vektoren $(\rho - 1)\lambda x + \rho\mu y$ und $(1 - \sigma)x + \sigma y$.
$\square$

Man kann sich die so entstehenden geometrischen Gebilde wie folgt vorstellen. Die beiden verschiedenen projektiven Punkte sind zwei Geraden durch den Ursprung von V. Sie spannen eine Ebene in V auf, die projektive Gerade (p_1, p_2). In dieser Ebene bestimmen die beiden Geraden vier Sektoren. Je zwei gegenüberliegende Sektoren werden durch dieselben eindimensionalen Unterräume ausgefüllt. Je zwei dieser gegenüberliegenden Sektoren definieren also eine der beiden oben definierten projektiven Strecken. Wir vermerken hier auch gleich noch, daß jede der Strecken stetiges Bild des Einheitsintervalls $[0,1]$ ist. Das können wir hier nicht beweisen, weil wir keine Topologie für den reellen projektiven Raum eingeführt haben.

Die Lage einer der beiden Strecken im $P(\mathbf{R}^3)$ zeigt die nächste Abbildung.

Die im Beweis des vorhergehenden Lemmas erhaltenen Beziehungen zwischen den Parametern ρ und σ zur Darstellung einer Strecke zeigen, daß diese in nichtlinearer Form voneinander abhängen. Eine Darstellung einer Strecke durch eine äquidistante Intervalleinteilung des Parameterintervalls $[0,1]$ kann also zu einer sehr verzerrten Parametrisierung der Strecke führen und ist daher nicht für die graphische Darstellung geeignet.

10.3 Satz. *Sei $P(V)$ ein reeller projektiver Raum. Seien S_1 und S_2 die beiden Strecken zwischen den Punkten $p_1 \neq p_2$. Dann gelten*
    a) $S_1 \cap S_2 = \{p_1, p_2\}$,
    b) $S_1 \cup S_2 = (p_1, p_2)$.

BEWEIS: a) Seien ρ und σ zwei Parameter, die einen gemeinsamen Punkt der beiden Strecken bestimmen:

$$\mathbf{R}((1-\rho)x + \rho y) = \mathbf{R}((\sigma - 1)x + \sigma y).$$

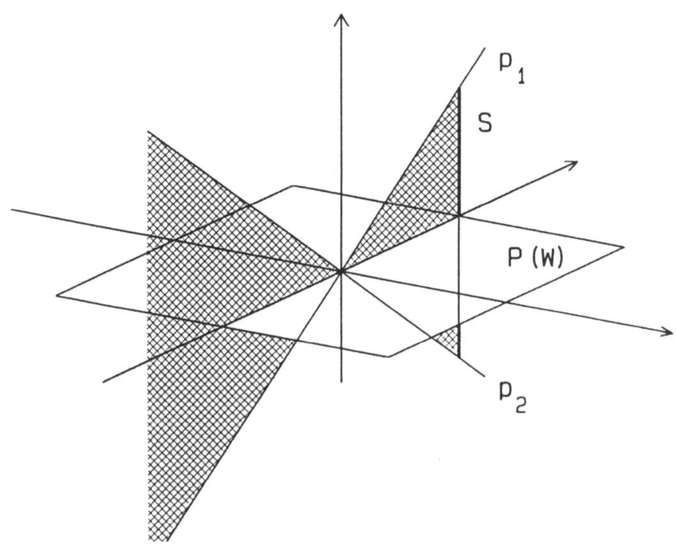

Figur 10.2

Beide Parameter müssen im Einheitsintervall $[0,1]$ liegen. Die Fälle $\rho = \sigma = 0$ und $\rho = \sigma = 1$ ergeben die beiden angegebenen Schnittpunkte p_1 und p_2. Für die anderen Fälle gibt es eine Konstante $\alpha \neq 0$, so daß gilt $(1 - \rho)x + \rho y = \alpha(\sigma - 1)x + \alpha\sigma y$. Da x und y linear unabhängig sind, p_1 und p_2 sind nämlich verschieden, muß

$$1 - \rho = \alpha(\sigma - 1) \qquad \text{und} \qquad \rho = \alpha\sigma$$

gelten. Wiederum ergibt für $\sigma \neq 0$ Division durch $\alpha\sigma$ die Gleichung

$$2 = \frac{1}{\rho} + \frac{1}{\sigma}.$$

Diese Gleichung hat aber offenbar keine Lösung in dem geforderten Bereich, außer $\rho = \sigma = 1$.

b) Da jede Linearkombination ($\neq 0$) von x und y einen projektiven Punkt in (p_1, p_2) bestimmt, brauchen wir nur „$\supseteq$" zu zeigen. Sei also $q \in (p_1, p_2)$ und $q = \mathbf{R}z$ mit $z = \alpha x + \beta y$. Die Fälle $q = p_1$ und $q = p_2$ können wir von vornherein ausschließen. Also werden beide Koeffizienten α und β von Null verschieden sein. Wir unterscheiden zwei Fälle.

$\alpha/\beta > 0$: Dann gibt es ein σ mit $0 < \sigma < 1$ und

$$\frac{\alpha}{\beta} = \frac{1}{\sigma} - 1 = \frac{1-\sigma}{\sigma}.$$

Daher können wir $\alpha = \gamma(1-\sigma)$ und $\beta = \gamma\sigma$ schreiben, und erhalten $q \in S_1$.
$\alpha/\beta < 0$: Dann gibt es ein σ mit $0 < \sigma < 1$ und

$$\frac{\alpha}{\beta} = 1 - \frac{1}{\sigma} = \frac{\sigma-1}{\sigma}.$$

Daher können wir $\alpha = \gamma(\sigma-1)$ und $\beta = \gamma\sigma$ schreiben, und erhalten $q \in S_2$. $\square$

Aus dem vorhergehenden Satz folgt durch die Zerlegung der Geraden durch p und q in zwei Strecken auch sofort, daß für eine projektive Hyperebene $P(W)$ und $p, q \notin P(W)$ genau eine der beiden Strecken mit den Endpunkten p und q einen Schnittpunkt mit $P(W)$ hat (5.17 und 6.4), also liegt genau eine der beiden Strecken ganz in dem affinen Raum $A = P(V) \backslash P(W)$. Wir nennen sie die *affine Verbindungsstrecke* zwischen p und q.

Gelten jedoch $p \notin P(W)$ und $q \in P(W)$, so ist q der uneigentliche Punkt der projektiven Geraden (p, q). Das führt zu der

10.4 Definition: Sei $P(W)$ eine projektive Hyperebene in $P(V)$ und $A = P(V) \setminus P(W)$ der zugehörige affine Unterraum. Seien $p \in A$ und $q \in P(W)$. Die *Halbgeraden (Strahlen)* in A von p nach q sind definiert durch

$$H_1 := \{\mathbf{R}((1-\sigma)x + \sigma y)|0 \le \sigma < 1\},$$

$$H_2 := \{\mathbf{R}((\sigma-1)x + \sigma y)|0 \le \sigma < 1\}.$$

Dabei seien $p = \mathbf{R}x$ und $q = \mathbf{R}y$.

10.5 Folgerung. *Unter den Voraussetzungen der Definition 10.4 gelten*
    a) $H_1 \cap H_2 = \{p\}$,
    b) $H_1 \cup H_2 \cup \{q\} = (p, q)$.

BEWEIS: Das ist eine unmittelbare Folgerung aus Satz 10.3 wegen $S_1 = H_1 \cup \{q\}$ und $S_2 = H_2 \cup \{q\}$. $\square$

Um eine genauere Vorstellung vom dem neu eingeführten Begriff der Strecke in einem projektiven Raum zu bekommen, untersuchen wir einmal die Parametrisierung einer projektiven Geraden wie in Bemerkung 7.13. Dazu führen wir zunächst eine Verallgemeinerung des Begriffs eines Intervalls auf die Menge $\widehat{\mathbf{R}} = \mathbf{R} \cup \{\infty\}$ ein. Neben den üblichen Intervallen $[\alpha, \beta]$ in $\mathbf{R}$ (auch mit $\alpha = \beta$) wollen wir auch die Mengen $[\alpha, +\infty) \cup \{\infty\}$, $\{\infty\} \cup (-\infty, \alpha]$, $[\alpha, +\infty) \cup \{\infty\} \cup (-\infty, \beta]$ und $\{\infty\}$ Intervalle in $\widehat{\mathbf{R}}$ nennen. Dann gilt

10.6 Lemma. *Die Parametrisierung einer projektiven Geraden mit Hilfe eines Koordinatensystems induziert eine Bijektion zwischen den Srecken auf der Geraden und den Intervallen in $\widehat{\mathbf{R}}$. Dabei werden Durchschnitte und Vereinigungen erhalten.*

BEWEIS: Sei die projektive Gerade g mit dem Koordinatensystem $p_0 = \mathbf{R}x_0$, $p_1 = \mathbf{R}x_1$ und $p_2 = \mathbf{R}x_2$ mit $x_0 + x_1 + x_2 = 0$ gegeben. Die Parametrisierung ist eine bijektive Abbildung ϕ zwischen g und $\widehat{\mathbf{R}}$ mit $\phi(\mathbf{R}(x_0 + \xi x_1)) = \xi$ und $\phi(\mathbf{R}x_1) = \infty$. Sei $S(p,q)$ eine Strecke in g. Wir unterscheiden 4 Fälle.

1. Fall: $p = \mathbf{R}(x_0 + \xi x_1)$, $q = \mathbf{R}(x_0 + \eta x_1)$ und

$$S(p,q) = \{\mathbf{R}((1-\sigma)(x_0 + \xi x_1) + \sigma(x_0 + \eta x_1))|\sigma \in [0,1]\}.$$

Wir bestimmen das Bild $\phi(S(p,q))$. Die Elemente aus $S(p,q)$ lassen sich darstellen als $\mathbf{R}(x_0 + ((1-\sigma)\xi + \sigma\eta)x_1)$, also ist $\phi(\mathbf{R}(x_0 + ((1-\sigma)\xi + \sigma\eta)x_1)) = (1-\sigma)\xi + \sigma\eta$ oder $\phi(S(p,q)) = [\xi, \eta]$.

2. Fall: $p = \mathbf{R}(x_0 + \xi x_1)$, $q = \mathbf{R}(x_0 + \eta x_1)$ und

$$S(p,q) = \{\mathbf{R}((\sigma - 1)(x_0 + \xi x_1) + \sigma(x_0 + \eta x_1))|\sigma \in [0,1]\}.$$

Für $\sigma \neq 1/2$ ist

$$\phi(\mathbf{R}((\sigma-1)(x_0 + \xi x_1) + \sigma(x_0 + \eta x_1))) = \phi(\mathbf{R}(x_0 + (\frac{\sigma-1}{2\sigma-1}\xi + \frac{\sigma}{2\sigma-1}\eta)x_1))$$

$$= \frac{\sigma-1}{2\sigma-1}\xi + \frac{\sigma}{2\sigma-1}\eta.$$

Weiter ist $\phi(\mathbf{R}(-1/2(x_0 + \xi x_1) + 1/2(x_0 + \eta x_1))) = \phi(\mathbf{R}x_1) = \infty$. Damit rechnet man sofort nach, daß

$$\phi(S(p,q)) = \begin{cases} [\xi, +\infty) \cup \{\infty\} \cup (-\infty, \eta] & \text{für } \eta < \xi \\ [\eta, +\infty) \cup \{\infty\} \cup (-\infty, \xi] & \text{für } \xi < \eta. \end{cases}$$

3. Fall: $p = \mathbf{R}x_1$, $q = \mathbf{R}(x_0 + \eta x_1)$ und $S(p,q) = \{\mathbf{R}((1-\sigma)x_1 + \sigma(x_0 + \eta x_1))|\sigma \in [0,1]\}$. Für $\sigma \neq 0$ ist $\phi(\mathbf{R}((1-\sigma)x_1 + \sigma(x_0 + \eta x_1))) = \phi(\mathbf{R}(x_0 + (-1+\eta+1/\sigma)x_1)) = -1+\eta+1/\sigma$. Weiter ist $\phi(\mathbf{R}x_1) = \infty$. Damit erhält man $\phi(S(p,q)) = [\eta, +\infty) \cup \{\infty\}$.

4. Fall: $p = \mathbf{R}x_1$, $q = \mathbf{R}(x_0 + \eta x_1)$ und $S(p,q) = \{\mathbf{R}((\sigma - 1)x_1 + \sigma(x_0 + \eta x_1))|\sigma \in [0,1]\}$. Für $\sigma \neq 0$ ist $\phi(\mathbf{R}((\sigma-1)x_1 + \sigma(x_0 + \eta x_1))) = \phi(\mathbf{R}(x_0 + (1 + \eta - 1/\sigma)x_1)) = 1 + \eta - 1/\sigma$. Weiter ist $\phi(\mathbf{R}(-x_1)) = \infty$. Damit erhält man $\phi(S(p,q)) = \{\infty\} \cup (-\infty, \eta]$.

Die Zuordnungen der Intervalle und Strecken sind offenbar bijektiv und erhalten trivialerweise Durchschnitte und Vereinigungen. $\square$

Eine interessante Frage ist die nach dem Durchschnitt zweier Strecken. Wenn sie nicht auf einer gemeinsamen Geraden liegen, ist die Antwort einfach. Die beiden Strecken schneiden sich nicht oder sie schneiden sich in genau einem Punkt. Anders ist die Situation zweier Strecken auf einer projektiven Geraden. Hier gelten die folgenden Folgerungen, die wir später weiter verwenden werden.

10.7 Folgerung. *Seien p_1, p_2, p_3 paarweise verschiedene Punkte auf einer projektiven Geraden g. Seien $S_2 := S(p_1, p_2)$ und $S_3 := S(p_1, p_3)$ Strecken zwischen p_1 und p_2 bzw. p_3. Dann gibt es Punkte $p_2' \in S(p_1, p_2)$ und $p_3' \in S(p_1, p_3)$, $p_2' \neq p_3'$, so daß für $S_2' := S(p_1, p_2') \subseteq S_2$ und $S_3' := S(p_1, p_3') \subseteq S_3$ genau eine der drei folgenden Bedingungen gilt:*

$$S_2' \subseteq S_3', \quad S_3' \subseteq S_2', \quad S_2' \cap S_3' = \{p_1\}.$$

Wenn $S_2 \cup S_3 \neq g$, so gilt genau eine der drei folgenden Bedingungen:

$$S_2 \subseteq S_3, \quad S_3 \subseteq S_2, \quad S_2 \cap S_3 = \{p_1\}.$$

10.8 Folgerung. *Seien $S(p, q)$ und $S(u, v)$ zwei Strecken auf der projektiven Geraden g. Wenn $p \in S(u, v)$ und $q \notin S(u, v)$, dann ist $S(p, q) \cap S(u, v)$ eine der beiden Strecken von p nach u oder eine der beiden Strecken von p nach v. Diese können auch zu einem Punkt entartet sein.*

10.9 Folgerung. *Seien S_1 und S_2 zwei Strecken auf einer gemeinsamen projektiven Geraden g. Gilt $S_1 \cup S_2 \neq g$, so ist der Durchschnitt entweder leer oder ein Punkt oder eine Strecke. Gilt $S_1 \cup S_2 = g$, so besteht $S_1 \cap S_2$ aus zwei Strecken. Diese können auch je zu einem Punkt entartet sein.*

BEWEIS: Diese Aussagen folgen unmittelbar aus den Eigenschaften von Intervallen für $\widehat{\mathbf{R}}$ und übertragen sich vermöge Lemma 10.6 auf beliebige projektive Geraden. $\square$

10.10 Folgerung. *Seien $S_1, \ldots, S_n$ Strecken auf einer gemeinsamen projektiven Geraden g. Gelte $S_i \cup S_{i+1} \neq g$ für alle $i = 1, \ldots, n - 1$. Dann ist $\cap_{i=1}^{n} S_i$ leer oder ein Punkt oder eine Strecke.*

BEWEIS: Für $n = 2$ ist das die Aussage von Folgerung 10.9. Gilt die Aussage für $n - 1$ und sind $S_1, \ldots, S_n$ mit den obigen Voraussetzungen gegeben, so ist nach Induktionsannahme $\cap_{i=1}^{n-1} S_i$ leer, ein Punkt oder eine Strecke. Da aber $(\cap_{i=1}^{n-1} S_i) \cup S_n \subseteq S_{n-1} \cup S_n \neq g$, ist nach 10.9 auch $(\cap_{i=1}^{n-1} S_i) \cap S_n = \cap_{i=1}^{n} S_i$ leer, ein Punkt oder eine Strecke. $\square$

Wir interessieren uns jetzt für die Frage, was bei (ausgearteten) projektiven Abbildungen aus Strecken wird. Da sie Teilmengen von Geraden sind, also kollineare Mengen, wird auch das Bild wieder eine kollineare Menge sein. Das folgende Lemma zeigt, daß sie sogar Strecken bleiben.

10.11 Lemma. *Sei* $P(f)\colon P(V) \setminus P(Z) \longrightarrow P(V')$ *eine (ausgeartete) projektive Abbildung und* $S \not\subseteq P(Z)$ *eine Strecke in* $P(V)$ *zwischen den verschiedenen Punkten* p *und* q. *Wenn* $P(f)(p)$ *und* $P(f)(q)$ *verschieden sind, dann ist* $P(f)(S)$ *eine Strecke zwischen* $P(f)(p)$ *und* $P(f)(q)$ *in* $P(V)$. *Ist im Falle einer ausgearteten projektiven Abbildung* $P(f)(p) = P(f)(q)$ *oder* $p \in P(Z)$, *so gilt* $P(f)(S) = \{P(f)(q)\}$.

BEWEIS: Sei $S = \{\mathrm{R}((1 - \sigma)x + \sigma y)|0 \leq \sigma \leq 1\}$. Sei weiter $P(f)(p) \neq P(f(q))$. Dann sind $f(x)$ und $f(y)$ linear unabhängig, und es ist $P(f)(S \setminus P(Z)) = \{\mathrm{R}((1 - \sigma)f(x) + \sigma f(y))|0 \leq \sigma \leq 1\}$, also wieder eine Strecke. Analog sieht man die Behauptung für eine Strecke, die mit dem Faktor $\sigma - 1$ gebildet wird. Gilt $P(f)(p) = P(f)(q)$, so ist das Bild der Geraden (p, q) ein Punkt in $P(V')$ wegen 9.5 und 9.6. Dasselbe gilt im Falle $p \in P(Z)$. Es kann schließlich nicht sein, daß $p, q \in P(Z)$, denn dann wäre $(p, q) \subseteq P(Z)$. $\square$

Unser Interesse gilt besonders den affinen Unterräumen von projektiven Räumen. Liegt nun eine Strecke S in dem affinen Unterraum $A = P(V) \setminus P(W)$ und ist

$$P(f)\colon P(V) \longrightarrow P(V)$$

eine projektive Abbildung, so kann es vorkommen, daß $P(f)(S)$ eine Strecke wird, die einen uneigentlichen Punkt besitzt, d.h. die nicht ganz in A liegt. Das ist für die graphische Darstellung der Strecke natürlich außerordentlich wichtig. Wir benötigen daher für diesen Fall ein leicht überprüfbares Kriterium. Dazu müssen wir zunächst für eine Zerlegung des Raumes $V = W \oplus \mathrm{R}a$ eine interessante neue Funktion einführen. Mit ihr läßt sich dann das gewünschte Kriterium sehr leicht überprüfen.

10.12 Definition: Seien $P(V)$ und $P(V')$ reelle projektive Räume mit Hyperebenen $P(W)$ und $P(W')$, und sei $P(f)\colon P(V) \longrightarrow P(V')$ eine projektive Abbildung. Seien $a \in V \setminus W$ und $b \in V' \setminus W'$ fest gewählt. Dann sind $V = W \oplus \mathrm{R}a$ und $V' = W' \oplus \mathrm{R}b$. Sei $\omega\colon A \longrightarrow W$ die in 6.1 definierte Abbildung mit $p = \mathrm{R}(\omega(p) + a)$ für alle $p \in A$. Dann gibt es eindeutig bestimmte Abbildungen $\lambda_f\colon A \longrightarrow \mathrm{R}$ und $\mu_f\colon A \longrightarrow W'$ mit

$$f(\omega(p) + a) = \mu_f(p) + \lambda_f(p)b.$$

Der Vektor $f(\omega(p) + a)$ läßt sich nämlich eindeutig als Summe eines Vektors $\mu_f(p)$ aus W' und eines Vektors $\lambda_f(p)b$ aus $\mathrm{R}b$ schreiben, da $V' = W' \oplus \mathrm{R}b$

gilt. Weiterhin ist $\omega(p)$ schon eindeutig durch p definiert. Daher sind $\mu_f(p)$ und $\lambda_f(p)$ durch p mit der oben angegebenen Konstruktion eindeutig bestimmt. Wenn f um einen Faktor aus $\mathbf{R}$ verändert wird, dann ändern sich λ_f und μ_f um denselben Faktor. Also sind λ_f und μ_f durch $P(f)$ bis auf einen Faktor eindeutig bestimmt. Dabei sind allerdings W, W', a und b fest gewählt. $\square$

10.13 Satz. *Seien $P(V), P(V'), P(W), P(W'), P(f)$ und λ_f wie in Definition 10.12 gegeben. Seien p, q zwei verschiedene Punkte in A und S ihre in A gelegene Verbindungsstrecke. $P(f)(S)$ enthält einen uneigentlichen Punkt genau dann, wenn $\lambda_f(p) \cdot \lambda_f(q) \leq 0$. Das Bild von S besteht nur aus uneigentlichen Punkten genau dann, wenn $\lambda_f(p) = \lambda_f(q) = 0$ gilt. Ist $\lambda_f(q) = 0$ und $\lambda_f(p) \neq 0$, so gilt mit $p' := P(f)(p)$ und $q' := P(f)(q)$*

$$P(f)(S) = \{\mathbf{R}((1 - \sigma)(\omega'(p') + b) + \sigma \cdot \operatorname{sgn}(\lambda_f(p))\mu_f(q))|0 \leq \sigma < 1\} \cup \{q'\}.$$

BEWEIS: Wir führen den Fall, daß ein uneigentlicher Punkt auf $P(f)(S)$ liegt, zunächst auf die Bedingung

$$0 \leq \frac{\lambda_f(p)}{\lambda_f(p) - \lambda_f(q)} \leq 1$$

oder $\lambda_f(p) = \lambda_f(q) = 0$ zurück. Im letzteren Fall ist sogar die ganze Strecke eine uneigentliche Strecke. Sei $a \in V \setminus W$ wieder fest gewählt. Sei

$$S = \{\mathbf{R}((1 - \sigma)(\omega(p) + a) + \sigma(\omega(q) + a))|0 \leq \sigma \leq 1\}.$$

Das Bild eines Punktes p_t auf dieser Strecke ist gegeben durch

$$P(f)(p_t) = \mathbf{R}[(1 - \sigma)\mu_f(p) + \sigma\mu_f(q) + ((1 - \sigma)\lambda_f(p) + \sigma\lambda_f(q))b].$$

Insbesondere ist

$$\mu_f(p_t) = (1 - \sigma)\mu_f(p) + \sigma\mu_f(q) \qquad \text{und} \qquad \lambda_f(p_t) = (1 - \sigma)\lambda_f(p) + \sigma\lambda_f(q).$$

Dabei darf σ nur zwischen 0 und 1 liegen. Ein solcher Bildpunkt ist nun ein uneigentlicher Punkt genau dann, wenn er in $P(W')$ liegt. Das geht genau nur dann, wenn $(1 - \sigma)\lambda_f(p) + \sigma\lambda_f(q) = 0$ gilt. Lösen wir diese Gleichung nach σ auf, so erhalten wir

$$\sigma = \frac{\lambda_f(p)}{\lambda_f(p) - \lambda_f(q)}.$$

Wegen der Einschränkung für σ ist also

$$0 \le \frac{\lambda_f(p)}{\lambda_f(p) - \lambda_f(q)} \le 1$$

äquivalent dazu, daß die Bildstrecke einen uneigentlichen Punkt besitzt. Die vorliegende Rechnung kann natürlich nur dann durchgeführt werden, wenn $\lambda_f(p) \ne \lambda_f(q)$ ist. Gilt Gleichheit, so müssen wir wieder auf die Gleichung $(1-\sigma)\lambda_f(p) + \sigma\lambda_f(q) = 0$ zurückgreifen. In diesem Falle liegt ein uneigentlicher Punkt genau dann vor, wenn $\lambda_f(p) = \lambda_f(q) = 0$ gilt. Das ist aber genau der Fall, in dem die gesamte Bildstrecke uneigentlich ist.

Die nächste Behauptung ergibt sich nun aus der folgenden Äquivalenz

$$0 \le \frac{\lambda_f(p)}{\lambda_f(p) - \lambda_f(q)} \le 1 \Leftrightarrow \left\{ \begin{array}{l} 0 \le \lambda_f(p) \le \lambda_f(p) - \lambda_f(q) \\ \lambda_f(p) - \lambda_f(q) \le \lambda_f(p) \le 0 \end{array} \right\}$$

$$\Leftrightarrow \left\{ \begin{array}{l} 0 \le \lambda_f(p) \wedge \lambda_f(q) \le 0 \\ 0 \le \lambda_f(q) \wedge \lambda_f(p) \le 0 \end{array} \right\} \Leftrightarrow \lambda_f(p) \cdot \lambda_f(q) \le 0$$

unter der Annahme, daß $\lambda_f(p) \ne \lambda_f(q)$. Im Falle der Gleichheit hatten wir die letzte Bedingung aber oben schon hergeleitet, weil beide Terme Null sein müssen. Für die Behandlung des letzten Falles bedeutet $\lambda_f(q) = 0$, daß $q' = P(f)(q) = \mathbf{R}(f(\omega(q) + a)) = \mathbf{R}\mu_f(q) \in P(W')$, d.h. daß q' ein uneigentlicher Punkt ist. Ebenso bedeutet $\lambda_f(p) \ne 0$, daß p' ein eigentlicher Punkt ist. Also ist q' der einzige uneigentliche Punkt auf der Geraden (p', q'). Damit wird das Bild von $S \setminus \{q\}$ ein Halbstrahl in $A' = P(V') \setminus P(W')$. Für $p = \mathbf{R}(\omega(p) + a)$ ist $p' = P(f)(p) = \mathbf{R}(\omega'(p') + b)$, wobei $\omega' : A' = P(V') \setminus P(W') \longrightarrow W'$ bezüglich der direkten Zerlegung $V' = W' \oplus \mathbf{R}b$ gebildet ist. Also erhalten wir

$$f(\omega(p) + a) = \mu_f(p) + \lambda_f(p)b = \lambda_f(p)(\frac{\mu_f(p)}{\lambda_f(p)} + b) = \lambda_f(p)(\omega'(p') + b).$$

Ist nun $\sigma \in [0,1)$ und $p_t = \mathbf{R}((1-\sigma)(\omega(p) + a) + \sigma(\omega(q) + a))$, so ist wegen $\lambda_f(q) = 0$

$$P(f)(p_t) = \mathbf{R}((1-\sigma)\mu_f(p) + \sigma\mu_f(q) + (1-\sigma)\lambda_f(p)b)$$

$$= \mathbf{R}(\frac{\mu_f(p)}{\lambda_f(p)} + b + \frac{\sigma}{1-\sigma}\frac{\mu_f(q)}{\lambda_f(p)})$$

$$= \mathbf{R}(\omega'(p') + b + \frac{\sigma}{1-\sigma}\frac{\mu_f(q)}{\lambda_f(p)}).$$

Da mit $\sigma \in [0,1)$ der Wert von $\sigma/(1-\sigma)$ ganz $[0,1)$ durchläuft, erhalten wir

$$P(f)(S) \setminus \{q'\} = \{\mathbf{R}(\omega'(p') + b + \frac{\sigma}{1-\sigma}\mathrm{sgn}(\lambda_f(p))\mu_f(q))|0 \le \sigma < 1\}$$
$$= \{\mathbf{R}((1-\sigma)(\omega'(p') + b) + \sigma \cdot \mathrm{sgn}(\lambda_f(p))\mu_f(q))|0 \le \sigma < 1\},$$

was zu beweisen war. $\square$

Wir wollen nun untersuchen, wie Strecken mit einer ausgearteten projektiven Abbildung abgebildet werden. Sei also im folgenden $P(f) \colon P(V) \setminus P(Z) \longrightarrow P(V')$ eine solche Abbildung mit Zentrum $P(Z)$. Seien $P(W)$ bzw. $P(W')$ Hyperebenen von $P(V)$ bzw. $P(V')$, und seien $a \in V \setminus W$ und $b \in V' \setminus W'$ fest gewählt. Dann sind wieder wie in 10.7 $V = W \oplus \mathbf{R}a$ und $V' = W' \oplus \mathbf{R}b$. Sei $\omega \colon A \longrightarrow W$ wie in 6.1 definiert durch $p = \mathbf{R}(\omega(p)+a)$ und seien $lambda_f \colon A \longrightarrow \mathbf{R}$ und $\mu_f \colon A \longrightarrow W'$ definiert durch

$$f(\omega(p) + a) = \mu_f(p) + \lambda_f(p)b.$$

Man beachte, daß die Abbildungen λ_f und μ_f auf dem ganzen affinen Raum A definiert sind, während bei der Abbildung $P(f)$ das Zentrum $P(Z)$ ausgenommen werden muß. Dann gilt

10.14 Lemma. *Seien p, q Punkte in $P(V)$. Es können drei Fälle eintreten:*
  a) *Die Gerade (p,q) schneidet $P(Z)$ nicht. Dann ist das Bild $P(f)((p,q))$ eine Gerade.*
  b) *Die Gerade (p,q) schneidet $P(Z)$ in einem Punkt. Dann ist das Bild $P(f)((p,q))$ ein Punkt.*
  c) *Die Gerade (p,q) liegt ganz in $P(Z)$. Dann ist das Bild $P(f)((p,q))$ nicht definiert.*

BEWEIS: a) folgt aus 9.7.
b) folgt aus 9.5.
c) folgt aus der Definition einer ausgearteten projektiven Abbildung. $\square$

Da uns nur Strecken bzw. Halbgeraden als Bilder von Strecken bei einer ausgearteten projektiven Abbildung interessieren, kommt für uns nur der erste Fall des vorhergehenden Lemmas in Frage. Die beiden anderen Fälle sind dadurch charakterisiert, daß für Repräsentanten x von p und y von q gelten: $f(x) = f(y) = 0$ (Fall 3)) oder $f(x)$ und $f(y)$ linear abhängig, aber nicht beide Null (Fall 2)). Der erste Fall tritt also genau dann ein, wenn $f(x)$ und $f(y)$ linear unabhängig sind.

Im ersten Fall kann jedoch 9.7 angewendet werden. Wir haben also eine projektive nicht-ausgeartete Abbildung von (p,q) in $P(V')$. Insbesondere können wir nach Wahl uneigentlicher Hyperebenen $P(W)$ in $P(V)$ und $P(W')$ in $P(V')$ und von Punkten $a \in V \setminus W$ und $b \in V' \setminus W'$ wie in 10.12 und 10.13 die Abbildung

$\lambda_f \colon P(V) \setminus (P(W) \cup P(Z)) \longrightarrow \mathbf{R}$ verwenden, um zu testen, wann das Bild der Strecke S einen uneigentlichen Punkt enthält. Damit erhalten wir

10.15 Satz. *Sei $P(f) \colon P(V) \backslash P(Z) \longrightarrow P(V')$ eine ausgeartete projektive Abbildung. Seien p, q Punkte in $P(V) \backslash P(Z)$ mit verschiedenen Bildern in $P(V')$ und sei S ihre in $A = P(V) \setminus P(W)$ gelegene Verbindungsstrecke. $P(f)(S)$ enthält einen uneigentlichen Punkt genau dann, wenn $\lambda_f(p) \cdot \lambda_f(q) \leq 0$. Das Bild von S besteht nur aus uneigentlichen Punkten genau dann, wenn $\lambda_f(p) = \lambda_f(q) = 0$ gilt. Ist $\lambda_f(q) = 0$ und $\lambda_f(p) \neq 0$, so gilt mit $p' := P(f)(p)$ und $q' := P(f)(q)$*

$$P(f)(S) = \{\mathbf{R}((1 - \sigma)(\omega'(p') + b) + \sigma \cdot \mathrm{sgn}(\lambda_f(p))\mu_f(q)) | 0 \leq \sigma < 1\} \cup \{q'\}.$$

10.16 Beispiel: Wir betrachten die projektiven Räume $P(V)$ mit $V = \mathbf{R}^4$ und $P(V')$ mit $V' = \mathbf{R}^3$. Weiter sei $f : V \longrightarrow V'$ durch Multiplikation mit der Matrix

$$A = \begin{pmatrix} \frac{1}{2} & 0 & 0 \\ -1 & -1 & -1 \\ -2 & 0 & -1 \\ 0 & 1 & 0 \end{pmatrix}$$

von rechts gegeben. Dann ist $Z = \mathbf{R}(2, -1, 1, -1)$ der Kern von f. Also ist $P(f)$ auf dem affinen Punkt $\mathbf{R}(2, -1, 1, -1)$, dem Zentrum der ausgearteten projektiven Abbildung, nicht definiert.

In $P(V)$ zeichnen wir $P(W)$ mit $W = \{(0, \xi, \eta, \zeta) | \xi, \eta, \zeta \in \mathbf{R}\}$ als uneigentliche Hyperebene aus und zerlegen $V = W \oplus \mathbf{R}a$ mit $a = (2, 0, 0, 0)$. In $P(V')$ zeichnen wir $P(W')$ mit $W' = \{(0, \xi, \eta) | \xi, \eta \in \mathbf{R}\}$ als uneigentliche Hyperebene aus und zerlegen $V' = W' \oplus \mathbf{R}b$ mit $b = (1, 0, 0)$. In der folgenden Tabelle sind die Eckpunkte $p_i = \mathbf{R}c_i$ eines affinen (Einheits-)Würfels in $P(V)$ und die Werte der Funktionen $\omega, \omega', \lambda_f$ und μ_f angegeben:

	c_i	ω	f	ω'	λ_f	μ_f
p_0	$(2,0,0,0)$	$(0,0,0,0)$	$(1,0,0)$	$(0,0,0)$	1	$(0,0,0)$
p_1	$(2,0,0,1)$	$(0,0,0,1)$	$(1,1,0)$	$(0,1,0)$	1	$(0,1,0)$
p_2	$(2,0,1,0)$	$(0,0,1,0)$	$(-1,0,-1)$	$(0,0,1)$	-1	$(0,0,-1)$
p_3	$(2,0,1,1)$	$(0,0,1,1)$	$(-1,1,-1)$	$(0,-1,1)$	-1	$(0,1,-1)$
p_4	$(2,1,0,0)$	$(0,1,0,0)$	$(0,-1,-1)$		0	$(0,-1,-1)$
p_5	$(2,1,0,1)$	$(0,1,0,1)$	$(0,0,-1)$		0	$(0,0,-1)$
p_6	$(2,1,1,0)$	$(0,1,1,0)$	$(-2,-1,-2)$	$(0,\frac{1}{2},1)$	-2	$(0,-1,-2)$
p_7	$(2,1,1,1)$	$(0,1,1,1)$	$(-2,0,-2)$	$(0,0,1)$	-2	$(0,0,-2)$

Wir betrachten die Kanten des durch $p_0, \ldots, p_7$ gegebenen Würfels (im affinen Raum A) und ihre Bilder. Wir bezeichnen das Bild der Kante von p_i nach p_j mit T_{ij}. Dann sind nach dem vorhergehenden Satz T_{01}, T_{23}, T_{26}, T_{37} und T_{67} ganz im affinen Raum $A' = P(V') \setminus P(W')$ gelegen, also

$$T_{ij} = \{\mathbf{R}((1 - \sigma)c_i' + \sigma c_j' | 0 \le \sigma \le 1\}.$$

Die Bilder T_{02} und T_{13} enthalten je einen uneigentlichen Punkt, also

$$T_{ij} = \{\mathbf{R}((\sigma - 1)c_i' + \sigma c_j' | 0 \le \sigma \le 1\}.$$

Hier liegen im affinen Raum A' jeweils zwei Strahlen für jedes T_{ij}.
Weiter sind die Bilder T_{04}, T_{46}, T_{15} und T_{57} in A' Strahlen, da jeweils ein Endpunkt uneigentlich ist. Wir geben wegen der Vorzeichenregel aus Satz 10.15 die Darstellung der Strahlen H_{ij} im einzelnen an:

$$
\begin{aligned}
H_{04} &= \{\mathbf{R}((1 - \sigma)(1, 0, 0) + \sigma(0, -1, -1)) | 0 \le \sigma < 1\}, \\
H_{46} &= \{\mathbf{R}((1 - \sigma)(1, \tfrac{1}{2}, 1) + \sigma(0, 1, 1)) | 0 \le \sigma < 1\}, \\
H_{15} &= \{\mathbf{R}((1 - \sigma)(1, 1, 0) + \sigma(0, 0, -1)) | 0 \le \sigma < 1\}, \\
H_{57} &= \{\mathbf{R}((1 - \sigma)(1, 0, 1) + \sigma(0, 0, 1)) | 0 \le \sigma < 1\}.
\end{aligned}
$$

Schließlich ist T_{45} eine uneigentliche Strecke. Ihre Darstellung ist für uns uninteressant, da kein Punkt von ihr im affinen Raum A' liegt.

Das Zentrum der ausgearteten projektiven Abbildung liegt auf keiner der Würfelkanten, ja sogar außerhalb des Würfels. so daß $P(f)$ auf allen uns interessierenden Punkten definiert ist, jedoch einen Teil des Würfels in die uneigentliche Hyperebene abbildet. Weiterhin werden gewisse Punkte des Würfels bei der Abbildung identifiziert, insbesondere die Eckpunkte p_2 und p_7. Sie werden zwar nicht durch eine Kante verbunden, jedoch wird ihre affine Verbindungsstrecke aus A auf einen Punkt abgebildet.

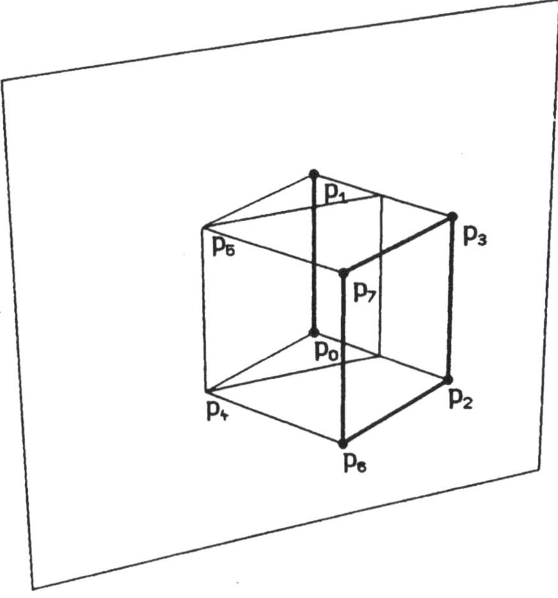

Figur 10.3

11 Halbräume

In den folgenden Kapiteln sollen die mathematischen Grundlagen für die Darstellung von geometrischen Gebilden im n-dimensionalen Raum mit verdeckten Linien und Flächen eingeführt werden. In der Computer-Graphik kennt man verschiedene Algorithmen, um Verdeckungen zu behandeln. Viele dieser Algorithmen sind jedoch in höherdimensionalen projektiven Räumen nicht mehr anwendbar. Wir werden uns daher auf die Untersuchung verdeckter Facetten von konvexen Polytopen beschränken. Ein allgemein bekannter Satz über dreidimensionale konvexe Polytope, d.h. über konvexe Polyeder, besagt, daß eine Seite eines solchen Polyeders bei einer perspektivischen Abbildung in die Ebene entweder vollständig sichtbar ist oder aber durch andere Seiten vollständig verdeckt wird (bis auf eventuelle gemeinsame Kanten). Diese Eigenschaft kann leicht überprüft werden und wird üblicherweise bei der Darstellung Drahtgittermodellen von Polyedern mit verdeckten Kanten verwendet. Für höher-dimensionale Polytope gilt dieser Satz leider nicht in dieser einfachen Form. Um den entsprechenden Satz für Polytope beliebiger Dimension zu beweisen, müssen wir einerseits den Begriff des Polytops und andrerseits einen geeigneten Begriff der Sichtbarkeit einführen.

Eine weitere Technik, die im 3-Dimensionalen erfolgreich ist, stützt sich auf den Satz, daß das Bild eines konvexen Polyeders ein konvexes Polygon ist. Diesen Satz werden wir auch für höhere Dimensionen beweisen.

Die Einführung von konvexen Polytopen erfolgt am einfachsten über den Begriff von Halbräumen, die mit Hilfe gewisser Ungleichungen definiert und behandelt werden. In affinen 2-dimensionalen Räumen ist es ganz offensichtlich, wie man z.B. die beiden Halbebenen in bezug auf eine gegebene Gerade definiert. Etwas Ähnliches kann man in beliebigen Dimensionen durchführen. In projektiven Räumen muß man etwas vorsichtiger mit diesen Begriffen umgehen. Insbesondere kann der Durchschnitt von Halbräumen etwas überraschende Eigenschaften haben. Speziell wollen wir das Verhalten von Halbräumen bei projektiven Abbildungen und beim Schnitt mit projektiven Unterräumen studieren. Das Studium der Polytope und der Sichtbarkeit erfolgt dann in den folgenden beiden Kapiteln.

Sei $V = \mathbf{R}^n$ ein Vektorraum und seien $a, w \in V$. Wir schreiben $\langle a, w \rangle := \sum a_i w_i$. Sei $a \in V \setminus \{0\}$. Dann ist die Menge

$$W := \{v \in V \,|\, \langle a, v \rangle = 0\} \tag{11.1}$$

ein Untervektorraum von V mit $\dim(W) = \dim(V) - 1$. $\langle a, v \rangle = 0$ stellt nämlich eine homogene Gleichung in n Variablen dar. Jeder Untervektorraum W der Dimension $\dim(V) - 1$ läßt sich in dieser Weise darstellen. Ist W gegeben, so ist das $a \in V$ mit (11.1) durch W bis auf einen skalaren Faktor eindeutig bestimmt, also ein Punkt in $P(V)$. Zu jedem $n-1$-dimensionalen Unterraum W gehört genau eine Hyperebene $P(W)$ von $P(V)$, also haben wir damit eine Bijektion zwischen den Hyperebenen $P(W)$ von $P(V)$ und den Punkten $p \in P(V)$. Wir vereinbaren die Schreibweise

$$H_a := \{\mathbf{R}w \in P(V)|\langle a,w\rangle = 0\}$$

und setzen dabei immer $a \neq 0$ voraus.

11.1 Definition: Seien p, $q \in P(V)$ zwei verschiedene Punkte mit $p = \mathbf{R}a$, $q = \mathbf{R}b$. Wir definieren zwei Mengen

$$K_+(a,b) := \{\mathbf{R}v \in P(V)|\langle a,v\rangle\langle b,v\rangle \geq 0\}$$

und

$$K_-(a,b) := \{\mathbf{R}v \in P(V)|\langle a,v\rangle\langle b,v\rangle \leq 0\}.$$

Die beiden Mengen zusammen hängen offenbar nur von p und q ab. Sie werden vertauscht, wenn man das Vorzeichen eines Repräsentanten von p oder q ändert. Sie heißen *zueinander komplementäre Halbräume* von $P(V)$, die durch $p = \mathbf{R}a$, $q = \mathbf{R}b$ bzw. die beiden Hyperebenen H_a und H_b definiert werden. Der Schnitt $A := H_a \cap H_b$ heißt die *Achse* der beiden Halbräume. Offenbar gelten $K_+(a,b) \cup K_-(a,b) = P(V)$ und $K_+(a,b) \cap K_-(a,b) = H_a \cup H_b$. Da die Hyperebenen H_a und H_b verschieden sind, ist die Achse A nach 5.15 Hyperebene sowohl von H_a als auch von H_b. Diese Begriffe sind nur für projektive Räume $P(V)$ mit $\dim P(V) \geq 1$ definiert. Ist $\dim P(V) = 1$, so ist die Achse eines Halbraumes, d.h. einer Strecke, die leere Menge. Sind zwei Hyperebenen H_1 und H_2 gegeben, so werden wir häufig auch die Bezeichnung $K_+(H_1,H_2)$ und $K_-(H_1,H_2)$ für die beiden durch H_1 und H_2 definierten Halbräume verwenden. Die Indices $+$ und $-$ dienen lediglich der Unterscheidung der Halbräume, nur bei Angabe der definierenden Vektoren a und b haben sie auch eine numerische Bedeutung. Wir führen als weitere Bezeichnung ein

$$K_+^\circ(a,b) := \{\mathbf{R}v \in P(V)|\langle a,v\rangle\langle b,v\rangle > 0\} = K_+(a,b) \setminus (H_a \cup H_b)$$

und

$$K_-^\circ(a,b) := \{\mathbf{R}v \in P(V)|\langle a,v\rangle\langle b,v\rangle < 0\} = K_-(a,b) \setminus (H_a \cup H_b).$$

medskip Die Figur 11.1 zeigt verschiedene Möglichkeiten, wie Halbräume im affinen Teilraum der projektiven Ebene liegen können und welche Möglichkeiten sich für einen Schnitt zwischen Halbräumen und projektiviven Geraden ergeben.

Wir wollen Halbräume noch auf eine weitere Weise beschreiben. Dazu betrachten wir zwei verschiedenen Hyperebenen H_1 und H_2.

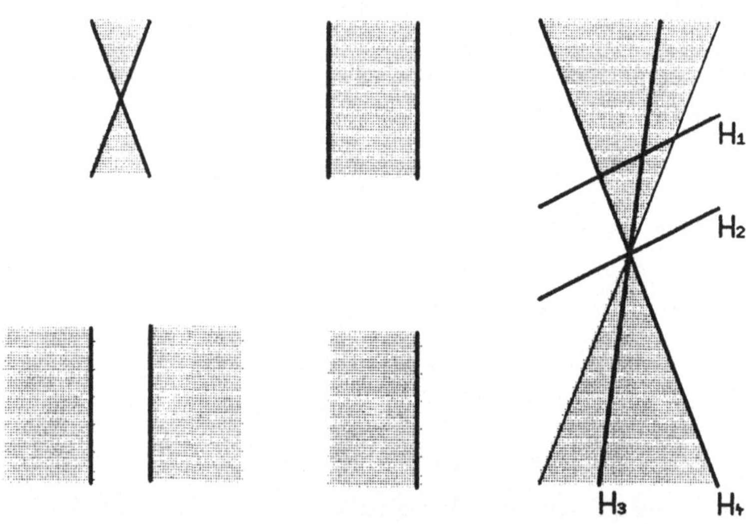

Figur 11.1

11.2 Definition: Zwei Punkte p, $q \in P(V) \setminus (H_1 \cup H_2)$ heißen *äquivalent* bezüglich H_1, H_2, wenn sie gleich sind oder mindestens eine ihrer beiden Verbindungsstrecken weder mit H_1 noch mit H_2 einen Schnittpunkt hat. Die andere Verbindungsstrecke hat dann sowohl mit H_1 als auch mit H_2 einen Schnittpunkt, weil H_1, H_2 Hyperebenen sind und die Verbindungsgerade (p, q) nicht ganz in H_1 bzw. H_2 liegt (5.16), also H_1 und H_2 in jeweils genau einem Punkt schneidet. Die beiden Schnittpunkte fallen genau dann zusammen, wenn sie in $H_1 \cap H_2$ liegen.

Wir sollten hier bemerken, daß die Halbräume für uns nur ein Hilfsmittel bleiben werden. Wir benötigen sie zur Beschreibung von Polytopen, also z.B. von Polygonen in der Ebene und von Polyedern im 3-dimensionalen Raum. Wir werden uns auf das Studium konvexer Polytope beschränken, weil beliebige Polytope aus konvexen Polytopen zusammengesetzt werden können. Unsere Definition von Polytopen ist so gewählt worden, daß sie automatisch die Konvexität der Polytope nach sich ziehen wird. Wir werden daher den Begriff der Konvexität in seiner Allgemeinheit weder definieren noch studieren. Über die Halbräume beweisen wir nur jene Sätze, die später weiter benötigt werden.

11.3 Lemma. *Die Äquivalenz bezüglich der Hyperebenen H_1 und H_2 ist eine Äquivalenzrelation mit genau zwei Äquivalenzklassen. Wenn K_+ und K_- die zwei zueinander komplementären Halbräume von $P(V)$ bzgl. H_1 und H_2 sind, dann sind K_+° und K_-° die zwei Äquivalenzklassen.*

BEWEIS: Es genügt zu zeigen, daß für p, $q \in K_+^\circ$ eine der Verbindungsstrekken weder H_1 noch H_2 schneidet, und daß für $p \in K_+^\circ$ und $q \in K_-^\circ$ jede Verbindungsstrecke H_1 oder H_2 schneidet. Denn damit haben wir gezeigt, daß p und q genau dann äquivalent bzgl. H_1 und H_2 sind, wenn sie in einem der Halbräume K_+° oder K_-° gemeinsam liegen. Das letztere ist aber eine Äquivalenzrelation auf der Menge $P(V) \setminus (H_1 \cup H_2)$.

Seien zunächst p, $q \in K_+^\circ$ gegeben mit den Repräsentanten x, y, also $p = \mathbf{R}x$ und $q = \mathbf{R}y$. Seien $H_1 = \{\mathbf{R}v \in P(V) | \langle a, v \rangle = 0\}$, $H_2 = \{\mathbf{R}v \in P(V) | \langle b, v \rangle = 0\}$ und $K_+ = \{\mathbf{R}v \in P(V) | \langle a, v \rangle \langle b, v \rangle \geq 0\}$. Wir wählen die Vorzeichen der Repräsentanten x und y von p und q so, daß $\langle a, x \rangle > 0$, $\langle b, x \rangle > 0$, $\langle a, y \rangle > 0$ und $\langle b, y \rangle > 0$. Dann ist

$$\langle a, tx + (1-t)y \rangle \langle b, tx + (1-t)y \rangle =$$
$$= t^2 \langle a, x \rangle \langle b, x \rangle + t(1-t)(\langle a, y \rangle \langle b, x \rangle$$
$$+ \langle a, x \rangle \langle b, y \rangle) + (1-t)^2 \langle a, y \rangle \langle b, y \rangle > 0$$

für alle $0 \leq t \leq 1$. Damit ist eine Verbindungsstrecke ganz in $K_+ \setminus (H_1 \cup H_2)$ gelegen. Also sind p und q äquivalent.

Seien nun $p \in K_+^\circ$ und $q \in K_-^\circ$. Seien a bzw. b wie oben zur Darstellung von H_1 bzw. H_2 gewählt. Für $p = \mathbf{R}x$ und $q = \mathbf{R}y$ gilt dann $\langle a, x \rangle \langle b, x \rangle > 0$ und $\langle a, y \rangle \langle b, y \rangle < 0$. Wir betrachten die Funktion $f(t) := \langle a, tx + (1-t)y \rangle \langle b, tx + (1-t)y \rangle$ auf dem Intervall $0 \leq t \leq 1$. Sie ist stetig, und es gilt $f(0) < 0$ und $f(1) > 0$. Nach dem Zwischenwertsatz der Analysis gibt es ein t_0 mit $f(t_0) = 0$. Dann muß aber einer der Faktoren $\langle a, tx + (1-t)y \rangle = 0$ oder $\langle b, tx + (1-t)y \rangle = 0$ sein, d.h. der durch t_0 definierte Punkt auf der Strecke $S_1(p, q) = \{\mathbf{R}(tx + (1-t)y) | 0 \leq t \leq 1\}$ liegt in einer der beiden Hyperebenen H_1 oder H_2. Die Strecke schneidet also H_1 oder H_2. Die zweite Strecke ist durch $S_2(p, q) = \{\mathbf{R}(tx + (t-1)y) | 0 \leq t \leq 1\}$ gegeben. Für $g(t) = \langle a, tx + (t-1)y \rangle \langle b, tx + (t-1)y \rangle$ gibt es ebenso wie oben für $f(t)$ eine Nullstelle $g(t_0) = 0 = \langle a, t_0 x + (t_0 - 1)y \rangle \langle b, t_0 x + (t_0 - 1)t \rangle$ mit $0 < t_0 < 1$. Also schneidet auch $S_2(p, q)$ eine der beiden Hyperebenen H_1 oder H_2. $\square$

11.4 Folgerung. *Seien p, q, r paarweise verschieden Punkte in $P(V) \setminus (H_1 \cup H_2)$. Seien $S(p, q)$, $S(q, r)$ und $S(r, p)$ Strecken zwischen den Punkten. Wenn eine der Strecken von H_1 aber nicht von H_2 geschnitten wird, so wird eine weitere Strecke von H_1 oder H_2 allein geschnitten.*

BEWEIS: Falls H_1 die Strecke $S(p, q)$ schneidet und H_2 sie nicht schneidet, so sind p und q nicht äquivalent: $p \not\sim q$. Dann gilt aber auch $q \not\sim r$ oder $r \not\sim p$. Wir nehmen ohne Einschränkung der Allgemeinheit $q \not\sim r$ an. Das heißt nun, daß jede der Strecken von q nach r eine der Hyperebenen H_1 oder H_2 schneidet (vgl. Figur 11.2). $\square$

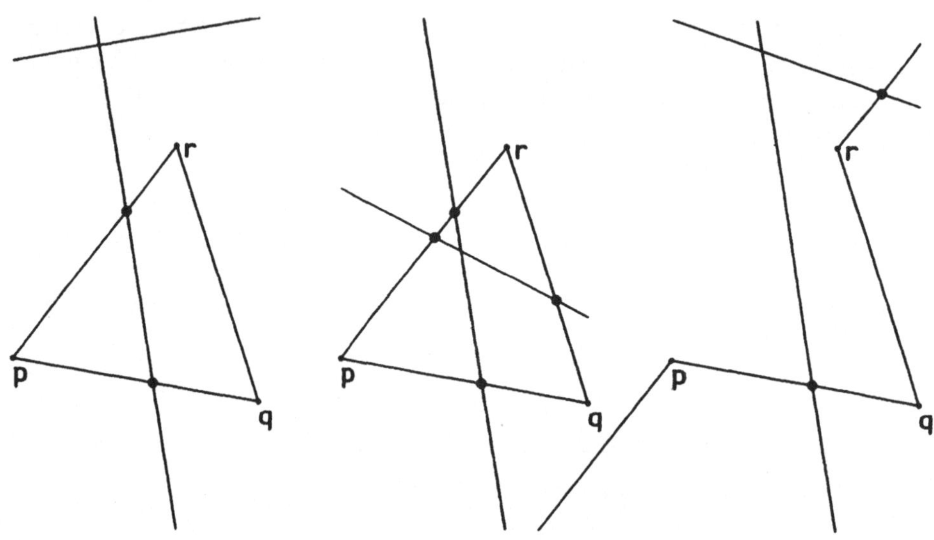

Figur 11.2

Dieser Satz ist im affinen Fall wohlbekannt. Nehmen wir H_2 als uneigentliche Hyperebene und $S(p,q)$, $S(q,r)$ und $S(r,p)$ als affine Verbindungsstrecken, d.h. wir betrachten ein affines Dreieck. Ein Spezialfall des oben bewiesenen Satzes ist die Aussage, daß eine Gerade in einer affinen Ebene, die ein Dreicks-Seite schneidet, auch eine weitere Dreiecks-Seite schneidet. Allgemeiner gilt, wird $S(p,q)$ von H_1 geschnitten, so wird auch genau eine weitere Strecke von H_1 geschnitten, denn mit $p \not\sim q$ muß genau eine der Bedingungen $q \not\sim r$ oder $r \not\sim p$ erfüllt sein, weil es genau zwei Äquivalenzklassen gibt. Die erforderlichen Schnittpunkte können nur auf H_1 liegen. Dabei ist wie in der Folgerung immer vorausgesetzt, daß p, q, $r \notin H_1 \cup H_2$ gilt.

11.5 Lemma. *Sind K_+ und K_- zueinander komplementäre Halbräume, so sind die definierenden Hyperebenen H_1 und H_2 eindeutig bestimmt.*

BEWEIS: Es ist $K_+ \cap K_- = H_1 \cup H_2$ für zwei beliebige definierende Hyperebenen. Die Hyperebenen H_1 und H_2 sind durch $H_1 \cup H_2$ eindeutig bis auf die Reihenfolge bestimmt. Ist nämlich $H_1 \cup H_2 = H_1' \cup H_2'$ und $H_1' \neq H_2$, so ist $H_1' \cap H_2$ ein echter projektiver Unterraum von H_1'. Dann gibt es Punkte $p_0, \ldots, p_n \in H_1' \setminus H_2$ mit $H_1' = \langle \{p_0, \ldots, p_n\} \rangle$. Da die Punkte alle in H_1 liegen müssen, folgt aus Dimensionsgründen $H_1' = H_1$. Da $H_2' \neq H_1$, – sonst wäre $H_1' = H_2'$ – folgt mit denselben Gründen $H_2' = H_2$. $\square$

11.6 Lemma. *Sei K ein Halbraum mit Hyperebenen H_1 und H_2 und Achse A. Sei g eine zu A windschiefe Gerade. Dann ist $K \cap g$ eine Strecke $S(p_1,p_2)$ mit $\{p_1\} = g \cap H_1$ und $\{p_2\} = g \cap H_2$.*

BEWEIS: Da $g \cap A = \emptyset$, hat g mit H_1 bzw. H_2 jeweils genau einen Schnittpunkt $\{p_i\} = g \cap H_i$. Sei $p_i = \mathbf{R}x_i$. Seien $H_1 = H_a$, $H_2 = H_b$ mit $p = \mathbf{R}a$ und $q = \mathbf{R}b$. Die Vorzeichen von a und b seien so gewählt, daß $K = K_+$ bzgl. a und b. Die x_i seien so gewählt, daß $\langle a, x_2 \rangle > 0$ und $\langle b, x_1 \rangle > 0$. Dann gilt $\langle a, tx_1 + (1-t)x_2 \rangle \langle b, tx_1 + (1-t)x_2 \rangle = t(1-t)\langle a, x_2 \rangle \langle b, x_1 \rangle \geq 0$ genau für alle $t \in [0,1]$. Also ist $K \cap g = S(p_1, p_2)$. $\square$

Offenbar gilt dann für den komplementären Halbraum K_- zu K und die komplementäre Strecke $S_-(p_1, p_2)$ zu $S(p_1, p_2)$ die Beziehung $K_- \cap g = S_-(p_1, p_2)$.

11.7 Lemma. *Sei K ein Halbraum. Dann sind der komplementäre Halbraum K_- und damit die definierenden Hyperebenen und die Achse eindeutig bestimmt.*

BEWEIS: Seien H_1, H_2, H_1', H_2' gegeben mit $K = K_+(H_1, H_2) = K_+(H_1', H_2')$. Nach 11.6 gilt $K \cap g = S(p_1, p_2)$, wobei $p_i \in H_1 \cup H_2$ und auch $p_i \in H_1' \cup H_2'$ gilt ($i = 1, 2$). Da durch jeden Punkt von H_1 eine nicht in H_1 liegende Gerade g geht, ist $H_1 \cup H_2 = H_1' \cup H_2'$. Wie im Beweis von 11.5 zeigt man dann $H_1 = H_1'$, $H_2 = H_2'$ und damit $K_-(H_1, H_2) = K_-(H_1', H_2')$. $\square$

11.8 Lemma. *Seien H_1 und H_2 zwei verschiedene Hyperebenen des projektiven Raumes $P(V)$. Sei $p \in K_+ = K_+(H_1, H_2)$. Dann ist der von $H_1 \cap H_2$ und p erzeugte Unterraum in K_+ gelegen: $(H_1 \cap H_2) + \{p\} = \langle (H_1 \cap H_2) \cup \{p\} \rangle \subseteq K_+$.*

BEWEIS: Seien $p = \mathbf{R}x$ und $h = \mathbf{R}z \in H_1 \cap H_2$. Dann gelten unter Verwendung der Bezeichnungen des Beweises von Lemma 11.6 $\langle a, z \rangle = \langle b, z \rangle = 0$ und $\langle a, x \rangle \langle b, x \rangle > 0$. Sei q ein weiterer Punkt auf der Verbindungsgeraden von h und p. Durch geeignete Wahl der Repräsentanten kann angenommen werden, daß $q = \mathbf{R}y$ mit $y = x + z$ gilt. Dann folgt $\langle a, y \rangle \langle b, y \rangle = \langle a, x + z \rangle \langle b, x + z \rangle = \langle a, x \rangle \langle b, x \rangle > 0$. Also ist $q \in K_+$. Damit ist $(H_1 \cap H_2) + \{p\} \subseteq K_+$. $\square$

11.9 Lemma. *Seien H_1, H_2, H_3 paarweise verschiedene Hyperebenen mit $H_1 \cap H_2 = H_2 \cap H_3 = H_3 \cap H_1 = A$. Sei g eine zu A windschiefe Gerade mit $\{p_i\} = H_i \cap g$. Seien $S(p_1, p_2)$ und $S(p_1, p_3)$ Strecken und K_{ij} die eindeutig bestimmten Halbräume zwischen H_i und H_j mit $S(p_i, p_j) = K_{ij} \cap g$. Dann gelten*
a) ist $S(p_1, p_2) \subseteq S(p_1, p_3)$, so ist $K_{12} \subseteq K_{13}$;
b) ist $S(p_1, p_2) \cap S(p_2, p_3) = S(p_1, p_3)$, so ist $K_{12} \cap K_{23} = K_{13}$.
c) ist $S(p_1, p_2) \cap S(p_2, p_3) = \{p_2\}$, so ist $K_{12} \cap K_{23} = H_2$.

BEWEIS: Sei $p \notin A$. Dann ist $H := A + \{p\}$ eine Hyperebene. Sei $\{q\} = H \cap g$. Der Schnitt kann nur aus einem Punkt bestehen, weil g und A windschief sind. Also gilt nach 5.18 $p \in H = A + \{q\}$. Wegen Lemma 11.8 ist $p \in K_{12}$ genau dann, wenn $q \in S(p_1, p_2)$.

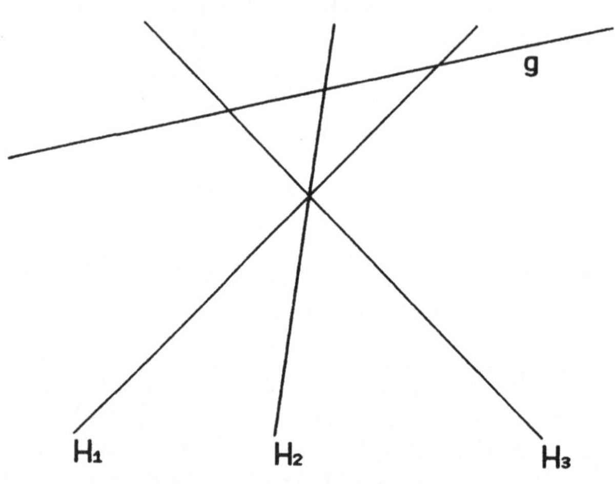

Figur 11.3

a) Sei $p \in K_{12}$. Ist $p \in A$, so gilt auch $p \in K_{13}$. Ist $p \notin A$, so sei $H := A + \{p\}$ und $\{q\} = H \cap g$. Da $q \in S(p_1, p_2) \subseteq S(p_1, p_3)$ gilt, ist $p \in K_{13}$.

b) Folgt ebenso wie a) aus der Vorbemerkung.

c) Nach Definition ist $H_2 \subseteq K_{12} \cap K_{23}$. Sei $p \in K_{12} \cap K_{23}$ und $p \notin A$. Wie oben ist dann $H := A + \{p\} \subseteq K_{12} \cap K_{23}$ und $\{q\} := H \cap g \in S(p_1, p_2) \cap S(p_2, p_3) = \{p_2\}$, also $q = p_2$. Nach 5.6 ist $H = A + \{q\} = H_2$, also $p \in H_2$. $\square$

11.10 Folgerung. *Seien K und K' zwei Halbräume mit einer gemeinsamen definierenden Hyperebene H und gemeinsamen Achsen. Dann gibt es Halbräume $K_1 \subseteq K$, $K_1' \subseteq K'$ mit gemeinsamer definierender Hyperebene H und gemeinsamer Achse A, so daß genau einer der drei folgenden Fälle gilt:*

$$K_1 \subseteq K_1', \quad K_1' \subseteq K_1, \quad K_1 \cap K_1' = H.$$

BEWEIS: mit 10.7 und 11.9. $\square$

11.11 Folgerung. *Ist $P(W)$ ein echter Unterraum von $P(V)$ mit $\dim P(V) \geq 1$, so kann $P(W)$ als Durchschnitt von Halbräumen dargestellt werden.*

BEWEIS: Sei $P(W)$ zunächst eine Hyperebene von $P(V)$. Man wähle $H_1 := P(W)$ und weitere Hyperebenen H_2 und H_3 mit $H_1 \cap H_2 = H_2 \cap H_3 = H_3 \cap H_1 = A$ eine Hyperebene von H_1. Weiterhin wähle man Halbräume K_i bzgl. H_1 und H_i $(i = 1, 2)$ mit $H_3 \not\subseteq K_2$ und $H_2 \not\subseteq K_3$. Da die Achsen der Halbräume übereinstimmen, ist dieses möglich. Wegen 11.10 ist dann $K_2 \cap K_3 = H_1 = P(W)$.

Ist $\dim P(W) < \dim P(V) - 1$, so kann man $P(W)$ als Durchschnitt von Hyperebenen darstellen und jede als Durchschnitt von zwei Halbräumen. $\square$

11.12 Lemma. *Seien H_a, H_b, H_c paarweise verschiedene Hyperebenen. Seien $K_+(H_a, H_b)$ und $K_+(H_b, H_c)$ Halbräume zu den Hyperebenen. Dann gilt für einen der Halbräume zu H_a und H_c*

$$K_+(H_a, H_b) \cap K_+(H_b, H_c) \setminus H_b \subseteq K_+(H_a, H_c).$$

BEWEIS: Für Punkte $p = \mathbf{R}x$ gilt $p \in K_+(H_a, H_b) \cap K_+(H_b, H_c) \implies 0 \le \langle a, x \rangle \langle b, x \rangle$ und $0 \le \langle b, x \rangle \langle c, x \rangle \implies 0 \le \langle a, x \rangle \langle b, x \rangle^2 \langle c, x \rangle$. Wegen $\mathbf{R}x \notin H_b$ gilt $\langle b, x \rangle^2 > 0. \implies 0 \le \langle a, x \rangle \langle c, x \rangle \implies p \in K_+(H_a, H_c)$. $\square$

11.13 Satz. *Seien H_0, H_1, H_2, H_3 paarweise verschiedene Hyperebenen mit $H_1 \cap H_2 \subseteq H_3$. Sei $K_+(H_1, H_2)$ der Halbraum, der H_3 nicht ganz enthält. Zu jedem Halbraum $K_+(H_0, H_i)$, $i = 1, 2, 3$ gibt es Halbräume $K_+(H_0, H_j)$, $K_+(H_0, H_k)$, $j, k \in \{1, 2, 3\} \setminus \{i\}$, $j \ne k$ mit*

$$K_+(H_0, H_1) \cap K_+(H_0, H_2) = K_+(H_1, H_2) \cap K_+(H_0, H_3).$$

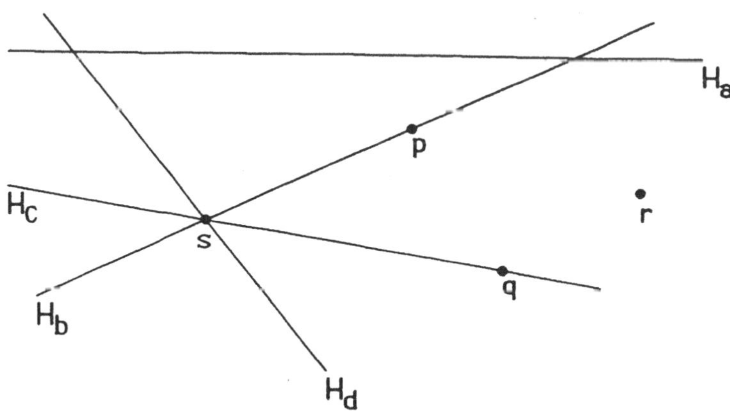

Figur 11.4

BEWEIS: Ist $H_1 \cap H_2 \subseteq H_0$, so folgt die Aussage aus 11.10. Sei daher $H_1 \cap H_2 \not\subseteq H_0$.

Wir legen die Hyperebenen fest durch $H_0 = H_a$, $H_1 = H_b$, $H_2 = H_c$ und $H_3 = H_d$. Die Punkte aus $P(V)$ seien so gewählt, daß für ihre Repräsentanten x immer gilt $\langle a, x \rangle \geq 0$. Wegen $H_1 \cap H_2 \subseteq H_3$ gilt $A = H_i \cap H_j \subseteq H_k$ für $i, j, k \in \{1, 2, 3\}$ paarweise verschieden.

Sei der Halbraum $K_+(H_a, H_b)$ gegeben. Wir wählen $q = \mathbf{R}y \in H_c \cap K_+^\circ(H_a, H_b)$. Das ist wegen $H_1 \cap H_2 \not\subseteq H_0$ möglich. Dann ist $H_c = A + \{q\}$. Weiter ist $\langle a, y \rangle \langle b, y \rangle > 0$, also auch $\langle b, y \rangle > 0$. Wir wählen d so, daß $\langle d, y \rangle > 0$. Sei $p = \mathbf{R}x \in H_b \cap K_+^\circ(H_a, H_d)$. Dann ist auch $\langle d, x \rangle > 0$. Wählen wir schließlich c so, daß $\langle c, x \rangle > 0$. Dann haben wir

$$0 < \langle b, y \rangle, \quad 0 < \langle c, x \rangle, \quad 0 < \langle d, x \rangle, \quad 0 < \langle d, y \rangle. \tag{11.2}$$

Ist der Halbraum $K_+(H_a, H_c)$ gegeben, so verfahren wir analog, um (11.2) zu erhalten.

Ist schließlich $K_+(H_a, H_d)$ gegeben, so sei $p = \mathbf{R}x \in H_b \cap K_+^\circ(H_a, H_d)$, also $\langle d, x \rangle > 0$, und $q = \mathbf{R}y \in H_c \cap K_+^\circ(H_a, H_b)$, also $\langle d, y \rangle > 0$. Wir wählen b und c so, daß $\langle b, y \rangle > 0$ und $\langle c, x \rangle > 0$. Wiederum ist (11.2) erfüllt.

In allen drei Fällen ist $H_b = A + \{p\}$, $H_c = A + \{q\}$. Sei $r = \mathbf{R}z \in H_d \backslash A$. Dann ist auch $H_d = A + \{r\}$. Da $P(V) = A + \{p, q\}$ gilt, ist $z = w + \lambda x + \mu y$ mit $\mathbf{R}w \in A$. Dann ist $0 = \langle d, z \rangle = \lambda \langle d, x \rangle + \mu \langle d, y \rangle$. Wegen (11.2) haben λ und μ verschiedene Vorzeichen, also $\lambda \mu < 0$. Damit ist auch $\langle b, z \rangle \langle c, z \rangle = \lambda \mu \langle b, y \rangle \langle c, x \rangle < 0$, d.h. $H_d \subseteq K_-(H_b, H_c)$.

Wir zeigen jetzt $K_+(H_a, H_b) \cap K_+(H_a, H_c) \supseteq K_+(H_b, H_c) \cap K_+(H_a, H_d)$. Sei dazu $\mathbf{R}v \in K_+(H_b, H_c) \cap K_+(H_a, H_d)$ mit $v = w' + \alpha x + \beta y$. Wegen $0 \leq \langle b, v \rangle \langle c, v \rangle = \alpha \beta \langle b, y \rangle \langle c, x \rangle$ und (11.2) ist $\alpha \beta \geq 0$. Wegen $0 \leq \langle d, v \rangle = \alpha \langle d, x \rangle + \beta \langle d, y \rangle$ ist dann $\alpha \geq 0$ und $\beta \geq 0$. Dann ist aber $\langle b, v \rangle = \beta \langle b, y \rangle \geq 0$ und $\langle c, v \rangle = \alpha \langle c, x \rangle \geq 0$, also $\mathbf{R}v \in K_+(H_a, H_b) \cap K_+(H_a, H_c)$.

Für die Umkehrung der Inklusion sei $\mathbf{R}v \in K_+(H_a, H_b) \cap K_+(H_a, H_c)$ mit $v = w' + \alpha x + \beta y$. Wegen $0 \leq \langle b, v \rangle = \beta \langle b, y \rangle$ ist $\beta \geq 0$ und wegen $0 \leq \langle c, v \rangle = \alpha \langle c, x \rangle$ ist $\alpha \geq 0$. Damit ist auch $0 \leq \alpha \langle d, x \rangle + \beta \langle d, y \rangle = \langle d, v \rangle$ und $0 \leq \alpha \beta \langle b, y \rangle \langle c, x \rangle = \langle b, v \rangle \langle c, v \rangle$, also gilt $\mathbf{R}v \in K_+(H_b, H_c) \cap K_+(H_a, H_d)$. $\square$

11.14 Folgerung. *Gegeben seien paarweise verschiedene Hyperebenen* H_a, H_b, H_c *und* H_d *mit* $H_b \cap H_c \subseteq H_d$ *und Punkte* $p = \mathbf{R}x \in H_b$, $q = \mathbf{R}y \in H_c$ *mit* p, $q \notin H_b \cap H_c$ *und* $r = \mathbf{R}z$. *Wenn*

$$r, p \in K_+(H_a, H_c), \quad r, q \in K_+(H_a, H_b) \quad \text{und} \quad p, q \in K_+(H_a, H_d),$$

dann gilt $r \in K_+(H_a, H_d)$.

BEWEIS: Wie im Beweis von 11.13 ergibt sich $H_d \subseteq K_-(H_b, H_c)$ und damit $r \in K_+(H_a, H_b) \cap K_+(H_a, H_c) \subseteq K_+(H_a, H_d)$. $\square$

Damit haben wir jetzt die allgemeinen Grundlagen entwickelt, um unseren ersten wichtigen Satz zu formulieren und zu beweisen. Unser Ziel ist, Information darüber zu gewinnen, wie sich Halbräume beim Schnitt mit projektiven Unterräumen und bei (ausgearteten) projektiven Abbildungen verhalten. Die erste Frage wird durch den folgenden Satz beantwortet.

11.15 Satz. *Sei K ein Halbraum in $P(V)$ mit Achse A zu den Hyperebenen H_1 und H_2 und $P(W)$ ein projektiver Unterraum von $P(V)$. Dann tritt genau einer der drei folgenden Fälle ein:*

   a) *$H_1 \cap P(W)$, $H_2 \cap P(W)$ sind zwei verschiedene Hyperebenen von $P(W)$ und $K \cap P(W)$ ist ein Halbraum mit der Achse $A \cap P(W)$;*

   b) *$H_1 \cap P(W) = H_2 \cap P(W)$ und $K \cap P(W) \setminus A = \emptyset$ und $K \cap P(W) = A \cap P(W) = H_1 \cap P(W)$;*

   c) *$H_1 \cap P(W) \subseteq H_2 \cap P(W)$ und $K \cap P(W) \setminus A \neq \emptyset$ und $K \cap P(W) = P(W)$ und $A \cap P(W)$ ist Hyperebene in $K \cap P(W)$ (bei geeigneter Numerierung von H_1, H_2).*

BEWEIS: Wir führen eine Fallunterscheidung durch und zeigen, daß jeweils einer der drei angegebenen Fälle eintritt.

Seien H_1 und H_2 die definierenden Hyperebenen für $K = K_+$ und K_-. Wenn $P(W)$ in einem H_i enthalten ist, dann ist $K \cap P(W) = P(W)$ ein Unterraum von $P(W)$. Da $A \subseteq H_1$ eine Hyperebene ist, folgt hier unmittelbar die Aussage über $A \cap P(W)$ in Teil b) oder Teil c).

Ist $P(W)$ in keinem der H_i enthalten, so definieren wir $H_1' := H_1 \cap P(W)$ und $H_2' := H_2 \cap P(W)$. Da die H_i Hyperebenen sind, gilt nach 5.15, daß die H_i' Hyperebenen in $P(W)$ sind. Seien diese Hyperebenen zunächst gleich. Dann gilt $H_1' = H_2' \subseteq H_1 \cap H_2$. Sei nun weiter $p \in K \cap P(W)$ und $p \notin H_1'$, dann ist $p \in K^\circ$, also $(H_1 \cap H_2) + \{p\} \subseteq K$ nach 11.8; es folgt $P(W) = H_1' + \{p\} \subseteq K$. Damit ist $K \cap P(W) = P(W)$ ein projektiver Unterraum von $P(W)$. Wegen der Darstellung von $P(W)$ ist H_1' eine Hyperebene von $P(W) = K \cap P(W)$ und $H_1' = H_1 \cap H_2 \cap P(W) = A \cap P(W)$.

Ist andrerseits $K \cap P(W) \subseteq H_1'$ – es gibt also kein p wie zuvor –, so ist sogar $K \cap P(W) = H_1'$, also wieder ein Unterraum von $P(W)$. Wir erhalten dann sogar, daß die Achse $H_1' \cap H_2' = H_1 \cap H_2 \cap P(W) = A \cap P(W) = H_1' = K \cap P(W)$ ist.

Seien schließlich H_1' und H_2' verschieden, und seien K_+' bzw. K_-' die durch H_1' und H_2' definierten Halbräume von $P(W)$. Seien $p, q \in P(W) \setminus (H_1' \cup H_2')$. Dann gilt auch $p, q \notin H_1 \cup H_2$. Sei $S(p,q)$ eine Verbindungsstrecke (in $P(V)$). $S(p,q)$ liegt in $P(W)$, also ist $S(p,q) \cap H_1' = S(p,q) \cap H_1$ und $S(p,q) \cap H_2' = S(p,q) \cap H_2$. Also sind p und q bzgl. H_1', H_2' genau dann äquivalent, wenn sie bzgl. H_1, H_2 äquivalent sind sind. Daraus folgt sofort $K_+' = P(W) \cap K_+$ und $K_-' = P(W) \cap K_-$. $\square$

Wir können jetzt auch die zweite wichtige Aussage dieses Abschnittes beweisen über das Verhalten von Halbräumen bei projektiven Abbildungen.

11.16 Satz. *Sei $P(f) : P(V) \setminus P(Z) \longrightarrow P(W)$ eine (ausgeartete) projektive surjektive Abbildung. Sei K ein Halbraum von $P(V)$ mit der Achse A. Ist $P(Z) \subseteq A$, so ist $P(f)(K)$ ein Halbraum. Andernfalls gilt $P(f)(K) = P(W)$.*

BEWEIS: Das Bild von $P(f)$ ist nach 9.4 ein Unterraum von $P(W)$. Daher gilt der Satz in analoger Form auch für projektive Abbildungen, die nicht surjektiv sind.

Seien H_1 und H_2 die definierenden (verschiedenen) Hyperebenen von $K = K_+$. Da $Z = \mathrm{Kern}(f)$, ist $\dim Z + \dim W = \dim V$. Sei $H_i = P(U_i)$. Es gilt $Z \subseteq U_i \Longleftrightarrow \dim Z + \dim f(U_i) = \dim U_i \Longleftrightarrow \dim W = \dim f(U_i) + 1 \Longleftrightarrow P(f)(H_i)$ Hyperebene von $P(W)$. Ist jedoch $Z \not\subseteq U_i$, so folgt ebenso $f(U_i) = W$ und $P(f)(H_i) = P(W)$. Die beiden Hyperebenen H_1 und H_2 werden also genau dann wieder auf Hyperebenen von $P(W)$ abgebildet, wenn sie beide das Zentrum $P(Z)$ enthalten. Ist das nicht der Fall, so gilt $P(W) = P(f)(H_i) \subseteq P(f)(K) \subseteq P(W)$ für ein $i = 1, 2$, also ist $P(f)(K) = P(W)$.

Seien also die Bilder von H_1 und H_2 Hyperebenen in $P(W)$ und $P(Z) \subseteq H_1 \cap H_2$. Da H_1 und H_2 zusammen den ganzen Raum $P(V)$ aufspannen, müssen auch ihre Bilder den ganzen Raum $P(W)$ aufspannen, d.h. es gilt $P(f)(H_1) \neq P(f)(H_2)$. Seien $p, q \in P(V)$ nicht in $H_1 \cup H_2$. Wenn $p \sim q$ bezüglich H_1 und H_2 gilt, so gibt es eine Verbindungsstrecke $S(p, q)$, die keinen Punkt mit $H_1 \cup H_2$ gemeinsam hat. Wenn ihr Bild $P(f)(S(p, q))$ mit $P(f)(H_1) \cup P(f)(H_2)$ einen Punkt gemeinsam hat, so gibt es einen Punkt $r \in S(p, q)$ und einen Punkt $s \in H_1 \cup H_2$ mit gleichen Bildern, d.h. es gilt $(r, s) \cap P(Z) \neq \emptyset$, wobei $r, s \notin P(Z)$ gilt. Da der Schnittpunkt von (r, s) mit $P(Z)$ und s in $H_1 \cup H_2$ liegen, liegt r in $H_1 \cup H_2$ im Widerspruch zur Annahme. Also gilt auch $P(f)(p) \sim P(f)(q)$ bezüglich der Hyperebenen $P(f)(H_1)$ und $P(f)(H_2)$. Damit werden bei der Abbildung $P(f)$ Äquivalenzklassen in Äquivalenzklassen abgebildet. Die Abbildung ist surjektiv. Daraus folgt, daß das Bild eines Halbraumes wieder ein Halbraum ist. $\square$

Mit diesen Hilfsmitteln können wir jetzt auch unsere Aussagen aus Kapitel 10 über Bilder von affinen Strecken bei projektiven Abbildungen besser verstehen. Wir betrachten zu diesem Zweck eine (ausgeartete) projektive Abbildung $P(f) : P(V) \longrightarrow P(W)$ und nehmen ohne Einschränkung an, daß diese surjektiv ist. Sei H_a eine uneigentliche Hyperebene in $P(V)$ und H_b eine uneigentliche Hypereben in $P(W)$. Um die projektive Abbildung einfacher angeben zu können, nehmen wir auch hier an, daß $V = \mathbf{R}^n$ und $W = \mathbf{R}^m$ gilt. Dann ist $f : V \longrightarrow W$ gegeben durch die Multiplikation mit einer Matrix A mit $P(f)(\mathbf{R}x) = \mathbf{R}(xA)$. Das wird unsere Rechnungen erleichtern. Wir können insbesondere die Rechenregeln für transponierte Matrizen aus Kapitel 1 anwenden. Der Fall allgemeiner

Vektorräume V kann auf den hier betrachteten Fall durch Benutzung von Koordinatensystemen zurückgeführt werden.

Wir beachten zunächst, daß $P(f)(H_a) \subseteq P(W)$ genau dann eine echte Hyperebene ist, wenn es einen Vektor $c \in W$ gibt mit $c \cdot A^t = a$. Ist nämlich $P(f)(H_a) = H_c$, so gilt für alle $x \in V$ mit $\mathbf{R}x = p \in H_a$ und nur für diese die Gleichung $c \cdot A^t \cdot x^t = 0$, ein Gleichungssystem, das ebenso wie $a \cdot x^t = 0$ den definierenden Vektor $c \cdot A^t$ bis auf einen Skalar festlegt. Also ist $\mathbf{R}a = \mathbf{R} \cdot c \cdot A^t$. Durch geeignete Skalierung erhält man also $a = cA^t$.

Wenn umgekehrt $cA^t = a$ gilt, dann folgt aus $cA^t x^t = 0$ unmittelbar, daß $P(f)(H_a)$ eine Hyperebene in $P(W)$ ist.

Zu den Vektoren $a \notin H_a$ und $b \notin H_b$ berechnen wir jetzt den Skalar $\lambda_f(x)$ (vgl. 10.12). Nach den in Kapitel 10 gegebenen Berechnungen gilt $f(x) = x \cdot A = \mu_f(x) + \lambda_f(x)b$. Durch Multiplikation mit b von links erhält man $bf(x)^t = b\lambda_f(x)b^t = \lambda_f(x)bb^t$ oder

$$\lambda_f(x) = \frac{bA^t x^t}{bb^t}.$$

Das kann immer gebildet werden, denn mit $b \neq 0$ ist immer $bb^t > 0$.

Die Aussage aus Satz 10.15 benötigt die Ungleichung $\lambda_f(x)\lambda_f(y) > 0$, die wir nun umschreiben können zu

$$(bA^t x^t)(bA^t y^t) > 0,$$

wobei wir $(bb^t)^2 > 0$ verwendet haben. Da diese Ungleichung unter der Voraussetzung $ax^t > 0$ und $ay^t > 0$ abgeleitet wurde und Vorzeichenwechsel bei x bzw. y sich entsprechend fortsetzen, kann man jetzt die Aussage von 10.15 wie folgt umformulieren:

11.17 Folgerung. *Sei $P(f) \colon P(V) \longrightarrow P(W)$ eine (ausgeartete) projektive surjektive Abbildung und seien $H_a \subseteq P(V)$ und $H_b \subseteq P(W)$ uneigentliche Hyperebenen. Die affine Strecke $S(p,q)$ (bzgl. H_a) zwischen $p = \mathbf{R}x$ und $q = \mathbf{R}y$ hat unter $P(f)$ ein affines Bild (bzgl. H_b) genau dann, wenn gilt*

$$(ax^t)(ay^t)(bA^t x^t)(bA^t y^t) > 0,$$

d.h. die affine Strecke liegt in einer Äquivalenzklasse $K^\circ(H_a, H_{bA^t})$.

Es ist interessant festzustellen, daß normalerweise gilt $P(f)(H_a) = P(W)$ ("der Horizont ist überall zu sehen"). Ist jedoch $P(f)(H_a)$ eine Hyperebene und fällt diese mit H_b zusammen, dann gilt $(bA^t x^t) = 0 \Leftrightarrow (ax^t) = 0$. Bei einem einzeiligen homogenen Gleichungssystem sind die Koeffizienten aber durch den Lösungsraum bis auf einen Faktor eindeutig festgelegt. Die Ungleichung aus der Folgerung 11.17 kann damit umgeschrieben werden zu

$$(ax^t)(ay^t)(ax^t)(ay^t) > 0,$$

was offenbar für alle affinen Punkte richtig ist. Die Bedingung $P(f)(H_a) = H_b$ ist jedoch die Bedingung für die Parallelprojektion aus Definition 9.13. Wir erhalten so die

11.18 Folgerung. *Unter den Voraussetzungen von Folgerung 11.17 sei $P(f)$ eine Parallelprojektion. Dann hat jede affine Strecke ein affines Bild.* $\square$

12 Polytope

Nachdem wir den Begriff der Halbräume studiert haben, können wir jetzt Polytope in projektiven Räumen einführen. Der Begriff der Konvexität, der im Zusammenhang mit Polytopen häufig verwendet wird, kann in projektiven Räumen gewisse Schwierigkeiten mit sich bringen, die wir nicht im Detail untersuchen wollen. Daher definieren wir lediglich Polytope und nicht „konvexe" Polytope, obwohl unsere Definition von Polytopen eine Art von Konvexität nach sich zieht. Wir werden Polytope als gewisse Durchschnitte von Halbräumen definieren. Unser Ziel wird es dann sein, das Verhalten von Polytopen bei projektiven Abbildungen und beim Schnitt mit Unterräumen zu untersuchen. Da die Halbräume, mit Hilfe derer ein Polytop dargestellt wird, durch das Polytop nicht einmdeutig bestimmt sind, werden wir Polytope auch als „konvexe Hülle" ihrer Eckpunkte kennenlernen, ein anschaulich naheliegender, aber technisch unbequemer Ansatz. Dabei werden wir auch die Seiten, Facetten, Kanten und Stützhyperebenen von Polytopen einführen.

12.1 Definition: Seien K_i, $i = 1,\dots,n$ $(n \geq 1)$ Halbräume in $P(V)$. Der Durchschnitt $P := \bigcap_{i=1}^n K_i$ heißt ein *Polytop*, wenn

    1. $P \neq \emptyset$;

    2. die Achsen A_i der Halbräume K_i schneiden P nicht, also $A_i \cap P = \emptyset$;

    3. zu jeder projektiven Geraden g in $P(V)$, die nicht gänzlich in einem der Halbräume liegt $g \not\subseteq K_i$, gibt es eine Anordnung $\sigma\colon \{1,\dots,n\} \longrightarrow \{1,\dots,n\}$ der Halbräume K_i, so daß auch $g \not\subseteq K_{\sigma(i)} \cup K_{\sigma(i+1)}$ für $i = 1,\dots,n-1$ gilt.

Die Bedingung, daß die Achsen A_i der Halbräume das Polytop P nicht schneiden dürfen, nennen wir auch die *Achsenbedingung*. Eine Familie von Halbräumen K_i mit Achsen A_i nennen wir auch eine *Polytop-Darstellung* von $P \subseteq P(V)$, wenn für $P = \bigcap_{i=1}^n K_i$ die Bedingungen 1., 2. und 3. gelten.
Die *Dimension* des Polytops P ist die Dimension des von P aufgespannten projektiven Raumes $\langle P \rangle$.

Wir werden später auch Durchschnitte von Halbräumen betrachten, die die Achsenbedingung nicht erfüllen. Insbesondere werden wir *affine Darstellungen* der Form $P := \bigcap_{i=1}^n K_+(H_0, H_i) \setminus H_0$ betrachten, wobei die H_i, $i = 0,\dots,n \geq 1$ paarweise verschiedene Hyperebenen sind. Viele der zu beweisenden Sätze gelten sowohl für Polytope als auch für beliebige Durchschnitte von Halbräumen ohne die Achsenbedingung.

Zunächst wenden wir uns dem Studium der Polytope zu. Man beachte, daß ein r-dimensionaler projektiver Raum auch Polytope niedrigerer Dimension enthalten kann. Weiterhin kann P in verschiedener Weise als Durchschnitt von Halbräumen dargestellt werden. Es muß jedoch eine Darstellung existieren, die

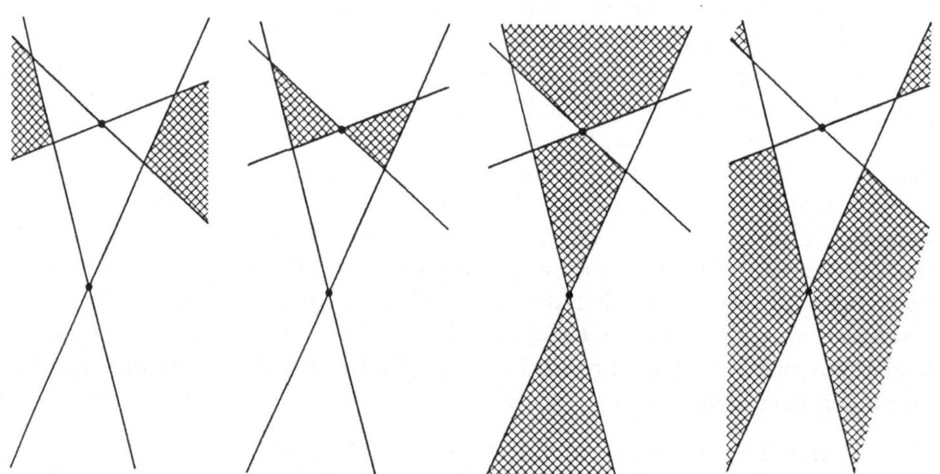

Figur 12.1

die Bedingungen 1., 2. und 3. erfüllt. Die Figur 12.1 zeigt einige ebene Beispiele und Gegenbeispiele. Die Achsen der Halbräume sind immer besonders markiert. Lediglich die erste Figur stellt ein Polytop dar. Die anderen Punktmengen bilden keine Polytope, da die Achsenbedingung verletzt ist. Man kann sich leicht überlegen, daß sie alle auch nicht in anderer Form als Polytope dargestellt werden können. Ein Beispiel für Halbräume, die zwar die Bedingungen 1. und 2., aber nicht 3. erfüllen, findet man in Figur 12.2.

Eine Strecke ist z.B. ein Polytop, ebenso ein Punkt, nicht jedoch ein projektiver Unterraum der Dimension $n \geq 1$. Ist P ein Polytop in $P(V)$ mit $\dim P = \dim P(V)$, so ist $P(V)$ der von P erzeugte projektive (Unter-)Raum. Nach Definition eines Polytops als Durchschnitt von $n \geq 1$ Halbräumen gilt immer $P \neq P(V)$. Ist $\dim P(V) > 1$, so ist die Achse A eines Halbraumes K nicht leer und in K enthalten. Da $A \cap P = \emptyset$ gelten muß, muß bei der Darstellung $P = \bigcap_{i=1}^{n} K_i$ gelten $n > 1$. Tatsächlich kann man beweisen $n \geq \dim P(V)$ (vgl. Beweis von Satz 12.23).

12.2 Lemma. *Die Polytope der Dimension 1 in einem 1-dimensionalen projektiven Raum $P(V)$ sind genau die Strecken.*

BEWEIS: Ist eine Strecke $S(p,q)$ gegeben, so sind $\{p\}$ und $\{q\}$ Hyperebenen von

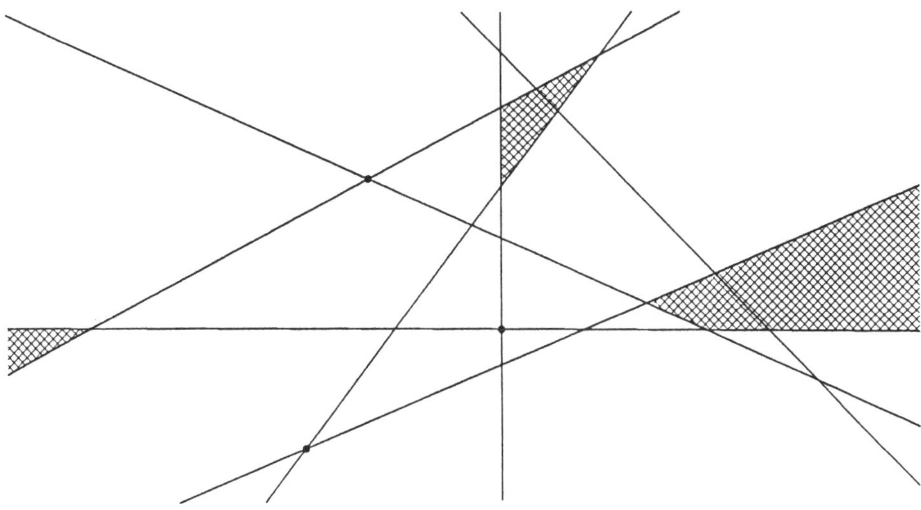

Figur 12.2

$P(V)$ mit Achse $A = \emptyset$. Also ist $S(p, q)$ als Halbraum schon ein Polytop. Ist $P = \bigcap_{i=1}^{n} K_i$ ein Polytop, so sind die K_i Strecken. Da $P \neq P(V)$ nach Definition gilt, gibt es einen Punkt $p \notin \bigcap_{i=1}^{n} K_i$ bei geeigneter Wahl der K_i (z.B. alle in K_0 gelegen). Also ist nach 10.10 der Durchschnitt der K_i eine Strecke (oder ein Punkt).

12.3 Lemma. *Sei $P(W)$ ein echter projektiver Unterraum. $P(W)$ ist genau dann ein Polytop, wenn $\dim P(W) = 0$.*

BEWEIS: Ist $P(W)$ ein Punkt und $\dim P(V) = 1$, so kann man $P(W)$ z.B. als Schnitt zweier Strecken, d.h. eindimensionaler Halbräume, darstellen. Die Achsen sind in diesem Fall selbst leer. Ist $\dim P(V) > 1$, so kann man einen eindimensionalen Unterraum als Schnitt von Halbräumen erhalten. Die benötigten Strecken kann man dann ebenso durch Halbräume ausschneiden (11.6). Ist jedoch $\dim P(W) \geq 1$, so besitzt $P(W)$ eine projektive Gerade als Teilmenge. Diese kann in einem Halbraum nur dann liegen, wenn sie die zugehörige Achse schneidet (5.16). Damit wäre aber die Achsenbedingung verletzt. Außerdem wäre die 3. Bedingung für Polytope verletzt. $\square$

Jetzt können wir die Hauptresultate des Kapitels 11 verwenden. Wir erinnern uns, daß wir dort das Verhalten von Halbräumen beim Schnitt mit projektiven

Unterräumen bzw. bei projektiven Abbildungen studiert haben. Diese Resultate gehen jetzt in die folgenden Überlegungen ein.

12.4 Satz. *Jeder nichtleere Durchschnitt eines Polytops P mit einem projektiven Unterraum $P(W)$ der Dimension ≥ 1 ist ein Polytop in $P(W)$.*

BEWEIS: Sei P ein Polytop in $P(V)$ und $P(W)$ ein projektiver Unterraum von $P(V)$. Sei $P = \bigcap_{i=1}^{n} K_i$. Für jede Achse A_i von K_i gelte $A_i \cap P = \emptyset$. Nach 11.15 ist $K_i \cap P(W)$ ein Halbraum oder ein Unterraum von $P(W)$.

Wir betrachten zunächst die im Durchschnitt $P \cap P(W) = \bigcap_{i=1}^{n}(K_i \cap P(W))$ auftretenden projektiven Unterräume $K_i \cap P(W)$. Wenn $K_i \cap P(W) = P(W)$ gilt, so können wir diese Mengen bei der Durchschnittsbildung fortlassen. Wegen der im Beweis von 11.15 diskutierten Fälle können weiterhin nur noch Hyperebenen $K_i \cap P(W)$ von $P(W)$ als Unterräume auftreten. Für diese gilt jedoch $A_i \cap P(W) = K_i \cap P(W)$. Dann folgt aber $\emptyset = A_i \cap P \cap P(W) = A_i \cap P(W) \cap P = K_i \cap P(W) \cap P = P \cap P(W) \neq \emptyset$. Also kann dieser Fall nicht auftreten. Wir zeigen jetzt, daß nicht für alle i gelten kann $P(W) \subseteq K_i$. Sonst wäre $\emptyset = A_i \cap P = A_i \cap P \cap P(W) = A_i \cap P(W)$. Aber $P(W) \subseteq K_i$ und $\dim P(W) \geq 1$ impliziert, daß eine projektive Gerade in allen K_i liegt. Nach 11.6 schneidet sie alle Achsen A_i, also ist $A_i \cap P(W) \neq \emptyset$. Es gibt also mindestens ein K_i mit $P(W) \not\subseteq K_i$. Nach 11.15 ist dann $K_i \cap P(W)$ ein Halbraum von $P(W)$ mit Achse $A_i' = A_i \cap P(W)$. Für jedes solche K_i gilt $A_i' \cap (P \cap P(W)) = \emptyset$. Die 3. Bedingung ist trivialerweise erfüllt. $\square$

Damit kennen wir das Verhalten von Polytopen beim Schnitt mit projektiven Unterräumen. Der einfach zu führende Beweis ist eine Folge unserer speziellen Definition von Polytopen. Im Kontrast dazu steht der Aufwand, den wir betreiben müssen, um das Verhalten von Polytopen bei projektiven Abbildungen zu beschreiben. Dazu wäre eigentlich eine andere Definition von Polytopen als konvexe Hülle der Eckpunkte günstiger. Im folgenden werden wir daher die Äquivalenz mehrerer möglicher Definitionen von Polytopen zu zeigen haben.

12.5 Lemma. *Sei P ein Polytop in $P(V)$. Dann gibt es eine Hyperebene $P(W)$ von $P(V)$ mit $P \cap P(W) = \emptyset$.*

BEWEIS: Sei K_+ ein Halbraum mit $P \subseteq K_+$. Die zu K_+ gehörige Achse A möge P nicht schneiden. Sei $p \in K_-^{\circ}$, wobei K_- der zu K_+ komplementäre Halbraum ist. Dann ist die von A und $\{p\}$ aufgespannte Hyperebene H ganz in K_- gelegen (11.8) und hat mit K_+ den Durchschnitt $A = H \cap K_+$, also gilt $H \cap P = \emptyset$. $\square$

12.6 Lemma. *Sei P ein Polytop in $P(V)$ und $P(W)$ eine Hyperebene mit $P \cap P(W) = \emptyset$. Sind $p, q \in P$, so ist die bezüglich $P(W)$ affine Strecke $S(p,q)$ ganz in P gelegen.*

BEWEIS: Sei g die projektive Gerade durch p und q. Sie schneidet P in einem Polytop der Dimension 1. Nach 12.2 ist das eine affine Strecke. Darin enthalten ist dann die affine Strecke $S(p, q)$. $\square$

Die in Lemma 12.6 bewiesene Eigenschaft nennt man auch *Konvexität* der Polytope.

12.7 Folgerung. *Sei P ein Polytop. Ist $\dim P = 0$, so ist P ein Punkt. Ist $\dim P = 1$, so ist P eine Strecke.*

BEWEIS: Der Fall $\dim P = 0$ ist trivial. Ist $\dim P = 1$, so erzeugt P einen 1-dimensionalen projektiven Unterraum g. Dann ist $P = g \cap P$ ein Polytop in g, also wegen 12.2 eine Strecke. $\square$

Der nächste Satz zeigt, daß Polytope immer in einem affinen Unterraum liegen, als Durchschnitte „affiner Halbräume" darstellbar sind (und damit konvex sind), und keine affinen Strahlen enthalten (also beschränkt sind). Diese Eigenschaft kann man auch zur Definition von Polytopen verwenden. Sie hat jedoch in projektiven Räumen unsymmetrische Aspekte, so daß wir eine andere Definition zugrunde gelegt haben. Die Äquivalenz dieser beiden möglichen Definitionen von Polytopen werden wir erst in Satz 12.23 zeigen.

12.8 Satz. *Sei P ein Polytop und H_0 eine Hyperebene mit $H_0 \cap P = \emptyset$. Dann gibt es eine Darstellung, genannt affine Darstellung, von P mit Hyperebenen $H_0, H_1, \ldots, H_n$ und Halbräumen $K_i = K_+(H_0, H_i)$ zu den Paaren von Hyperebenen H_0, H_i, so daß $P = \bigcap_{i=1}^{n} K_i \setminus H_0$ gilt. Weiterhin enthält P keine bezüglich H_0 affinen Strahlen.*

BEWEIS: Sei $P = \bigcap_{j=1}^{m} K_{2j}$ mit Halbräumen $K_{2j} = K_+(H_{2j-1}, H_{2j})$ zu Hyperebenen H_{2j-1} und H_{2j}. Sei H_0 wie in 12.5 eine Hyperebene mit $H_0 \cap P = \emptyset$, die wir im folgenden als uneigentliche Hyperebene betrachten. Wir betrachten nun Halbräume $K_i' := K_+'(H_0, H_i)$ und zeigen zunächst $P \subseteq K_i'$ für alle $i = 1, \ldots, n = 2m$.

Wenn das nicht der Fall ist, so gibt es ein i und Punkte $p, q \in P$ mit $p \in K_+'^{\circ}(H_0, H_i)$ und $q \in K_-'^{\circ}(H_0, H_i)$, d.h. zwei Punkte in verschiedenen Halbräumen zu H_0 und H_i. Da $p, q \notin H_i$, schneidet die (bzgl. H_0) affine Strecke die Hyperebene H_i: $S(p, q) \cap H_i \neq \emptyset$. Sei $K = K_{2j}$ der anfangs bei der Darstellung von P verwendete Halbraum mit der zugehörigen Hyperebene H_i. Da $P \subseteq K$ gilt, ergibt die Existenz eines Schnittpunkts einen Widerspruch zu 12.6. Damit ist $P \subseteq K_i'$ für alle $i = 1, \ldots, n$ gezeigt, also $P \subseteq \bigcap_{i=1}^{n} K_+'(H_0, H_i) \setminus H_0 =: P'$.

Wir zeigen jetzt, daß $P' \subseteq P$. Dazu bestimmen wir Vektoren a_i mit $H_i = H_{a_i}$, so daß für alle $p = \mathbb{R}y \in P$ gilt $\langle a_0, y \rangle \langle a_i, y \rangle \geq 0$. Sei nun $q = \mathbb{R}z \in P'$. Dann gilt ebenfalls $\langle a_0, z \rangle \langle a_i, z \rangle \geq 0$. Aus $\langle a_0, z \rangle \langle a_{2i-1}, z \rangle \langle a_0, z \rangle \langle a_{2i}, z \rangle \geq$

0 folgt aber $\langle a_{2i-1}, z \rangle \langle a_{2i}, z \rangle \geq 0$. Alle diese Punkte sind also in demselben Halbraum bezüglich H_{2i-1}, H_{2i} wie P, es sei denn, daß $P \subseteq H_{2i-1}$ oder $P \subseteq H_{2i}$. Dann können wir aber den Halbraum für P bezüglich H_{2i-1}, H_{2i} beliebig wählen. Damit gilt $P' \subseteq P$, weil P der Durchschnitt all dieser Halbräume ist.

Affine Strahlen liegen auf projektiven Geraden g. Es ist aber $g \cap P$ nach 12.2 und 12.4 eine Strecke, die keinen Punkt aus H_0 enthält, d.h. beide Endpunkte der Strecke sind affin. Daher können in $g \cap P$ keine affinen Strahlen liegen. $\square$

12.9 Definition: Sei P eine Menge in $P(V)$ mit $\dim\langle P \rangle = \dim P(V) = n$. Seien H, H' Hyperebenen mit $\dim\langle H \cap P \rangle = \dim H = n-1$ und $P \subseteq K_+(H, H')$. Dann heißt $H \cap P$ eine *Seite* von P und H eine *Stützhyperebene* von P bzgl. H'.

12.10 Lemma. *Sei $P = \bigcap_{i=1}^n K_+(H_0, H_i) \setminus H_0$ eine affine Darstellung einer Menge in $P(V)$. Sei g eine projektive Gerade, die P in mindestens einem Punkt schneidet. Dann ist $g \cap P$ eine affine Gerade, ein affiner Strahl, eine affine Strecke $S(p,q)$ oder ein affiner Punkt bezüglich H_0. Die Endpunkte liegen jeweils auf einer der Hyperebenen H_i, $i = 1, \ldots, n$.*

BEWEIS: Wegen $g \cap P = g \cap (\bigcap_{i=1}^n K_+(H_0, H_i) \setminus H_0) = \bigcap_{i=1}^n (g \cap K_+(H_0, H_i) \setminus H_0)$ sind die Mengen $g \cap K_+(H_0, H_i) \setminus H_0$ zu untersuchen. Liegt $g \subseteq H_i$, so liegen alle Punkte von $g \cap K_+(H_0, H_i) \setminus H_0$ in H_i und bilden eine affine Gerade. Ist $g \not\subseteq H_i$, dann ist $g \cap K_+(H_0, H_i)$ eine Strecke mit verschiedenen Endpunkten in H_0 und H_i nach 11.6 oder g schneidet die Achse. Dann ist $g \cap K_+(H_0, H_i) \setminus H_0$ eine affine Gerade. Bilden wir den Durchschnitt zweier oder mehrerer solcher Mengen, so erhalten wir wieder eine affine Gerade, einen affinen Strahl, eine affine Strecke oder einen affinen Punkt mit Endpunkt(en) in den Hyperebenen H_i, (wie man mit Lemma 10.6 z.B. in $\widehat{R}$ leicht sehen kann). $\square$

12.11 Folgerung. *Sei $P = \bigcap_{i=1}^n K_+(H_0, H_i) \setminus H_0$ eine affine Darstellung einer Menge in $P(V)$. Sind $p, q \in P$, so ist die bezüglich H_0 affine Strecke $S(p,q)$ ganz in P gelegen.*

BEWEIS: Sei g die projektive Gerade durch p und q. Sie schneidet P in einer affinen Geraden, einem affinen Strahl oder einer affinen Strecke. Darin enthalten ist dann die affine Strecke $S(p,q)$. $\square$

Diese Folgerung zeigt insbesondere, daß der Begriff der Seite bzw. der Stützhyperebene einer Menge in affiner Darstellung von der Wahl der uneigentlichen Hyperebene H_0 unabhängig ist. Ist nämlich $P \subseteq K_+(H_0, H_i)$, so ist auch $P \subseteq K_+(H_0', H_i)$, wobei H_0 und H_0' jeweils P nicht schneiden. Denn sonst ist eine Strecke in P vorhanden, die H_i echt, also nicht mit den Endpunkten schneidet, unabhängig von der Wahl von H_0 bzw. H_0'.

12.12 Folgerung. *Sei* $P = \bigcap_{i=1}^{n} K_+(H_0, H_i) \setminus H_0$ *eine affine Darstellung einer Menge in* $P(V)$. *Sei* H *eine Stützhyperebene von* P. *Dann gibt es ein* i *mit* $H = H_i$. *Insbesondere besitzt* P *nur endlich viele Seiten.*

BEWEIS: Seien a_i Vektoren mit $H_i = H_{a_i}$ für $i = 0, \dots, n$. Seien die Vektoren so gewählt, daß für alle $p = Ry \in P$ und alle i gilt $\langle a_0, y \rangle \langle a_i, y \rangle \geq 0$. Sei $H = H_{a_s}$ und $S := H \cap P$ und $p = Ry \in S$. Angenommen es gilt $\langle a_0, y \rangle \langle a_i, y \rangle > 0$ für alle i. Dann gilt für alle dem Absolutbetrag nach genügend kleinen $\varepsilon \in R$

$$\langle a_0, y + \varepsilon a_s \rangle \langle a_i, y + \varepsilon a_s \rangle =$$
$$\langle a_0, y \rangle \langle a_i, y \rangle + \varepsilon(\langle a_0, a_s \rangle \langle a_i, y \rangle + \langle a_0, y \rangle \langle a_i, a_s \rangle + \varepsilon \langle a_0, a_s \rangle \langle a_i, a_s \rangle) > 0,$$

also $R(y + \varepsilon a_s) \in P$. Der Wert von $\langle a_0, y + \varepsilon a_s \rangle \langle a_s, y + \varepsilon a_s \rangle = \varepsilon \langle a_s, a_s \rangle (\langle a_0, y \rangle + \varepsilon \langle a_0, a_s \rangle)$ ist $\neq 0$ für genügend kleine $\varepsilon \neq 0$ und kann positiv und negativ sein je nach Wahl des Vorzeichens von ε. Das ist aber ein Widerspruch dazu, daß H eine Stützhyperebene ist. Die Annahme ist daher falsch. Es gibt also zu jedem Punkt $p = Ry \in S$ ein i mit $\langle a_0, y \rangle \langle a_i, y \rangle = 0$. Da $\langle a_0, y \rangle \neq 0$, d.h. $p \notin H_0$, erhalten wir $\langle a_i, y \rangle = 0$, also $p \in H_i$.

Wir wählen jetzt Punkte $p_0 = Rz_0, \dots, p_r = Rz_r \in S$, die die Hyperebene H aufspannen. Solche Punkte existieren wegen $\dim(H \cap P) = \dim H$. Da $\langle a_0, z_i \rangle \neq 0$ wegen $P \cap H_0 = \emptyset$, können die z_i so gewählt werden, daß $\langle a_0, z_i \rangle > 0$. Die bezüglich H_0 affinen Strecken zwischen Punkten in P liegen wiederum in P (12.11), also insbesondere die Punkte

$$Rz_0, R(\tfrac{1}{2}z_0 + \tfrac{1}{2}z_1), R(\tfrac{2}{3}(\tfrac{1}{2}z_0 + \tfrac{1}{2}z_1) + \tfrac{1}{3}z_2), \dots, R(\sum_{i=0}^{r} \tfrac{1}{r+1} z_i).$$

Die hier verwendete Eigenschaft ist die Konvexität der betrachteten Mengen. Sei $y := \sum_{i=0}^{r} \frac{1}{r+1} z_i$. Dann gilt $Ry \subset P \cap H = S$. Nach der obigen Überlegung ist $Ry \in H_j$ für ein j. Da alle Punkte $p_i = Rz_i$ in P liegen, gilt $p_i \in K_+(H_0, H_j)$, also $\langle a_0, z_i \rangle \langle a_j, z_i \rangle \geq 0$. Oben hatten wir die Vektoren z_i so gewählt, daß $\langle a_0, z_i \rangle > 0$ gilt. Also sind auch $\langle a_j, z_i \rangle \geq 0$ für alle i. Da jedoch $\langle a_j, y \rangle = \langle a_j, \sum_{i=0}^{r} \frac{1}{r+1} z_i \rangle = 0$, erhalten wir $\langle a_j, z_i \rangle = 0$ für alle i oder $p_i \in H_j$. Die p_i spannen aber durch ihre Wahl die Hyperebene H auf. Damit haben wir $H = H_j$ bewiesen. $\square$

Sei P ein Polytop der Dimension n in einem n-dimensionalen projektiven Raum. Dann bilden die (endlich vielen) Seiten nach 12.4 wieder $(n-1)$-dimensionale Polytope in den Stützhyperebenen. Dieser Prozeß des Übergangs zu niedrigen Dimensionen läßt sich nun iterieren, d.h. wir können Seiten von Seiten bilden, Seiten von Seiten von Seiten etc. Wir definieren daher

12.13 Definition: Die aus einem Polytop P bzw. einer Menge P mit affiner Darstellung durch iterierte Seitenbildung entstehenden Polytope heißen m-dimensionale *Facetten* von P. Die null-dimensionalen Facetten heißen auch *Eckpunkte* des Polytops. Die eindimensionalen Facetten heißen *Kanten*.

12.14 Folgerung. *Jede Menge $P = \bigcap_{i=1}^{n} K_+(H_0, H_i) \setminus H_0$ in affiner Darstellung in $P(V)$ mit $\dim P = \dim P(V)$ besitzt endlich viele Seiten und Facetten jeder Dimension, insbesondere endlich viele Eckpunkte.*

BEWEIS: Nach 12.12 ist jede Stützhyperebene in der affinen Darstellung zu finden. $\square$

Nach 12.8 und 12.14 besitzt ein Polytop höchstens endlich viele Facetten und insbesondere höchstens endlich viele Eckpunkte und Kanten. Diese sind für die graphische Darstellung die eigentlich interessanten Daten von Polytopen.

12.15 Satz. *Sei $P = \bigcap_{i=1}^{n} K_+(H_0, H_i) \setminus H_0$ eine affine Darstellung einer Menge in $P(V)$. Weiter gelte $\dim\langle P \rangle = \dim P(V)$. Sei die Hyperebene H_r keine Stützhyperebene von P. Dann ist auch $P = \bigcap_{i=1}^{r-1} K_+(H_0, H_i) \setminus H_0$ eine affine Darstellung von P.*

BEWEIS: Wir verwenden die Bezeichnung $\overline{P} = \bigcap_{i=1}^{r-1} K_+(H_0, H_i) \setminus H_0$ und zeigen $P = \overline{P}$. Es gilt trivialerweise $P \subseteq \overline{P}$. Wir betrachten zunächst den Fall $H_r \cap P = \emptyset$. Angenommen, es gibt einen Punkt $p \in \overline{P} \setminus P$. Dann kann p nur in $K_-^\circ(H_0, H_r)$ liegen, denn $K_+(H_0, H_r) \cap \overline{P} = P$. Sei nun $q \in P$ ein weiterer Punkt. Die bezüglich H_0 affine Strecke $S(p, q)$ muß also H_r schneiden in einem Punkt, den wir mit p_0 bezeichnen. Da $p, q \in \overline{P}$, ist nach 12.11 auch $p_0 \in \overline{P}$, also $p_0 \in H_r \cap \overline{P} \subseteq H_r \cap K_+(H_0, H_r) \cap \overline{P} = H_r \cap P$ im Widerspruch zur Annahme $H_r \cap P = \emptyset$. Also gilt in diesem Falle $P = \overline{P}$.

Wir betrachten jetzt den Fall $H_r \cap P \neq \emptyset$. Sei $p \in H_r \cap P$. Wir zeigen zunächst, daß eine weitere Hyperebene H_i mit $p \in H_i$ existiert. Da H_r keine Stützhyperebene von P ist, ist $\dim H_r \cap P < n-1$. Daher gibt es eine projektive Gerade g in H_r durch p mit $g \cap P = \{p\}$. Angenommen es gilt $p \notin g \cap H_i$ für alle $i = 1, \ldots, r-1$. Da es nur endlich viele H_i zu betrachten gibt, gibt es in g eine bezüglich H_0 affine Strecke $S \neq \{p\}$, die p enthält und keine der Hyperebenen $H_i, i = 1, \ldots, r-1$ schneidet. Für S gilt nun $S \subseteq K_+(H_0, H_i) \setminus H_0$, da $p \in P$ gilt. Da auch $S \subseteq g \subseteq H_r \subseteq K_+(H_0, H_r)$ gilt, erhalten wir $S \subseteq \bigcap_{i=1}^{r} K_+(H_0, H_i) \setminus H_0 = P \setminus H_0$ im Widerspruch zu $S \cap P \subseteq g \cap P = \{p\}$. Also gilt für eine der Hyperebenen H_i die Behauptung $p \in H_i$.

Wir stellen die Hyperebenen dar als $H_i = H_{a_i}$ und wählen die Repräsentanten a_i so, daß $\langle a_0, y \rangle \langle a_i, y \rangle \geq 0$ für alle $i = 1, \ldots, r$ und alle y mit $Ry \in P$. Sei nun $p_1, \ldots, p_k \in P \cap H_r$ eine Erzeugendenmenge mit $\langle p_1, \ldots, p_k \rangle = \langle H_r \cap P \rangle$ mit $p_i = Ry_i$. Für $H_0 = H_{a_0}$ wählen wir die Repräsentanten y_i der Punkte

p_i so, daß $\langle a_0, y_i \rangle > 0$ gilt und betrachten den Punkt $p = \mathbf{R}y \in P \cap H_r$ mit $y = \sum_{i=1}^{k} \frac{1}{k} y_i$ (vgl. Beweis von 12.12). Es gibt eine Hyperebene $H_j = H_{a_j}$ mit $p \in H_j$. Wegen $\langle a_0, y_i \rangle > 0$ gilt auch $\langle a_0, y \rangle = \sum \frac{1}{k} \langle a_0, y_i \rangle > 0$. Da $p \in P$, erhalten wir $p \in K_+(H_0, H_l)$ mit $\langle a_0, y \rangle \langle a_l, y \rangle \geq 0$ für alle $l = 1, \ldots, r - 1$, also auch $\langle a_l, y \rangle \geq 0$. Für H_j erhalten wir insbesondere $\langle a_j, y \rangle = \sum_{i=1}^{k} \frac{1}{k} \langle a_j, y_i \rangle = 0$. Da auch für die Punkte p_i gilt $\langle a_0, y_i \rangle \langle a_j, y_i \rangle \geq 0$, erhalten wir mit $\langle a_0, y_i \rangle > 0$ die Aussage $\langle a_j, y_i \rangle \geq 0$ oder wegen der zuvor bewiesenen Gleichung $\langle a_j, y_i \rangle = 0$ für alle $i = 1, \ldots, k$. Damit haben wir $p_i \in H_j$. Insbesondere gilt $H_r \cap P \subseteq \langle H_r \cap P \rangle = \langle p_1, \ldots, p_k \rangle \subseteq H_j$, also $H_r \cap P \subseteq H_j \cap P$ für ein $j \in \{1, \ldots, r - 1\}$.

Um nun $\overline{P} \subseteq P$ zu zeigen, nehmen wir an, daß das nicht der Fall ist. Dann gibt es ein $p \in \overline{P} \setminus P$, also ist $p \in K_-(H_0, H_r)$ und $p \in \overline{P}$. Sei weiter $q \in P$ beliebig. Die bezüglich H_0 affine Strecke $S(p, q)$ schneidet H_r in einem Punkt p_0, weil $q \in K_+(H_0, H_r)$. Weiter ist $p_0 \in \overline{P}$, weil $p, q \in \overline{P}$ und jede bezüglich H_0 affine Strecke mit Endpunkten in $\overline{P}$ ganz in $\overline{P}$ liegt (12.11). Also gilt $p_0 \in H_r \cap \overline{P} = H_r \cap P \subseteq H_j \cap P \subseteq H_j \cap \overline{P}$. Da $p_0 \in H_j$ und $p, q \in \overline{P} \subseteq K_+(H_0, H_j)$ auf einer Strecke liegen, muß $p, q \in H_j$ gelten. Aber nicht alle Punkte $q \in P$ können in einer $(n-1)$-dimensionalen Hyperebene H_j liegen wegen $\dim P = n$. Also muß $\overline{P} = P$ gelten. $\square$

12.16 Folgerung. *Sei* $P = \bigcap_{i=1}^{n} K_+(H_0, H_i) \setminus H_0$ *eine affine Darstellung einer Menge in* $P(V)$ *mit* $\dim \langle P \rangle = \dim P(V)$. *Dann gibt es eindeutig bestimmte Stützhyperebenen* H_i *für eine affine Darstellung* $P = \bigcap K_+(H_0, H_i) \setminus H_0$. *Insbesondere sind die Seiten, Facetten und Eckpunkte einer solchen Menge oder eines Polytops eindeutig und unabhängig von der Wahl von* H_0 *bestimmt.*

BEWEIS: Daß es eine Darstellung mit Stützhyperebenen gibt, geht schon aus dem vorigen Beweis hervor. Seien H_0 und $\overline{H}_0$ Hyperebenen mit $H_0 \cap P = \overline{H}_0 \cap P = \emptyset$. Seien $P = \bigcap_{i=1}^{r} K_+(H_0, H_i) \setminus H_0 = \bigcap_{i=1}^{s} K_+(\overline{H}_0, \overline{H}_i) \setminus \overline{H}_0$ Darstellungen mit Stützhyperebenen $H_i, \overline{H}_i$. Nach 12.12 ist für alle $i = 1, \ldots, s$ die Stützhyperebene $\overline{H}_i \in \{H_1, \ldots, H_r\}$. Ebenso ist für alle $i = 1, \ldots, r$ die Stützhyperebene $H_i \in \{\overline{H}_1, \ldots, \overline{H}_s\}$, also $\{H_1, \ldots, H_r\} = \{\overline{H}_1, \ldots, \overline{H}_s\}$. $\square$

Wir entwickeln jetzt die Grundlagen für einen Algorithmus, der aus einer vorgegebenen Punktmenge ein (eindeutig bestimmtes, kleinstes) Polytop P bestimmen soll, das die vorgegebene Punktmenge enthält. Dazu betrachten wir in der Ebene zunächst alle Möglichkeiten, um ein von drei nicht-kollinearen Punkten aufgespanntes Polytop zu erhalten (Figur 12.3).

Die oberen vier Fälle der Figur führen zu keinem Polytop wegen 12.5. Die unteren vier Fälle stellen Polytope dar. Sie unterscheiden sich in der Lage der (uneigentlichen) Hyperebene, die jeweils mit eingezeichnet ist und die das Polytop nicht schneidet. Es genügt also nicht, lediglich eine Punktmenge vorzugeben. Man benötigt auch noch die Vorgabe einer Hyperebene H_0.

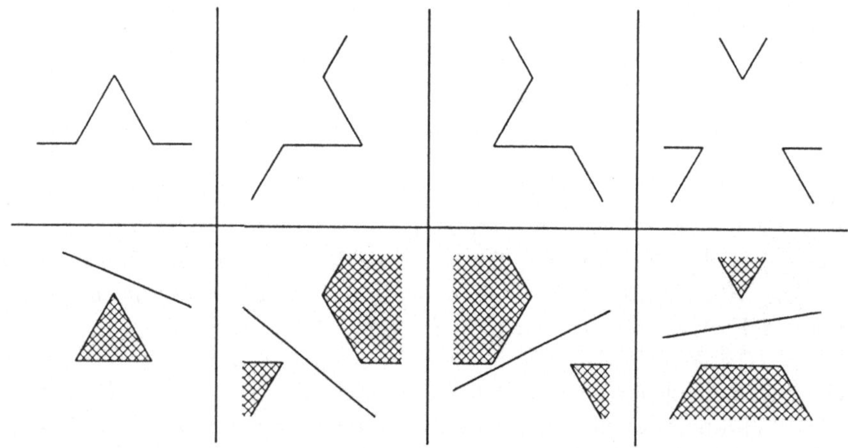

Figur 12.3

12.17 Lemma. *Sei H eine Stützhyperebene einer Menge P mit affiner Darstellung. Dann sind die Eckpunkte von $H \cap P$ auch Eckpunkte von P, die in H liegen.*

BEWEIS: Ein Eckpunkt von $H \cap P$ ist eine null-dimensionale Facette von $H \cap P$, also auch von P und damit eine Eckpunkt von P in H. $\square$

Man beachte aber, daß nach unseren derzeitigen Kenntnissen Eckpunkte von P, die in einer Stützhyperebene H' von P entstehen, auch in H liegen könnten, ohne daß sie Eckpunkte von $H \cap P$ wären. Wir werden später sehen, daß dies unmöglich ist, daß also die Eckpunkte von P in H mit den Eckpunkten von $P \cap H$ übereinstimmen (Satz 12.19 und Satz 12.27).

12.18 Lemma. *Sei $P \subseteq P(V)$ ein Polytop mit $\dim P = \dim P(V)$. Dann wird $\langle P \rangle$ von den Eckpunkten von P aufgespannt.*

BEWEIS: Null-dimensionale Polytope, d.h. Punkte, stimmen mit ihrem Eckpunkt überein und erzeugen denselben Raum wie der Eckpunkt. 1-dimensionale Polytope sind Strecken mit zwei Eckpunkten. Diese erzeugen die Gerade, auf der die Strecke liegt. Die Behauptung gelte für $(n-1)$-dimensionale Polytope. Sei P ein Polytop der Dimension $n > 1$. P besitzt eine Seite, deren Eckpunkte nach

Induktionsannahme eine Hyperebene H, die Stützhyperebene durch die Seite S, aufspannen. Es genügt, einen weiteren Eckpunkt von P zu finden, der nicht in H liegt. Nach 12.16 gibt es eine weitere Stützhyperebene H' von P. H' wird von den Eckpunkten von $H' \cap P$ aufgespannt. Diese sind nach Lemma 12.18 auch Eckpunkte von P. Sie können nicht alle in $H \cap H'$ liegen, weil $\dim H \cap H' = n-2$. Also gibt es einen weiteren Eckpunkt von P, der nicht in H liegt. $\square$

12.19 Satz. *Seien $Q = \{p_1, \ldots, p_n\} \subseteq P$ die Eckpunkte eines Polytops $P \subseteq P(V)$ mit $\dim P = \dim P(V)$. Sei H_0 eine Hyperebene mit $H_0 \cap P = \emptyset$. Seien $H_i, i = 1, \ldots, r$ die von Teilmengen $T \subseteq Q$ aufgespannten Stützhyperebenen von P. Dann sind die H_i genau alle Stützhyperebenen von P, und es gibt die affine Darstellung $P = \bigcap_{i=1}^{r} K_+(H_0, H_i) \setminus H_0$.*

BEWEIS: Sei H eine beliebige Stützhyperebene. Wegen der beiden vorhergehenden Hilfssätze wird H von Eckpunkten von P aufgespannt. Man beachte, daß verschiedene Teilmengen T dieselbe Hyperebene H_i aufspannen können. $\square$

Wir wollen als nächstes zeigen, daß Mengen, die eine affine Darstellung besitzen und keine affinen Strahlen enthalten, schon Polytope sind. Das ist also eine Umkehrung des Satzes 12.8. Dazu benötigen wir noch einige Hilfssätze.

12.20 Lemma. *Sei P ein Polytop mit $\dim P = \dim P(V)$, und sei Q die Menge der Eckpunkte von P. Sei H_0 eine Hyperebene mit $P \cap H_0 = \emptyset$. Sei $K = K_+(H_0, H)$ ein Halbraum mit $Q \subseteq K$. Dann gilt auch $P \subseteq K$.*

BEWEIS: Wir führen den Beweis durch vollständige Induktion nach der Dimension von P. Ist $\dim P = 0$, so ist $P = P(V)$ ein Punkt, ebenso ist K ein Punkt. Ist $n = 1$, so ist P eine affine Strecke und K eine projektive Strecke mit einem uneigentlichen Endpunkt. Die folgende Aussage ist unmittelbar klar: liegen die Endpunkte von P in K, so auch ganz P, wie man z.B. an der projektiven Geraden $\widehat{\mathbf{R}}$ sieht.

Sei nun die Aussage des Lemmas für Polytope der Dimension $n - 1$ wahr. Sei $\dim P = n$. Sei $p \in P$ mit $p \notin K_+(H_0, H)$, also $p \in K_-^{\circ}(H_0, H)$. Sei weiter $q \in Q$. Dann schneidet die projektive Gerade $g = \langle p, q \rangle$ das Polytop P in einer Strecke, die H schneidet, H_0 nicht schneidet und deren Endpunkte nach 12.10 auf Seiten von P liegen. Einer der Endpunkte liegt also in $K_+(H_0, H)$, der andere in $K_-^{\circ}(H_0, H)$. Sei p' dieser zweite Endpunkt, der auf der Stützhyperebene H' und in $K_-^{\circ}(H_0, H)$ liegt. In H' ist $P \cap H'$ ein Polytop der Dimension $n - 1$. Weiter ist nach 11.15 $K_+(H_0, H) \cap H' = K_+(H_0 \cap H', H \cap H')$ ein Halbraum in H' oder $K_+(H_0, H) \cap H' \subseteq H_0$, $(P \cap H') \cap (H_0 \cap H') = \emptyset$ und die Eckpunkte von $P \cap H'$ liegen als Eckpunkte von P in $K_+(H_0, H) \cap H'$. Es liegt nun p' in $K_-^{\circ}(H_0, H) \cap H'$ im Widerspruch zur Induktionsannahme. $\square$

12.21 Lemma. *Sei $A \subseteq P(V)$ ein projektiver Unterraum mit $\dim A + 2 = \dim P(V)$. Sei g eine zu A windschiefe Gerade. Dann ist $P(f) : P(V) \setminus A \longrightarrow g \subseteq P(V)$ mit $P(f)(p) := g \cap (A+\{p\})$ eine projektive Abbildung mit $P(f)|_g = \mathrm{id}$.*

BEWEIS: Da $A + \{p\}$ eine Hyperebene für alle $p \notin A$ ist, schneiden sich g und $A + \{p\}$ in genau einem Punkt p'. Dann ist $A + \{p\} = A + \{p'\}$, und $A + \{p\}$ ist das volle Urbild von p', d.h. die Menge all derjenigen Elemente aus $P(V) \subseteq A$, die auf p' abgebildet werden.

Diese Abbildung ist eine ausgeartete projektive Abbildung. Dazu beschreiben wir die zugehörige affine Abbildung. Die einzelnen Punkte und Räume seien $A = P(B)$, $g = P(G)$ und $p = \mathbf{R}x$. Dann ist $A + \{p\} = P(B \oplus \mathbf{R}x)$ und $g \cap (A + \{p\}) = P(G \cap (B \oplus \mathbf{R}x))$. Für einen Vektor in $v \in G \cap (B \oplus \mathbf{R}x)$ gilt $v = y' = b' + \alpha x$. Da der Durchschnitt ein eindimensionaler Vektorraum ist, gibt es zu x genau ein $b \in B$ und genau ein $y \in G$ mit $y = b + x$. Wir definieren $f(x) := y$. Man rechnet sofort nach, daß $f(\beta x) = \beta f(x)$ und $f(x + x') = f(x) + f(x')$. Also ist f eine lineare Abbildung, die die Abbildung $P(f)$ wie oben definiert induziert. Weiter ist $P(f)|_g$ die identische Abbildung. $\square$

12.22 Lemma. *Sei $P(V)$ ein projektiver Raum der Dimension $n \geq 1$. Sei Q eine endliche Teilmenge von $P(V)$ mit $\langle Q \rangle = P(V)$. Sei $H_a \subseteq P(V)$ eine Hyperebene. Sei A ein $n - 2$-dimensionaler projektiver Unterraum von H_a mit $Q \cap H_a \subseteq A$. Dann gibt es mindestens zwei Punkte $q_1, q_2 \in Q$, so daß Q ganz in einem Halbraum bezüglich der Hyperebenen $A + \{q_i\}$, $i = 1,2$ liegt: $Q \subseteq K_+ = K_+(A + \{q_1\}, A + \{q_2\})$, und H_a nicht in K_+ liegt.*

BEWEIS: Sei g eine zu A windschiefe Gerade. Wir verwenden die projektive Abbildung $P(f) : P(V) \setminus A \longrightarrow g \subseteq P(V)$ mit $P(f)(p) := g \cap (A + \{p\})$. Wir betrachten H_a als uneigentliche Hyperebene. Wegen $Q \cap H_a \subseteq A$ ist der Schnittpunkt $p_a = g \cap H_a = g \cap (A+\{p_a\}) = P(f)(p_a)$ nicht im Bild $P(f)(Q)$ der endlichen Menge Q. Man beachte, daß $P(f)$ auf A, also insbesondere auch auf $Q \cap H_a$ nicht definiert ist. Also ist $P(f)(Q) \subseteq g \setminus \{p_a\}$ eine endliche Teilmenge des affinen Teils von g (bzgl. H_a). Wie in $\mathbf{R}$ gibt es also zwei Punkte $p_1, p_2 \in P(f)(Q)$, so daß $P(f)(Q)$ in der affinen Strecke $S(p_1, p_2)$ enthalten ist (vgl. z.B. Lemma 10.6). Seien q_i Urbilder der p_i in Q, also $p_i = g \cap (A + \{q_i\})$. Sei $q \in Q$ ein Punkt mit $q \notin H_a$. Dann gilt $P(f)(q) \in S(p_1, p_2)$, der affinen Verbingungsstrecke von p_1 und p_2. Wegen Lemma 11.6 ist $P(f)(q) \in K_+(A + \{q_1\}, A + \{q_2\}) = K_+$, dem Halbraum, in dem H_a nicht liegt. Da $q \in A + \{P(f)(q)\}$, folgt mit Lemma 11.8 $q \in K_+$. Für Punkte $q \in Q \cap H_a$ gilt ebenfalls $q \in K_+$. Damit ist $Q \subseteq K_+$ gezeigt. $\square$

Damit können wir jetzt den gewünschten Satz beweisen.

12.23 Satz. *Sei $P = \bigcap_{i=1}^{n} K_+(H_0, H_i) \setminus H_0$ eine affine Darstellung einer Menge* *in $P(V)$. Weiterhin enthalte P keine bezüglich H_0 affinen Strahlen. Dann ist P ein Polytop.*

BEWEIS: Den Beweis führen wir durch vollständige Induktion nach der Dimension von $\langle P \rangle$. Für $\dim\langle P \rangle = 0$ ist P ein Punkt, also ein Polytop. Für $\dim\langle P \rangle = 1$ ist P Schnitt von affinen Strahlen auf einer projektiven Geraden und enthält selbst keine affinen Strahlen. Also ist P eine affine Strecke und damit ein Polytop.

Gelte der Satz für Mengen P mit $\dim\langle P \rangle \leq n - 1$. Sei $\dim\langle P \rangle = n$. Wir gehen aus von einer affinen Darstellung $P = \bigcap K_+(H_0, H_i) \setminus H_0$ mit Stützhyperebenen H_i, $i = 1, \ldots, m$ und definieren $A_i = H_i \cap H_0$. Zunächst betrachten wir $P_i := H_i \cap P$. Der Durchschnitt $H_i \cap K_+(H_0, H_j)$ ist nach 11.15 entweder H_i oder $K_+(H_0 \cap H_i, H_j \cap H_i)$. Der Fall $H_i \cap K_+(H_0, H_j) = A_j$ kann offenbar nicht eintreten, weil H_i eine Stützhyperebene von P ist. Die P_i lassen sich also auch als $P_i = H_i \cap (\bigcap_{j=1}^m K_+(H_0, H_j)) \setminus H_0) = \bigcap_{j=1}^m K_+(H_i \cap H_0, H_i \cap H_j) \setminus (H_i \cap H_0)$ schreiben. Sie sind daher nach Induktionsvoraussetzung Polytope mit gewissen Eckpunkten.

Sei Q die endliche Menge aller so in den Seiten auftretenden Eckpunkte. Es gilt insbesondere $Q \subseteq P \subseteq K_+(H_0, H_i)$.

Alle affinen Strecken zwischen Punkten in Q liegen in $K_+(H_0, H_i)$. Zu H_i konstruieren wir nun mit Lemma 12.22 (und $H_a := H_0$) Hyperebenen $H_i' = A_i + \{q'\}$, $H_i'' = A_i + \{q''\}$, so daß gelten $Q \subseteq K_+(H_i', H_i'')$ und $H_0 \not\subseteq K_+(H_i', H_i'')$ und $H_i' \neq H_i''$, letzteres, weil Q ganz $P(V)$ aufspannt. Eine der Verbindungsstrecken S von q_i' nach q_i'' liegt ganz in $K_+(H_i', H_i'')$. Diese muß affin sein, weil sie wegen $H_i' \neq H_i''$ nicht in einer dieser Hyperebenen liegt und ein Schnitt mit H_0 daher nicht möglich ist. Die Gerade durch q_i' und q_i'' schneidet $K_+(H_i', H_i'')$ in einer affinen Strecke, die in $K_+(H_0, H_i)$ liegt. Also gilt $K_+(H_i', H_i'') \subseteq K_+(H_0, H_i)$. Da $H_i \subseteq K_+(H_i', H_i'')$ ist, es ist nämlich $H_i = A_i + \{q_i\}$ als Stützhyperebene, muß $H_i = H_i'$ oder $H_i = H_i''$ gelten, denn die Strecke S kann H_i nicht echt schneiden. Ohne Einschränkung sei $H_i = H_i''$. Dann gilt aber $Q \subseteq K_+(H_i, H_i')$.

Wir zeigen jetzt $P \subseteq K_+(H_i, \overline{H}_i)$. Sei $p \in K_-^\circ(H_i, \overline{H}_i) \cap P$ und $q \in Q$. Dann liegt nach 12.11 die affine Strecke $S(p, q) \subseteq P$. Da P keine affinen Strahlen enthält, ist der Durchschnitt der Geraden $g = (p, q)$ mit P nach 12.10 eine affine Strecke, deren Endpunkte q', q'' auf Hyperebenen H_j liegen. Für einen dieser Punkte (etwa q') gilt $q' \in K_-^\circ(H_i, \overline{H}_i)$, denn $S(q', q'')$ schneidet echt mindestens eine der Hyperebenen H_i oder $\overline{H}_i$, kann aber H_i aufgrund der Definition von P nicht schneiden.

Da $H_j \cap P \neq \emptyset$ ein Polytop mit Eckpunkten in Q ist, liegen diese alle in $K_+(H_0, \overline{H}_i) \cap H_j = K_+(H_0 \cap H_j, \overline{H}_i \cap H_j)$, aber $q' \in K_-^\circ(H_i, \overline{H}_i) \subseteq K_-^\circ(H_0, \overline{H}_i) \cup K_-^\circ(H_0, H_i) \cup H_0$ im Widerspruch zu Lemma 12.20. Daher ist $P \subseteq K_+(H_i, \overline{H}_i)$.

Diese Konstruktion ist für alle i möglich. Weiter ist $H_i \cap \overline{H}_i = A_i = H_0 \cap H_i$. Es ist $K_+(H_i, \overline{H}_i) \subseteq K_+(H_0, H_i)$, also gilt $P = \bigcap K_+(H_0, H_i) \setminus H_0 \subseteq \bigcap K_+(H_i, \overline{H}_i) \subseteq \bigcap K_+(H_0, H_i)$.

Um die Gleichheit $P = \bigcap K_+(H_i, \overline{H}_i)$ zu zeigen, sei $q \in \bigcap K_+(H_i, \overline{H}_i) \cap H_0$. Da gilt $K_+(H_i, \overline{H}_i) \cap H_0 = A_i$, ist $q \in \bigcap A_i$. Sei $p \in P$. Dann ist der Schnitt der Geraden durch p und q mit $\bigcap K_+(H_0, H_i)$ nach Lemma 12.10 eine projektive Strecke mit einem uneigentlichen Punkt q oder eine projektive Gerade. Insbesondere liegt dann eine projektive Strecke $S(p, q)$ in $\bigcap K_+(H_i, \overline{H}_i)$. Damit enthält P affine Strahlen im Widerspruch zur Voraussetzung. Es gilt daher $P = \bigcap K_+(H_i, \overline{H}_i)$.

Weiter ist $A_i \cap P = \emptyset$ wegen $H_0 \cap P = \emptyset$.

Um die dritte Bedingung zu zeigen, sei $g \subseteq K_+(H_i, H_i') \cup K_+(H_j, H_j') = K_i \cup K_j$. Da $A_i \cup A_j$ die Menge der uneigentlichen Punkte der beiden Halbräume sind, gilt ohne Einschränkung $g \cap A_i \neq \emptyset$. Sei zunächts g eine Gerade mit affinen Punkten. Wenn der uneigentliche Punkt von g auch in A_j liegt, dann liegt g schon gänzlich in einem der Halbräume. Wenn er aber nicht in A_j liegt, so ist der Schnitt $g \cap K_j$ affin, also liegt ein affiner Punkt und damit ganz g in K_i. Sei jetzt g eine uneigentliche Gerade. Dann ist $g \subseteq A_i \cup A_j$. In einem der Räume A_i oder A_j liegen mindestens zwei Punkte von g und damit ganz g.

Damit ist gezeigt, daß P ein Polytop ist. $\square$

Das folgende Lemma ist eine Abwandlung von Lemma 12.22 und wird auch mit denselben Methoden bewiesen.

12.24 Lemma. *Sei $P(V)$ ein projektiver Raum der Dimension $n \geq 1$. Sei Q eine endliche Teilmenge von $P(V)$ mit $\langle Q \rangle = P(V)$. Sei $H_0 \subseteq P(V)$ eine Hyperebene. Seien H_i, $i = 1, \ldots, m$ die von Teilmengen $T \subseteq Q$ aufgespannten Stützhyperebenen von Q bzgl. H_0. Sei $P = \bigcap_{i=1}^m K_+(H_0, H_i) \setminus H_0$. Wenn H_a eine Hyperebene mit $Q \subseteq K_+(H_0, H_a)$ ist, dann gilt auch $P \subseteq K_+(K_0, H_a)$.*

BEWEIS: Wir führen den Beweis durch vollständige Induktion nach $m := n - \dim\langle Q \cap H_a \rangle$, also $\dim\langle Q \cap H_a \rangle = n - m$. Für $m = 1$ wird H_a durch $Q \cap H_a$ erzeugt und ist damit eine Stützhyperebene für H_a. Daher gilt $P \subseteq K_+(H_0, H_a)$ nach Definition.

Sei die Aussage für $m-1$ mit $m > 1$ schon bewiesen, und sei $\dim\langle Q \cap H_a \rangle = n - m$ und $Q \subseteq K_+(H_0, H_a)$. Wir wählen einen $(n-2)$-dimensionalen Unterraum $A \subseteq H_a$ mit $Q \cap H_a \subseteq A$. Wegen $\dim\langle Q \cap H_a \rangle \leq n - 2$ ist dies möglich. Nach Lemma 12.22 gibt es dann Punkte $q_i \in Q \setminus A$ und Hyperebenen $H_i = A + \{q_i\}$ mit $Q \subseteq K_+(H_1, H_2)$ und $H_a \not\subseteq K_+(H_1, H_2)$. Wegen $\dim\langle Q \rangle = n$, $Q \cap H_0 = \emptyset$ und $\dim\langle Q \cap H_a \rangle < \dim\langle Q \cap H_i \rangle$, $i = 1, 2$ sind alle Hyperebenen H_0, H_a, H_1 und H_2 paarweise verschieden. Weiter ist $H_1 \cap H_2 = A \subseteq H_a$. Wie im Beweis von 11.13 sieht man $H_a \subseteq K_-(H_1, H_2)$, also $Q \subseteq K_+(H_1, H_2) \cap$

$K_+(H_0, H_a) = K_+(H_0, H_1) \cap K_+(H_0, H_2)$. Nach Induktionsannahme gilt dann $P \subseteq K_+(H_0, H_1) \cap K_+(H_0, H_2) \subseteq K_+(H_0, H_a)$. $\square$

12.25 Definition: Wir werden im folgenden die im Lemma definierte Menge auch mit

$$[Q]_{H_0} := \bigcap_{i=1}^{m} K_+(H_0, H_i) \setminus H_0$$

bezeichnen. Der folgende Satz wird zeigen, daß diese Menge sogar ein Polytop ist, das wir das von Q bezüglich H_0 *erzeugte Polytop* nennen werden. Mit dem Satz und der nachfolgenden Folgerung ergibt sich, daß $[Q]_{H_0}$ das kleinste Polytop ist, das Q enthält und H_0 nicht schneidet. Weiterhin besagt Satz 12.19 in dieser Sprechweise, daß jedes Polytop von seinen Eckpunkten erzeugt wird.

12.26 Folgerung. *Wenn P ein Polytop ist, das H_0 nicht schneidet und das Q enthält, dann gilt $[Q]_{H_0} \subseteq P$.*

BEWEIS: Sei $P = \bigcap K_+(H_0, H_i') \setminus H_0$. Wegen $Q \subseteq K_+(H_0, H_i')$ für alle i gilt nach Lemma 12.24 $[Q]_{H_0} \subseteq K_+(H_0, H_i')$, also auch $[Q]_{H_0} \subseteq P$, da beide Mengen H_0 nicht schneiden. $\square$

Der folgende Satz zusammen mit Satz 12.19 besagt, daß für jedes Polytop die Menge seiner Eckpunkte die kleinste Erzeugendenmenge ist.

12.27 Satz. *Sei $P(V)$ ein projektiver Raum der Dimension $n \geq 1$. Sei Q eine endliche Teilmenge von $P(V)$ mit $\langle Q \rangle = P(V)$. Sei $H_0 \subseteq P(V)$ eine Hyperebene mit $H_0 \cap Q = \emptyset$. Seien $H_i, i = 1, \ldots, m$ die von Teilmengen $T \subseteq Q$ aufgespannten Stützhyperebenen von Q bzgl. H_0. Dann ist $P = \bigcap_{i=1}^{m} K_+(H_0, H_i) \setminus H_0$ das kleinste Polytop mit $Q \subseteq P$, und Q enthält alle Eckpunkte von P.*

BEWEIS: Wegen Satz 12.23 brauchen wir nur zu zeigen, daß P keine bezüglich H_0 affinen Strahlen enthält. Nehmen wir an, daß $S(p_0, p_1) \setminus \{p_0\} \subseteq g$ doch ein solcher affiner Strahl in P ist mit $p_0 \in H_0$. Sei $A \subseteq H_0$ ein $n-2$-dimensionaler Unterraum mit $p_0 \notin A$. Dann ist g windschief zu A. Man beachte, daß für $n = 1$ gilt $A = \emptyset$. Nach Lemma 12.22 gibt es dann zwei Punkte $q_1, q_2 \in Q$ mit Hyperebenen $H_i = A + q_i$, so daß $Q \subseteq K_+(H_1, H_2)$ und H_0 nicht in $K_+(H_1, H_2)$ liegt. Nach Lemma 11.9.b) ist $K_+(H_0, H_1) \cap K_+(H_0, H_2) = K_+(H_1, H_2)$. Also gilt $Q \subseteq K_+(H_0, H_i)$ für $i = 1, 2$. Wegen Lemma 12.24 gilt dann auch $P \subseteq K_+(H_0, H_i)$, also $P \subseteq K_+(H_1, H_2)$. Insbesondere erhalten wir $S(p_0, p_1) \setminus \{p_0\} \subseteq K_+(H_1, H_2)$. Nach Lemma 11.6 gilt $S(p_0, p_1) \setminus \{p_0\} \subseteq g \cap K_+(H_1, H_2) = S(p_2, p_3)$. Dabei ist $S(p_2, p_3)$ eine affine Strecke bzgl. H_0, denn H_0 liegt nicht in $K_+(H_1, H_2)$. Es ist aber unmöglich, daß ein affiner Strahl in einer affinen Strecke enthalten ist, wie man in **R** sieht. Folglich muß P ein Polytop sein.

Wir zeigen jetzt, daß Q alle Eckpunkte von P enthält. Diesen Beweis führen wir durch vollständige Induktion nach der Dimension. Im Fall der Dimension 1 ist die Aussage über Strecken unmittelbar klar. Sei nun $\dim[Q]_{H_0} = \dim P = n$ und p ein Eckpunkt von P. Dann gibt es eine Stützebene H_1 von P mit p Eckpunkt von $P \cap H_1$. Wenn

$$[Q]_{H_0} \cap H_1 = [Q \cap H_1]_{H_0 \cap H_1}$$

ist, dann ist nach Induktionsannahme $p \in Q \cap H_1 \subseteq Q$.

Die Ungleichung $[Q \cap H_1]_{H_0 \cap H_1} \subseteq [Q]_{H_0} \cap H_1$ gilt schon nach Folgerung 12.26. Um $[Q]_{H_0} \cap H_1 \subseteq [Q \cap H_1]_{H_0 \cap H_1}$ zu zeigen, betrachten wir

$$P \cap H_1 = \bigcap_{i=2}^{m} (K_+(H_0, H_i) \cap H_1) \setminus H_0 = \bigcap_{i=2}^{m'} K_+(H_0 \cap H_1, H_i \cap H_1) \setminus (H_0 \cap H_1),$$

was nach 11.15 und 12.12 mit $m' \leq m$ gilt. Sei $T \subseteq Q \cap H_1$ eine Teilmenge mit $A := \langle T \rangle \subseteq H_1$ Unterraum der Dimension $n-2$, und sei $Q \cap H_1 \subseteq K_+(H_0 \cap H_1, A)$, d.h. A ist eine Stützhyperebene von $Q \cap H_1$ in H_1 bzgl. $H_0 \cap H_1$.

Wir wollen zeigen, daß es ein $q \in Q$ mit $H_2' = T + \{q\}$ und $Q \subseteq K_+(H_0, H_2')$ gibt. Dann ist H_2' eine der Stützhyperebenen, die bei der Konstruktion von $P = \bigcap_{i=1}^{m} K_+(H_0, H_i) \setminus H_0$ verwendet worden sind. Für $p \in P \cap H_1$ gilt dann $p \in K_+(H_0, H_i)$, $i = 2, \ldots, n$, also insbesondere $p \in K_+(H_0, H_2')$. Damit gilt dann $[Q]_{H_0} \cap H_1 \subseteq [Q \cap H_1]_{H_0 \cap H_1}$.

Um die Existenz von $q \in Q$ mit $H_2' = T + \{q\}$ und $Q \subseteq K_+(H_0, H_2')$ zu zeigen, wählen wir wieder eine zu A windschiefe Gerade g und betrachten die projektive Abbildung $P(f) : P(V) \setminus A \longrightarrow g$ aus Lemma 12.21. $P(f)(Q)$ ist eine endliche Menge mit $p_0 := g \cap H_1 \in P(f)(Q)$. In der Tat ist $\langle Q \cap H_1 \rangle = H_1$, es liegen also nicht alle Punkte von $Q \cap H_1$ in A. Für einen solchen Punkt $q_0 \in Q \cap H_1 \setminus A$ gilt dann $P(f)(q_0) = p_0$. Es gibt Punkte $q_2 = \mathbf{R}y_2$, $q_3 = \mathbf{R}y_3 \in Q$ und $p_i := P(f)(q_i) \in g$ mit $P(f)(Q) \subseteq S(p_0, p_i)$ für $i = 2, 3$ bei geeigneter Wahl der Strecken. Wir definieren $H_i' := A + \{q_i\}$. Für die entsprechenden Halbräume gilt daher $Q \subseteq K_+(H_1, H_i')$. Nach Konstruktion von H_1 gilt auch $Q \subseteq K(H_0, H_1)$. Mit Lemma 11.12 erhalten wir $Q \setminus H_1 \subseteq K_+(H_0, H_i')$ für $i = 2, 3$.

Wenn $H_2' = H_3'$ gilt, oder äquivalent $P(f)(Q \setminus H_1) = \{p_2\}$, dann ist sogar $Q \setminus H_1 \subseteq H_2'$. Mit $Q \cap H_1 \subseteq K_+(H_0 \cap H_1, A) \subseteq K_+(H_0, H_2')$ folgt $Q \subseteq K_+(H_0, H_2')$.

Wenn $H_2' \neq H_3'$, dann bedarf es einer genauen Analyse der Vorzeichen, damit die geforderte Bedingung erfüllt werden kann (vgl. Figur 12.4). Die verwendeten Hyperebenen stellen wir wie folgt dar: $H_0 = H_{a_0} = \{\mathbf{R}x \in P(V) | \langle a_0, x \rangle = 0\}$, $H_1 = H_{a_1}$, $H_2' = H_{a_2}$ und $H_3' = H_{a_3}$. Wir legen zunächst a_0 fest. Sodann legen wir die Repräsentanten der Punkte $p = \mathbf{R}x \in Q$ so fest, daß

$$\langle a_0, x \rangle > 0$$

gilt.

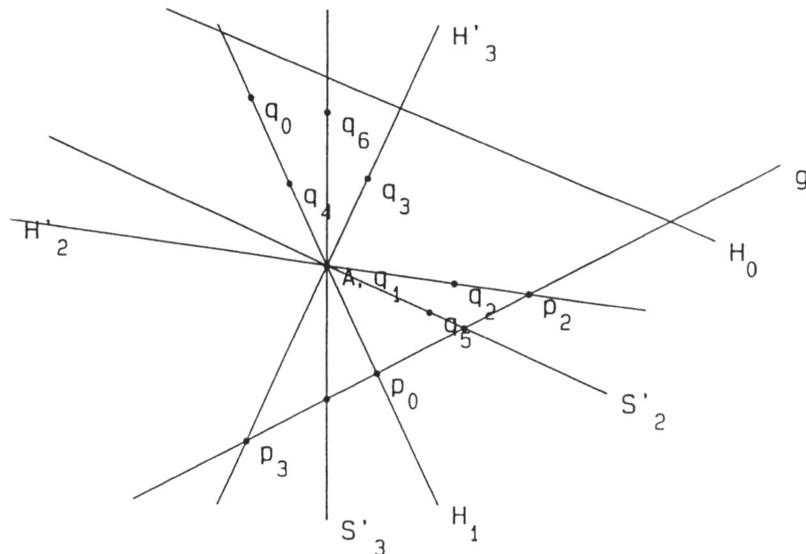

Figur 12.4

Wegen $Q \subseteq K_+(H_0, H_1)$ können wir a_1 so wählen, daß für alle $p = \mathbf{R}x \in Q$ gilt $\langle a_0, x \rangle \langle a_1, x \rangle \geq 0$ oder

$$\forall x : \ \langle a_1, x \rangle \geq 0.$$

Schließlich wählen wir a_i, $i = 2, 3$ so, daß für alle $p = \mathbf{R}x \in Q$ gilt $\langle a_1, x \rangle \langle a_i, x \rangle \geq 0$, was wegen $Q \subseteq K_+(H_1, H_i')$ möglich ist. Damit gilt

$$\forall x : \ \langle a_1, x \rangle > 0 \implies \langle a_i, x \rangle \geq 0, \ i = 2, 3.$$

Wir müssen jetzt noch zeigen, daß für $i = 2$ oder $i = 3$ gilt: für alle $p = \mathbf{R}x \in Q \cap H_1$ ist $\langle a_i, x \rangle \geq 0$. Dann gilt nämlich für alle $p = \mathbf{R}x \in Q : \langle a_0, x \rangle \langle a_i, x \rangle \geq 0$, also folgt für ein $i = 2, 3$ die Relation $Q \subseteq K_+(H_0, H_i')$, was zu zeigen ist. Für $p \in A$ ist $p \in H_2' \cap H_3'$, also $p \in K_+(H_0, H_i')$ für alle $i = 2, 3$. Wir können uns also auf $Q \cap H_1 \setminus A$ beschränken.

Seien wie oben $q_i = \mathbf{R}y_i$. Da $\langle A \cup \{q_2, q_3\} \rangle = P(V)$ und $H_1 \not\subseteq H_i'$, $i = 2, 3$, gibt es zu jedem $q = \mathbf{R}u \in Q \cap H_1 \setminus A$ Koeffizienten $\lambda \neq 0$ und $\mu \neq 0$ und $p_A = \mathbf{R}v$ mit

$$u = \lambda y_2 + \mu y_3 + v.$$

Wir haben oben gesehen, daß $Q \cap H_1 \subseteq K_+(H_0 \cap H_1, A) \subseteq K_+(H_0, H_2')$ gilt. Das soll nur heißen, daß alle Punkte im gleichen Halbraum liegen. Das sagt aber nichts über die Wahl des Halbraumes aus.

Wenn für alle $q = \mathbf{R}u \in Q \cap H_1 \setminus A$ gilt $\langle a_0, u \rangle \langle a_2, u \rangle \geq 0$, dann erhalten wir $\langle a_2, u \rangle \geq 0$ und sind fertig. Gelte also für alle $q = \mathbf{R}u \in Q \cap H_1 \setminus A$ die Bedingung $\langle a_0, u \rangle \langle a_2, u \rangle \leq 0$. Dann ist $\langle a_2, u \rangle \leq 0$ und wegen $q \notin H_2'$ sogar $\langle a_2, u \rangle < 0$. Wegen $q \in H_1$ gilt $0 = \langle a_1, u \rangle = \lambda \langle a_1, y_2 \rangle + \mu \langle a_1, y_3 \rangle + \langle a_1, v \rangle = \lambda \langle a_1, y_2 \rangle + \mu \langle a_1, y_3 \rangle$. Da mit $q_i \notin H_1$ gilt $\langle a_1, y_i \rangle > 0$, erhalten wir

$$\lambda \mu < 0.$$

Als nächstes betrachten wir $0 > \langle a_2, u \rangle = \lambda \langle a_2, y_2 \rangle + \mu \langle a_2, y_3 \rangle + \langle a_2, v \rangle = \mu \langle a_2, y_3 \rangle$. Da $\langle a_2, y_3 \rangle \geq 0$, gilt wegen $H_2' \neq H_3'$ sogar $\langle a_2, y_3 \rangle > 0$ und damit $\mu < 0$ und

$$\lambda > 0.$$

Wegen $\langle a_3, y_2 \rangle > 0$ folgt $\langle a_3, u \rangle = \lambda \langle a_3, y_2 \rangle + \mu \langle a_3, y_3 \rangle + \langle a_3, v \rangle = \lambda \langle a_3, y_2 \rangle > 0$. Damit ist alles gezeigt, denn in diesem Fall gilt $Q \subseteq K_+(H_0, H_3')$. $\square$

Wir beweisen jetzt, daß es zu jedem Polytop P genügend viele Hyperebenen gibt, die P nicht schneiden, genauer, daß es durch beliebig vorgegebene 2-kodimensionale projektive Unterräume A, die P nicht schneiden, immer Hyperebenen H gibt, die P ebenfalls nicht schneiden. A kann damit beliebig „dicht" an P liegen, im Gegensatz zum Beweis von Lemma 12.5, wo die Hyperebene „weit entfernt" von P liegt.

12.28 Lemma. *Sei P ein Polytop in $P(V)$. Sei A ein projektiver Unterraum von $P(V)$ der Dimension $\dim A = \dim P(V) - 2$. Wenn $A \cap P = \emptyset$ gilt, dann gibt es eine Hyperebene H von $P(V)$ mit $A \subseteq H$ und $H \cap P = \emptyset$. Jeder Eckpunkt von P definiert zusammen mit A eine Hyperebene. Je zwei Eckpunkte von P definieren mit den durch A verlaufenden Hyperebenen einen Halbraum, der die bzgl. H affine Verbindungsstrecke zwischen den Eckpunkten enthält. Unter diesen Halbräumen gibt es einen, der das ganze Polytop P enthält.*

BEWEIS: Wir führen den Beweis in mehreren Schritten. Dazu wählen wir zunächst eine uneigentliche Hyperebene $H_0 = H_d$ aus, die P nicht schneidet. Weiter legen wir für die Repräsentanten x aller affinen Punkte $p = \mathbf{R}x$ fest $\langle d, x \rangle > 0$. Damit sind die Repräsentanten bis auf Faktoren aus $\mathbf{R}_+$ festgelegt.

Behauptung 1: Aus je drei Punkten p, q, und r in P gibt es zwei Punkte p und r, so daß der Halbraum $K_+ := K_+(A + p, A + r)$ (oder, falls $A + p = A + r$, die Hyperebene $A + r$), der die affine Strecke $S(p, r)$ enthält, auch den Punkt q enthält. Für jeden weiteren Punkt $q' \in P \cap K_+$ enthält K_+ dann auch die affinen Strecken $S(p, q)$, $S(q, r)$ und $S(q, q')$. (Figur 12.5)

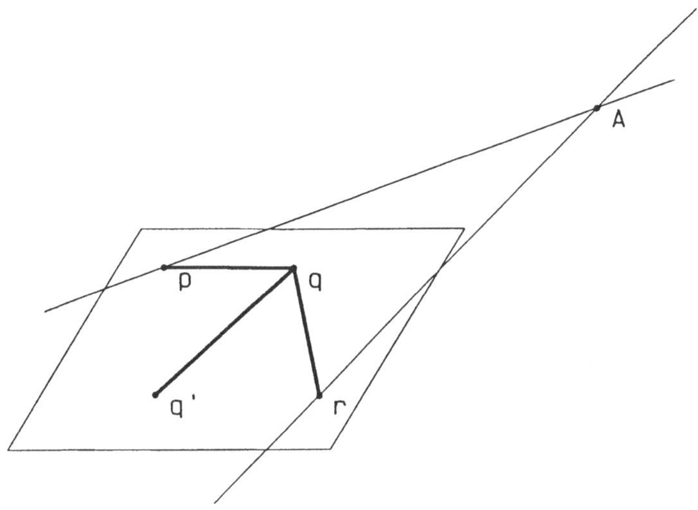

Figur 12.5

Zum Beweis der Behauptung wählen wir folgende Bezeichnungen. Seien $\Pi_a :=
A + p$, $H_b := A + q$, $H_c := A + r$, $p = \mathbf{R}x$, $q = \mathbf{R}y$ und $r = \mathbf{R}z$. Wenn p, q und r
auf einer projektiven Geraden liegen, dann folgt die Behauptung aus den Eigen-
schaften der projektiven Geraden (etwa $\widehat{\mathbf{R}}$). Sonst spannen sie eine projektive
Ebene auf, die aus Dimensionsgründen den Unterraum A in mindestens einem
Punkt $\mathbf{R}v$ trifft. Der Repräsentant dieses Punktes gestattet eine Darstellung
$v = \alpha x + \beta y + \gamma z$. Durch Multiplikation der x, y und z mit einem geeigneten positiven Faktor können wir annehmen, daß $\alpha, \beta, \gamma \in \{+1, 0, -1\}$ liegen, wobei nicht
alle drei Faktoren Null sein können. Wegen $0 \le \langle d, v \rangle = \alpha \langle d, x \rangle + \beta \langle d, y \rangle + \gamma \langle d, z \rangle$
muß einer der Faktoren etwa $\alpha = 1$ sein. Wenn $\beta = \gamma = 0$ gilt, so ist
$p = \mathbf{R}x = \mathbf{R}v \in A$ im Widerspruch zu $A \cap P = \emptyset$. Ohne Einschränkung ist
daher $\beta \neq 0$. Wenn $\gamma = 0$ ist, dann folgt aus $\beta = 1$ und $v = x + y$, daß $\mathbf{R}v$
auf der affinen Strecke von p nach q und in A liegt, was nicht sein kann, weil
P ein Polytop mit $A \cap P = \emptyset$ ist. Also folgt aus $\gamma = 0$ die Gleichung $\beta = -1$.
Nicht nur der Punkt der Form $\mathbf{R}(x + y)$ liegt in P, sondern auch der von der
Form $\mathbf{R}(x + y + z) = \mathbf{R}((2/3)(1/2)x + (2/3)(1/2)y + (1/3)z)$, weil er auf der
affinen Verbindungsstrecke zwischen $\mathbf{R}(x + y)$ und r liegt. Insbesondere kann
daher auch nicht $v = x + y + z$ gelten. Es bleiben also die Möglichkeiten $\beta = -1$
mit beliebigem $\gamma \in \{1, 0, -1\}$ und $\beta = 1$ und $\gamma = -1$. Durch Umbenennen der

Punkte kann man auch den letzten Fall fortlassen.

Da $\mathbf{R}v$ auf allen drei Hyperebenen H_a, H_b und H_c liegt, erhalten wir aus $\langle a, v \rangle = 0 = \langle a, x \rangle - \langle a, y \rangle + \gamma \langle a, z \rangle$ die Gleichung $-\langle a, y \rangle + \gamma \langle a, z \rangle = 0$ und analoge Gleichungen für b und c, insgesamt also

$$\langle a, y \rangle = \gamma \langle a, z \rangle, \quad \langle b, x \rangle = -\gamma \langle b, z \rangle, \quad \langle c, y \rangle = \langle c, x \rangle.$$

Wir untersuchen jetzt die Vorzeichen von $\langle a, w \rangle \langle c, w \rangle$ für Punkte $\mathbf{R}w$ auf den affinen Strecken $S(p, q)$, $S(q, r)$ und $S(p, r)$ und analog für b und c. Die Punkte $\mathbf{R}w$ auf den Strecken stellen wir mit Parametern $\alpha \in [0, 1]$ dar. Wir erhalten mit den obigen Gleichungen

$$\langle a, (1-\alpha)x + \alpha z \rangle \langle c, (1-\alpha)x + \alpha z \rangle = \alpha(1-\alpha) \langle a, z \rangle \langle c, x \rangle, \tag{12.1}$$

$$\langle a, (1-\alpha)x + \alpha y \rangle \langle c, (1-\alpha)x + \alpha y \rangle = \gamma \alpha \langle a, z \rangle \langle c, x \rangle, \tag{12.2}$$

$$\langle a, (1-\alpha)y + \alpha z \rangle \langle c, (1-\alpha)y + \alpha z \rangle = (\gamma(1-\alpha) + \alpha)(1-\alpha) \langle a, z \rangle \langle c, x \rangle, \tag{12.3}$$

$$\langle b, (1-\alpha)y + \alpha z \rangle \langle c, (1-\alpha)y + \alpha z \rangle = \alpha(1-\alpha) \langle b, z \rangle \langle c, x \rangle, \tag{12.4}$$

$$\langle b, (1-\alpha)x + \alpha y \rangle \langle c, (1-\alpha)x + \alpha y \rangle = -\gamma(1-\alpha) \langle b, z \rangle \langle c, x \rangle, \tag{12.5}$$

$$\langle b, (1-\alpha)x + \alpha z \rangle \langle c, (1-\alpha)x + \alpha z \rangle = (-\gamma(1-\alpha) + \alpha)(1-\alpha) \langle b, z \rangle \langle c, x \rangle, \tag{12.6}$$

$$\langle a, (1-\alpha)x + \alpha y \rangle \langle b, (1-\alpha)x + \alpha y \rangle = -\gamma^2 \alpha(1-\alpha) \langle a, z \rangle \langle b, z \rangle, \tag{12.7}$$

$$\langle a, (1-\alpha)y + \alpha z \rangle \langle b, (1-\alpha)y + \alpha z \rangle = (\gamma(1-\alpha) + \alpha)\alpha \langle a, z \rangle \langle b, z \rangle, \tag{12.8}$$

$$\langle a, (1-\alpha)x + \alpha z \rangle \langle b, (1-\alpha)x + \alpha z \rangle = -\gamma \alpha(1-\alpha) \langle a, z \rangle \langle b, z \rangle, \tag{12.9}$$

Wir betrachten den Halbraum $K_+ := K(H_a, H_c)$, der $S(p, r)$ enthält. Ein Punkt $\mathbf{R}w$ liegt in $K(H_a, H_c)$ genau dann, wenn $\langle a, w \rangle \langle c, w \rangle = 0$ oder dasselbe Vorzeichen hat, wie $\alpha(1-\alpha) \langle a, z \rangle \langle c, x \rangle$ oder einfach $\langle a, z \rangle \langle c, x \rangle$ (Gleichung 12.1). Insbesondere ist $q \in K_+$ genau dann, wenn $\langle a, y \rangle \langle c, y \rangle = \gamma \langle a, z \rangle \langle c, x \rangle$ (Gleichung 12.2) dasselbe Vorzeichen hat wie $\langle a, z \rangle \langle c, x \rangle$ (oder $= 0$ ist), genau dann wenn $\gamma = 0, 1$. In diesem Falle liegen wegen $\alpha \geq 0$ und $1 - \alpha \geq 0$ alle Punkte aus $S(p, q)$ (Gleichung 12.2) und aus $S(q, r)$ (Gleichung 12.3) in K_+.

Für den Halbraum $K_+ := K(H_b, H_c)$, der $S(q, r)$ enthält, ist ein Punkt $\mathbf{R}w$ genau dann in $K(H_b, H_c)$ enthalten, wenn $\langle b, w \rangle \langle c, w \rangle = 0$ oder dasselbe Vorzeichen hat, wie $\alpha(1-\alpha) \langle b, z \rangle \langle c, x \rangle$ oder einfach $\langle b, z \rangle \langle c, x \rangle$ (Gleichung 12.4). Insbesondere ist dann $p \in K_+$ genau dann, wenn $\langle b, x \rangle \langle c, x \rangle = -\gamma \langle b, z \rangle \langle c, x \rangle = 0$ oder dasselbe Vorzeichen wie $\langle b, z \rangle \langle c, x \rangle$ hat (Gleichung 12.5), genau dann wenn $\gamma = 0, -1$. Damit liegen wegen $\alpha \geq 0$ und $1 - \alpha \geq 0$ alle Punkte aus $S(p, q)$ (Gleichung 12.5) und aus $S(p, r)$ (Gleichung 12.6) in K_+.

Für den Halbraum $K_+ := K(H_a, H_b)$ schließlich, der $S(p, q)$ enthält, ist analog $r \in K_+$ genau dann, wenn $\langle a, z \rangle \langle b, z \rangle = 0$ oder dasselbe Vorzeichen hat wie $-\gamma^2 \alpha(1-\alpha) \langle a, z \rangle \langle b, z \rangle$. Das kann aber nur der Fall sein, wenn beide Werte Null sind, also $r \in H_a$ oder $r \in H_b$ gilt. In diesem Falle ist aber $v = y - z$ oder $v = x - z$ im Widerspruch zu unserer Anordnung der Punkte.

Sei also ohne Einschränkung $q \in K(H_a, H_c) =: K_+$. Dann gilt $S(p, q)$, $S(q, r)$, $S(p, r) \subseteq K_+$. Sei $q' \in P \cap K_+$ ein weiterer Punkt. Dann gilt nach obigen Betrachtungen auch für diesen $S(p, r)$, $S(p, q')$, $S(q', r) \subseteq K_+$. Wir wollen zeigen $S(q, q') \subseteq K_+$. Die Hyperebenen $A + q$ und $A + q'$ liegen nach Lemma 11.8 ganz in K_+. Sei (p, r) die projektive Gerade durch p und r. Dann gilt $\bar{q} := (A + q) \cap (p, r)$, $\bar{q}' := (A + q') \cap (p, r) \in K_+ \cap (p, r) = S(p, r)$. Ohne Einschränkung können wir annehmen, daß auf der Strecke $S(p, r)$ gilt $S(p, \bar{q}) \subseteq S(p, \bar{q}') \subseteq S(p, r)$, also gilt nach Lemma 11.9 a) für die zugehörigen Halbräume $K(A + p, A + \bar{q}) \subseteq K(A+p, A+\bar{q}') \subseteq K(A+p, A+r)$. Betrachten wir die durch Strecken definierten Halbräume $S(p, q) \subseteq K(A+p, A+q) \subseteq K_+$ und $S(p, \bar{q}) \subseteq K(A+p, A+\bar{q}) \subseteq K_+$, so haben diese gleiche definierende Halbebenen $A+p$ und $A+q = A+\bar{q}$, sind also entweder gleich oder komplementär. Im letztere Fall würde aber gelten $P(V) = K(A + p, A + q) \cup K(A + p, A + \bar{q}) \subseteq K_+$, was offenbar nicht sein kann. Also gilt $K(A+p, A+q) = K(A+p, A+\bar{q})$. Analog gilt $K(A+p, A+q') = K(A+p, A+\bar{q}')$. Nun folgt $q \in K(A+p, A+q) \subseteq K(A+p, A+q')$, also nach den oben angestellten Überlegungen $S(p, q)$, $S(q, q')$, $S(p, q) \subseteq K(A+p, A+q') \subseteq K_+$, also insbesondere $S(q, q') \subseteq K_+$. Damit ist die Behauptung 1 gezeigt.

Behauptung 2: Für P, H_0 und A wie zuvor sei $Q \subseteq P$ eine endliche Teilmenge mit mindestens zwei Elementen. Dann gibt es Punkte $p, r \in Q$, so daß die durch $S(p, r)$ definierte Halbebene $K := K(A+p, A+r)$ (oder Hyperebene) alle affinen Strecken zwischen je zwei Punkten aus Q enthält.

Diese Behauptung beweisen wir durch vollständige Induktion nach der Anzahl n der Punkte in Q. Für $n = 2$ ist die Aussage trivial. Für $n = 3$ ist sie ein Spezialfall der ersten Behauptung. Sei also $n > 3$ und die Behauptung richtig für $n - 1$. Wenn alle Punkte aus Q in einer Hyperebene durch A liegen, so ist nichts zu zeigen. Sei also $Q' := Q \backslash \{q\}$ eine endliche Teilmenge von P mit $n-1$ Punkten, die nicht in einer Hyperebene durch A liegen. Seien $p, r \in Q'$ so gewählt, daß alle affinen Strecken zwischen je zwei Punkten aus Q' in $K := K(A + p, A + r)$ liegen. Dann können für q zwei Fälle eintreten: $q \in K$ und $q \notin K$.

Sei zunächst $q \in K$. Für jeden Punkt $q' \in Q'$ gilt dann nach der ersten Behauptung $S(q, q') \subseteq K$.

Wenn $q \notin K$ ist, dann gilt auch nach der ersten Behauptung für die drei Punkte p, q und r ohne Einschränkung der Allgemeinheit $q \in K(A + p, A + q)$ mit $S(p, q)$, $S(q, r)$, $S(p, r) \subseteq K(A + p, A + q)$. Damit ist auch $S(p, r) \subseteq K \subseteq K(A + p, A + q)$. Insbesondere gilt $Q \subseteq K(A + p, A + q)$. Nach der ersten Behauptung liegen dann alle Strecken zwischen Punkten in Q ganz in $K(A + p, A + q)$.

Behauptung 3: Für P, H_0 und A wie zuvor sei $Q \subseteq P$ die Menge der Eckpunkte. Dann gibt es $p, q \in Q$, so daß $P \subseteq K(A + p, A + q)$.

Nach der zweiten Behauptung können wir $p, r \in Q$ finden, so daß alle affinen Strecken zwischen je zwei Eckpunkten in $K := K(A + p, A + r)$ liegen. Jeder Punkt q'' aus P liegt auf einer affinen Strecke, deren Endpunkte q und q' auf Seiten von P liegen (Lemma 12.10). Der bisherige Beweis hat keine Dimensionsaussagen über P benutzt. Wir können also durch Induktion annehmen, daß die Behauptung für die Seiten von P schon gilt. Die Eckpunkte einer Seite kommen alle in Q vor, ebenso wie die affinen Verbindungsstrecken zwischen ihnen nach Behauptung 2 in einem Halbraum K' liegen, der in K gelegen ist. Der Punkt q liegt nach Induktionsannahme – die Seite ist ein Polytop niedrigerer Dimension – in K' und damit auch in K. Das gilt für beide Endpunkte der affinen Strecke durch q. Da diese auch in K liegt, ist $P \subseteq K$.

Zum Beweis des Lemmas ist jetzt P in einem Halbraum K gelegen, der durch eine affine Strecke zwischen zwei Eckpunkten aus P definiert wird. Also ist dieser Halbraum von $P(V)$ verschieden. Durch jeden Punkt von K°_{-} geht also eine Hyperebene durch A, die P nicht schneidet. $\square$

Der folgende Satz, den wir mit unseren Hilfsmitteln nun leicht beweisen können, drückt die Konvexität der hier definierten Polytope aus. Er besagt, daß genau diejenigen Punkte, die als Konvexkombinationen der erzeugenden Punkte $Q = \{q_i\}$ eines Polytops $P = [Q]_{H_0}$ erhalten werden können, zum Polytop gehören. Dazu muß lediglich die definierende uneigentliche Hyperebene H_0 festgelegt werden, die Wahl der Koordinatenvektoren für die erzeugenden Punkte in Q ist bis auf das Vorzeichen frei.

Konvexkombinationen der $\{q_i\}$ erhalten wir ähnlich wie in 5.12 bzw. 7.8, wo wir den durch Punkte $\{q_i\}$ aufgespannten projektiven Unterraum betrachteten. Der wesentliche Unterschied ist, daß wir nun die Koeffizienten α_i nicht negativ wählen, also $\alpha_i \geq 0$. Man vergleiche dazu auch die Definition der affinen Linearkombination in 2.10.

Eine andere interessante Deutung dieses Resultats ist, daß P *genau* aus allen möglichen Schwerpunkten der q_i mit nicht negativen Gewichten besteht. Insbesondere kann der Schwerpunkt eines an den erzeugenden Punkten belasteten Polytops niemals „außerhalb" des Polytops liegen. Weiterhin können zu den Erzeugenden von P außer den Eckpunkten beliebige weitere Punkte im „Inneren" des Polytops hinzugenommen werden (vgl. 12.27).

12.29 Satz. *Sei* $H_0 = H_a$ *eine Hyperebene und* Q *eine endliche Menge mit* $Q \cap H_0 = \emptyset$. *Sei* $P = [Q]_{H_0}$ *das von* Q *bezüglich* H_0 *in* $\langle Q \rangle$ *erzeugte Polytop. Seien* $\{q_i = \mathbf{R}y_i | i = 1, \ldots, n\} = Q$ *und* $p = \mathbf{R}x$. *Seien die* y_i *und* x *so gewählt, daß* $\langle a, y_i \rangle \geq 0$ *und* $\langle a, x \rangle \geq 0$. *Dann gilt*

$$p \in P \iff \exists \alpha_i \in \mathbf{R} : x = \sum_{i=1}^{n} \alpha_i y_i, \; \alpha_i \geq 0, \; \sum_{i=1}^{n} \alpha_i = 1.$$

BEWEIS: $\Longrightarrow$: Wir führen den Beweis durch Induktion nach der Dimension von P. Sei $p \in P$ und g eine projektive Gerade durch p. Dann schneidet diese das Polytop nach Lemma 12.10 in der affinen Strecke $S(p_1, p_2) = g \cap P$ mit Endpunkten auf Seiten $p_1 \in P_1$ bzw. $p_2 \in P_2$. Seien die $p_i = \mathbf{R}z_i$. Dann gibt es ein $\alpha \in [0, 1]$ mit $x = (1 - \alpha)z_1 + \alpha z_2$. Da die p_i in Polytopen niedrigerer Dimension liegen, deren Eckpunkte in Q liegen, gibt es Koeffizienten α_i', α_i'' mit $z_1 = \sum_{i=1}^n \alpha_i' y_i$, $z_2 = \sum_{i=1}^n \alpha_i'' y_i$, $\alpha_i' \geq 0$, $\alpha_i'' \geq 0$ und $\sum_{i=1}^n \alpha_i' = \sum_{i=1}^n \alpha_i'' = 1$. Also gilt $x = (1 - \alpha)\sum_{i=1}^n \alpha_i' y_i + \alpha \sum_{i=1}^n \alpha_i'' y_i = \sum_{i=1}^n ((1 - \alpha)\alpha_i' + \alpha\alpha_i'')y_i$, $(1 - \alpha)\alpha_i' + \alpha\alpha_i'' \geq 0$ und $\sum_{i=1}^n (1 - \alpha)\alpha_i' + \alpha\alpha_i'' = (1 - \alpha) + \alpha = 1$.

$\Longleftarrow$: Wieder beweisen wir die Behauptung durch Induktion. Sei die Behauptung wahr für Summen mit höchstens $n - 1$ von Null verschiedenen Koeffizienten α_i. Sei $x = \sum_{i=1}^n \alpha_i y_i$, $\alpha_i > 0$ und $\sum_{i=1}^n \alpha_i = 1$. Dann ist $p_1 := \mathbf{R}z \in P$ mit $z := \sum_{i=2}^n \alpha_i/(1 - \alpha_1)y_i$ wegen $\alpha_i/(1 - \alpha_1) > 0$ und $\sum_{i=2}^n \alpha_i/(1 - \alpha_1) = (1 - \alpha_1)/(1 - \alpha_1) = 1$. Weiter gilt $x = \alpha_1 y_1 + (1 - \alpha_1)\sum_{i=2}^n \alpha_i/(1 - \alpha_1)y_i$, also $p \in S(q_1, p_1) \subseteq P$ wegen Folgerung 12.11. $\square$

Mit dem vorstehenden Satz haben wir eine weitere äquivalente Beschreibung von Polytopen kennengelernt. Diese Beschreibung ist für die Computer-Graphik besonders günstig, da Polytope meistens mit Hilfe ihrer Eckpunkte angegeben werden. Insbesondere haben wir damit den im Anschluß an 12.16 angekündigten Algorithmus zur Erzeugung von Polytopen aus einer vorgegebenen Punktmenge erhalten. Man gehe dabei wie folgt vor.

Algorithmus zur Bestimmung der Eckpunkte und Facetten eines von einer Punktmenge aufgespannten Polytops:

- Gegeben sei eine endliche Punktmenge Q und eine davon disjunkte Hyperebene H_0. Die Disjunktheit kann getestet werden durch Einsetzen der homogenen Koordinaten der einzelnen Punkte in die Hyperebenengleichung. Außerdem spanne Q den gesamten projektiven Raum $P(V)$ auf. Das testet man mit den Methoden von Kapitel 5 (insbesondere 5.12 und 5.13), indem man mit Hilfe des Gauß-Jordan-Verfahrens den Rang der von den homogenen Koordinaten aller Punkte aus Q zusammengesetzten Matrix überprüft. Er muß um Eins größer sein, als die projektive Dimension von $P(V)$, also mit der Dimension von V übereinstimmen.

- Aus Q bilde man bezüglich H_0 alle Stützhyperebenen von Q. Diese sind dann auch Stützhyperebenen des von Q aufgespannten Polytops (12.27). Dieses ist ein endliches Suchverfahren, in dem maximale Teilmengen von Q, die Hyperebenen aufspannen (wieder mit Gauß-Jordan-Verfahren zu überprüfen), daraufhin überprüft, ob sie Stützhyperebenen für Q sind. Nach Kapitel 11 ist dabei festzustellen, ob alle Punkte von Q im gleichen Halbraum bezüglich der Hyperebene und H_0 liegen.

- Innerhalb der gefundenen Stützhyperebenen H_i wiederhole man die oben beschriebenen Schritte rekursiv mit der Punktmenge $Q \cap H_i$ bezüglich

$H_0 \cap H_i$. Da die Dimension erniedrigt worden ist, bricht das Verfahren bei der Dimension Null ab und ergibt die Eckpunkte des Polytops.

– Bei den Zwischenschritten ergeben sich gleichzeitig die Facetten des Polytops.

Damit stehen jetzt alle Hilfsmittel zur Verfügung, um den den in diesem Kapitel wichtigsten Satz zu beweisen, in dem das Verhalten von Polytopen bei projektiven Abbildungen angegeben wird. Von besonderem Interesse ist dabei die Aussage über die Eckpunkte, da Polytope durch ihre Eckpunkte und eine definierende Hyperebene vollständig beschrieben werden können (12.19 und 12.27).

12.30 Satz. *Sei $P(f) : P(V) \setminus P(Z) \longrightarrow P(W)$ eine projektive Abbildung mit $\dim \mathrm{Bild}(P(f)) \geq 1$, und sei P ein Polytop in $P(V)$, das das Zentrum $P(Z)$ von $P(f)$ nicht schneidet. Dann ist $P(f)(P)$ ein Polytop in $P(W)$. Seine Eckpunkte sind Bilder von Eckpunkten von P.*

BEWEIS: Durch Verkleinern von $P(V)$ und $P(W)$ können wir ohne Einschränkung annehmen, daß $\dim P = \dim P(V)$ gilt und daß $P(f)$ surjektiv ist.

Wegen $\dim P(W) \geq 1$ gilt $\dim P(Z) \leq \dim P(V) - 2$. Wir konstruieren mit Hilfe von Lemma 12.28 eine uneigentliche Hyperebene H_0, die P nicht schneidet und für die $P(Z) \subseteq H_0$ gilt. Es genügt dazu zu zeigen, daß es einen $(\dim P(V) - 2)$-dimensionalen Unterraum A gibt mit $P(Z) \subseteq A$ und $A \cap P = \emptyset$. Dazu legen wir durch $P(Z)$ einen Unterraum $P(X)$ mit $\dim P(X) = \dim P(Z) + 2$. Wenn $P(X) \cap P = \emptyset$, dann haben wir die Dimension eines Unterraumes durch $P(Z)$, der P nicht schneidet, echt vergrößert. Wenn aber $P(X) \cap P \neq \emptyset$, dann gibt es nach Satz 12.4 und Lemma 12.28 eine Hyperebene $P(Y)$ in $P(X)$, die $P(X) \cap P$ nicht schneidet und für die $P(Z) \subseteq P(Y)$ gilt. Wieder haben wir die Dimension des $P(Z)$ umfassenden Unterraumes, der P nicht schneidet, echt vergrößert. Dieser Prozess bricht ab, wenn der gewonnene Unterraum eine Hyperebene von $P(V)$ ist.

Nachdem $P(Z) \subseteq H_0$ gilt, ist $H_0' := P(f)(H_0)$ eine Hyperebene von $P(W)$. Sei $Q = \{q_i = \mathbf{R}y_i | i = 1, \dots, n\}$ die Menge der Eckpunkte von P. Sei $Q' := P(f)(Q)$ und $P' := [Q']_{H_0'}$. Sei $p = \mathbf{R}x \in P$ mit $x = \sum_{i=1}^n \alpha_i y_i$, $\alpha_i \geq 0$ und $\sum_{i=1}^n \alpha_i = 1$. Dann ist $P(f)(p) = \mathbf{R}f(x) \in [Q']_{H_0'}$ wegen $f(x) = \sum_{i=1}^n \alpha_i f(y_i)$, $\alpha_i \geq 0$ und $\sum_{i=1}^n \alpha_i = 1$. Weiter ist jeder Punkt $p' = \mathbf{R}x' \in [Q']_{H_0'}$ mit $x' = \sum_{i=1}^n \alpha_i y_i' = \sum_{i=1}^n \alpha_i f(y_i) = f(\sum_{i=1}^n \alpha_i y_i)$ auch in $P(f)(P)$ gelegen, weil $p := \mathbf{R}x = \mathbf{R}\sum_{i=1}^n \alpha_i y_i \in P$ gilt. $\square$

13 Sichtbarkeit

Wir kommen jetzt zur Untersuchung von sichtbaren und unsichtbaren Punkten eines Polytops. Dazu setzen wir im folgenden immer voraus, daß

$$(P(f), P(h), P(W), P(W'))$$

eine vollständige Sichtabbildung wie in Kapitel 9 ist. Wir erinnern uns, daß ein Punkt p (eines Polytops P) kollinear mit $P(f)(p)$ und $P(h)(p)$ ist (9.17). Wenn zwei Punkte p und q auf derselben Sichtgeraden gegeben sind, dann erhebt sich die Frage, welcher der beiden Punkte den anderen verdeckt. Dazu definieren wir

13.1 Definition: Sei $(P(f), P(h), P(W), P(W'))$ eine vollständige Sichtabbildung. Seien p und q zwei verschiedene Punkte aus $P(V) \setminus (P(Z) \cup P(V'))$ auf einer gemeinsamen Sichtgeraden und gelte $p, P(h)(p) \notin P(W)$. Sei $S(p, P(h)(p))$ die bezüglich der uneigentlichen Hyperebene $P(W)$ affine Strecke. Wir sagen, daß p von q *verdeckt* wird, wenn $q \in S(p, P(h)(p))$ gilt.

Sei $P \subseteq P(V)$ eine Punktmenge und $p \in P(V) \setminus (P(Z) \cup P(V'))$ mit $p, P(h)(p) \notin P(W)$. p wird von P *verdeckt*, wenn es einen Punkt $q \in P \setminus (P(Z) \cup P(V'))$ gibt, der p verdeckt.

Sei P wie zuvor und $p \in P \setminus (P(Z) \cup P(V'))$. p heißt *sichtbar*, wenn p von keinem Punkt von P verdeckt wird.

Diese Begriffsbildung kommt der Anschauung wesentlich entgegen. In der Praxis kann man auch nur eine Seite eines Körpers sehen. Von der anderen Seite aus geht die Sichtgerade durch die uneigentliche Hypereben $P(W)$ hindurch zum Fokus $P(Z)$. Wir stellen uns auf den Standpunkt, daß man über die uneigentliche Hyperebene, den Horizont, hinaus nicht sehen kann.

Für einen uneigentlichen Punkt $p \in P(W)$ haben wir hier also festgelegt, daß er immer sichtbar ist. Man könnte sich auch dazu entschließen, beide Sichtstrahlen auf verdeckende Punkte hin zu untersuchen. Da wir jedoch im wesentlichen nur Mengen P im affinen Raum betrachten werden, ist diese Unterscheidung nicht wichtig. Bei den zu konstruierenden graphischen Hilfsmitteln hat man damit nämlich auch die Möglichkeit, durch geeignete Wahl der uneigentlichen Hyperebene Schnittfiguren zwischen einer Hyperebene und der vorgebenen Menge P sichtbar zu machen.

Ebenso sind Punkte p mit $P(h)(p) \in P(W)$ sichtbar. Diese Festlegung ist vorteilhaft, da bei einer Parallelprojektion $P(Z) \subseteq P(W)$ gilt und damit für alle Punkte p gilt $P(h)(p) \in P(W)$. Allerdings kommen dann bei einer Parallelprojektion keine verdeckten Kanten vor. Das ist aber auch verständlich, weil bei einer Parallelprojektion keine weitere trennende Hyperebene gegeben ist und

damit die Projektionsrichtung nicht festgelegt ist. Man kann bei einer Parallel-
projektion das Polytop sowohl von der einen als auch von der anderen Richtung
sehen.

Wir werden später auch diesen Fall noch diskutieren. Wenn man sich z.B. im
Inneren eines (hohlen) Polytops befindet, dann sind zunächst alle Seiten sichtbar.
Wir sind es jedoch gewöhnt, nur maximal einen Halbraum in der Sichtrichtung
als sichtbar anzusehen (vgl. das Paradoxon des Photographen im Fall eines
Öffnungswinkels von mehr als 180°). Sonst können mehrere sichtbare Punkte
dasselbe Bild erhalten.

Man könnte auch andere Festlegungen für die Sichtbarkeit treffen, indem man
z.B. denjenigen Sichtstrahl untersucht, auf dem $P(f)(p)$ nicht liegt. Wenn man
das technische Modell, das unseren Überlegungen zu Grunde liegt, genau durch-
denkt, besteht auch die Möglichkeit, Verdeckungen in bezug auf Strecken der
Form $S(p, P(f)(p))$ zu definieren. Da jedoch die Rollen von $P(f)$ und $P(h)$
weitgehend symmetrisch sind, beschränken wir uns auf die oben gegebene Definition.

Es bleiben schließlich noch Punkte $p \in P(Z) \cup P(V')$. Für diese ist $P(h)(p)$ oder
$P(f)(p)$ jedoch nicht definiert. Ist $P(h)(p)$ nicht definiert, so ist $p = P(f)(p)$
nach 9.16 und damit sichtbar. Ist $P(f)(p)$ nicht definiert, so hat p kein Bild bei
der gewählten Sichtabbildung. Wir können im folgenden immer annehmen, daß
$p \neq P(h)(p)$ gilt.

Es wird uns jetzt darauf ankommen, geeignete Kriterien für die Sichtbarkeit bzw.
für Verdeckungen zu finden. Für beliebige Mengen P bleibt dazu nur die Untersuchung jedes einzelnen Punktes. Einfacher und mathematisch interessanter ist
die Untersuchung von Polytopen. Wir zeigen zunächst, daß eine Strecke, die von
einem Punkt in einem Polytop ausgeht und mindestens zwei Punkte mit dem
Polytop gemeinsam hat, eine echte Strecke mit dem Polytop gemeinsam hat.

13.2 Lemma. *Sei H_a eine Hyperebene, P ein Polytop, $p = \mathbf{R}x \in P$ und $S(p,q)$
mit $q = \mathbf{R}y \notin P$ eine bezüglich H_a affine Strecke. Dann sind äquivalent*
> a) $S(p,q) \cap P \neq \{p\}$;
> b) i) $\langle a, x \rangle \langle a, y \rangle > 0 \implies \exists \varepsilon > 0 \ \forall t \in [0, \varepsilon] \colon \mathbf{R}((1 - t)x + ty) \in P$, und
>   ii) $\langle a, x \rangle \langle a, y \rangle < 0 \implies \exists \varepsilon > 0 \ \forall t \in [0, \varepsilon] \colon \mathbf{R}((t - 1)x + ty) \in P$.

BEWEIS: Sei g die Gerade durch p und q. Dann ist $S(p,q) \cap P = S(p,q) \cap g \cap P = S(p,q) \cap S(u,v)$ nach Lemma 12.2 und 12.4, und es gilt $p \in S(p,q) \cap S(u,v) \neq \emptyset$.
Wegen $q \notin S(u,v)$ ist nach Folgerung 10.8 $S(p,q) \cap S(u,v) = S(p,u)$. Wir zeigen
zunächst

a) $\Rightarrow$ b): Sei $S(p,q) \cap P \neq \{p\}$. Nach Folgerung 10.8 gilt also $S(p,q) \cap P = S(p,u)$
mit $u \neq p$. Also ist $u \in S(p,q)$. Damit gibt es ein $\varepsilon > 0$ mit $u = \mathbf{R}((1 - \varepsilon)x + \varepsilon y)$.

Weiter gilt wegen $S(p,u) \subseteq P$ im Falle $\langle a, x \rangle \langle a, y \rangle > 0$ wegen $S(p, q) = \{R((1 - t)x + ty)|t \in [0,1]\}$:

$$\forall t \in [0, \varepsilon]: R((1 - \frac{t}{\varepsilon})x + \frac{t}{\varepsilon}((1 - \varepsilon)x + \varepsilon y)) = R((1 - t)x + ty) \in P.$$

Im Falle $\langle a, x \rangle \langle a, y \rangle < 0$ gilt wegen $S(p, q) = \{R((t - 1)x + ty)|t \in [0,1]\}$:

$$\forall t \in [0, \varepsilon]: R((\frac{t}{\varepsilon} - 1)x + \frac{t}{\varepsilon}((1 - \varepsilon)x + \varepsilon y)) = R((t - 1)x + ty) \in P.$$

b) $\Rightarrow$ a): Sei $S(p, q) \cap P = \{p\}$. Dann gilt $\forall t \in (0, 1] : R((1 - t)x + ty) \notin P$ bzw. $\forall t \in (0, 1] : R((t - 1)x + ty) \notin P$. $\square$

Zur genauen Bestimmung der sichtbaren Punkte zeigen wir zunächst, daß nur auf den Seiten eines Polytops sichtbare Punkte auftreten können.

13.3 Satz. *Sei P ein Polytop in $P(V)\backslash(P(Z)\cup P(V'))$. Sei H_a eine Hyperebene, die P nicht schneidet. Wenn ein Punkt $p \in P$ sichtbar ist, dann liegt p in einer Hyperebene, die eine Seite von P enthält.*

BEWEIS: Der Punkt p ist nach Definition genau dann sichtbar, wenn gilt $S(p, P(h)(p)) \cap P = p$. Nach Satz 12.8 und Lemma 13.2 ist dann $g \cap P = S(p, q)$ eine Strecke mit dem Endpunkt p, wobei g die Gerade durch p und $P(h)(p)$ ist. Lemma 12.10 impliziert dann, daß p auf mindestens einer Seite des Polytops liegt. $\square$

Damit können wir jetzt das zentrale Kriterium für die Sichtbarkeit von Punkten eines Polytops formulieren und beweisen. Problematisch sind dabei vor allem die Punkte, die in zwei oder mehr Seiten des Polytops gleichzeitig enthalten sind. Unser Test im folgenden Satz sagt bildlich geometrisch gesprochen, daß ein Punkt auf einer Seite sicher dann sichtbar ist, wenn die Strecke von dem Punkt p zum Fokus $P(h)(p)$ in einem anderen Halbraum bzgl. der gefundenen Seite und der uneigentlichen Hyperebene liegt, als das restliche Polytop. Weiterhin gibt es zu jedem sichtbaren Punkt eine Seite mit dieser Eigenschaft. Ausnahmen bilden uneigentliche Punkte. Man beachte, daß Punkte auf Kanten oder Facetten auch auf Seiten liegen können, die diese Bedingng nicht erfüllen. Es genügt jedoch, mindestens eine Hyperebene mit der oben genannten Eigenschaft anzugeben.

13.4 Satz. *Sei P ein Polytop in $P(V) \backslash (P(Z) \cup P(V'))$. Sei H_a eine Hyperebene, die P nicht schneidet. Sei $P(W) = H_b$ die uneigentliche Hyperebene der vollständigen Sichtabbildung. Sei $p = Rx \in P$. Der Punkt p ist genau dann sichtbar, wenn*

    a) $\langle b, x \rangle \langle b, h(x) \rangle = 0$ *oder*

b) *wenn es eine Hyperebene H_c gibt, die eine Seite von P und den Punkt
p enthält, wobei c so normiert ist, daß für alle Punkte $q = \mathbf{R}y \in P$ gilt
$\langle a, y\rangle\langle c, y\rangle \geq 0$, und wenn*

$$\langle a, x\rangle\langle b, x\rangle\langle b, h(x)\rangle\langle c, h(x)\rangle < 0.$$

BEWEIS: Gelte zunächst eine der beiden angegebenen Bedingungen. Wenn

$$\langle b, x\rangle\langle b, h(x)\rangle = 0$$

gilt, dann ist p oder sein Bild $P(h)(p)$ in der uneigentlichen Hyperebene, also
ist p nach Definition immer sichtbar. Sei also $\langle b, x\rangle\langle b, h(x)\rangle \neq 0$. Durch das
Vorzeichen dieses Produkts wird bestimmt, welches die affine Strecke von p nach
$P(h)(p)$ ist. Ist $\langle b, x\rangle\langle b, h(x)\rangle > 0$, so ist $S(p, P(h)(p)) = \{\mathbf{R}((1-t)x + th(x)|t \in
[0,1]\}$, andernfalls gilt $S(p, P(h)(p)) = \{\mathbf{R}((t - 1)x + th(x)|t \in [0,1]\}$. Die
Ungleichung $\langle a, x\rangle\langle b, x\rangle\langle b, h(x)\rangle\langle c, h(x)\rangle < 0$ läßt sich nun ausdrücken als

$$\langle b, x\rangle\langle b, h(x)\rangle > 0 \Longrightarrow \langle a, x\rangle\langle c, h(x)\rangle < 0$$

und

$$\langle b, x\rangle\langle b, h(x)\rangle < 0 \Longrightarrow \langle a, x\rangle\langle c, h(x)\rangle > 0.$$

Wegen $\langle c, x\rangle = 0$ können diese Ungleichungen für genügend kleine Werte von t
übergeführt werden in

$$\langle b, x\rangle\langle b, h(x)\rangle > 0 \Longrightarrow$$
$$\exists \varepsilon \in (0, 1] \; \forall t \in (0, \varepsilon] \; . \; \langle a, (1 - t)x + th(x)\rangle\langle c, (1 - t)x + th(x)\rangle < 0$$

und

$$\langle b, x\rangle\langle b, h(x)\rangle < 0 \Longrightarrow$$
$$\exists \varepsilon \in (0, 1] \; \forall t \in (0, \varepsilon] : \; \langle a, (t - 1)x + th(x)\rangle\langle c, (t - 1)x + th(x)\rangle < 0.$$

Die Bedingung $\langle a, y\rangle\langle c, y\rangle \geq 0$ für die Punkte $q = \mathbf{R}y \in P$ impliziert dann

$$\langle b, x\rangle\langle b, h(x)\rangle > 0 \Longrightarrow \exists \varepsilon \in (0, 1] \; \forall t \in (0, \varepsilon] : \mathbf{R}((1 - t)x + th(x)) \notin P$$

und

$$\langle b, x\rangle\langle b, h(x)\rangle < 0 \Longrightarrow \exists \varepsilon \in (0, 1] \; \forall t \in (0, \varepsilon] : \mathbf{R}((t - 1)x + th(x)) \notin P.$$

Weiterhin kann das ε so klein gewählt werden, daß die Strecken $S(p, \mathbf{R}((1-\varepsilon)x +
\varepsilon h(x)))$ bzw. $S(p, \mathbf{R}((\varepsilon - 1)x + \varepsilon h(x)))$ die Hyperebene H_a nicht schneiden. Nach

Lemma 13.2 folgt in beiden Fällen $S(p, P(h)(p)) \cap P = \{p\}$, d.h. p ist sichtbar, wobei $S(p, P(h)(p))$ die bezüglich $P(W) = H_b$ affine Verbindungsstrecke von p und $P(h)(p)$ ist.

Für die Umkehrung des Beweises nehmen wir an, daß p sichtbar ist und daß $\langle b, x \rangle \langle b, h(x) \rangle > 0$ gilt. Der Fall $\langle b, x \rangle \langle b, h(x) \rangle < 0$ kann analog behandelt werden. Weiter nehmen wir an, daß für alle Hyperebenen H_c, auf denen p liegt und die eine Seite von P enthalten, gilt

$$\langle a, x \rangle \langle b, x \rangle \langle b, h(x) \rangle \langle c, h(x) \rangle \geq 0.$$

Sei $P = \bigcap_{i=1}^{n} K_+(H_a, H_{c_i}) \setminus H_a$ die affine Darstellung des gegebenen Polytops, wobei die Hyperebenen H_{c_i} jeweils eine Seite von P enthalten. Sei g die Gerade durch p und $P(h)(p)$ und $S(p, q) = g \cap P$. Wenn p nicht auf H_{c_i} liegt, dann ist $p \in g \cap K_+(H_a, H_{c_i}) \setminus H_a$ und es gibt ein $\varepsilon_i > 0$ mit $\{R((1-t)x + th(x)) | t \in [0, \varepsilon_i]\} \subseteq g \cap K_+(H_a, H_{c_i})$. Ist $p \in H_{c_i}$, dann folgt aus $\langle a, x \rangle \langle b, x \rangle \langle b, h(x) \rangle \langle c_i, h(x) \rangle \geq 0$ und $\langle b, x \rangle \langle b, h(x) \rangle > 0$ zunächst $\langle a, x \rangle \langle c_i, h(x) \rangle \geq 0$. Wir betrachten den Ausdruck $A(t) := \langle a, (1-t)x + th(x) \rangle \langle c, (1-t)x + th(x) \rangle = t \cdot \{(1-t)\langle a, x \rangle + t\langle a, h(x) \rangle\}\langle c, h(x) \rangle$ (wegen $\langle c, x \rangle = 0$). Es ist $\langle a, x \rangle \neq 0$ nach Voraussetzung. Ist $\langle c, h(x) \rangle = 0$, so ist $A(t) = 0$ für alle t. Ist $\langle c, h(x) \rangle \neq 0$, so ist $A(t) \geq 0$ für alle genügend kleinen $t \geq 0$. Also gibt es ein $\varepsilon_i > 0$ mit $\{R((1-t)x + th(x)) | t \in [0, \varepsilon_i]\} \subseteq g \cap K_+(H_a, H_{c_i})$. Damit ist aber für ein geeignetes $\varepsilon = \text{Min}(\varepsilon_i) > 0$ auch $\{R((1-t)x + th(x)) | t \in [0, \varepsilon]\} \subseteq g \cap P$ im Widerspruch dazu, daß p sichtbar ist. Also folgt die zweite Bedingung des Satzes. $\square$

13.5 Folgerung. *Sei P ein Polytop in $P(V) \setminus (P(Z) \cup P(V'))$. Sei $P(W) = H_a$ eine Hyperebene, die P nicht schneidet. Sei $p = Rx \in P$. Der Punkt p ist genau dann sichtbar, wenn es eine Hyperebene H_c gibt, die eine Seite von P und den Punkt p enthält, wobei c so normiert ist, daß für alle Punkte $q = Ry \in P$ gilt $\langle a, y \rangle \langle c, y \rangle \geq 0$, und wenn*

$$\langle a, h(x) \rangle \langle c, h(x) \rangle < 0.$$

BEWEIS: Wir verwenden Satz 13.4 mit $a = b$. $\langle a, x \rangle \langle a, x \rangle > 0$ gilt immer. Daher kann dieser Teil des Ausdrucks im Ergebnis des Satzes 13.4 fortgelassen werden. $\square$

13.6 Folgerung. *Die Voraussetzungen seien wie in Folgerung 13.5. Weiter sei bei der vollständigen Sichtabbildung $\dim P(Z) = 0$, d.h. der Fokus bestehe nur aus einem Punkt $q = Rz$. Dann gilt: p ist genau dann sichtbar, wenn es eine Hyperebene H_c gibt, die eine Seite von P und den Punkt p enthält, wobei c so normiert ist, daß für alle Punkte $q = Ry \in P$ gilt $\langle a, y \rangle \langle c, y \rangle \geq 0$, und wenn $\langle a, z \rangle \langle c, z \rangle < 0$.*

BEWEIS: folgt aus der Tatsache, daß $P(h)(p) = q$ für alle $p \in P$ gilt. $\square$

Diese Folgerung gibt die bekannte Aussage wieder, daß eine Seite eines Polytops bei einer Sichtabbildung von $P(\mathbf{R}^4)$ nach $P(\mathbf{R}^3)$ entweder ganz sichtbar oder gar nicht sichtbar ist. Die Bedingung $\langle a, z \rangle \langle c, z \rangle < 0$ ist nämlich von der Wahl von p unabhängig. Sie hängt nur von der gewählten Seite ab. Der Faktor $\langle a, z \rangle$ kann durch die Bedingung, daß alle bezüglich H_a affinen Punkte nur mit Vektoren $\mathbf{R}x$ mit $\langle a, x \rangle > 0$ dargestellt werden, ebenfalls eliminiert werden. Die dann einzig nachzuprüfende Bedingung $\langle c, z \rangle < 0$ ist die Bedingung, die bei affinen Betrachtungen sonst mit der Hesseschen Normalform erhalten wird.

Welche Konsequenzen hat nun das erzielte Resultat? Zunächst halten wir fest, daß selbst in einfachen Fällen (Folgerung 13.5) auf einer Seite sowohl Punkte liegen können, die sichtbar sind und sogar die Bedingung $\langle a, h(x) \rangle \langle c, h(x) \rangle < 0$ erfüllen, als auch Punkte, die verdeckt sind. Ein zweidimensionales Beispiel sieht man in Figur 13.1.

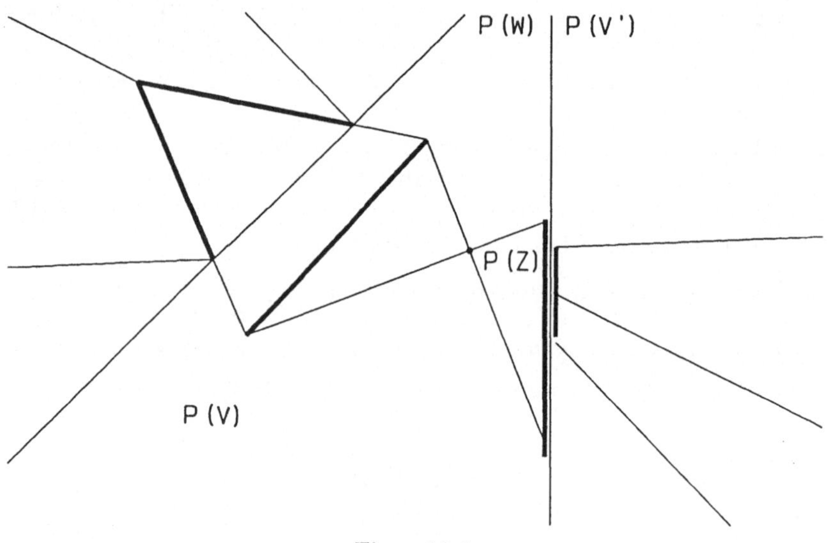

Figur 13.1

Das liegt daran, daß (projektive) Polytope auch die uneigentliche Hyperebene schneiden können. Beim Durchgang einer Strecke auf einer Seite durch die uneigentliche Hyperebene ändert sich das Vorzeichen des oben angegebenen Produkts

$$\langle a, x \rangle \langle b, x \rangle \langle b, h(x) \rangle \langle c, h(x) \rangle,$$

so daß die Sichtbarkeit der Strecke sich an diesem Schnittpunkt ändert. Für den Vorzeichenwechsel ist der Faktor $\langle b, x \rangle$ verantwortlich.

Untersuchen wir die einzelnen Faktoren weiter, so können wir feststellen, daß das Vorzeichen von $\langle a, x \rangle$ sich bei Verändern des Parameters x in der üblichen

Weise entlang einer Strecke in P nicht ändert, weil $P \cap H_a = \emptyset$. Wir können die Repräsentanten x der Punkte von P so wählen, daß immer $\langle a, x \rangle > 0$ gilt. Je zwei Punkte von P werden dann durch eine in P liegende bzgl. H_a affine Strecke mit der üblichen Parametrisierung verbunden (10.11). Damit spielt der Faktor $\langle a, x \rangle$ in unseren Überlegungen nur noch eine untergeordnete Rolle. Über die Vorzeichen der Repräsentanten x ist damit jedoch entschieden.

Die übrigen drei Faktoren spielen jedoch jeweils gleichgewichtige Rollen. Betrachten wir einmal einen der Faktoren, z.B. $F(x) := \langle c, h(x) \rangle$. Wie in den Vorbemerkungen zu 11.17 ist $F(x) = 0$ eine lineare Gleichung $\langle d, x \rangle = 0$, ihre Lösungsmenge also entweder der gesamte Raum oder eine Hyperebene. Da wir nur Seiten bei der vollständigen Sichtabbildung auf Sichtbarkeit hin untersuchen müssen, für die die möglichen Faktoren $F(x)$ auch von Null verschieden sein können, können wir zunächst ohne weiteres annehmen, daß die Menge $\{Rx | F(x) = 0\}$ eine Hyperebene in $P(V)$ und auch in der von der betrachteten Seite aufgespannten Hyperebene H_c ist. Die Hyperebene H_c wird also durch $\{Rx | F(x) = 0\}$ und H_a in zwei Halbebenen aufgeteilt nach dem Vorzeichen von $\langle a, x \rangle \langle d, x \rangle$, oder mit der Festlegung $\langle a, x \rangle > 0$ allein nach dem Vorzeichen von $\langle d, x \rangle$. Das gilt für jeden der drei Faktoren unseres Produkts. Für die Punkte auf einer Strecke in $P \cap H_c$ wird sich jeweils beim Überschreiten einer dieser Hyperebenen das Vorzeichen des Produkts ändern. Recht unübersichtliche Teile einer Seite können damit sichtbar oder unsichtbar werden, wie z.B. in Figur 13.2.

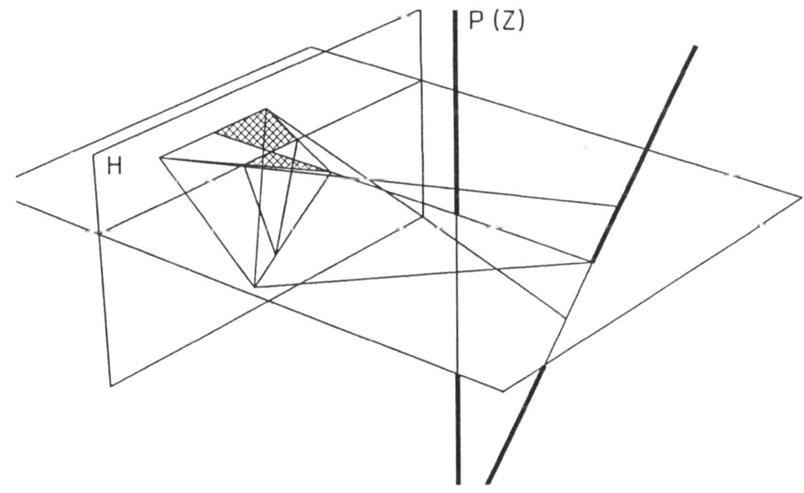

Figur 13.2

Wir wollen uns im weiteren auf den Fall beschränken, daß weder das betrachtete

Polytop P noch sein Fokus-Bild $P(h)(P)$ die uneigentliche Hyperebene H_b schneidet. Dann gilt für alle Punkte $p = \mathbf{R}x \in P$ die Ungleichung $\langle b, x \rangle \langle b, h(x) \rangle > 0$ z.B. durch Festlegung des Vorzeichens von h. Unsere Ungleichung zum Überprüfen der Sichtbarkeit reduziert sich dann auf

$\langle a, x \rangle > 0$ zur Festlegung des Vorzeichens von x,

$\langle b, x \rangle \langle b, h(x) \rangle > 0$ zur Festlegung des Vorzeichens von h, und

$\langle c, h(x) \rangle = \langle d, x \rangle < 0$ als Bedingung für die Sichtbarkeit.

Algorithmus zur Bestimmung der sichtbaren Kanten eines Polytops

Für alle Seiten $H_c \cap P$ des Polytops und für alle Kanten $S(p, q)$ des Polytops in der vorgegebenen Seite mit $p = \mathbf{R}x$ und $q = \mathbf{R}y$ überprüfe man, ob $\langle d, x \rangle$ und $\langle d, y \rangle$ dasselbe Vorzeichen haben oder nicht. Wenn dasselbe Vorzeichen vorliegt und negativ ist, dann ist die Kante in ihrer vollen Länge sichtbar. Bei gleichem positiven Vorzeichen ist unentschieden, ob die Kante sichtbar ist, sie ist auf weiteren Seiten des Polytops evtl. weiter zu untersuchen. Sind die Vorzeichen von $\langle d, x \rangle$ und $\langle d, y \rangle$ verschieden, so finde man den (vorhandenen) Schnittpunkt $r \in S(p, q) \cap H_d$. Sei p der Punkt mit $\langle d, x \rangle < 0$ so ist $S(p, r)$ sichtbar. Der Teil $S(r, q)$ ist evtl. auf weiteren Seiten noch zu untersuchen.

14 Die Struktur von projektiven Abbildungen

Wir haben in den Kapiteln 8. und 9. die allgemeine Theorie der projektiven Abbildungen kennengelernt. In diesem Kapitel sollen nun spezielle projektive Abbildungen studiert werden. Wir interessieren uns zunächst für Projektivitäten von einem projektiven Raum in sich. Für diese werden wir zeigen, daß sie aus ganz bestimmten Bausteinen, wie Rotationen, Spiegelungen, Translationen, Perspektivitäten etc. zusammengesetzt werden können.

Es wäre zu umfangreich, alle bekannten Sätze über Zerlegungen von allgemeinen Projektivitäten in speziellere Abbildungen herzuleiten, z.B. Sätze über eindeutige Darstellungen oder aber die verschiedenen Möglichkeiten der Zerlegungen. Für unsere Anwendungen ist es nur wichtig zu wissen, daß es genügt, die weiter unten angegebenen speziellen Abbildungen zu studieren und aus ihnen alle anderen Projektivitäten zusammenzusetzen.

Wir stellen die Projektivitäten alle durch die Angabe der Matrizen dar, die die entsprechende lineare Abbildung liefern. Man beachte dabei, daß wir bei Anwendung der Matrix auf einen Vektor (ein n-Tupel) immer mit der Matrix von rechts auf einen Zeilenvektor multiplizieren. Weiterhin wollen wir die uneigentliche Hyperebene durch die homogenen Koordinaten $(\alpha_1, \ldots, \alpha_n, 0)$ festlegen, also genauer von einer Zerlegung von $V = \mathbf{R}^{n+1} = (\sum_{i=1}^{n} \mathbf{R}e_i) \oplus \mathbf{R}e_{n+1} = W \oplus \mathbf{R}a$ ausgehen, wo W die uneigentliche Hyperebene ist und $a = e_{n+1}$ festgehalten wird. Die e_i seien dabei die kanonischen Basisvektoren des $\mathbf{R}^{n+1}$.

14.1 Euklidische projektive Räume

Besondere Aufmerksamkeit verdient die für die Anwendungen in der Computer Graphik bedeutsame Tatsache, daß wir eigentlich von einem euklidischen Raum ausgehen wollen und diesen dann als affinen Teilraum eines projektiven Raumes auffassen wollen. Es wird daher projektive Abbildungen geben, die sich auf den affinen Raum einschränken lassen und darunter sogar solche, die orthogonale Abbildungen auf dem affinen Teilraum definieren. Andrerseits werden wir Abbildungen finden, die sich nicht auf den gegebenen affinen Teilraum einschränken lassen, bei denen also uneigentliche Punkte in eigentliche Punkte und umgekehrt abgebildet werden können. Wir führen daher zunächst euklidische Strukturen in projektiven Räumen ein und studieren ihre Eigenschaften.

14.1 Definition: Sei $P(V)$ ein projektiver Raum. Eine *euklidische Struktur* auf $P(V)$ besteht aus einem affinen Teilraum $A \subseteq P(V)$ mit Translationsraum $W \subseteq V$, einem die affine Struktur definierenden Vektor $a \in V \setminus W$ und einem Skalarprodukt σ auf W. $(P(V), W, a, \sigma)$ heißt dann auch ein *euklidischer projektiver Raum*.

Diese Definition hängt sehr stark von der Auswahl des verwendeten affinen Unterraums in $P(V)$ ab. Tatsächlich werden wir zeigen, daß man den Raum W bzw. A nicht ändern kann, ohne die euklidische Struktur zu verändern. Wir verlieren also bei der euklidischen Struktur die Gleichwertigkeit von „eigentlichen" und „uneigentlichen" Punkten. Es steht in euklidischen projektiven Räumen unverrückbar fest, welches die uneigentlichen Punkte sind. Diese Struktur wird sogar schon durch nur endlich viele Punkte eines geeigneten projektiven Koordinatensystems bestimmt, wie wir in 14.3 sehen werden.

Sei im folgenden $P(V)$ mit $V = W \oplus \mathbf{R}a$ und einer fest gewählten euklidischen Struktur σ gegeben. Für eigentliche Punkte $p = \mathbf{R}x$, $q = \mathbf{R}y$ in $A \subseteq P(V)$ definieren wir den Abstand wie in 3.17 als $\|p, q\| := \|\tau(p, q)\|$. Ohne Einschränkung können wir nach Lemma 6.1 die Vektoren x und y so wählen, daß $x = \omega(p) + a$ und $y = \omega(q) + a$ gelten. Der Translationsvektor $\tau(p, q)$ ist nach 6.2 $\tau(p, q) = \omega(q) - \omega(p) = y - x$, also erhalten wir

$$\|p, q\| = \|y - x\|$$

für $p = \mathbf{R}x$ und $q = \mathbf{R}y$ in A. Man beachte, daß durch die spezielle Wahl der Vektoren x und y gilt $y - x \in W$. Daher können wir die durch das Skalarprodukt in W induzierte Norm verwenden.

Wir beachten, daß der Abstand nur zwischen eigentlichen Punkten definiert ist, denn es gibt keine Translationsvektoren zu uneigentlichen Punkten, so daß wir auch keine Norm des euklidischen Vektorraumes anwenden können.

Sei $\dim P(V) = n$. Dann ist $\dim V = n + 1$ und $\dim W = n$. Sei $w_1, \ldots, w_n$ eine Orthonormalbasis in W. Sei $p_0 \in A$ ein fest gewählter eigentlicher Punkt. Wir definieren Punkte $p_i := p_0 + w_i$ für $i = 1, \ldots, n$.

14.2 Lemma. *Die Punkte $p_0, \ldots, p_n$ bilden eine projektive Basis von $P(V)$, die wir auch eine projektive Orthonormalbasis nennen.*

BEWEIS: Nach Definition 7.3 müssen wir nachweisen, daß die $n + 1$ Punkte in keiner gemeinsamen Hyperebene von $P(V)$ liegen. Dazu werden wir die Folgerung 7.4 verwenden. Sei $p_0 = \mathbf{R}x_0$ mit $x_0 = w_0 + a$. Wir betrachten die Repräsentanten der übrigen Punkte $p_i = \mathbf{R}x_i$ mit $x_i = w_0 + a + w_i$. Man kann w_0 darstellen als $w_0 = \sum_{i=1}^{n} \alpha_i \cdot w_i$ und erhält

$$a = w_0 + a - \sum_{i=1}^{n} \alpha_i(w_0 + a + w_i - w_0 - a) = x_0 - \sum_{i=1}^{n} \alpha_i(x_i - x_0),$$

$$w_i = x_i - w_0 - a = x_i - x_0.$$

Also kann die Basis $a, w_1, \ldots, w_n$ von V durch Linearkombinationen der x_i dargestellt werden, d.h. daß die x_i, $i = 0, \ldots, n$ eine Basis von V bilden. Nach 7.4 sind wir damit fertig. $\square$

14.3 Satz. *Auf dem projektiven Raum $P(V)$ seien zwei euklidische Strukturen (W, a, σ) und (W', a', σ') gegeben. Dann enthält $A \cap A'$ ein projektives Koordinatensystem $p_0, \ldots, p_{n+1}$ von $P(V)$. Wenn für alle $0 \le i \le j \le n + 1$ gilt $\|p_i, p_j\|_\sigma = \|p_i, p_j\|_{\sigma'}$, dann ist $W = W'$, $\sigma = \lambda^2 \cdot \sigma'$ für eine Konstante $\lambda \in \mathbf{R} \setminus \{0\}$ und $a - \lambda a' \in W$.*

BEWEIS: Wir führen den Beweis durch die Formulierung und den Beweis von mehreren Behauptungen.

Behauptung 1: Sei U ein echter Untervektorraum von V. Dann gibt es eine Basis $v_0, \ldots, v_n$ von V, die in $V \setminus U$ liegt.

Beweis: Wir bestimmen eine Basis $u_0, \ldots, u_r$ von U und verlängern sie zu einer Basis $u_0, \ldots, u_r, v_{r+1}, \ldots, v_n$ von V. Dann ist auch $u_0 + v_n, \ldots, u_r + v_n, v_{r+1}, \ldots, v_n$ Basis von V. Die Vektoren $v_{r+1}, \ldots, v_n$ liegen nicht in U, also keines der konstruierten Basiselemente.

Behauptung 2: Seien W und W' zwei n-dimensionale Untervektorräume des $(n + 1)$-dimensionalen Vektorraumes V. Dann gibt es eine Basis $v_0, \ldots, v_n$ von V, die in $V \setminus (W \cup W')$ liegt.

Beweis: Wenn $W = W'$ ist, dann folgt das aus der 1. Behauptung. Sei also $W \ne W'$. Dann ist $U := W \cap W'$ ein $(n - 1)$-dimensionaler Untervektorraum von W. Sei $w' \in W' \setminus W$ und sei $w_1, \ldots, w_n$ eine Basis von W, die in $W \setminus U = W \setminus W'$ liegt. Dann ist $w', w_1, \ldots, w_n$ eine Basis von V, und $w_1 - w', w_1 + w', \ldots, w_n + w'$ sogar eine Basis von V, die keine Elemente in $W \cup W'$ hat. Klar ist, daß diese Vektoren wieder eine Basis bilden, denn die vorher angegebenen Basiselemente lassen sich alle als Linearkombinationen der neuen Vektoren darstellen. Ist $w_i \pm w' \in W$, so auch w' im Widerspruch zur Voraussetzung über w'. Ist $w_i \pm w' \in W'$, so auch w_i im Widerspruch zur Voraussetzung über w_i.

Behauptung 3: Es gibt eine projektive Basis $p_0, \ldots, p_n$ von $P(V)$, deren Elemente in $A \cap A'$ liegen.

Beweis: Wir betrachten die Punkte $p_i = \mathbf{R} v_i$ mit v_i wie in Behauptung 2. Nach Folgerung 7.4 bilden diese Punkte eine projektive Basis für $P(V)$. Wegen $v_i \notin W$ gilt $p_i \notin P(W)$, also $p_i \in P(V) \setminus P(W) = A$. Ebenso sieht man $p_i \in A'$, also $p_i \in A \cap A'$ für alle $i = 0, \ldots, n$.

Behauptung 4: Es gibt ein projektives Koordinatensystem $p_0, \ldots, p_{n+1}$ von $P(V)$, dessen Elemente in $A \cap A'$ liegen.

Beweis: Wir benutzen die in Behauptung 3 konstruierte projektive Basis $p_0, \ldots, p_n$ mit den Repräsentanten x_i und definieren $x_{n+1} := \sum_{i=0}^{n} \alpha_i x_i$ zunächst mit beliebigen Koeffizienten $\alpha_i \ne 0$ und $p_{n+1} := \mathbf{R} x_{n+1}$. Offenbar bilden je $n + 1$ der Vektoren $x_0, \ldots, x_{n+1}$ eine Basis von V, also haben wir nach Folgerung 7.4 und 7.6 ein projektives Koordinatensystem von $P(V)$ gefunden. Ist nun

$x_{n+1} \in W$ für jede Wahl der Koeffizienten α_i, so insbesondere auch für die Wahl $\alpha_0 = \ldots = \alpha_n = 1$ und für $\alpha_0' = 2$, $\alpha_1' = \ldots = \alpha_n' = 1$. Mit ihnen erhalten wir $x_{n+1} = \sum_{i=0}^n \alpha_i x_i$, $x_{n+1}' = \sum_{i=0}^n \alpha_i' x_i \in W$, also auch $x_0 = x_{n+1}' - x_{n+1} \in W$ im Widerspruch zur Konstruktion der x_i. Konstruieren wir einen weiteren Vektor $x_{n+1}'' = \sum_{i=0}^n \alpha_i'' x_i$ mit $\alpha_0'' = 3$, $\alpha_1'' = \ldots = \alpha_n'' = 1$, so können keine zwei der drei Vektoren gemeinsam in W oder in W' liegen. Also liegt ohne Einschränkung der Allgemeinheit $x_{n+1} \in V \setminus (W \cup W')$. Der Punkt $p_{n+1} = \mathbf{R}x_{n+1}$ kann also auch in $A \cap A'$ gewählt werden.

Für den Rest des Beweises legen wir jetzt einige Notationen fest. Wir wählen ein projektives Koordinatensystem $p_0, \ldots, p_{n+1} \in A \cap A'$. Bezüglich der Zerlegung $V = W \oplus \mathbf{R}a = W' \oplus \mathbf{R}a'$ sei $p_i = \mathbf{R}(w_i + a) = \mathbf{R}(w_i' + a')$ für $i = 0, \ldots, n+1$ mit $w_i \in W$ und $w_i' \in W'$. Da die p_i ein projektives Koordinatensystem bilden, gibt es Konstanten $\beta_i, \beta_i' \in \mathbf{R} \setminus \{0\}$ mit $\sum_{i=0}^{n+1} \beta_i(w_i + a) = 0$ und $\sum_{i=0}^{n+1} \beta_i'(w_i' + a') = 0$. Ohne Einschränkung der Allgemeinheit kann man

$$\beta_{n+1} = \beta_{n+1}' = -1$$

wählen. Da sowohl die $w_i + a$ als auch die $w_i' + a'$ die Punkte p_i darstellen, gibt es eindeutig bestimmte $\lambda_i \in \mathbf{R}$ mit $w_i + a = \lambda_i(w_i' + a')$; $i = 0, \ldots, n+1$.

Behauptung 5: Die euklidische Struktur auf W ist eindeutig durch die Werte von $\|p_i, p_j\|$, $i = 0, \ldots, n+1$ bestimmt.

Beweis: Offensichtlich genügt es, die Werte der Skalarprodukte $\langle w_i - w_0, w_j - w_0 \rangle$ für $i, j = 1, \ldots, n$ zu kennen, weil die Vektoren $w_i - w_0$ eine Basis des euklidischen Raumes W bilden. Es ist aber

$$\langle w_i - w_0, w_j - w_0 \rangle = \frac{1}{2}(\langle w_i - w_0, w_i - w_0 \rangle + \langle w_j - w_0, w_j - w_0 \rangle$$
$$- \langle (w_j - w_0) - (w_i - w_0), (w_j - w_0) - (w_i - w_0) \rangle)$$
$$= \frac{1}{2} \left(\|p_0, p_i\|_\sigma^2 + \|p_0, p_j\|_\sigma^2 - \|p_i, p_j\|_\sigma^2 \right).$$

Die euklidische Struktur auf W ist daher vollständig durch die Matrix $M := (\langle w_i - w_0, w_j - w_0 \rangle) \in \mathbf{R}^{(n,n)}$ bestimmt. Wir definieren für die noch nicht verwendeten Werte

$$\gamma_i := \langle w_{n+1} - w_0, w_i - w_0 \rangle = \frac{1}{2} \left(\|p_0, p_i\|_\sigma^2 + \|p_0, p_{n+1}\|_\sigma^2 - \|p_i, p_{n+1}\|_\sigma^2 \right).$$

Behauptung 6: Die Koeffizienten β_i, $i = 0, \ldots, n$ sind durch M, die γ_i und die Festlegung $\beta_{n+1} = -1$ eindeutig bestimmt.

Beweis: Aus $\sum_{i=0}^{n+1} \beta_i(w_i + a) = 0$ und der oben getroffenen Festlegung $\beta_{n+1} = -1$ folgt $w_{n+1} + a = \sum_{i=0}^n \beta_i(w_i + a) = \sum_{i=1}^n \beta_i(w_i - w_0) + \sum_{i=0}^n \beta_i w_0 + \sum_{i=0}^n \beta_i a$. Durch Koeffizientenvergleich folgt $\sum_{i=0}^n \beta_i = 1$ und $w_{n+1} - w_0 = \sum_{i=1}^n \beta_i(w_i -$

w_0). Wir bilden die Skalarprodukte $\gamma_j := \langle w_{n+1} - w_0, w_j - w_0 \rangle = \sum_{i=1}^{n} \beta_i \langle w_i - w_0, w_j - w_0 \rangle$ und erhalten $(\gamma_1, \dots, \gamma_n) = (\beta_1, \dots, \beta_n) \cdot M$. Da M positiv definit, insbesondere also invertierbar ist, erhalten wir die eindeutig bestimmten

$$(\beta_1, \dots, \beta_n) = (\gamma_1, \dots, \gamma_n) \cdot M^{-1}.$$

Weiter erhalten wir aus $\sum_{i=0}^{n} \beta_i = 1$

$$\beta_0 = 1 - \sum_{i=1}^{n} \beta_i.$$

Behauptung 7: Es gilt $\lambda_0 = \lambda_1 = \dots = \lambda_{n+1}$.
Beweis: Die obigen Überlegungen können auch für die β_i' durchgeführt werden. Wir erhalten insbesondere $\beta_i = \beta_i'$ für $i = 0, \dots, n+1$. Andrerseits gilt $w_i + a = \lambda_i(w_i' + a')$, also $\sum_{i=0}^{n+1} \beta_i \lambda_i (w_i' + a') = \sum_{i=0}^{n+1} \beta_i (w_i + a) = 0 = \sum_{i=0}^{n+1} \beta_i'(w_i' + a')$. Die Koeffizienten $\beta_i \lambda_i$ bzw. β_i' sind bis auf einen gemeinsamen skalaren Faktor festgelegt, da ein projektives Koordinatensystem vorliegt. Also sind die λ_i untereinander gleich. Der entstehende Faktor werde mit λ bezeichnet.
Behauptung 8: Die Untervektorräume W und W' sind gleich. Ihre euklidische Struktur unterscheidet sich um einen festen Skalarfaktor λ^2.
Beweis: Wir haben oben gezeigt $w_i - w_0 = (w_i + a) - (w_0 + a) = \lambda(w_i' + a') - \lambda(w_0' + a') = \lambda(w_i' - w_0')$ für die Basen $w_1 - w_0, \dots, w_n - w_0$ und $w_1' - w_0', \dots, w_n' - w_0'$ von W bzw. W'. Damit ist $W = W'$. Weiter gilt wegen $w_i + a = \lambda(w_i' + a')$ auch $a - \lambda a' = \lambda w_i' - w_i \in W = W'$. Wegen $\lambda^2 \langle w_i' - w_0', w_j' - w_0' \rangle_\sigma = \langle w_i - w_0, w_j - w_0 \rangle_\sigma = \langle w_i' - w_0', w_j' - w_0' \rangle_{\sigma'}$ folgt die Behauptung und der Satz. $\square$

Da die affine Struktur auf dem Teilraum $P(V) \backslash P(W)$ abhängig von der Wahl von $a \in V$ nur bis auf einen skalaren Faktor festgelegt ist (6.2), sind die euklidischen Strukturen, die zu den Werten für $\|p_i, p_j\|$ führen, gleich bis auf eine Normierung, die durch die willkürliche Wahl von a vorgenommen wird.

Wir werden in den nächsten Abschnitten eine Reihe von speziellen Projektivitäten studieren, aus denen wir später allgemeine Projektivitäten zusammensetzen können. Dabei unterscheiden wir drei Arten von Projektivitäten,

- Projektivitäten, die auf einem euklidischen projektiven Raum definiert sind und die den affinen Teilraum, der die euklidische Struktur bestimmt, durch eine orthogonale Abbildung in sich abbilden,
- Projektivitäten, die zwar den affinen Teilraum erhalten, aber mit der euklidischen Struktur nicht verträglich sind, und
- allgemeinen Projektivitäten.

14.4 Definition: Seien $H \subseteq P(V)$ eine Hyperebene und $A := P(V) \setminus H$ ein affiner Teilraum. Eine Projektivität $P(f)$ von $P(V)$ auf sich heißt *affin* bezüglich

A (oder H), wenn $P(f)(A) = A$ (und damit auch $P(f)(H) = H$) gilt. Nach 8.11 ist dann $P(f)|_A$ eine Affinität.

Seien $H \subseteq P(V)$ eine Hyperebene und $A := P(V) \setminus H$ ein euklidischer Teilraum. Eine bezüglich A affine Projektivität $P(f)$ heißt *orthogonal*, wenn die induzierte Affinität $P(f)|_A$ eine affine orthogonale Abbildung ist.

Orthogonale Projektivitäten kann man wie im folgenden Lemma konstruieren.

14.5 Lemma. *Sei $(P(V), W, a, \sigma)$ ein euklidischer projektiver Raum. Sei $P(f)$ eine Projektivität auf $P(V)$. Wenn $f(W) = W$ und $f|_W$ eine orthogonale lineare Abbildung ist, dann ist $P(f)$ eine orthogonale Projektivität.*

BEWEIS: Sei $V = W \oplus \mathbf{R}a$. Wegen $f(W) = W$ gilt $P(f)(P(W)) = P(W)$ und $P(f)(A) = A$. Damit ist $P(f)$ affin. Sei $F := P(f)|_A$. Dann ist $(F, f|_W)$ die von $P(f)$ induzierte Affinität (8.11). Da $f : W \longrightarrow W$ orthogonal ist, ist $P(f)$ eine orthogonale Projektivität. $\square$

14.2 Reflexionen oder Spiegelungen

Eine der einfachsten, dabei aber auch vielseitigsten Abbildungen ist die Spiegelung. Wir kennzeichnen sie dadurch, daß sie bei zweimaliger Anwendung die identische Abbildung ergeben. Damit sind sie auch ohne Voraussetzung bijektiv.

14.6 Definition: Eine *Reflexion* oder *Spiegelung* ist eine Projektivität

$$P(f): P(V) \longrightarrow P(V)$$

mit $P(f)^2 = \mathrm{id}_{P(V)}$.

Üblicherweise sollte eine Spiegelung an einem Unterraum vorgenommen werden. Die Punkte dieses Unterraumes gehen dann bei dieser Spiegelung in sich selbst über. Sie bilden den Fixraum der Spiegelung. In projektiven Räumen geschieht jedoch etwas mehr. Solange man eine affine Projektivität betrachtet, muß natürlich auch die uneigentliche Hyperebene global in sich übergehen. Da die affine Projektivität eingeschränkt auf die uneigentliche Hyperebene wieder eine Spiegelung in unserem Sinne ist, kann sie auch uneigentliche Fixpunkte besitzen. Die Eigenschaften von affinen Spiegelungen werden im folden Lemma behandelt.

14.7 Lemma. *Die Einschränkung einer affinen Reflexion $P(f): P(V) \longrightarrow P(V)$ auf den zugehörigen affinen Teilraume $A \subseteq P(V)$ besitzt einen nicht-leeren affinen Unterraum als Fixraum*

$$\mathrm{Fix}(P(f)|_A) := \{p \in A \mid P(f)(p) = (p)\}.$$

BEWEIS: Sei $F := P(f)|_A : A \longrightarrow A$ die Affinität, die durch $P(f)$ auf A induziert wird. Dann gilt $F^2 = \mathrm{id}_A$, weil $P(f)$ eine Reflexion ist. Sei $f : U \longrightarrow U$ die zugehörige lineare Abbildung auf dem Translationsraum von A. Sei $p \in A$. Dann gibt es einen Vektor $u_0 \in U$ mit $F(p) = p + u_0$. Daraus folgt $p = F^2(p) = F(p + u_0) = p + u_0 + f(u_0)$, also $u_0 + f(u_0) = 0$. Damit erhalten wir $F(p + 1/2 \cdot u_0) = p + u_0 + 1/2 \cdot f(u_0) = p + 1/2 \cdot u_0$. Wir haben also einen Fixpunkt gefunden.

Sei jetzt $p \in A$ ein Fixpunkt für F. $p + u \in A$ ist genau dann Fixpunkt von F, wenn $f(u) = u$ gilt, was aus $p + u = F(p + u) = F(p) + f(u) = p + f(u)$ folgt. Die Vektoren $\{u \in U | f(u) = u\}$ bilden aber einen Unterraum von U, also ist der Fixraum $B = \{p + u | F(p + u) = p + u\} = p + \{u \in U | f(u) = u\}$ ein affiner Unterraum von A. $\square$

Wir können sogar alle Fixpunkte mit Hilfe von f und einem Fixpunkt p konstruieren. Wir haben nämlich $p + u = F^2(p + u) = F(F(p) + f(u)) = F^2(p) + f^2(u) = p + f^2(u)$, also $u = f^2(u)$ für alle $u \in U$ oder $f^2 = \mathrm{id}_U$. Damit erhalten wir $f(u + f(u)) = f(u) + f^2(u) = f(u) + u$, also $F(p + u + f(u)) = p + f(u + f(u)) = p + u + f(u)$. Wir haben für jede Wahl von $u \in U$ einen Fixvektor gefunden. Der Leser möge sich davon vergewissern, daß so alle Fixpunkte gefunden werden. Für Punkte der Form $p + u - f(u)$ gilt nämlich $F(p + u - f(u)) = p - u + f(u)$.

Eine affine Reflexion braucht auf dem affinen Teilraum, falls dieses ein euklidischer Raum ist, nun durchaus nicht orthogonal zu sein, wie wir im folgenden Beispiel sehen werden. Wir definieren daher:

14.8 Definition: Sei $P(f) : P(V) \longrightarrow P(V)$ eine affine Reflexion bezüglich des affinen Teilraums A mit Translationsraum $U \subseteq V$. Wenn A eine euklidische Struktur trägt und $P(f)$ bezüglich dieser Struktur orthogonal ist, so heißt $P(f)$ eine bezüglich des euklidischen Raumes A *orthogonale Reflexion*.

14.9 Beispiel: 1) Wir geben zunächst ein Beispiel für eine orthogonale Reflexion an. Dazu legen wir den projektiven Raum $P(\mathbf{R}^3)$ zugrunde. Der durch $W = \mathbf{R}(1,0,0) \oplus \mathbf{R}(0,1,0)$ und $V = W \oplus \mathbf{R}(0,0,1)$ definierte affine Teilraum sei mit der kanonischen euklidischen Struktur versehen, die den Bedingungen

$$\|(1,0,0)\| = \|(0,1,0)\| = 1 \quad \text{und} \quad \langle (1,0,0), (0,1,0) \rangle = 0$$

genügt. Dann ist die projektive Abbildung $P(f)$ mit

$$f = \begin{pmatrix} \cos(\phi) & \sin(\phi) & 0 \\ \sin(\phi) & -\cos(\phi) & 0 \\ 0 & 0 & 1 \end{pmatrix}$$

eine Spiegelung wegen $f^2 = id$ und orthogonal auf dem Untervektorraum W, wie man durch Anwendung auf die Orthonormalbasis $(1,0,0), (0,1,0)$ leicht nachrechnet. Nach Lemma 14.5 ist daher $P(f)$ eine orthogonale Reflexion. Von

Interesse ist hier der Fixraum. Er ist $\mathbf{R}(\cos(\phi/2), \sin(\phi/2), 1)$, wie man mit Hilfe der Additionstheoreme für die trigonometrischen Funktionen nachrechnen kann. Zwei weitere, uneigentliche Fixpunkte sind $\mathbf{R}(\cos(\phi/2), \sin(\phi/2), 0)$ und $\mathbf{R}(-\sin(\phi/2), \cos(\phi/2), 0)$, da

$$f(-\sin(\phi/2), \cos(\phi/2), 0) = -(-\sin(\phi/2), \cos(\phi/2), 0)$$

gilt. Es handelt sich also um eine Spiegelung an der affinen Geraden mit dem Steigungswinkel $\phi/2$, die auch die dazu orthogonale Richtung fix läßt.

2) Eine Reflexion, die zwar affin, aber nicht orthogonal ist erhalten wir aus $P(f)$ auf $P(\mathbf{R}^3)$ definiert durch Multiplikation von rechts mit der Matrix

$$M := \begin{pmatrix} -1 & 0 & 0 \\ 0 & 1 & 0 \\ 0 & 0 & 1 \end{pmatrix}.$$

Offenbar ist $P(f)$ eine Reflexion wegen $M^2 = E$ bzw. $P(f)^2 = \mathrm{id}$. Die uneigentliche Hyperebene sei $H := \{\mathbf{R}(\alpha, \beta, 0) \in P(\mathbf{R}^3)\}$, der affine Teilraum sei $A := \{\mathbf{R}(\alpha, \beta, 1) \in P(\mathbf{R}^3)\}$, der Translationsraum von A sei $U := \{(\alpha, \beta, 0) \in \mathbf{R}^3\}$, und die euklidische Struktur auf U sei ähnlich wie in Beispiel 3.2 2) durch die Matrix

$$N := \begin{pmatrix} 2 & 1 & 0 \\ 1 & 1 & 0 \\ 0 & 0 & 1 \end{pmatrix}$$

gegeben. Der Punkt $\mathbf{R}(0,0,1) \in A$ ist fix unter der Abbildung $P(f)$. Für Vektoren $(\alpha, \beta, 0) \in U$ rechnet man dann als lineare Abbildung sofort $f(\alpha, \beta, 0) = (-\alpha, \beta, 0)$ nach, denn $\mathbf{R}(0,0,1) + f(\alpha, \beta, 0) = P(f)(\mathbf{R}(0,0,1) + (\alpha, \beta, 0)) = P(f)(\mathbf{R}(\alpha, \beta, 1)) = \mathbf{R}(-\alpha, \beta, 1) = \mathbf{R}(0,0,1) + (-\alpha, \beta, 0)$. Für den Vektor $v = (1,1,0) \in U$ gilt dann aber $\|v\|^2 = 2 + 1 + 2 = 5$ und $\|f(v)\|^2 = \|(-1,1,0)\|^2 = 2 + 1 - 2 = 1$. Also ist $\|f(v)\| \neq \|v\|$. Damit können f keine orthogonale Abbildung und $P(f)$ keine orthogonale Projektivität sein.

3) Bezüglich der kanonischen euklidischen Struktur auf dem $P(\mathbf{R}^3)$ mit der uneigentlichen Hyperebene $H := \{\mathbf{R}(\alpha, \beta, 0) \in P(\mathbf{R}^3)\}$ und dem affinen Teilraum $A := \{\mathbf{R}(\alpha, \beta, 1) \in P(\mathbf{R}^3)\}$, der die projektive Orthonormalbasis $(0,0,1)$, $(1,0,1)$, $(0,1,1)$ von $P(\mathbf{R}^3)$ bzw. die Orthonormalbasis $(1,0,0)$, $(0,1,0)$ von W trägt, ist auch die Matrix

$$N := \begin{pmatrix} -1 & 0 & 0 \\ 2 & 1 & 0 \\ 0 & 0 & 1 \end{pmatrix}$$

eine affine Spiegelung, jedoch nicht orthogonal. Ihr affiner Fixraum ist $\mathbf{R}(1,1,1)$. Die uneigentlichen Fixpunkte sind $\mathbf{R}(1,1,0)$ und $\mathbf{R}(1,0,0)$.

Was nun im Fall einer Reflexion passieren kann, die bezüglich eines vorgegenen affinen Teilraums nicht affin ist, möge das nächste Beispiel zeigen.

14.10 Beispiel: Sei eine Projektivität $P(f)\colon P(\mathbf{R}^3) \longrightarrow P(\mathbf{R}^3)$ gegeben durch Multiplikation mit der Matrix

$$M := \begin{pmatrix} 0 & 0 & 1 \\ 0 & 1 & 0 \\ 1 & 0 & 0 \end{pmatrix}.$$

Wegen $M^2 = E$ ist damit eine Reflexion definiert. Sei der affine Teilraum wieder $A := \{R(\alpha,\beta,1) \in P(\mathbf{R}^3)\}$. Dann hat der uneigentliche Punkt $p = R(1,0,0)$ das affine Bild $F(p) = R(0,0,1)$. Das zeigt, daß F keine affine Reflexion bezüglich A ist. Die Menge der Fixpunkte besteht, wie man leicht nachrechnet, aus der projektiven Geraden $g = \{R(1,\alpha,1)|\alpha \in \mathbf{R}\} \cup \{R(0,1,0)\}$ zusammen mit den Punkt $R(-1,0,1)$. Tatsächlich entspricht auch dieses Beispiel unserem oben bewiesenen Lemma, wenn man die projektive Gerade g als Hyperebene verwendet. Bezüglich g ist F wieder eine affine Reflexion und der einzelne Punkt ist dann der affine Fixraum der Reflexion.

Wir geben jetzt einige der wichtigsten Spiegelungen an. Dabei seien immer wie oben die Zerlegung $\mathbf{R}^{n+1} = \oplus_{i=1}^{n} \mathbf{R}e_i \oplus \mathbf{R}e_{n+1}$ und die kanonische euklidische Struktur verwendet.

14.11 Beispiele: 1) Zweidimensionale orthogonale Punktspiegelung: die affine (orthogonale) Spiegelung mit dem einzigen affinen Fixpunkt $R(\alpha,\beta,0)$ ist gegeben durch die Matrix

$$M := \begin{pmatrix} -1 & 0 & 0 \\ 0 & -1 & 0 \\ 2\alpha & 2\beta & 1 \end{pmatrix}.$$

2) Zweidimensionale orthogonale Geradenspiegelung: die affine (orthogonale) Spiegelung an der affinen Geraden durch $R(\alpha,\beta,0)$ mit dem Richtungsvektor $(\cos(\phi/2),\sin(\phi/2)$ ist gegeben durch die Matrix

$$M := \begin{pmatrix} \cos(\phi) & \sin(\phi) & 0 \\ \sin(\phi) & -\cos(\phi) & 0 \\ \alpha(1 - \cos(\phi)) - \beta\sin(\phi) & -\alpha\sin(\phi) + \beta(1 + \cos(\phi)) & 1 \end{pmatrix}.$$

3) Dreidimensionale orthogonale Punktspiegelung: die affine (orthogonale) Spiegelung mit dem einzigen affinen Fixpunkt $R(\alpha,\beta,\gamma,0)$ ist gegeben durch die Matrix

$$M := \begin{pmatrix} -1 & 0 & 0 & 0 \\ 0 & -1 & 0 & 0 \\ 0 & 0 & -1 & 0 \\ 2\alpha & 2\beta & 2\gamma & 1 \end{pmatrix}.$$

4) Dreidimensionale orthogonale Ebenenspiegelung an der (x,y)-Ebene ist gegeben durch die Matrix

$$
M := \begin{pmatrix} 1 & 0 & 0 & 0 \\ 0 & 1 & 0 & 0 \\ 0 & 0 & -1 & 0 \\ 0 & 0 & 0 & 1 \end{pmatrix}.
$$

5) Dreidimensionale orthogonale Ebenenspiegelung an der zur (x,y)-Ebene parallelen Ebene durch den Punkt $\mathbf{R}(\alpha,\beta,\gamma,1)$ ist gegeben durch die Matrix

$$
M := \begin{pmatrix} 1 & 0 & 0 & 0 \\ 0 & 1 & 0 & 0 \\ 0 & 0 & -1 & 0 \\ 0 & 0 & 2\gamma & 1 \end{pmatrix}.
$$

6) Dreidimensionale orthogonale Spiegelung an der Geraden durch den Punkt $\mathbf{R}(\alpha,\beta,\gamma,1)$ mit Richtungsvektor $(1,0,0)$ ist gegeben durch die Matrix

$$
M := \begin{pmatrix} 1 & 0 & 0 & 0 \\ 0 & -1 & 0 & 0 \\ 0 & 0 & -1 & 0 \\ 0 & 2\beta & 2\gamma & 1 \end{pmatrix}.
$$

7) Vierdimensionale orthogonale Spiegelung an der Hyperebene (dreidimensionaler Raum) durch den Punkt $\mathbf{R}(\alpha,\beta,\gamma,\delta,1)$ parallel zur (x,y,z)-Hyperebene ist gegeben durch die Matrix

$$
M := \begin{pmatrix} 1 & 0 & 0 & 0 & 0 \\ 0 & 1 & 0 & 0 & 0 \\ 0 & 0 & 1 & 0 & 0 \\ 0 & 0 & 0 & -1 & 0 \\ 0 & 0 & 0 & 2\delta & 1 \end{pmatrix}.
$$

Weitere Spiegelungen kann man durch Komposition der oben angegebenen Spiegelungen mit geeigneten Translationen oder Drehungen erhalten. Das kann natürlich auch durch Matrizenmultiplikation im Computer ausgeführt werden.

Eine besondere Reflexion der projektiven Geraden $P(\mathbf{R}^2) = \widehat{\mathbf{R}}$ in sich ist die Abbildung $1/x : \widehat{\mathbf{R}} \longrightarrow \widehat{\mathbf{R}}$. Man erhält sie durch $f(x,1) := (x,1)\begin{pmatrix} 0 & 1 \\ 1 & 0 \end{pmatrix} = (1,x)$. Dieser Vektor repräsentiert den affinen Punkt $\mathbf{R}(1/x,1)$.

Allgemeiner sind sogar beliebige sogenannte „rationale" Transformationen

$$
\widehat{\mathbf{R}} \ni x \mapsto \frac{ax+b}{cx+d} \in \widehat{\mathbf{R}}
$$

der projektiven Geraden in sich Projektivitäten, denn es gilt $(x,1)\begin{pmatrix} a & c \\ b & d \end{pmatrix} =$ $(ax+b, cx+d)$ und $\mathbf{R}(ax+b, cx+d) = \mathbf{R}(\dfrac{ax+b}{cx+d},1)$. Der Leser möge sich überlegen, wie bei diesen Transformationen die uneigentlichen Punkte behandelt werden.

14.3 Translationen

Besonders interessante (affine) Projektivitäten sind solche, die auf einem affinen Teilraum eine Translation hervorrufen. Ist der affine Teilraum dann mit einer euklidischen Struktur versehen, so induziert eine Translation auf dem zugehörigen Translationsvektorraum die identische Abbildung, die sicher eine orthogonale lineare Abbildung ist, gleichgültig, wie die euklidische Struktur auf A definiert ist.

14.12 Definition: Eine *Translation* um einen Vektor $t \in W$ bezüglich der Struktur $V = W \oplus \mathbf{R}a$ ist die durch $f(w + \lambda a) = \lambda t + w + \lambda a$ induzierte Projektivität $P(f)$.

Offenbar ist f eine lineare Abbildung auf V. Für $P(f)$ erhalten wir dann $P(f)(\mathbf{R}(w + a)) = \mathbf{R}(t + w + a) = \mathbf{R}(w + a) + t$. Ist $V = \mathbf{R}^{n+1}$ und W der von den Basisvektoren $e_1, \ldots, e_n$ erzeugte Untervektorraum. Ist weiter $a = e_{n+1}$, so wird die Translation um den Vektor $t = (\alpha_1, \ldots, \alpha_n, 0)$ gegeben durch die Multiplikation von rechts mit der Matrix

$$M = \begin{pmatrix} 1 & \ldots & 0 & 0 \\ \vdots & \ddots & \vdots & \vdots \\ 0 & \ldots & 1 & 0 \\ \alpha_1 & \ldots & \alpha_n & 1 \end{pmatrix}.$$

Wir haben also gesehen:

14.13 Lemma. *Affine Translationen auf einem projektiven Raum sind orthogonale Projektivitäten.*

14.4 Rotationen oder Drehungen

14.14 Definition: Sei $P(f): P(V) \longrightarrow P(V)$ eine affine Projektivität bezüglich des affinen Teilraums A mit Translationsraum $U \subseteq V$. Trage A eine euklidische Struktur und sei $P(f)$ bezüglich dieser Struktur orthogonal ist. Wenn $P(f)$ auf dem Translationsraum U des affinen Raumes A eine Drehung oder Rotation im Sinne von **3.38** induziert, so heißt $P(f)$ eine bezüglich des euklidischen Raumes A *orthogonale Rotation*.

Auf dem schon oben betrachteten Standardmodell eines projektiven Raumes $P(\mathbf{R}^{n+1})$ mit $\mathbf{R}^{n+1} = W \oplus \mathbf{R}e_{n+1}$ und W erzeugt von $e_1, \ldots, e_n$ sind insbesondere die durch Matrizen der Form

$$M = \begin{pmatrix} \cos(\phi) & \sin(\phi) & & & & \\ -\sin(\phi) & \cos(\phi) & & & & \\ & & \cos(\psi) & \sin(\psi) & & \\ & & -\sin(\psi) & \cos(\psi) & & \\ & & & & \ddots & \\ & & & & & 1 \\ & & & & & & \ddots \\ & & & & & & & 1 \end{pmatrix}$$

gegeben.

Wir geben wieder einige Beispiele an

14.15 Beispiele: 1) Zweidimensionale orthogonale Rotation um den Punkt $p = \mathbf{R}(\alpha, \beta, 1)$ und den Winkel ϕ: die Darstellung der Drehung f um den Nullpunkt $\mathbf{R}(0,0,1)$ mit dem vorgegebenen Winkel ist bekannt. Wir verschieben nun alle Vektoren im affinen Raum so, daß der Punkt p auf den Nullpunkt abgebildet wird, also $t_{-p}(q) := q - p'$ mit $p' := (\alpha, \beta) \in W$, dem Translationsraum von A. Sodann führen wir die Drehung durch und verschieben den Nullpunkt wieder nach p (und damit natürlich alle Vektoren). Das ergibt die gewünschte Rotation R:

$$R(q) = t_p \circ F \circ t_{-p}(q) = F(q - p') + p' = F(q) - f(p') + p',$$

wobei f die zu F gehörige lineare Abbildung ist. Umgesetzt in Matrizenschreibweise erhalten wir die Matrix

$$M := \begin{pmatrix} \cos(\phi) & \sin(\phi) & 0 \\ -\sin(\phi) & \cos(\phi) & 0 \\ \alpha(1 - \cos(\phi)) + \beta\sin(\phi) & -\alpha\sin(\phi) + \beta(1 + \cos(\phi)) & 1 \end{pmatrix}.$$

Auf die hier verwendete Methode der Komposition geeigneter Abbildungen haben wir schon bei der Diskussion der Spiegelungen hingewiesen. Der Leser sollte sich auch bei den zu erstellenden Graphikpaketen immer fragen, in welcher Weise er weitgehend beliebige (orthogonale, affine oder projektive) Abbildungen aus den hier gegeben Bausteinen zusammensetzen kann.

2) Dreidimensionale orthogonale Rotation um den Winkel ϕ um die x-Achse wird dargestellt durch die Matrix

$$M := \begin{pmatrix} 1 & 0 & 0 & 0 \\ 0 & \cos(\phi) & \sin(\phi) & 0 \\ 0 & -\sin(\phi) & \cos(\phi) & 0 \\ 0 & 0 & 0 & 1 \end{pmatrix}.$$

3) Vierdimensionale orthogonale Rotation um den Winkel ϕ um die (x, y)-Ebene wird dargestellt durch die Matrix

$$M := \begin{pmatrix} 1 & 0 & 0 & 0 & 0 \\ 0 & 1 & 0 & 0 & 0 \\ 0 & 0 & \cos(\phi) & \sin(\phi) & 0 \\ 0 & 0 & -\sin(\phi) & \cos(\phi) & 0 \\ 0 & 0 & 0 & 0 & 1 \end{pmatrix}.$$

Man muß vorsichtig mit dem Drehsinn von Rotationen sein. Die oben angegebenen Beispiele induzieren jeweil eine Drehung der Ebene, die durch zwei aufeinanderfolgende Basisvektoren bestimmt wird. Geht man von dieser Reihenfolge ab, so kann sich das Vorzeichen des Drehwinkels ändern. Das hat mit der Orientierung zu tun, die man am besten mit dem Begriff der Determinante behandelt. Für uns genügt es, zur Erzeugung von Rotationen um einen beliebig vorgegebenen $(n-2)$-dimensionalen affinen Unterraum durch geeignete andere Rotationen und Translationen diesen Unterraum in den Unterraum zu transformieren, der von den ersten $n-2$ Basisvektoren aufgespannt wird, zu übertragen, dann die gewünschte Drehung in der richtigen Richtung durchzuführen und schließlich die anderen Rotationen und Translationen wieder rückgängig zu machen. Dabei kann man dieselben Prinzipien verwenden, wie in Beispiel 14.15 1).

4) Die dreidimensionale orthogonale Rotation um den Winkel ϕ um die y-Achse wird dann dargestellt durch die Matrix

$$M := \begin{pmatrix} \cos(\phi) & 0 & -\sin(\phi) & 0 \\ 0 & 1 & 0 & 0 \\ \sin(\phi) & 0 & \cos(\phi) & 0 \\ 0 & 0 & 0 & 1 \end{pmatrix}.$$

14.5 Uniforme Skalierungen oder Streckungen

14.16 Definition: *Uniforme Skalierungen oder Streckungen* nennen wir die affinen Projektivitäten, die alle affinen Translationsvektoren um einen festen Faktor λ strecken und einen affinen Punkt fest lassen.

Eine dreidimensionale uniforme Skalierung mit dem Faktor λ und dem Fixpunkt $\mathbf{R}(\alpha, \beta, \gamma, 1)$ ist

$$M := \begin{pmatrix} \lambda & 0 & 0 & 0 \\ 0 & \lambda & 0 & 0 \\ 0 & 0 & \lambda & 0 \\ \alpha(1-\lambda) & \beta(1-\lambda) & \gamma(1-\lambda) & 1 \end{pmatrix}.$$

Auch hier können wieder die oben erwähnten Methoden der Komposition von Abbildungen verwendet werden. Man beachte weiter, daß uniforme Skalierungen zwar Abstände und Längen verändern, also nicht orthogonal sind, aber offenbar Winkel erhalten, also geometrische Figuren in ähnliche geometrische Figuren abbilden. Uniforme Skalierungen sind also affine, aber keine orthogonalen Projektivitäten.

14.6 Skalierungen oder Streckungen

Der allgemeinere Typ einer *Skalierung oder Streckung* hat möglicherweise verschiedene Streckungsfaktoren in verschiedenen (linear unabhängigen) Richtungen. Auch dabei wird wieder (mindestens) ein Fixpunkt verlangt. Man wähle also eine Basis $w_1, \ldots, w_n$ des Translationsraumes W und einen affinen (Fix-) Punkt $p \in P(V) \setminus P(W)$ und definiere die affine Abbildung $F : A \longrightarrow A$ durch $F(p + w_i) := p + \lambda_i w_i$. Diese wird dann auf $P(V)$ zu einer Projektivität fortgesetzt. Das Produkt zweier Skalierungen ist offenbar wieder eine Skalierung.

Die zweidimensionale Skalierung mit Fixpunkt $\mathbf{R}(1, 1, 1)$ und Skalierungsfaktoren 2 für das Basiselement $(1, 1)$ und 3 für das Basiselement $(0, 1)$ ist gegeben durch die Matrix

$$M := \begin{pmatrix} 2 & -1 & 0 \\ 0 & 3 & 0 \\ -1 & -1 & 1 \end{pmatrix}.$$

Eine Skalierung hat $n = \dim(P(V))$ unabhängige Geraden durch den Fixpunkt, die in sich abgebildet werden. Sie unterscheidet sich damit wesentlich von den als nächstes besprochenen Scherungen.

14.7 Scherungen

14.17 Definition: Eine Scherung ist eine affine Projektivität mit einer affinen Fixhyperebene H, die alle zu H parallelen affinen Hyperebenen (global) in sich abbildet.

Die allgemeine 3-dimensionale Scherung mit der (x, y)-Ebene als Fixebene hat als Matrix

$$M := \begin{pmatrix} 1 & 0 & 0 & 0 \\ 0 & 1 & 0 & 0 \\ \alpha & \beta & 1 & 0 \\ 0 & 0 & 0 & 1 \end{pmatrix}.$$

Eine spezielle 3-dimensionale Scherung mit der (x, z)-Ebene als Fixebene in Richtung der z-Achse hat als Matrix

$$M := \begin{pmatrix} 1 & 0 & 0 & 0 \\ 0 & 1 & 1 & 0 \\ 0 & 0 & 1 & 0 \\ 0 & 0 & 0 & 1 \end{pmatrix}.$$

Ein Polytop wird, so kann man sich eine Scherung vorstellen, schichtenweise „quer" in sich verschoben, parallel zu einer festgewählten Hyperebene. Es genügt die Fixhyperebene H, eine einzige dazu parallele Hyperebene H' und einen Translationsvektor im Translationsraum dazu anzugeben, mit dem H' verschoben wird. Das kann man sich leicht überlegen.

Durch Komposition mit geeigneten Translationen und Rotationen kann man sich Scherungen mit beliebigen Fixhyperebenen zusammensetzen.

14.8 Perspektivitäten

Allgemein interessieren uns in der speziellen Gestalt des projektiven Raumes $P(\mathbf{R}^{n+1})$ wie oben (mit der Zerlegung $\mathbf{R}^{n+1} = \oplus_{i=1}^{n} \mathbf{R}e_i \oplus \mathbf{R}e_{n+1}$) lineare Abbildungen $f : V \longrightarrow V$, die durch Matrizen der Form

$$\left(\begin{array}{c|c} M_0 & m_0 \\ \hline m_1 & \alpha \end{array} \right)$$

dargestellt werden. Wir haben gesehen, daß Matrizen mit $M_0 = E$ (Einheitsmatrix), mit $\alpha = 1$ und mit $m_0 = 0$ Translationen um den Vektor m_1 sind.

Weiter haben wir gesehen, daß $\alpha = 1$, $m_0 = 0$, $m_1 = 0$ und M_0 eine Diagonalmatrix mit von Null verschiedenen (aber sonst beliebigen) Diagonaleinträgen durch allgemeine Streckungen auftreten. Ebenso werden uniforme Streckungen, Scherungen und Rotationen nur in der Matrix M_0 berücksichtigt.

Im wesentlichen haben wir also nur die Änderungen von m_0 noch nicht diskutiert. Betrachten wir die Matrix

$$M := \begin{pmatrix} 1 & 0 & 0 & \cdots & \alpha_1 \\ 0 & 1 & 1 & \cdots & \alpha_2 \\ 0 & 0 & 1 & \cdots & \alpha_3 \\ \vdots & \vdots & \vdots & & \vdots \\ 0 & 0 & 0 & \cdots & 1 \end{pmatrix},$$

so kann dadurch ein affiner Punkt mit Repräsentant $(\xi_1, \ldots, \xi_n, 1)$ in einen uneigentlichen Punkt abgebildet werden, wenn nämlich $\sum \xi_i \alpha_i + 1 = 0$ gilt. Ebenso kann ein uneigentlicher Punkt mit Repräsentant $(\xi_1,\ldots,\xi_n,0)$ in einem eigentlichen Punkt abgebildet werden, wenn nämlich $\sum_{i=1}^{n}\xi_i\alpha_i \neq 0$ wird. Das ist also eine echte projektive Abbildung, und die Matrix ist invertierbar. Eine solche Projektivität nennen wir eine *Perspektivität*. Sie ist also immer auf ein spezielles Koordinatensystem bezogen.

Die Perspektivitäten sind das Pendant zu Translationen. Ihre Matrizen sind transponiert zu Translationsmatrizen, d.h. durch „Spiegelung" an der Hauptdiagonmalen gehen Perspektivitäten in Translationen über und umgekehrt. Da die Multiplikation von Transpositionen wieder Tarnspositionen ergibt, gilt dasselbe auch fUr Perspektivitäten. Das kann man aber auch direkt nachrechnen, denn es gilt

$$\begin{pmatrix} E & a \\ 0 & 1 \end{pmatrix} \cdot \begin{pmatrix} E & b \\ 0 & 1 \end{pmatrix} = \begin{pmatrix} E & a+b \\ 0 & 1 \end{pmatrix}.$$

Damit ist die Diskussion dieser speziellen Typen von Projektivitäten abgeschlossen. Wir schließen einen Satz an, der zeigt, daß man mit den oben definierten Abbildungen schon alle Projektivitäten erzeugen kann. Es gibt viele verschiedene solche Erzeugungsmöglichkeiten. So bieten 3-dimensionale Graphiksprachen zum Beispiel die Erzeugung beliebiger Affinitäten an durch

- eine Komposition einer Streckung in den drei Koordinatenachsen mit Rotationen um die x-, die y- und die z-Achse bezüglich eines Fixpunkts für diese Rotationen und mit einer Translation, in der angegebenen Reihenfolge.

14.18 Satz. *Jede Projektivität läßt sich aus Reflexionen, Translationen, Scherungen, Streckungen in den Koordinatenrichtungen und Perspektivitäten zusammensetzen.*

BEWEIS: Wir verwenden die Tatsache, daß die darstellenden Matrizen für Projektivitäten invertierbar sind und sich nach Satz 2.30 in ein Produkt von Elementarmatrizen zerlegen lassen. Wir diskutieren also nur die Elementarmatrizen von der Form

$$\left(\begin{array}{c|c} M_0 & m_0 \\ \hline m_1 & \alpha \end{array} \right)$$

und zeigen, daß die benötigten Elementarmatrizen von den angegebenen Abbildungstypen sind.

Ist M wie in Kapitel 2.3 eine Elementarmatrix erster Art und der Koeffizient λ in der Teilmatrix M_0 gelegen, so ist die Matrix eine Streckung in einer Koordinatenrichtung.

Ist M eine Elementarmatrix erster Art und ist der Koeffizient $\lambda = \alpha$, so stellt die Matrix eine uniforme Streckung mit dem Faktor λ^{-1} dar.

Ist M eine Elementarmatrix zweiter Art und liegt der zusätzliche Koeffizient λ in M_0, so liegt eine Scherung vor.

Ist M eine Elementarmatrix zweiter Art und liegt der zusätzliche Koeffizient λ in m_0, so liegt eine Perspektivität vor.

Ist M eine Elementarmatrix zweiter Art und liegt der zusätzliche Koeffizient λ in m_1, so liegt eine Translation vor.

Ist schließlich M eine Elementarmatrix dritter Art, so liegt eine Reflexion vor.
□

Man beachte, daß Rotationen in dem Satz nicht genannt werden. Tatsächlich kann man Rotationen schon durch Komposition von Reflexionen darstellen. Andererseits kann man beliebige Rotationen durch Rotationen um die Koordinatenachsen darstellen.

14.9 Die Struktur der euklidischen Projektionsabbildung

Wir untersuchen zunächst projektive Unterräume, die durch einen (Stütz-)Vektor und durch Orthogonalitätsbedingungen gegeben sind. Seien dazu $V = \mathbf{R}^n = W \oplus \mathbf{R}a$ und eine euklidische Struktur σ auf W gegeben. Dadurch. wird $P(V)$ zu einem euklidischen projektiven Raum.

Sei $b \in \mathbf{R}^n$ ein Koeffizienten-n-Tupel, das den Untervektorraum W durch die Gleichung $\langle b, W \rangle = 0$ bestimmt. b kann zum Beispiel als Lösung dieses Gleichungssystems bestimmt werden und bestimmt seinerseits W eindeutig. Wir können b auch als Repräsentanten eines Punktes $\mathbf{R}b \in P(V)$ auffassen. Wenn wir von dem Gleichungssystem $\langle b, W \rangle = 0$ bezüglich des unbekannten n-Tupels b sprechen, so genügen von den unendlich vielen derart angegebenen Gleichungen schon $n-1$ Gleichungen $\langle b, c_i \rangle = 0$ mit einer beliebigen Basis $c_1, \ldots, c_{n-1}$ von W. Diese Methode, die Koeffizienten eines Gleichungssystems aus den Lösungen zu bestimmen, d.h. die Rolle der Koeffizienten und der Lösungen einfach zu vertauschen, werden wir auch noch weiter anwenden.

Seien linear unabhängige Vektoren $w_1, \ldots, w_r \in W$ gegeben. Die linearen Abbildungen $\sigma(w_i, -) : W \longrightarrow \mathbf{R}$ sind für alle $i = 1, \ldots, r$ von Null verschieden. Für eine Basis $c_1, \ldots, c_{n-1}$ von W betrachten wir die n linearen Gleichungen in den Koeffizienten von $v_i \in V$

$$\langle v_i, c_j \rangle = \sigma(w_i, c_j).$$

Da die Matrix hierzu den Rang $n-1$ hat, hat das Gleichungssystem eine Lösung $v_i \in V \setminus \{0\}$. Die $v_1, \ldots, v_r$ sind linear unabhängig, denn wäre $\sum \beta_i v_i = 0$, so wäre $\sigma(\sum \beta_i w_i, -)$ auch Null, also auch $\sum \beta_i w_i = 0$. Damit sind auch alle Koeffizienten $\beta_i = 0$. Wir haben also

$$\langle v_i, - \rangle = \sigma(w_i, -) : W \longrightarrow \mathbf{R}.$$

Wir betrachten jetzt den projektiven Unterraum $P(U)$ (maximaler Dimension), der durch einen affinen Stützpunkt $\mathbf{R}(x_p) \in P(U)$ und durch linear unabhängige Vektoren $w_1, \ldots, w_r \in W$, die auf dem affinen (Verbindungs-)Raum zu $P(U)$ senkrecht stehen, gegeben ist. Der affine Verbindungsraum T liegt in W und ist bestimmt durch

$$T := \{w \in W \,|\, \forall i = 1, \ldots, r : \sigma(w_i, w) = 0\}.$$

Weiter ist $\dim T = n - r - 1$. Der gesuchte Untervektorraum $U \subseteq V$ enthält dann x_p und jeden durch Translation mit Vektoren aus T erreichbaren Vektor, also gilt $U = T + \mathbf{R}(x_p)$. Da x_p nicht in W liegt, ist die Summe sogar eine direkte Summe, also

$$U = T \oplus \mathbf{R}(x_p).$$

Aus den Daten x_p, b und $v_1, \ldots, v_r$ wollen wir jetzt linear unabhängige Vektoren $u'_1, \ldots, u'_r \in V$ konstruieren mit

$$\langle u'_i, U \rangle = 0; i = 1, \ldots, r.$$

Dieses ist dann eine Darstellung von U und damit auch von $P(U)$ durch ein lineares Gleichungssystem. Weil $\dim U = n - r$ gilt, gibt es genau r linear unabhängige Lösungen u'_i dieses Gleichungssystems. Wir geben diese explizit an als

$$u'_i := v_i - \frac{\langle v_i, x_p \rangle}{\langle b, x_p \rangle} \cdot b.$$

Dabei beachten wir, daß wegen $\langle b, W \rangle = 0$ und $x_p \notin W$ gilt $\langle b, x_p \rangle \neq 0$. Da die v_i linear unabhängig waren, sind auch die u'_i linear unabhängig. Es bleibt zu zeigen, daß sie das Gleichungssystem erfüllen. Für $t \in T \subseteq U$ gilt $\langle v_i, t \rangle = 0$ nach Definition von T und $\langle b, t \rangle = 0$, weil $T \subseteq W$. Für $x_p \in U$ gilt

$$\langle u'_i, x_p \rangle = \langle v_i, x_p \rangle - \frac{\langle v_i, x_p \rangle}{\langle b, x_p \rangle} \langle b, x_p \rangle = 0.$$

14.19 Satz. *Sei $V = \mathbf{R}^n = W \oplus \mathbf{R}a$. Trage $P(V)$ die euklidische Struktur, die durch die Einschränkung des kanonischen Skalarprodukts von V auf W gegeben ist. Sei W durch die Gleichung $\langle b, W \rangle = 0$ gegeben.*
Sei $P(U)$ der projektive Unterraum durch den affinen Punkt $\mathbf{R}x_p$, dessen affiner Translationsraum das orthogonale Komplement zu den Vektoren $w_1, \ldots, w_r \in W$ ist. Dann ist U Lösungsraum des linearen Gleichungssystems

$$\left\langle w_i - \frac{\langle w_i, x_p \rangle}{\langle b, x_p \rangle} \cdot b, u \right\rangle = 0.$$

BEWEIS: Wir haben in der vorhergehenden Diskussion sogar mehr bewiesen, als hier im Satz behauptet wird. Der Satz ist jedoch der übliche Anwendungsfall. Das Skalarprodukt σ ist schon durch $\langle -, - \rangle$ ersetzt, so daß gilt $w_i = v_i$. Es genügt sich auf eine linear unabhängige Teilmenge der w_i einzuschränken. Die Hinzunahme weiterer w_i (als Linearkombinationen der linear unabhängigen) ändert die Gleichungen aber nicht mehr, so daß wir kein linear unabhängiges System aufsuchen müssen. $\square$

Wir untersuchen jetzt die Modellierung der Sichtabbildung wie in Kapitel 9 beschrieben. Es seien dazu wie in den praktischen Anwendungen üblich folgende Daten gegeben:

- ein euklidischer projektiver Raum $P(V)$ durch die Daten $V = \mathbf{R}^n = W \oplus \mathbf{R}a$ und $b \in V$ mit $\langle b, W \rangle = 0$ mit den kanonischen euklidischen Strukturen auf V, auf W und damit auf $P(V)$;
- ein Zentrum Z mit $\dim Z + 3 = \dim V$ und einer projektiven Basis bestehend entweder ausschließlich aus affinen Punkten $\mathbf{R}z_4, \ldots, \mathbf{R}z_n$ mit $z_i = w_i + a$, falls $Z \not\subseteq W$, oder aus uneigentlichen Punkten $\mathbf{R}w_4, \ldots, \mathbf{R}w_n$, falls $Z \subseteq W$;
- ein affiner Stützpunkt $\mathbf{R}x_p \in P(U)$ mit $x_p = w_p + a$ in der *Projektionsebene* $P(U)$ und eine *Aufwärtsrichtung* (up-direction) $s_1 \in U \cap W = T$;
- der Bildraum $P(V')$ mit $V' = \mathbf{R}^3 = W' \oplus \mathbf{R}(0,0,1)$ und $W' = \mathbf{R}(1,0,0) \oplus \mathbf{R}(0,1,0)$ und der durch diese Daten definierten euklidischen Struktur.

Daraus soll ähnlich wie im Beispiel von Kapitel 9 eine Sichtabbildung konstruiert werden, wobei auch die euklidischen Strukturen von $P(U)$ und $P(V')$ berücksichtigt werden.

Aus den $w_4, \ldots, w_n$, b und x_p konstruieren wir wie in Satz 14.19 ein Gleichungssystem

$$\langle u_i', u \rangle = 0, \quad i = 4, \ldots, n \tag{$\star$}$$

mit

$$u_i' := w_i - \frac{\langle w_i, x_p \rangle}{\langle b, x_p \rangle} \cdot b.$$

Wir setzen $u_3' := b$ und bestimmen zunächst eine Lösung $d = (\delta_3, \delta_4, \ldots, \delta_n)$ des linearen Gleichungssystems

$$\sum_{j=3}^{n} \langle u_i', u_j' \rangle \delta_j = \langle u_i', s_1 \rangle.$$

Eine Lösung hierfür existiert, weil $b, w_4, \ldots, w_n$ und damit auch $u_3', \ldots, u_n'$ linear unabhängig sind und daher die Matrix $(\langle u_i', u_j' \rangle)$ invertierbar ist. Dann ist

$$t_1 := s_1 - \sum_{i=3}^{n} \delta_i u_i'$$

eine Lösung des linearen Gleichungssystems $(\star)$, denn es ist $\langle u'_i, t_1 \rangle = \langle u'_i, s_1 \rangle - \sum \langle u'_i, u'_j \rangle \delta_j = 0$.

Es ist möglich, daß der so erhaltene Vektor t_1 Null ist. Dann liegt t_1 in dem zu U orthogonalen Vektorraum. Deshalb ist es nicht günstig, die Aufwärtsrichtung immer fest zu wählen, sondern man kann sie bei (kleinen schrittweisen) Veränderungen der Sichtabbildung als den Vektor t_1 der vorhergehenden Sichtabbildung wählen.

Wir nehmen daher jetzt an, daß $t_1 \in W \setminus \{0\}$, und bestimmen eine Lösung $t_2 \in (U \cap W) \setminus \{0\}$ des linearen Gleichungssystems

$$\langle u'_i, t \rangle = 0, \ i = 3, \ldots, n$$
$$\langle t_1, t \rangle = 0.$$

Diese existiert (bis auf Skalarfaktoren eindeutig), weil die $n-1$ Vektoren t_1 und $u'_3, \ldots, u'_n$ linear unabhängig sind.

Schließlich normieren wir die Vektoren t_1 und t_2, indem wir sie durch $t_i/\|t_i\|$ ersetzen. Damit haben wir eine Orthonormalbasis t_1, t_2 für den Translationsraum $U \cap W$ von $P(U)$ und einen davon linear unabhängigen Vektor $x_p \in U \setminus W$ erhalten, also eine Basis t_1, t_2, x_p von U. Die drei Vektoren bilden wir auf die Vektoren e_1, e_2, e_3 ab mit den Methoden aus Kapitel 9. Dabei werden die Vektoren $z_4, \ldots, z_n$ auf Null abgebildet. Die wie in Kapitel 9 gebildetete Matrix B wird dabei eine einfache Projektionsmatrix

$$B = \begin{pmatrix} 1 & 0 & 0 & 0 & \ldots & 0 \\ 0 & 1 & 0 & 0 & \ldots & 0 \\ 0 & 0 & 1 & 0 & \ldots & 0 \end{pmatrix}.$$

Da die Orthonormalbasis t_1, t_2 dabei in die Orthonormalbasis e_1, e_2 abgebildet wird, ist die Abbildung $P(U) \longrightarrow P(V')$ eine euklidische Projektivität.

Sind $P(U)$ und $P(Z)$ wie oben gegeben bzw. konstruiert, so haben ihre affinen Unterräume einen positiven Abstand voneinander, der sich wie folgt bestimmt: die Vektoren $z_n - z_i = w_n - w_i$, $i = 4, \ldots, n$ spannen den Translationsraum von $P(Z)$ auf (falls P(Z) nicht nur aus uneigentlichen Punkten besteht, also $Z \subseteq W$ gilt); die Vektoren t_1, t_2 spannen den Translationsraum von U auf. Aus der Konstruktion der t_i geht hervor, daß die $t_1, t_2, b, w_n - w_4, \ldots, w_n - w_{n-1}$ linear unabhängig sind und einen $n-2$-dimensionalen Untervektorraum aufspannen. Daher gibt es eine (bis auf Skalare eindeutige) Lösung $y \in W, y \neq 0$ des Gleichungssystems

$$< y, t_i >= 0,$$
$$< y, b >= 0,$$
$$< y, w_n - w_j >= 0.$$

Die Orthogonal-Projektion von $w_p - w_4$ auf den von y aufgespannten Untervektorraum ergibt den Abstand zwischen $P(Z)$ und $P(U)$. Er ist

$$\delta := \|(w_p - w_4) - \frac{< w_p - w_4, y >}{< y, y >} \cdot y\|.$$

Wenn das Sichtfenster in der Ebene $P(V')$ die Diagonallänge ν hat, dann kann der *Öffnungswinkel* α der Abbildung definiert werden durch

$$\tan(\alpha) = \nu/\delta.$$

Umgekehrt läßt sich aus der Vorgabe des Öffnungswinkels α und des Abstands δ die Diagonallänge des Sichtfensters nach dieser Formel bestimmen.

Ein letztes Problem ist noch nicht diskutiert worden, das Problem der Orientierung der Projektionsebene. Wir würden dazu weitere Hilfsmittel benötigen. Daher halten wir hier lediglich folgenden Zwischenschritt in der Bestimmung der Projektionsabbildung fest. Die Wahl des normierten Vektors t_2 in der oben angegebenen Konstruktion ist nur bis auf ein Vorzeichen festgelegt. Um dieses zu wählen, bestimmen wir wie an Schluß von Kapitel 2 die Determinante von der durch die Vektoren $t_1, t_2, w_p, z_4, \ldots, z_4$. Diese ist von Null verschieden. Sie kann bei der Invertierung der Matrix A mit gewonnen werden. Wenn diese Determinante negativ ist, ändere man das Vorzeichen von t_2. Es ist wichtig, bei diesem Verfahren die Reihenfolge der verwendeten Vektoren nicht zu ändern.

15 Doppelverhältnisse und harmonische Punkte

Eine besonders interessante Größe in der projektiven Geometrie ist das Doppelverhältnis. Es bleibt unter Projektivitäten invariant und ist eng mit den projektiven Koordinatensystemen verwandt. Es hat viele schöne Anwendungen in der ebenen Geometrie. Wir können hier nur eine kleine Einführung dazu geben.

15.1 Definition: Seien Punkte $q_1, \ldots, q_4$ in einer projektiven Ebene $P(V)$ gegeben, von denen keine drei kollinear sind. Dann heißen die vier Punkte $q_1, \ldots, q_4$ (*Ecken*) und die sechs Geraden (q_1, q_2), $(q_1, q_3), (q_1, q_4), (q_2, q_3), (q_2, q_4)$ und (q_3, q_4) (*Seiten*) ein *vollständiges Viereck*. Die sechs Seiten sind paarweise verschieden. Die drei Schnittpunkte $p_{12,34}$ von (q_1, q_2) mit (q_3, q_4), $p_{13,24}$ von (q_1, q_3) mit (q_2, q_4) und $p_{14,23}$ von (q_1, q_4) mit (q_2, q_3) heißen die drei *Diagonalpunkte*. Je zwei sich in einem Diagonalpunkt schneidende Seiten heißen *gegenüberliegend*.

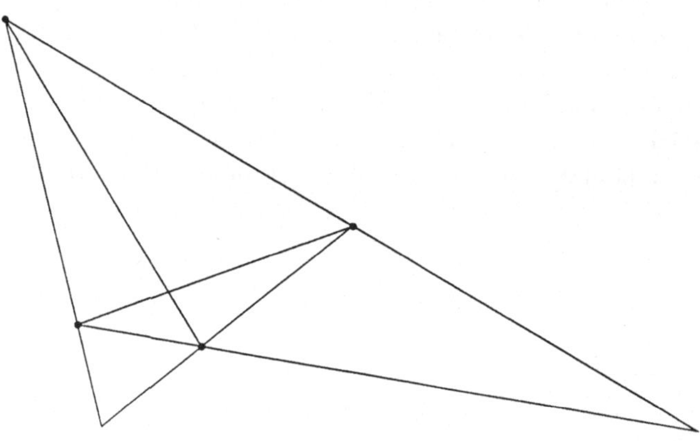

Figur 15.1

15.2 Bemerkung: (ohne Beweis): Über einem beliebigen Körper K sind die drei Diagonalpunkte eines (jedes) vollständigen Vierecks genau dann kollinear, wenn 2 die Charakteristik von K ist.

15.3 Satz. (*Vom vollständigen Viereck*): *Durch zwei Diagonalpunkte eines vollständigen Vierecks und den Schnittpunkt ihrer Verbindungsgeraden mit einer der beiden nicht durch die beiden Diagonalpunkte gehende Seite ist der Schnittpunkt der Verbindungsgeraden mit der anderen Seite eindeutig bestimmt.*

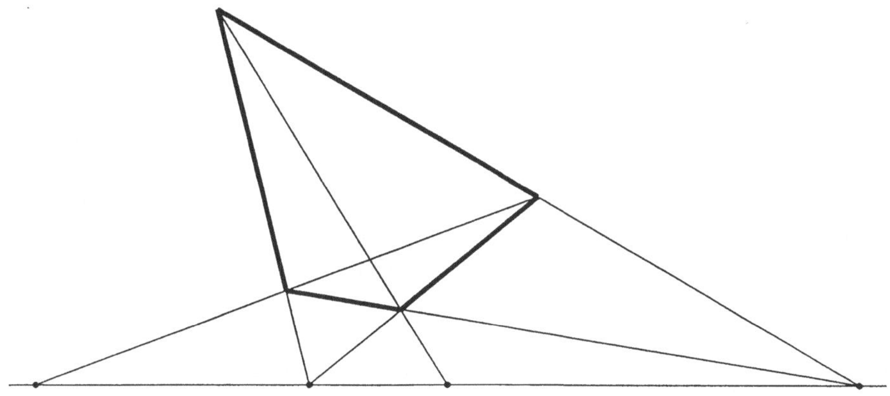

Figur 15.2

BEWEIS: Die Figur zeigt drei vorgegebene kollineare Punkte. Das vollständige
Viereck stellt nur eine Hilfskonstruktion dar. Der Satz besagt, daß die drei
Punkte schon eindeutig und unabhängig von dem als Hilfskonstruktion verwendeten vollständigen Viereck den vierten Punkt bestimmen.
Um die Allgemeinheit der Figur zu zeigen, machen wir zunächst einige Vorüber-
legungen. Es gilt die folgende Aussage: zwei gegenüberliegende Seiten eines voll-
ständigen Vierecks haben mit keiner weiteren Seite einen gemeinsamen Schnitt-
punkt, d.h. durch einen Diagonalpunkt geht keine dritte Seite des vollständigen
Vierecks, denn andernfalls müßten die drei Seiten zusammenfallen. Folglich sind
je zwei Diagonalpunkte verschieden und die Verbindungsgeraden zwischen je zwei
Diagonalpunkten sind verschieden von allen Seiten des vollständigen Vierecks.
Seien x_1, x_2, x_3, x_4 Repräsentanten für die Ecken q_1, q_2, q_3, q_4 eines vollständigen
Vierecks. Ohne Einschränkung können wir $x_1 + x_2 + x_3 + x_4 = 0$ annehmen, weil
das vollständige Viereck in einer projektiven Ebene liegt, also die vier Vektoren
linear abhängig sind. Dann ist $x_1 + x_2 = -x_3 - x_4 \neq 0$ ein Repräsentant für $p_{12,34}$,
weil $\mathbf{R}(x_1 + x_2)$ auf der Geraden (q_1, q_2) und auf der Geraden (q_3, q_4) liegt, also
der Schnittpunkt dieser beiden Geraden ist. Ebenso ist $x_1 + x_3 = -x_2 - x_4 \neq 0$
ein Repräsentant für $p_{13,24}$. Die Schnittpunkte der Geraden $(p_{12,34}, p_{13,24})$ mit
(q_1, q_4) bzw. (q_2, q_3) haben die Repräsentanten

$$
\begin{aligned}
x_1 - x_4 &= x_1 + x_2 - x_2 - x_4 = (x_1 + x_2) + (x_1 + x_3), \\
x_2 - x_3 &= (x_1 + x_2) - (x_1 + x_3).
\end{aligned}
\tag{15.1}
$$

Zu zeigen ist jetzt, daß $\mathbf{R}(x_1 - x_4), \mathbf{R}(x_1 + x_2), \mathbf{R}(x_1 + x_3)$ den Punkt $\mathbf{R}(x_2 - $

x_4) eindeutig bestimmen, ohne daß Rechnung oder Konstruktion von der Wahl des vollständigen Vierecks abhängen. Insbesondere können die Repräsentanten für diese Punkte nicht mehr als Summen oder Differenzen von anderen Vektoren angenommen werden. Seien also nur zwei Diagonalpunkte $\mathbf{R}y_1$ und $\mathbf{R}y_2$ und ein Schnittpunkt $\mathbf{R}z_1$ gegeben. Die Repräsentanten seien so gewählt, wie wir sie ausgehend von einem vollständigen Viereck in (15.1) erhalten können, d.h. sie erfüllen $z_1 = y_1 + y_2$. Wenn dieselben Punkte auch aus einem weiteren vollständigen Viereck gewonnen werden, so gilt mit derselben Konstruktion (15.1) $\rho z_1 = \lambda y_1 + \mu y_2$. Da jedoch y_1 und y_2 linear unabhängig sind, muß $\rho = \lambda = \mu$ gelten. Für die Repräsentanten der zweiten Schnittpunkte aus den beiden vollständigen Vierecken muß wegen (15.1) gelten $z_2 = y_1 - y_2$ und $z_2' = \lambda y_1 - \mu y_2$. Dann gilt aber $z_2' = \rho z_2$, d.h. der zweite Schnittpunkt ist von der Wahl des vollständigen Vierecks unabhängig. $\Box$

Aus dem Beweis ergibt sich sofort folgende Beobachtung. Wählen wir $\mathbf{R}y_1, \mathbf{R}y_2$ und $\mathbf{R}(-z_1)$ als projektives Koordinatensystem der Geraden durch die beiden Diagonalpunkte, so hat der zweite oben berechnete Schnittpunkt die homogenen Koordinaten $(1, -1)$, oder auf der Geraden den Parameterwert -1.

15.4 Definition: Die beiden Diagonalpunkte und die beiden Schnittpunkte aus 15.3 heißen *harmonische Punkte*.

Aus Kapitel 6 wissen wir, daß eine Projektivität zwischen zwei projektiven Geraden vollständig durch ihre Aktion auf je einem (aus drei Punkten bestehenden) Koordinatensystem bestimmt ist. Einzige Bedingung für ein Koordinatensystem einer projektiven Geraden ist, daß die drei Punkte paarweise verschieden sind. Wir betrachten $\widehat{\mathbf{R}} = \mathbf{R} \cup \{\infty\}$ als projektive Gerade wie in 7.13 und die Punkte 0, ∞ und 1 als Koordinatensystem. Ist g eine andere projektive Gerade und sind vier Punkte p_0, p_1, p_2, a auf g gegeben, so daß p_0, p_1, p_2 paarweise verschieden sind, so gibt es genau eine Projektivität $f : g \longrightarrow \widehat{\mathbf{R}}$ mit $f(p_0) = 0, f(p_1) = \infty$ und $f(p_2) = 1$.

15.5 Definition: Sei $f : g \longrightarrow \widehat{\mathbf{R}}$ die oben definierte Abbildung. Dann heißt $f(a) \in \widehat{\mathbf{R}}$ das *Doppelverhältnis* $DV(p_0 : p_1 : p_2 : a)$ der vier gegebenen Punkte.

15.6 Bemerkung: Wird bei einer projektiven Abbildung des projektiven Raumes, in dem die Gerade g liegt, die Gerade g auf eine Bildgerade h (durch eine Projektivität) abgebildet, und sind die Punkte q_i und b die Bilder der Punkte p_i und a, so ist wegen der Eindeutigkeit der Projektivitäten von g bzw. h nach $\widehat{\mathbf{R}}$ — die Punkte p_i und q_i sollen jeweils dieselben Bilder 0, ∞ bzw. 1 haben — das Doppelverhältnis unverändert:

$$DV(p_0 : p_1 : p_2 : a) = DV(q_0 : q_1 : q_2 : b).$$

Wir erhalten nämlich ein kommutatives Diagramm

$$g \searrow$$
$$\downarrow \quad \widehat{\mathbf{R}},$$
$$h \nearrow$$

insbesondere sind die Bilder von a und b in $\widehat{\mathbf{R}}$ gleich. Das bedeutet, daß das Doppelverhältnis von vier kollinearen Punkten bei Projektivitäten unverändert bleibt.

15.7 Satz. *Seien p_0, p_1, p_2, a kollineare Punkte auf der Geraden g. Seien p_0, p_1, p_2 paarweise verschieden. Seien (α_0, α_1) die homogenen Koordinaten von a bzgl. des projektiven Koordinatensystems $\{p_0, p_1, p_2\}$ der Geraden g mit Einheitspunkt p_2. Dann ist das Doppelverhältnis der vier Punkte p_0, p_1, p_2, a*

$$DV(p_0 : p_1 : p_2 : a) = \frac{\alpha_1}{\alpha_0}.$$

Der Fall $\alpha_0 = 0$ tritt nur für $a = p_1$ auf. Dann ist $DV(p_0 : p_1 : p_2 : a) = \infty$.

BEWEIS: Wir identifizieren $\widehat{\mathbf{R}}$ mit $P(\mathbf{R}^2)$ vermöge der bijektiven Abbildung

$$h\colon \widehat{\mathbf{R}} \longrightarrow P(\mathbf{R}^2), h(\alpha) = \mathbf{R}\begin{pmatrix} 1 \\ \alpha \end{pmatrix} \text{ bzw. } h(\infty) = \mathbf{R}\begin{pmatrix} 0 \\ 1 \end{pmatrix}.$$

Dann entsprechen $0, \infty, 1$ dem Koordinatensystem

$$\mathbf{R}\begin{pmatrix} 1 \\ 0 \end{pmatrix}, \mathbf{R}\begin{pmatrix} 0 \\ 1 \end{pmatrix}, \mathbf{R}\begin{pmatrix} -1 \\ -1 \end{pmatrix},$$

und es gilt

$$\begin{pmatrix} 1 \\ 0 \end{pmatrix} + \begin{pmatrix} 0 \\ 1 \end{pmatrix} + \begin{pmatrix} -1 \\ -1 \end{pmatrix} = 0.$$

Seien $p_i = \mathbf{R}v_i$ in $P(V) = g$ mit $v_0 + v_1 + v_2 = 0$ gegeben, und sei $a = \mathbf{R}z$ mit $z = \alpha_0 v_0 + \alpha_1 v_1$. Wir definieren $f\colon V \longrightarrow \mathbf{R}^2$ durch

$$f(v_0) = \begin{pmatrix} 1 \\ 0 \end{pmatrix}, f(v_1) = \begin{pmatrix} 0 \\ 1 \end{pmatrix}.$$

Als Werte für v_2 und z ergeben sich

$$f(v_2) = \begin{pmatrix} -1 \\ -1 \end{pmatrix} \text{ und } f(z) = \begin{pmatrix} \alpha_0 \\ \alpha_1 \end{pmatrix}.$$

Für $P(f)$ gilt dann

$$P(f)(p_0) = \mathbf{R}\begin{pmatrix} 1 \\ 0 \end{pmatrix} = h(0),$$

$$P(f)(p_1) = \mathbf{R}\begin{pmatrix} 0 \\ 1 \end{pmatrix} = h(\infty),$$

$$P(f)(p_2) = \mathbf{R}\begin{pmatrix} -1 \\ -1 \end{pmatrix} = h(1),$$

$$P(f)(a) = \mathbf{R}\begin{pmatrix} \alpha_0 \\ \alpha_1 \end{pmatrix} = \left\{ \begin{array}{c} \mathbf{R}\begin{pmatrix} 1 \\ \alpha_1/\alpha_0 \end{pmatrix}(\text{ für } \alpha_0 \neq 0) \\[2mm] \mathbf{R}\begin{pmatrix} 0 \\ 1 \end{pmatrix}(\text{ für } \alpha_0 = 0) \end{array} \right\}$$

$$= h(DV(p_0 : p_1 : p_2 : a)).$$

Also ist das Doppelverhältnis entweder α_1/α_0 oder ∞. $\square$

15.8 Satz. *Seïen d_0, p_1, d_2, p_3 harmonische Punkte. Dann ist ihr Doppelverhält-*
nis $DV(d_0 : p_1 : d_2 : p_3) = -1$.

BEWEIS: folgt unmittelbar aus der Bemerkung im Anschluß an den Satz über
das vollständige Viereck.

15.9 Folgerung. *Die Vorgabe von drei kollinearen Punkten d_0, p_1, d_2 bestimmt*
genau einen harmonischen Punkt p_3 unabhängig von der Wahl des zur Konstruk-
tion verwendeten vollständigen Vierecks. (Man gebe eine Konstruktionsmethode
für den vierten harmonischen Punkt an.)

15.10 Satz. *Seien die homogenen Koordinaten von paarweise verschiedenen*
kollinearen Punkten q_0, q_1, q_2, q_3 bezüglich eines projektiven Koordinatensystems
gegeben durch

$$(\alpha_{00}, \alpha_{01}), (\alpha_{10}, \alpha_{11}), (\alpha_{20}, \alpha_{21}) \text{ und } (\alpha_{30}, \alpha_{31})$$

gegeben. Sei $d_{ij} := \alpha_{i0} \cdot \alpha_{j1} - \alpha_{j0} \cdot \alpha_{i1}$. Dann ist

$$DV(q_0 : q_1 : q_2 : q_3) = \frac{d_{03} \cdot d_{12}}{d_{02} \cdot d_{13}}.$$

BEWEIS: Sei x_0, x_1 eine Basis des Vektorraumes U mit $q_0, q_1, q_2, q_3 \in P(U)$, bzgl.
der die homogenen Koordinaten gegeben sind. Es ist also

$$y_i = \alpha_{i0}x_0 + \alpha_{i1}x_1 \text{ und } q_i = \mathbf{R}y_i \text{ für } i = 0, \ldots, 3.$$

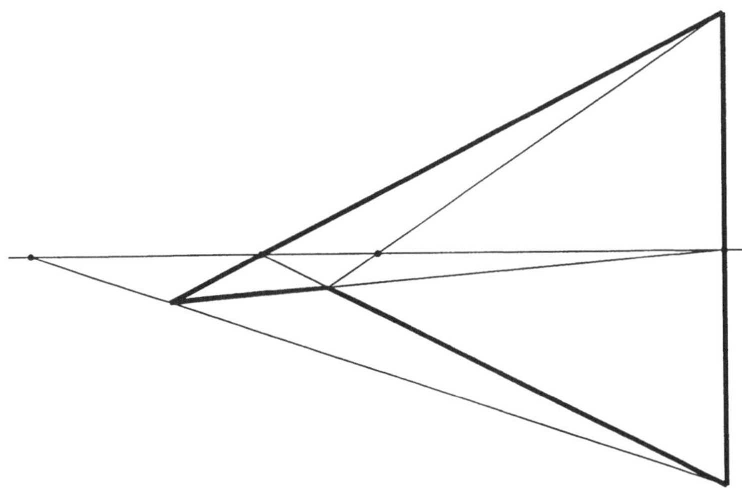

Figur 15.3

Da die zwei Vektoren y_0 und y_1 schon den Vektorraum U aufspannen, gibt es Koeffizienten $\alpha, \beta, \gamma, \delta$ mit

$$y_2 = \alpha y_0 + \beta y_1 \quad \text{und} \quad y_3 = \gamma y_0 + \delta y_1. \tag{15.2}$$

Alle Koeffizienten sind von Null verschieden, weil alle projektiven Punkte paar weise verschieden sind. Um das Doppelverhältnis der vier gegebenen Punkte zu berechnen, ersetzen wir ihre Repräsentanten y_i durch neue Repräsentanten z_i, die definiert werden als

$$z_0 := -\alpha y_0, \; z_1 := -\beta y_1, \; z_2 := y_2, \; z_3 := y_3.$$

Es ergibt sich $z_0 + z_1 + z_2 = 0$. Damit können wir das Doppelverhältnis aus den Koeffizienten der Darstellung von

$$z_3 = -\frac{\gamma}{\alpha} z_0 - \frac{\delta}{\beta} z_1$$

bestimmen als

$$DV(q_0 : q_1 : q_2 : q_3) = \frac{\delta/\beta}{\gamma/\alpha} = \frac{\alpha\delta}{\beta\gamma}.$$

Wir drücken die Beziehungen (15.2) bezüglich der Basis x_0, x_1 aus

$$\alpha(\alpha_{00} x_0 + \alpha_{01} x_1) + \beta(\alpha_{10} x_0 + \alpha_{11} x_1) = \alpha_{20} x_0 + \alpha_{21} x_1,$$
$$\gamma(\alpha_{00} x_0 + \alpha_{01} x_1) + \delta(\alpha_{10} x_0 + \alpha_{11} x_1) = \alpha_{30} x_0 + \alpha_{31} x_1,$$

oder nach Koeffizientenvergleich

$$\alpha_{00}\alpha + \alpha_{10}\beta = \alpha_{20},$$
$$\alpha_{01}\alpha + \alpha_{11}\beta = \alpha_{21},$$
$$\alpha_{00}\gamma + \alpha_{10}\delta = \alpha_{30},$$
$$\alpha_{01}\gamma + \alpha_{11}\delta = \alpha_{31}.$$

Nach der Cramerschen Regel ergeben sich die Werte für $\alpha, \beta, \gamma, \delta$ als $\alpha = d_{21}/d_{01}$, $\beta = d_{02}/d_{01}$, $\gamma = d_{31}/d_{01}$ und $\delta = d_{03}/d_{01}$. Durch Einsetzen in das oben berechnete Doppelverhältnis erhält man schließlich

$$DV(q_0 : q_1 : q_2 : q_3) = \frac{d_{03} \cdot d_{12}}{d_{02} \cdot d_{13}}.$$

$\square$

15.11 Folgerung. *In einer projektiven Geraden g sei ein projektives Koordinatensystem p_0, p_1, p_2 mit Einheitspunkt p_2 gegeben. Weiter seien vier Punkte q_0, q_1, q_2, q_3 mit $q_0 \neq q_1 \neq q_2 \neq q_0$ und $q_1 \neq q_3$ gegeben mit den Parameterwerten t_0, t_1, t_2, $t_3 \neq \infty$. Dann gilt*

$$DV(q_0 : q_1 : q_2 : q_3) = \frac{t_3 - t_0}{t_2 - t_0} : \frac{t_3 - t_1}{t_2 - t_1}.$$

BEWEIS: Seien $(\alpha_{i0}, \alpha_{i1})$ die homogenen Koordinaten der Punkte q_i bzgl. des Koordinatensystems p_i. Die Parameter dieser Punkte seien $t_i := \alpha_{i1}/\alpha_{i0}$. Dann gilt

$$
\begin{aligned}
DV(q_0 : q_1 : q_2 : q_3) &= \frac{(\alpha_{00}\alpha_{31} - \alpha_{30}\alpha_{01})(\alpha_{10}\alpha_{21} - \alpha_{20}\alpha_{11})}{(\alpha_{00}\alpha_{21} - \alpha_{20}\alpha_{01})(\alpha_{10}\alpha_{31} - \alpha_{30}\alpha_{11})} \\
&= \frac{(\alpha_{31}/\alpha_{30} - \alpha_{01}/\alpha_{00})(\alpha_{21}/\alpha_{20} - \alpha_{11}/\alpha_{10})}{(\alpha_{21}/\alpha_{20} - \alpha_{01}/\alpha_{00})(\alpha_{31}/\alpha_{30} - \alpha_{11}/\alpha_{10})} \\
&= \frac{(t_3 - t_0)(t_2 - t_1)}{(t_2 - t_0)(t_3 - t_1)}.
\end{aligned}
$$

$\square$

Die Quotienten $(t_3 - t_0)/(t_2 - t_0)$ bzw. $(t_3 - t_1)/(t_2 - t_1)$ können in der affinen Geometrie als *Teilverhältnis* aufgefaßt werden, d.h. das Verhältnis, mit dem der Punkt q_3 die Strecke von q_0 nach q_2 bzw. von q_1 nach q_2 teilt. Also ist das Doppelverhältnis ein Verhältnis von zwei Teilverhältnissen.

15.12 Satz. *Für vier paarweise verschiedene kollineare Punkte q_0, q_1, q_2, q_3 sei $D = DV(q_0 : q_1 : q_2 : q_3)$. Dann gelten*

$$DV(q_3 : q_0 : q_1 : q_2) = 1 - D,$$
$$DV(q_0 : q_1 : q_3 : q_2) = 1 : D,$$
$$DV(q_0 : q_2 : q_1 : q_3) = D : (D - 1).$$

Bei allen Permutationen der vier Punkte entstehen genau die sechs Werte

$$D, \; 1 : D, \; 1 - D, \; 1 : (1 - D), \; D : (D - 1), \; (D - 1) : D.$$

Diese Werte bilden bei Einsetzen jeweils in D eine (nicht-kommutative) Gruppe.

BEWEIS: Wir zeigen etwas mehr, als im Satz behauptet wird. Sei dazu S_4 die symmetrische Gruppe der Permutationen von $\{0, 1, 2, 3\}$ und $\mathcal{B} = \mathrm{Bij}(\mathbf{R} \setminus \{0, 1\}, \mathbf{R} \setminus \{0, 1\})$ die Gruppe der bijektiven Abbildungen von $\mathbf{R}^- := \mathbf{R} \setminus \{0, 1\}$ auf sich. Wir definieren einen Gruppenhomomorphismus $\vartheta \colon S_4 \longrightarrow \mathcal{B}$.
Dazu zeigen wir zunächst, daß jedes Element x von $\mathbf{R}^-$ als Doppelverhältnis $x = DV(q_0 : \ldots : q_3)$ von vier paarweise verschiedenen kollinearen Punkten einer projektiven Geraden g auftritt. Wir wählen q_0, q_1, q_2 als ein projektives Koordinatensystem von g und q_3 mit den homogenen Koordinaten $(1, x)$. Nach 15.7 ist dann $x = DV(q_0 : \ldots : q_3)$.
Sei jetzt $\sigma \in S_4$ eine Permutation. Wir definieren $DV(q_\sigma) := DV(q_{\sigma(0)} : \ldots : q_{\sigma(3)})$. Sind zwei Quadrupel $(q_0, \ldots, q_3)$ und $(p_0, \ldots, p_3)$ gegeben mit

$$x = DV(q_0 : \ldots : q_3) = DV(p_0 : \ldots : p_3),$$

so gilt $DV(q_\sigma) = DV(p_\sigma)$. Wir können nämlich eindeutig eine Projektivität $f \colon g \longrightarrow g$ durch $f(q_0) = p_0$, $f(q_1) = p_1$, $f(q_2) = p_2$ definieren und weil wegen 15.7 $(1, x)$ die homogenen Koordinaten der Punkte q_3 bzw. p_3 bezüglich der beiden projektiven Koordinatensysteme sind, gilt auch $f(q_3) = p_3$. Werden die Punkte q_i und p_i durch die Permutation σ vertauscht, so ist wegen 15.6 auch $DV(q_\sigma) = DV(p_\sigma)$.
Jetzt haben wir die Voraussetzungen, um die Abbildung $\vartheta \colon S_4 \longrightarrow \mathcal{B}$ zu definieren. Sei $x \in \mathbf{R}^-$ und $x = DV(q)$. Wir setzen

$$\vartheta(\sigma)(x) = \vartheta(\sigma)(DV(q)) := DV(q_{\sigma^{-1}}).$$

Wegen der oben angestellten Überlegungen ist $\vartheta(\sigma)$ für alle $x \in \mathbf{R}^-$ definiert und unabhängig von der Wahl von $q = (q_0, q_1, q_2, q_3)$.
Schließlich zeigt

$$\vartheta(\sigma\tau)(x) = DV(q_{(\sigma\tau)^{-1}}) = DV(q_{\tau^{-1}\sigma^{-1}}) = \vartheta(\sigma)(DV(q_{\tau^{-1}}))$$
$$= \vartheta(\sigma)\vartheta(\tau)(DV(q)) = \vartheta(\sigma)\vartheta(\tau)(x),$$

daß ϑ ein Gruppenhomomorphismus ist.

Wir setzen jetzt $v_1 := t_0 t_1 + t_2 t_3$, $v_2 := t_0 t_2 + t_1 t_3$, $v_3 := t_0 t_3 + t_1 t_2$. Dann ist wegen

$$DV(q_0 : q_1 : q_2 : q_3) = \frac{(t_3 - t_0)(t_2 - t_1)}{(t_2 - t_0)(t_3 - t_1)}.$$

aus dem Beweis von 15.11

$$DV(q_0 : q_1 : q_2 : q_3) = \frac{v_1 - v_2}{v_1 - v_3}.$$

Lassen wir die Permutationen, die gleichzeitig zwei beliebige Punktepaare vertauschen, also $(01)(23)$, $(02)(13)$, $(03)(12)$, auf den q_i operieren, so ändern sich die v_i nicht. Damit liegen diese Permutationen im Kern von ϑ. Andrerseits erhalten wir im Bild von ϑ sicher die bijektiven Abbildungen

$$\mathrm{id}(x) := \vartheta(\mathrm{id})(x) = DV(q_0 : q_1 : q_2 : q_3) = D,$$
$$1 : D(x) := \vartheta((23))(x) = DV(q_0 : q_1 : q_3 : q_2) = 1 : D,$$
$$1 - D(x) := \vartheta((0123))(x) = DV(q_3 : q_0 : q_1 : q_2) = 1 - D.$$

Von diesen drei bijektiven Abbildungen aus $\mathcal{B}$ werden mindestens die im Satz angegebenen Abbildungen durch Komposition induziert. Das Bild von ϑ enthält also mindestens 6 Elemente. Daher muß der Kern genau die Kleinsche Vierergruppe $\mathcal{V}_4 = \{\mathrm{id}, (01)(23), (02)(13), (03)(12)\}$ sein. Nach dem Homomorphiesatz für Gruppen ist also die Bildgruppe von ϑ isomorph zu $\mathcal{S}_4/\mathcal{V}_4$. Sie hat 6 Elemente und wird von den Abbildungen $\mathrm{id}(= D)$, $1 : D$ und $1 - D$ erzeugt. $\square$

16 Matrizenrechnung

Wir wollen nunmehr in den folgenden Kapiteln die verschiedenartigen Techniken dargestellen, die zur Erstellung eines kleineren oder auch größeren Graphik-Pakets benötigt werden. Da dieses Buch aus mehreren dazu gehaltenen Seminaren hervorgegangen ist, sollen die dort gemachten Erfahrungen hier mit eingebracht werden. Das wird gekoppelt mit einigen Hinweisen zur Entwicklung eines flexiblen Matrizenpakets.

16.1 Zur allgemeinen Programmentwicklung

Der Entwurf eines Graphik-Pakets wird sich ändern abhängig davon, wieviele Personen an der Erstellung teilnehmen. Eine einzelne Person muß sich häufig in bezug auf den Umfang eines solchen Pakets eher beschränken. Wenn mehrere Personen oder Personengruppen an demselben Projekt arbeiten, sind natürlich mehr Komfort und mehr Funktionen zu erzielen. Dabei gilt es aber, deutlich besseren Entwicklungs- und Programmierstil anzustreben, als eine einzelne Person benötigt, weil die Kommunikation zwischen den verschiedenen Personen oder Gruppen häufig nur sehr locker verläuft. Man sollte daher besonders an die Dokumentation und an das Testen der implementierten Programmteile hohe Ansprüche stellen. Eine gewisse Normierung ist dazu notwendig. Wir besprechen diese in diesem Kapitel und stellen sie anhand der Entwicklung des Matrizenpakets dar.

Durchgehend werden wir uns auf die Sprache Pascal beziehen, weil sie in ihren Konstrukten verhältnismäßig leicht zu lesen ist. In Kapitel 18 werden wir dann etwas die Methoden streifen, die man bei Verwendung objekt-orientierter Sprachen (am Beispiel Turbo Pascal 5.5 von Borland) einsetzen kann.

Die verschiedenen Arbeitsgruppen entwickeln gesondert Prozeduren-Pakete, sogenannte Units im Pascal-Jargon. Diese werden von der Entwicklungsgruppe des Hauptprogramms dann zusammengebunden. Die Programmteile werden während der Entwicklungsphase nach und nach vervollständigt und getestet. Soweit Zugriffe auf andere Units nötig sind, sollen dort zunächst Leer-Programme unter dem geplanten Namen abgelegt werden, damit ein Aufruf dieser Routinen schon möglich ist, aber möglicherweise zunächst zu trivialen Standardwerten führt.

Die gewünschten Funktionen sollten möglichst früh in der Entwicklungphase festgelegt und den einzelnen Entwicklungsgruppen zugewiesen werden. Für die meisten Funktionen ist diese Zuordnung trivial. In das Matrizenpaket gehören eben alle Prozeduren und Funktionen, die nur etwas mit Matrizen zu tun haben. In das Ausgabepaket gehören alle Programmteile, die Ausgabe graphischer Resultate auf dem Bildschirm oder auf dem Drucker bezwecken. Speziell hierzu findet der Leser weitere Hinweise in Kapitel 17. Funktionen, die nicht so eindeutig einem größeren Paket zuzuweisen sind, sollten im Konsens je nach voraussichtlicher Arbeitsbelastung auf die einzelnen Gruppen verteilt werden.

Hier sollte die Gruppe, die das (meist recht kleine) Hauptprogramm entwickelt, besondere Mitsprache haben. Diese (Haupt-)Gruppe ist auch dafür zuständig, daß die Kommunikation zwischen den Gruppen während der Entwicklung aufrechterhalten bleibt, daß die einzelnen Programmteile rechtzeitig und mit einwandfreier Dokumentation zur Verfügung stehen. Diese Gruppe übernimmt also eine etwas übergeordnete Funktion. Es hat sich bewährt, daß diese Gruppe auch die zu verwendenden Datentypen festlegt. Sie übermittelt und verwaltet auch Wünsche nach Prozeduren, die in einzelnen anderen Gruppen in deren Programmpaket mitentwickelt werden sollen. (Bei objekt-orientierter Programmierung sollte man daran denken, die Datenstruktur der Objekte völlig den einzelnen Gruppen zu überlassen, ihre Methoden jedoch unter Mitsprache der Haupt-Gruppe festzulegen.)

Da die einzelnen Programmteile in Pascal Units entwickelt werden, können hier Hilfsfunktionen für ein einzelnes Paket implementiert werden, die von außen nicht sichtbar sind. Hier kann möglicherweise der Anspruch an die saubere Dokumentation etwas herabgesetzt werden. Sie sollte aber im Sinne des Austestens und der Fehlersuche nicht völlig vernachlässigt werden.

Die geforderten Teile der Dokumentation sollte man einheitlich festlegen. Insbesondere muß in der Dokumentation ganz klar für jede Prozedur gesagt werden,

- wie und mit welchen Parametern sie aufgerufen wird,
- welche Daten sie möglicherweise verändert,
- welche anderen Prozeduren von ihr aufgerufen und benutzt werden,
- welchem Zweck sie dient,
- welches die Einschränkungen für ihre Benutzung sind sowohl bezüglich der verwendbaren Eingabeparameter als auch bezüglich der Bereiche für die Ausgabe und eventuell die numerische Genauigkeit,
- wie sie zu verstehen ist, eventuell an einem Beispiel, und
- welche mathematischen Methoden verwendet werden, eventuell mit einem Literaturhinweis.

Die genaueren Festlegungen, die für eine einheitliche Entwicklung der gewünschten Software nötig sind, sind in einem etwas umfangreicheren Merkblatt zusammengestellt, das alle Teilnehmer ausgehändigt bekommen haben. Der Leser kann eine Kopie davon als Anhang 1 finden. Eine genauere Darstellung dieses Verfahrens findet man auch in Kapitel 20.1 unter den allgemeinen Überlegungen für die Erstellung des Graphik Pakets.

16.2 Implementierung der Matrizenrechnung

Wir wollen nun besprechen, in welcher Weise die für die ganze Computergraphik maßgebliche Matrizenrechnung implementiert werden kann. Wie schon oben bemerkt ist besondere Sorgfalt in der Dokumentation angebracht und damit gutes Software-Engineering.

Wir wollen hier anhand einiger typischer Prozedur-Köpfe die Art darstellen, wie (etwa in Turbo Pascal) diese Information festgehalten und weitergegeben werden kann. Es geht bei diesen Informationen vor allem darum, daß der Benutzer die Prozeduren anwenden kann, ohne ihre Funktion im Einzelnen zu kennen. Es muß unbedingt vermieden werden, daß der Anwender einer Prozedur sich mit ihrer Implementierung, also dem dafür verwendeten Pascal-Programm, auseinandersetzen muß. Verschiedene Rechnungen für Matrizen sind doch so kompliziert und, vor allem wenn sie als Programm dargestellt sind, so schwierig zu verstehen, daß diese Methode der Dokumentation, die ja auch im Sinne einer guten Programmentwicklung liegt ('black box'), unbedingt verwendet werden muß.

Eine besondere Erläuterung verdient die Kennzeichnung der Parameter in einem Prozedur-Aufruf. Hier sind in spitzen Klammern Werte wie <v/i/o> angegeben. Dadurch werden verschiedene Parameter unterschieden, solche, die nur zur Eingabe (i) verwendet werden und durch die Prozedur nicht verändert werden können, solche die als Ausgabe (o) benötigt werden und die entsprechend verändert werden sollen, z.B. bei Funktionen, und die Referenz-Parameter (v) (vom VAR Typ), die möglicherweise von der Prozedur verändert werden könnten. Das sollte aber nur geschehen, wenn auch der Ausgabe-Parameter (o) angegeben ist.

bilde_Einheitsmatrix

```
{ ———————————————————————————————————————————————————— }
{ procedure bilde_Einheitsmatrix (rang        : integer ;          }
{                         var E_Matrix : Matrix_Typ ) ;            }
{ ———————————————————————————————————————————————————— }
{ Parameter : dim        <-/i/->  Rang der zu erstellenden Einheitsmatrix }
{             E_Matrix <v/-/o> von dieser Prozedur erzeugte Einheits-     }
{                         matrix                                          }
{ ———————————————————————————————————————————————————— }
{ Zweck:   Diese Prozedur legt in E_Matrix eine Einheitsmatrix vom Rang }
{          rang ab und setzt Zeilen- und Spaltenzahl auf den entsprechen- }
{          den Wert.                                                      }
{ Bereich: rang darf nur im Bereich 1 ≤ rang ≤ MaxDim verwendet wer-     }
{          den. Ein Fehlertest findet statt und bricht das Programm ab.  }
{          MaxDim ist als globale Konstante festgelegt.                  }
{ ———————————————————————————————————————————————————— }
```

Ein erstes Beispiel für diese Art der Dokumentation ist die auf der vorhergehenden Seite angegebene Prozedur bilde_Einheitsmatrix.

Das erste große Feld enthält den Namen der Prozedur oder Funktion in der Weise, wie sie aufgerufen werden muß. Im zweiten Feld sind die Parameter erläutert. Das dritte Feld ist für die zusätzlichen Erläuterungen vorgesehen. Hierher gehören die folgenden besonderen Teile der Dokumentation:
- Bereich: Angabe der zulässigen Bereiche für die Parameter,
- Zweck: Beschreibung des Zwecks der Prozedur,
- Verfahren: Hinweise auf verwendete mathematische Methoden und Literaturhinweise,
- Warnungen: Hinweise auf besondere Fehlermöglichkeiten,
- Bemerkungen: Hinweise auf andere verwendete Prozeduren, globale Konstanten und Variable, sonstige Hinweise,
- Beispiel: für die Anwendung der Prozedur.

Ein weiteres Beispiel ist

bilde_Einheitsvektor

```
{ ----------------------------------------------------------------- }
{ procedure bilde_Einheitsvektor ( dim : integer ;                  }
{                         Komponente : integer ;                    }
{                         var E_Vektor      : Koordinatentupel_Typ ) ; }
{ ----------------------------------------------------------------- }
{ Parameter : dim          <-/i/-> "Dimension" des Vektors          }
{             Komponente <-/i/-> Komponente, die 1 werden soll      }
{             E_Vektor     <v/-/o> erzeugter Einheitsvektor         }
{ ----------------------------------------------------------------- }
{ Zweck:    Diese Prozedur legt in E_Vektor einen Einheitsvektor der }
{           Länge dim ab, der an der Stelle "Komponente" eine Eins hat. }
{ Bereich:  Es ist nur 1 <= Komponente <= dim <= MaxDim zulässig. Da- }
{           bei ist MaxDim als globale Konstante festgelegt.        }
{ Warnung: Ein Bereichstest findet statt. Er wird das Programm bei Be- }
{           reichsüberschreitung abbrechen.                         }
{ Beispiel: bilde_Einheitsvektor(3,2,X) ergibt den Vektor X = (0,1,0). }
{ ----------------------------------------------------------------- }
```

Hier ist der Teil Beispiel durchaus angebracht, um zu zeigen, an welcher Stelle des Einheitsvektors die Eins eingesetzt wird. Außerdem ist der Hinweis auf den Fehlertest in die Rubrik Warnung aufgenommen worden, weil der totale Abbruch des Programms kritisch ist.

Das führt uns auch gleich zu der Behandlung von Programmfehlern. Es sollte eine einheitliche Fehlerroutine für das gesamte Programmpaket verwendet werden, die wahlweise bei sehr kritischen Fehlern das Programm (evtl unter Rettung gewisser Daten) abbricht, oder bei unkritischen Fehlern eine Meldung ausgibt und dann das Programm (evtl. fehlerhaft) fortsetzt. Sämtlich Fehlerchecks sollten diese Fehlerroutine mit geeigneten Parametern aufrufen, um die Fehlermeldung auszulösen und die weitere Bearbeitung an dieser Stelle zuzulassen. In der Fehlerroutine sollten auch die Texte für alle Fehlermeldungen gesammelt werden, damit sie einheitlich gestaltet werden können und nicht über das gesamte Paket verstreut sind. Bereichsüberschreitungen, Division durch Null, falsche Dimensionen oder ähnliche vorhersehbare Fehler sollten alle diese Fehlerroutine aufrufen.

Wir stellen noch zwei weitere Programmköpfe für das Matrizenpaket vor, die Multiplikation von Matrizen auf dieser Seite und die Multiplikation von Vektoren mit Matrizen auf der nächsten Seite.

Matrix_mal_Matrix

```
{ ----------------------------------------------------------------- }
{ procedure Matrix_mal_Matrix ( linke_Matrix,                       }
{                        rechte_Matrix     : Matrix_Typ ;           }
{                        var Ergebnis_Matrix : Matrix_Typ ) ;       }
{ ----------------------------------------------------------------- }
{ Parameter : linke_Matrix     <-/i/-> linker Faktor               }
{             rechte_Matrix     <-/i/-> rechter Faktor             }
{             Ergebnis_Matrix <v/-/o> enthält das Matrix-Produkt    }
{ ----------------------------------------------------------------- }
{ Bereich:   Die Spaltenzahl des linken Faktors muß mit der Zeilenzahl des }
{            rechten Faktors übereinstimmen. Die Zeilen- und Spaltenzah-  }
{            len aller Matrizen müssen zwischen 1 und MaxDim liegen.       }
{ Zweck:     Matrizenprodukt von 2 Matrizen berechnen.              }
{ Verfahren: Nach der Vorlesung Lineare Algebra, Satz 3.1.1.        }
{ Warnung:   Bei Bereichsüberschreitung Abbruch des Programms.      }
{ Beispiel:  Das Skalarprodukt (x_1,...,x_n)(y_1,...,y_n)^t = \sum_{i=1}^{n} x_i y_i ist }
{            ein Spezialfall des Produkts von Matrizen.             }
{ ----------------------------------------------------------------- }
```

Weitere benötigte Prozeduren oder Funktionen sind etwa

- Skalar_mal_Matrix
- Skalar_mal_Vektor
- Matrix_plus_Matrix
- Vektor_plus_Vektor
- Matrix_Inverse
- linear_abhängig
- löse_lineares_Gleichungssystem
- Determinante

Vektor_mal_Matrix

```
{ ——————————————————————————————————————————————— }
{ procedure Vektor_mal_Matrix ( Vektor   : Koordinatentupel_Typ ;   }
{                               Mat      : Matrix_Typ;               }
{                           var Res_Vek : Koordinatentupel_Typ );   }
{ ——————————————————————————————————————————————— }
{ Parameter : Vektor  <-/i/->  Zeilenvektor                         }
{             Mat     <-/i/->  rechter Matrix-Faktor                }
{             Res_Vek<v/-/o> enthält das Produkt                    }
{ ——————————————————————————————————————————————— }
{ Bereich:    Die Länge des Zeilenvektors muß mit der Zeilenzahl des }
{             rechten Faktors übereinstimmen. Die Zeilen- und Spaltenzah- }
{             len der Matrix müssen zwischen 1 und MaxDim liegen.    }
{ Zweck:      Multiplikation eines Zeilenvektors mit einer Matrix von rechts. }
{ Verfahren: Nach der Vorlesung Lineare Algebra, Satz 3.1.3.        }
{ Warnung:   Bei Bereichsüberschreitung Abbruch des Programms.      }
{ Beispiel:   Das Skalarprodukt (x_1,...,x_n)(y_1,...,y_n)^t = ∑_{i=1}^n x_i y_i ist }
{             ein Spezialfall dieses Produkts.                      }
{ ——————————————————————————————————————————————— }
```

- transponiere_Matrix
- Skalarprodukt
- Vektorprodukt
- normiere_Vektor
- Winkel_zwischen
- Orthonormal_Basis

Die Namen der Prozeduren oder Funktionen sprechen allein schon für den Zweck des entsprechenden Programmteils. Sowohl die Prozeduren Matrix_Inverse, als auch löse_lineares_Gleichungssystem, Determinante und linear_abhängig benutzen eine weitere Prozedur, die man

- Gauß-Jordan-Algorithmus

nennen könnte. Dieser sollte jedoch für den Benutzer der gesammten Einheit nicht sichtbar sein, weil er als Technik im Hintergrund steht. Der Algorithmus wurde in Satz 2.27 und 2.28 behandelt.

Es gibt an dieser Stelle jedoch eine wichtige Abänderung dieses Algorithmus. Sie zusammen mit den Rundungsfehlern, die bei der Anwendung des Gauß-Jordan-Verfahrens sich unangenehm bemerkbar machen können. Solange man die elementaren Spaltenumformungen einer Matrix mit absoluter Genauigkeit durchführt, ist es sehr leicht festzustellen, ob ein Eintrag von Null verschieden ist oder nicht. Bedenkt man jedoch, daß die Rechnungen auf dem Computer nicht mit rationalen Zahlen sondern mit Gleitkommazahlen mit einer gewissen

Rundung auf eine Stellenzahl der Mantisse von etwa 13 Stellen vorneommen werden, so kann es etwa bei Berechnungen eines Ausdrucks der Form $a + b - a - b$ bei großem Wert von a und sehr kleinem b sehr wohl vorkommen, daß das Resultat von Null verschieden ist, da bei der Bildung der Summe $a + b$ der Wert von b unter der Genauigkeitsgrenze von a liegt, also bei der Summenbildung a herauskommt. Zieht man dann a ab, so erhält man Null. Die Differenzbildung mit b ergibt als Resultat tatsächlich $-b$. Nun könnte man alle Zahlen, deren Absolutbetrag unter eine gewisse Größenordnung ϵ sinken, zu Null machen. Das ist in vielen Fällen auch angebracht. Man sollte mit dieser Genauigkeitsgrenze etwas experimentieren, wenn man Fehler bei der Berechnung von Inversen von Matrizen feststellt. Wenn die Determinante der zu invertierenden Matrix sehr klein wird, dann sind hier immer Fehlermöglichkeiten gegeben, die auf Rundungsfehlern beruhen können.

Der Algorithmus läßt aber noch weiteren Bewegungspielraum, wie wir schon beim Beweis von Satz 2.27 bemerkt haben. Wenn man nämlich in dem Schritt, in dem ein von Null verschiedener Koeffizient in der ersten Zeile gesucht wird, nicht die erstbeste i-te Spalte mit einem solchen Term aufsucht, sondern diejenige Spalte, die einen dem Absolutbetrag nach größten Koeffizienten in der ersten Zeile besitzt und diese mit der ersten Spalte vertauscht, so ergibt das solchermaßen leicht abgeänderte Verfahren numerisch eine hohe Genauigkeit und Stabilität. Dieses Verfahren wird auch *Pivot-(Drehpunkt-)Verfahren* genannt.

Man hat noch weitere Möglichkeiten, die Genauigkeit zu verbessern, der Gewinn des angegebenen Verfahrens ist jedoch so groß, daß für unsere Anwendungen nur noch in Ausnahmefällen die erzielbare Genauigkeitsvergrößerung den deutlich steigenden Programmieraufwand rechtfertigen. Das Pivot-Verfahren sollte jedoch unbedingt bei der Implementierung des Gauß-Jordan-Verfahrens eingesetzt werden.

17 Graphik auf dem Bildschirm

In diesem Kapitel wollen wir die einfachsten Techniken kennenlernen, mit denen auf dem Bildschirm eines Computers graphische Darstellungen erzielt werden können. Dieselben Techniken können dann häufig auch für den Druck dieser Graphiken verwendet werden, wenn ein geeigneter Drucker zur Verfügung steht. Zunächst müssen wir uns etwas mit den technischen Voraussetzungen beschäftigen, die es ermöglichen, außer Text auch graphische Darstellungen auf den Bildschirm zu bringen. Sodann werden die einfachsten Graphik Programme vorgestellt. Sie sind jeweils auf den benutzten Computer zugeschnitten und nicht ohne weiteres auf andere Geräte übertragbar. Das führt zum wichtigsten Teil dieses Kapitels, zur Diskussion der Methoden der Übertragung von Kurven, Linien und Punkten in der uns umgebenden Welt auf den Bildschirm. Diese Übertragung wird in mehreren Schritten vor sich gehen und nur der letzte dieser Schritte wird von dem speziell benutzten Computer abhängen.

17.1 Raster-Graphik oder Vektor-Graphik ?

Eines der unangenehmsten Probleme bei der Erstellung von Graphik-Programmen entsteht durch die Vielzahl der verschiedenen Computer- und Drucker-Systeme, das Problem der Kompatibilität. Ein Programm kann auf dem einem Computer wunderbar laufen und die schönsten Graphiken produzieren, auf einem Computer eines anderen Herstellers ist vielleicht mit demselben Programm überhaupt nichts anzufangen, obwohl beide Computer dieselbe Programmiersprache verstehen. Deshalb wird es nötig sein, daß wir uns auch mit den technischen Details des verwendeten Computers auseinandersetzen und einen Programmteil schreiben, der nur auf den speziellen von uns verwendeten Computer zugeschnitten ist, ein sogenanntes Interface. Die restlichen Graphikprogramme können dann unabhängig vom Computer-Modell einheitlich entwickelt werden.

Wenden wir uns zunächst zwei verschiedenen Darstellungsmethoden von Graphiken auf dem Bildschirm zu. Eine Graphik wird im allgemeinen immer aufgelöst in eine Menge von Punkten, die dann auf dem Bildschirm oder dem Drucker sichtbar gemacht werden. Die Graphik wird also diskretisiert. Eine Ausnahme bilden hier die Plotter, die mit speziell geführten Zeichengeräten durchgehende Kurven und Linien zeichnen. Angenommen der Bildschirm hat die Möglichkeit 250.000 Punkte darzustellen und unsere Graphik ist in 1.000 Punkte aufgelöst. Wie sollen diese Punkte gespeichert und dann auf den Bildschirm übertragen werden? Die eine Möglichkeit ist, von jedem Punkt die Bildschirm-Koordinaten (d.h. den Abstand vom oberen und vom linken Bildschirm-Rand) zu speichern und dann an den Bildschirm für jeden Punkt den Befehl zum Zeichnen zu geben. Das wäre eine Programmschleife, die 1.000 Mal durchlaufen werden müßte.

Diese Art der Graphik-Darstellung nennt man *Vektor-Graphik*, weil die Speicherung und Darstellung der Punkte durch ihre Koordinaten-Paare, d.h. durch Vektoren, erfolgt. Eine andere Möglichkeit ist, im Speicher für jeden möglichen Bildschirmpunkt eine Speicherzelle bereit zu halten und diese dann zu füllen, wenn der entsprechende Punkt in der Graphik verwendet werden soll. Diese Methode heißt *Raster-Graphik*.

Die Vektor-Graphik kommt im allgemeinen mit verhältnismäßig wenig Speicherplatz aus, muß aber die Abfrageschleife immer wieder durchlaufen, da ein einmal mit dem Elektronenstrahl auf den Bildschirm geworfener Punkt nur kurze Zeit nachleuchtet. Je größer die Anzahl der verwendeten Punkte ist, desto länger dauert das Durchlaufen der Abfrageschleife, so daß bei großen Punktmengen ein Flackern des Bildschirms auftreten kann.

Die Raster-Graphik hat eine konstante Abfragerate. Es wird nämlich jeweils der gesamte Bildschirmspeicher durchlaufen, und es werden diejenigen Punkte auf den Bildschirm projiziert, an deren Speicherstellen ein Eintrag vorgenommen worden ist. Der Bildschirmspeicher kann je nach Komplexität des Systems sehr groß werden, aber es wird keine Abhängigkeit der graphischen Darstellung (Dauer der Abfrage, Flackern) vom Umfang der Graphik auftreten.

Wenn man mehrere Graphiken auf demselben Bildschirm darstellen möchte und die Graphiken sich dabei teilweise verdecken sollen, so hat man in der Vektor-Graphik die Möglichkeit, die Punktfolgen in geeigneter Reihenfolge einzugeben und Teile, die verdeckt werden, auszublenden. Bei der Raster-Graphik muß gewöhnlich der gesamte Bildschirmspeicher neu belegt werden. Das hat zu der Entwicklung von Programmpaketen geführt, die mit Sprites bezeichnet werden.

Ein weiteres Problem ist zu beachten; auf graphik-fähigen Bildschirmen können die Punkte auch noch mit verschiedenen Qualitäten ausgegeben werden, so z.B. auf Farb-Graphik Schirmen in verschiedenen Farben oder in verschiedener Intensität oder blinkend. Diese Information muß jeweils mit dem entsprechenden Punkt zusammen gespeichert werden, in der Vektor-Graphik als zusätzliches Attribut zum gespeicherten Vektor, in der Raster-Graphik muß für jeden möglichen Punkt ein entsprechender Speicher bereit gehalten werden. Das führt im Beispiel eines Bildschirmes mit 250.000 Punkten schnell zu Speicher-Größen von 250 kB und mehr, die zusätzlich nur für die Bildverarbeitung zur Verfügung stehen müssen. Da wir uns hier vorwiegend an Benutzer von Computern kleinerer Größe wenden, und praktisch alle graphik-fähigen PC's bzw. Heim-Computer mit Raster-Graphik ausgestattet sind, werden wir auf weitere Probleme und Möglichkeiten der Vektor-Graphik nicht eingehen.

Der Leser sollte die Graphik-Darstellung bei Computern nicht mit der Text-Darstellung verwechseln. Bei der Text-Darstellung werden die Buchstaben des

Textes nicht jeder für sich in seiner Auflösung in Punkte im Graphik Speicher gespeichert, sondern als Buchstaben im ASCII Code gespeichert und mit spezieller Hardware auf den Bildschirm übertragen. Deshalb sind zwei Zustände zu unterscheiden, in denen sich der Computer gerade befinden kann, der *Graphik-Zustand* und der *Text-Zustand*.

17.2 Primitive Graphik Routinen

Nachdem wir uns mit den technischen Details etwas angefreundet haben, wollen wir uns nun den einfachsten Darstellungs-Möglichkeiten graphischer Objekte auf dem Bildschirm zuwenden. Für den größten Teil dieses Buches werden wir uns auf die Behandlung von *Punkten, Strecken* und von *Geraden* beschränken. Zusätzlich werden zur Bezeichnung von graphischen Objekten Buchstaben und Zahlen benötigt, so daß auch eine *Text*-Eingabe im Graphik-Zustand zu betrachten ist.

In der Raster-Graphik können wir uns den Bildschirm als ein in Punkte aufgeteiltes Rechteck vorstellen. Der Leser sollte ermitteln, wieviele Punkte auf seinem Computer im Graphik-Zustand in einer Zeile und wieviele Punkte in einer Spalte untergebracht werden können. Die Stelle auf dem Bildschirm, an der das graphische Objekt erscheinen soll, wird durch Bildschirm-Koordinaten oder *System-Koordinaten* angegeben. Diese werden in Form von zwei natürlichen Zahlen x und y angegeben, die den Abstand vom oberen (bzw. unteren) Bildschirmrand und vom linken (bzw. rechten) Bildschirmrand in einer Anzahl von Punkten angeben. Haben wir z.B. einen Bildschirm mit 720 mal 348 Punkten vor uns (IBM PC mit Hercules-Karte) und wird ein Punkt durch die Koordinaten $x = 360$ und $y = 174$ angegeben, so liegt dieser Punkt in der Mitte des Bildschirmes. Allgemein wird in diesem Falle x zwischen 0 und 719 und y zwischen 0 und 347 liegen. Einen Punkt exakt in der Mitte des Bildschirmes gibt es garnicht. Dazu müßten die horizontalen und vertikalen Bildschirm-Größen ungerade Zahlen sein.

Zum Aufbau einer Graphik auf dem Bildschirm müssen wir also alle Punkte mit ihren System-Koordinaten, alle Strecken mit ihren Endpunkten, alle Geraden (durch die Angabe zweier Punkte, durch die die Gerade verläuft) und alle Buchstaben mit ihren System-Koordinaten und eventuell noch mit ihrer Größe und ihrer Lage (Verdrehung auf dem Bildschirm) eingegeben werden. Hierzu dienen nun die *primitiven Graphik Routinen*, deren Bezeichnung und Funktionen wir jetzt besprechen werden. Diese primitiven Graphik Routinen bilden einen Teil des schon oben angesprochenen Interfaces, das abhängig vom jeweils benutzten System erstellt werden muß. Wegen der intensiven Nutzung dieser Routinen ist es wichtig, daß sie besonders schnell sind. Sie sollten möglichst in Assembler geschrieben werden. Allerdings werden die meisten Benutzer eines graphik-fähigen

Bildschirmes schon über solche Graphik Routinen verfügen. Sie sollten von der benutzten Sprache (also z.B. von BASIC, Pascal, C oder FORTRAN) aus aufrufbar sein.

Die benötigten primitiven Graphik Routinen sind:

GMODE: Setzt den Bildschirm in die Graphik Mode.

TMODE: Setzt den Bildschirm in die Text Mode.

CLRSCR: Löscht den gesamten Inhalt des Bildschirmes.

PKT(x, y): Setzt einen Punkt auf die Koordinaten x, y auf dem Bildschirm.

SETZE(x, y): Setzt einen imaginären Zeichenstift auf die Koordinaten x, y auf dem Bildschirm, ohne jedoch an diese Stelle einen Punkt zu malen. Diese Routine wird zusammen mit der nächsten Routine verwendet.

ZEICHNE(x, y): Zeichnet eine Strecke von der Position des imaginären Zeichenstiftes auf dem Bildschirm, die nach den Befehlen PKT, SETZE oder ZEICHNE eingenommen wird, zu der neuen Position x, y. Dieses wird dann die neue imaginäre Position.

TEXT$(x, y$,Text$)$: Schreibt beginnend bei den Koordinaten x, y den Text, der in Text$ enthalten ist.

Viele Pakete mit primitiven Graphik Routinen enthalten weitere Programme, die auf den jeweiligen Computer zugeschnitten sind. So kann Text auch vertikal ausgegeben werden, man kann Buchstabenform und -Größe bestimmen, es kann zwischen mehreren verschiedenen Bildschirm-Speichern gewählt werden, so daß eine Graphik aufgebaut werden kann, während noch eine andere auf dem Bildschirm gezeigt wird, es gibt besondere Routinen zum Ausdruck der Graphik etc. Die Textausgabe kann auch nur durch die Ausgabe einzelner Buchstaben und Zahlen ermöglicht werden. Wir wollen uns im folgenden auf die oben beschrieben primitiven Graphik Routinen beschränken. Sie sollten vorhanden sein, bzw. notfalls in Assembler geschrieben werden und durch die verwendete Sprache aufrufbar sein.

Sollte der Leser einige der primitiven Graphik-Routinen selbst schreiben, so muß er sich mit der folgenden Problematik auseinandersetzen. Soll eine Strecke auf den Bildschirm gezeichnet werden und sind die Anfangs- und Endpunkte mit ihren System-Koordinaten (x_1, y_1) und (x_2, y_2) vorgegeben, so entsteht kein Problem, wenn die Strecke horizontal $(y_1 = y_2)$ oder vertikal $(x_1 = x_2)$ verläuft. Verläuft sie jedoch schräg über den Bildschirm, so gibt es viele Möglichkeiten, diese Punkte angenähert durch eine Punktfolge zu verbinden. Vier dieser Möglichkeiten sind in den Abbildungen 1 bis 4 dargestellt.

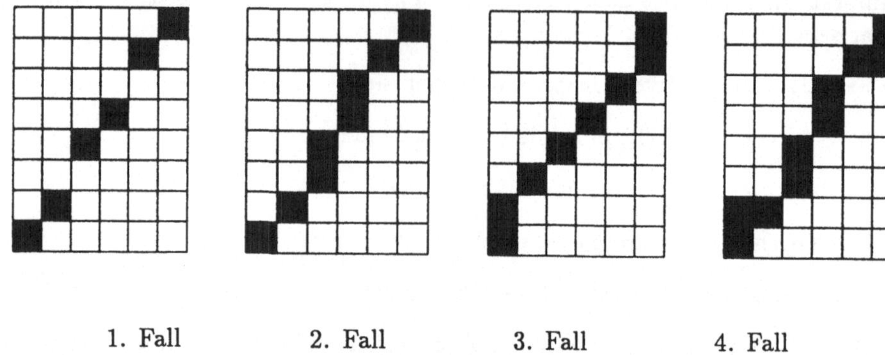

1. Fall   2. Fall   3. Fall   4. Fall

Figur 17.1

Die vorgegebenen Anfangs- und Endpunkte liegen im linken unteren bzw. rechten oberen Eckfeld des Rasters. Der erste Fall entsteht, wenn man die Strecke als Funktion behandelt und für jedes mögliche x einen Punkt einträgt. Mit zunehmender Steigung der Strecke (Geraden) werden immer weniger Punkte pro Längeneinheit ausgegeben werden. Fall 2 entsteht durch einen Algorithmus, der feststellt, in welchen Quadraten des Rasters genügend lange Teilstrecken der diagonalen Verbindungsstrecke der beiden Endpunkte liegen. Der 3. Fall zeigt eine weitere Möglichkeit für einen solchen Algorithmus. Der 4. Fall schließlich stellt eine Strecke dar, die im Durchschnitt auch noch dieselbe Helligkeit pro Längeneinheit hat, wie eine horizontale oder vertikale Strecke. Wir sollten hier bemerken, daß auch die Helligkeit von horizontalen und vertikalen Strecken differieren kann, was normalerweise vom Verhältnis der horizontalen zur vertikalen Auflösung (Anzahl der Punkte pro cm) abhängt.

Wir geben die in den Fällen 2 und 4 verwendeten Algorithmen an. Für den zweiten Fall wurde verwendet:

```
procedure ZEICHNE(x, y: integer);
  {Programm zum Zeichnen von Strecken}
var x₁, y₁, x₂, y₂ : integer;
    xₗ, yₗ, xₛ, yₛ, f : integer;
    dx, dy, rₓ, r_y, a, b : integer;
begin
  GMODE;
  x₁ = xa;
    { (xa, ya) ist die alte Position des Zeichenstifts }
  y₁ = ya;
```

```
x₂ = x;
y₂ = y;
```

$x_2 = x;$
$y_2 = y;$
$x_l := 1 + \text{abs}(x_2 - x_1);$
$y_l := 1 + \text{abs}(y_2 - y_1);$
$f := x_l;$
if $f > y_l$ **then** $f := y_l;$
$x := x_1;$
$y := y_1;$
$x_s := 0;$
$y_s := 0;$
if $x_2 \geq x_1$ **then** $r_x := 1$
    else $r_x := -1;$
if $y_2 \geq y_1$ **then** $r_y := 1$
    else $r_y := -1;$
$dx := 0;$
$dy := 1;$
repeat
    $a := x_l - dy * x_s;$
    $b := y_l - dx * y_s;$
    if $b < a$ **then** $a := b;$
    $x_s := dy * x_s + a;$
    $y_s := dx * y_s + a;$
    if $a + a \geq f$ **then** $\text{PKT}(x, y);$
    $dx := 0;$
    $dy := 1;$
    if $x_s = x_l$ **then**
      begin
        $dx := 1;$
        $dy := 0$
      end;
    if $y_s = y_l$ **then** $dx := 0;$
    $x := x + r_x * (1 - dx);$
    $y := y + r_y * (1 - dy);$
until $(r_x * (x_2 - x) \leq 0)$ **and** $(r_y * (y_2 - y) \leq 0);$
$xa = x_2;$
$ya = y_2;$
end;

Für den vierten Fall verwendeten wir:

procedure $\text{ZEICHNE}(x, y: \text{integer});$
  {Programm zum Zeichnen von Strecken

```
        mit konstanter mittlerer Dichte}
var x₁,y₁,x₂,y₂ : integer;
    xₗ,yₗ,xₛ,yₛ : integer;
    dx,dy,rₓ,r_y,a,b : integer;
    f,w : real;
begin
  GMODE;
  x₁ = xa;
     { (xa,ya) ist die alte Position des Zeichenstifts }
  y₁ = ya;
  x₂ = x;
  y₂ = y;
  xₗ := 1+abs(x₂ − x₁);
  yₗ := 1+abs(y₂ − y₁);
  f := xₗ * yₗ/sqrt(xₗ * xₗ + yₗ * yₗ);
  x := x₁;
  y := y₁;
  w := f/2;
  xₛ := 0;
  yₛ := 0;
  if x₂ ≥ x₁ then rₓ := 1
     else rₓ := −1;
  if y₂ ≥ y₁ then r_y := 1
     else r_y := −1;
  dx := 0;
  dy := 1;
  repeat
     a := xₗ − dy * xₛ;
     b := yₗ − dx * yₛ;
     if b < a then a := b;
     xₛ := dy * xₛ + a;
     yₛ := dx * yₛ + a;
     w := w + a;
     if w ≥ f then
        begin
           PKT(x,y);
           w := w − f
        end;
     dx := 0;
     dy := 1;
     if xₛ = xₗ then
        begin
```

$$dx := 1;$$
$$dy := 0$$
$$\textbf{end};$$
$$\textbf{if } y_s = y_l \textbf{ then } dx := 0;$$
$$x := x + r_x * (1 - dx);$$
$$y := y + r_y * (1 - dy);$$
$$\textbf{until } (r_x * (x_2 - x) \leq 0) \textbf{ and } (r_y * (y_2 - y) \leq 0);$$
$$xa = x_2;$$
$$ya = y_2;$$
$$\textbf{end};$$

Dieses Programm kann auch von denjenigem Lesern verwendet werden, die die primitive Graphik Routine ZEICHNE(x, y) nicht zur Verfügung haben. Sie ergibt jedoch nur dann gute Streckendarstellungen, wenn eine hochauflösende Graphik vorhanden ist. Das oben angegebene Programm stützt sich auf einen schnellen Algorithmus, der im wesentlichen nur mit ganzen Zahlen und Addition und Subtraktion arbeitet. Die Variablen r_x, dx und r_y, dy, die auch in Multiplikationen auftreten, sind nur zur Behandlung verschiedener Fälle eingeführt worden. Sie können auch durch geeignete Fallunterscheidungen ersetzt werden. Dann ist keine Multiplikation mehr nötig, außer zur Bestimmung der Ausgangswerte. Die Endpunkte (x_1, y_1) und (x_2, y_2) sollten natürlich von außen eingegeben werden.

Der interessierte Leser wird feststellen, daß der für Fall 2 angegebene Algorithmus eng verwandt ist mit dem in der Literatur häufig zitierten Bresenham-Algorithmus, der ebenfalls nur ganzzahlige Operationen verwendet. Eine Variante davon erlaubt es auch, Kreisbögen mit ganzzahligen Berechnungen schnell darzustellen.

17.3 Bildschirm-Koordinaten und Transformationen

Wir stehen jetzt vor der Aufgabe, Gegenstände aus der Realität auf den Bildschirm zu übertragen. Zunächst wollen wir einige der damit verbundenen Probleme nennen. Gegenstände der realen Welt, z.B. einen Würfel oder eine Kugel, werden wir durch numerische Beschreibung ihrer Kanten oder Ecken oder der sie begrenzenden Kurven zu erfassen versuchen. Da eine Kugel weder Ecken noch Kanten besitzt, wird hier häufig ein feines Netz von Linien über die Kugel gelegt. Man stellt dann auf dem Bildschirm nur dieses Netz dar. Der Leser möge sich an die Längen- und Breiten-Kreise auf der Erdkugel erinnern. Damit können wir auch Kugeln (und viele andere krummlinig begrenzte Körper) als Polytope auffassen. Die mathematische Theorie besonders günstiger Approximationen werden wir allerdings nicht besprechen. Eine andere Darstellung der Kugel, wie man sie etwa von Photographien kennt, benötigt weit kompliziertere Techniken — Schattenwurf, Berechnung der Beleuchtung und Oberflächen-Helligkeit, verschiedene Intensitäten auf dem Bildschirm —, die wir ebenfalls nicht weiter besprechen werden.

Die Erfassung der Koordinaten eines realen Gegenstands erfordert die Definition eines Koordinatensystems. Für den uns umgebenden Raum werden wir kartesische Koordinaten in drei Dimensionen verwenden. Ein solches Koordinatensystem in den Koordinaten x, y und z muß vom Leser ausgewählt werden. Wir werden diese Koordinaten auch *3-dimensionale Welt-Koordinaten* nennen. Der Benutzer muß also in irgendeiner Weise die Welt-Koordinaten des darzustellenden Gegenstands bestimmen und dann eingeben.

Denken wir an die Erstellung eines Bauplanes für ein Haus mit kleinen Erkern, so können die Koordinaten nicht aus der Natur ausgemessen werden, sondern werden willkürlich festgelegt. So ganz willkürlich darf das aber auch nicht geschehen. Soll zum Beispiel ein fünfeckiges Dachflächenstück an einer Seite auf einen Erker kommen, so müssen die fünf angegebenen Eckpunkte in einer Ebene liegen. Wir werden uns daher genauer mit geometrischen Konstruktionen beschäftigen müssen, die es gestatten, die fünf Eckpunkte aus anderen Daten, wie z.B. der Neigung des Daches, zu bestimmen. Die Techniken hierfür werden wir in Kapitel 20 genauer studieren.

Um einen dreidimensionalen Gegenstand auf dem Bildschirm sichtbar zu machen, müssen wir zunächst die Anzahl der Koordinaten um eine auf zwei verringern. Durch Fortlassen einer der drei Koordinaten x, y oder z erhält man Seitenriß, Aufriß oder Grundriß des entsprechenden Gegenstands. Sicherlich bleibt dabei noch viel Information über den Gegenstand erhalten, jedoch ist der Gegenstand als solcher auf dem Bild nicht leicht zu erkennen. Ein Würfel könnte z.B. in Grund-, Auf- und Seitenriß nur gleich große Quadrate ergeben. Eine Schrägprojektion wäre da schon aufschlußreicher, besser noch eine perspektivische Darstellung. Das wurde in Kapitel 9 besprochen. Weitere Hinweise sind in Kapitel 20.3 zu finden.

Inhalt von Kapitel 14 war die Diskussion von Bewegungen und Drehungen des Gegenstands in 3-dimensionalen Weltkoordinaten, so daß perspektivische Darstellungen von verschiedenen Seiten möglich werden. Außerdem sollte man nicht immer den Eindruck haben, daß der dargestellte Gegenstand durchsichtig ist. Hintenliegende (vom Betrachter aus gesehen) Punkte und Kanten sollten verdeckt sein. Einige diesbezügliche Techniken findet der Leser im Kapitel 13.

Aber selbst wenn man nun die Ecken und Kanten eines Gegenstands in geeigneter Weise in 2-dimensionaler Form hat, ist damit immer noch nicht die Darstellung auf dem Bildschirm erreicht. Die 2-dimensionalen Koordinaten x und y, in denen der Gegenstand liegt, werden wir *2-dimensionale Welt-Koordinaten* nennen. Sie müssen noch auf den Ausschnitt des Bildschirms übertragen werden. Dabei ergeben zwei Probleme. Der Bildschirm kann, wie wir oben gesehen haben, als Raster von Punkten in einem Teil der Ebene angesehen werden. Die Lage der Punkte wurde durch die System-Koordinaten beschrieben. Wir müssen also zunächst vom 2-dimensionalen Welt-Koordinatensystem eine Abbildung in die System-Koordinaten so angeben, daß der in Welt-Koordinaten vorgegebene Gegenstand auf den Bildschirm-Ausschnitt transformiert wird. Zweitens müssen die Ergebnisse diskretisiert werden, denn nur ganzzahlige System-Koordinaten können einen Punkt auf dem Bildschirm beschreiben. Für die Darstellung von Punkten ist das weniger ein Problem, da man auf die nächste ganze Zahl ausweichen kann. Bei Strecken und Geraden ist das aber schwieriger.

Wir müssen also jetzt eine Transformation der 2-dimensionalen Weltkoordinaten in die diskreten System-Koordinaten angeben. Nachdem wir nun eine geeignete Routine zum Zeichnen von Strecken haben und wir nur noch Punkt-Koordinaten diskretisieren müssen, ist die einfachste Methode der Diskretisierung, der Übergang zur nächst kleineren ganzen Zahl für unsere Zwecke gut genug. Statt nun eine direkte Transformation von den Welt- in die System-Koordinaten vorzunehmen, die damit systemabhängig wäre, schiebt man einen Schritt dazwischen, der den Bildschirm systemunabhängig darstellen soll mit Koordinaten, deren x-Werte zwischen 0 und 1 liegen und deren y-Werte zwischen 0 und v liegen, wobei v so gewählt wird, daß das Seitenverhältnis der Bildschirmseiten gewahrt bleibt, es wird also ein Bereich $[0,1] \times [0,v]$ mit kontinuierlichen Koordinaten eingeführt. Diese Koordinaten nennen wir auch *normalisierte System-Koordinaten*. Wir werden also die 2-dimensionalen Welt-Koordinaten in die normalisierten System-Koordinaten durch Φ transformieren und sodann die normalisierten System-Koordinaten durch Ψ in die (diskreten) System-Koordinaten übertragen. Nur die letzte Transformation wird dann systemabhängig sein, alles weitere wird unabhängig vom speziell verwendeten Computer sein. Damit ist dann ein einfaches Interface beschrieben.

Die letzt-genannte Transformation Ψ nennen wir die *System-Normalisierung*. Sie müßte eigentlich als eine injektive Abbildung von den System-Koordinaten in die normalisierten System-Koordinaten beschrieben werden, da die System-Koordinaten nur ganzzahlig sein können. Durch die Normalisierung, d.h. durch den Übergang auf einen normalisierten Bildschirm von horizontaler Kantenlänge 1 kämen dann als Bilder der System-Koordinaten, die ja ganzzahlig sind, nur rationale Zahlen vor.

Für uns ist jedoch die inverse Transformation viel interessanter, die dann noch mit einer Diskretisierung verbunden werden muß. Diese Transformation wollen wir jetzt beschreiben. Angenommen, der Bildschirm habe eine horizontale Auflösung von p_x Punkten, die von 0 bis $p_x - 1$ gezählt werden, und eine vertikale Auflösung von p_y Punkten zwischen 0 und $p_y - 1$. Weiterhin habe er die Breite b_x und die Höhe b_y. Setzen wir

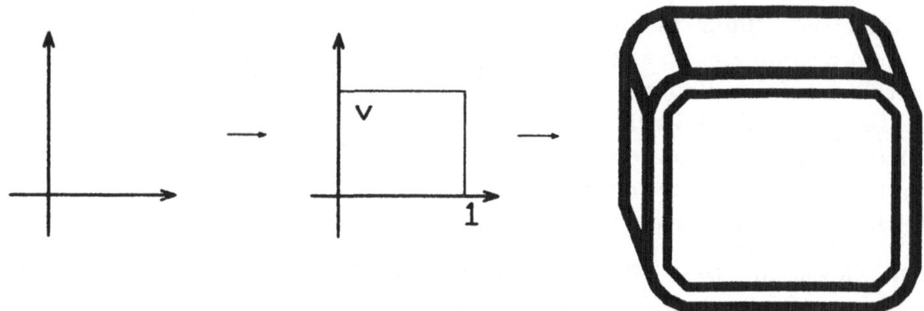

Weltkoord.   normal. Systemkoord.   Systemkoord.

Figur 17.2

$$v = \frac{b_y}{b_x} \qquad \text{und} \qquad w = \frac{1}{v},$$

so wird die System-Normalisierung beschrieben durch die Abbildung

$$\Psi : \begin{pmatrix} x \\ y \end{pmatrix} \longmapsto \begin{pmatrix} (p_x - 1) \cdot x \\ w \cdot (p_y - 1) \cdot y \end{pmatrix}.$$

Ist die durch $(0,0)$ beschriebene Stelle jedoch die linke obere Ecke des Bildschirmes, so ist die folgende Transformation zu verwenden

$$\Psi : \begin{pmatrix} x \\ y \end{pmatrix} \longmapsto \begin{pmatrix} (p_x - 1) \cdot x \\ (p_y - 1) \cdot (1 - w \cdot y) \end{pmatrix}.$$

Das Ergebnis ist dann auf die nächst niedrigere ganze Zahl zu runden. Tatsächlich kann bei dieser Transformation ein Rechteck, das noch etwas größer als $[0,1] \times [0,v]$ ist, auf den Bildschirm abgebildet werden, was eine Folge aus der Diskretisierung ist. Wir werden dadurch aber gewiß keine Information verlieren.

Mit dieser Beschreibung haben wir schon wesentliche Teile kennen gelernt, die auch für die weiteren Betrachtungen eine große Rolle spielen werden, den *Bildschirm* als einen Teil, genauer eine Teilmenge, des diskreten System-Koordinaten

Bereiches, und den *normalisierten Bildschirm* als eine Teilmenge im normalisierten System-Koordinaten Bereich. Die oben angegebene Transformation ist für den gesamten Bereich gültig, nicht nur für die Teilmengen auf dem Bildschirm.

17.4 Die vollständige Sicht-Abbildung

Es ist klar, daß nur ein Teil des Bereiches der 2-dimensionalen Weltkoordinaten auf den Bildschirm abgebildet werden kann. Dieser Teil wird *Fenster* genannt. Es ist also eine bijektive (affine) Abbildung zwischen den 2-dimensionalen Weltkoordinaten und den normalisierten Systemkoordinaten anzugeben, die das Fenster bijektiv auf den normalisierten Bildschirm abbildet. Das Seitenverhältnis des Fensters ist also durch das Seitenverhältnis des Bildschirmes festgelegt. Lage und Größe des Fensters können vom Benutzer frei gewählt werden und bestimmen das Abbildungsverhältnis und den abzubildenden Teil des Graphik. Man beachte, daß diese Abbildung systemunabhängig ist.

Nun kann es vorkommen, daß man verschiedene Teile einer Graphik gleichzeitig auf dem Bildschirm sichtbar machen möchte, indem man den Bildschirm in mehrere Rechtecke unterteilt, so z.B. Grund-, Auf- und Seitenriß eines Gegenstands. Dazu zerlegt man den normalisierten Bildschirm in mehrere Rechtecke, auf die man dann mehrere Fenster abbildet. Es ist günstig, diese Abbildungen noch einmal durch eine weitere Zwischenebene zu trennen, deren Koordinaten wir *normalisierte 2-dimensionale Weltkoordinaten* nennen wollen. In ihnen wird das Fenster auf ein *normalisiertes Fenster* abgebildet, dessen Größe $[0,1] \times [0,v]$ sein wird, wobei das Seitenverhältnis v sich aus dem Seitenverhältnis des im normalisierten Bildschirm gewählten Rechteckes ergibt. Letzteres nennen wir dann den zugehörigen *normalisierten Sichtbereich*, normalisiert weil das Koordinatensystem den Namen „normalisierte Systemkoordinaten" trägt.

Insgesamt haben wir also vier Koordinatensysteme:
    2-dimensionale Weltkoordinaten,
    2-dimensionale normalisierte Weltkoordinaten,
    normalisierte Systemkoordianaten,
    Systemkoordinaten (als einzige Koordinaten diskret).

Weiterhin haben wir in den Koordinatensystemen endliche Teilbereiche:
    in den 2-dimensionalen Weltkoordinaten ein Fenster,
    in den 2-dimensionalen normalisierten Weltkoordinaten ein normalisiertes Fenster,
    in den normalisierten Systemkoordinaten einen normalisierten Bildschirm,
    in den Systemkoordinaten einen Bildschirm.

Schließlich kann noch eine Aufteilung erfolgen:

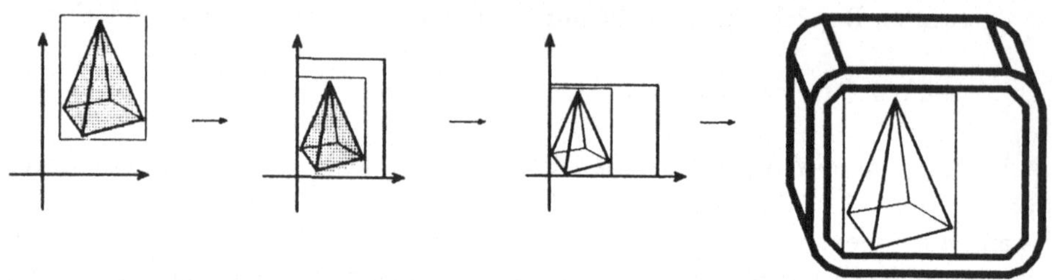

Weltkoord.   normal. Weltkoord.   normal. Systemkoord.   Systemkoord.

Figur 17.3

des normalisierten Bildschirms in normalisierte Sichtbereiche,
des Bildschirms in Sichtbereiche.

Zwischen diesen Punktmengen definieren wir Abbildungen:

Die *Welt-Normalisierung* Ω bildet Punkte in Weltkoordinaten auf Punkte in normalisierten Weltkoordinaten ab, dabei das Fenster auf das normalisierte Fenster.

Die *normalisierte Sicht-Abbildung* Θ bildet Punkte in normalisierten Weltkoordinaten auf Punkte in normalisierten Systemkoordinaten ab, dabei das normalisierte Fenster auf den normalisierten Sichtbereich im normalisierten Bildschirm.

Die *System-Normalisierung* Ψ bildet Punkte in normalisierten Systemkoordinaten auf Punkte in Systemkoordinaten ab, dabei den normalisierten Bildschirm auf den Bildschirm und die normalisierten Sicht-Bereiche auf die Sicht-Bereiche.

Die Zusammensetzung all dieser Abbildungen ergibt dann die *vollständige Sicht-Abbildung*, die den Gegenstand oder die Graphik wie gewünscht auf den Sicht-Bereich des Bildschirmes abbildet:

Die Seitenverhältnisse sind einerseits durch das Seitenverhältnis des Bildschirmes und andrerseits durch das Seitenverhältnis des ausgewählten normalisierten Sicht-Bereichs bestimmt. Die Größe des Ausschnitts aus der Graphik, die dargestellt werden soll, kann nur noch in der x-Richtung durch die Angabe der Länge festgelegt werden. Schließlich kann die Lage des Fensters achsenparallel in den Weltkoordinaten beliebig gewählt werden, z.B. durch Angabe des Position des linken unteren Eckpunktes.

Die Lageveränderungen, Verzerrungen, Vergrößerungen, Verkleinerungen usw. werden durch Transformationen der Weltkoordinaten allein erzielt. Diese wurden ausführlich in Kapitel 8 untersucht.

Wenn man die oben gefundenen Abbildungen interaktiv ändert, so treten einige weitere interessante Probleme auf. Die Weltnormalisierung ist dabei noch am einfachsten zu bearbeiten. Wenn ein Objekt auf dem Bildschirm dargestellt ist, dann sollte es dem Benutzer als eingebettet in die normalisierten Weltkoordinaten erscheinen. Der Benutzer denkt also in Termen (Längen, Richtungen, Winkeln, Größenordnungen) von normalisierten Weltkoordinaten. Will man die Weltnormalisierung etwa durch eine Translation, eine Rotation oder eine Skalierung ändern, so sollten sich diese auf die schon vorgegebene „Einbettung" so auswirken, als ob die schon eingebettete (oder allgemeiner abgebildete) Figur innerhalb der normalisierten Weltkoordinaten nochmals abgebildet würde. Das bedeutet, daß die schon vorgegebene Abbildung nachträglich mit der zusätzlichen Translation, Rotation oder Skalierung verknüpft wird; wenn also die Abbildungen von links auf das jeweilige Argument angewendet werden, so soll die hinzukommende Abbildung von links auf die schon vorhandene Abbildung multipliziert werden. In mathematischer Form sei x ein Punkt in Weltkoordinaten und $\Omega(x)$ seine Darstellung in normalisierten Weltkoordinaten. Wenn dann eine Veränderung durch eine weitere Abbildung f hinzukommt, dann soll diese auf $\Omega(x)$ angewendet werden und ergibt $f(\Omega(x)) = (f\Omega)(x)$. Diese Abbildung $f\Omega$ soll die neue Weltnormalisierung sein. Der Benutzer hat damit immer den Eindruck, innerhalb der normalisierten Weltkoordinaten neue Abbildungen einzufügen oder Veränderungen zu bewirken. Tatsächlich ist das auch der Fall, denn die Abbildung f ist ja eine Abbildung von den normalisierten Weltkoordinaten in die normalisierten Weltkoordinaten. Man beachte, daß die Multiplikation der Abbildungsmatrizen auf die homogenen Koordinaten, die Zeilenvektoren sind, von rechts erfolgt, also ist die Matrix für die hinzukommende Abbildung von rechts(!) auf die Matrix für die schon vorhandene Abbildung zu multiplizieren.

Eine andere Situation ergibt sich, wenn man die normalisierte Sichtabbildung Θ ändern will. Die sich neu ergebende Abbildung soll dann immer noch die Sicht auf das inzwischen in normalisierten Weltkoordinaten gegebene Objekt ergeben. Denkt der Benutzer bei Änderungen der Graphik-Ausgabe in Termen der normalisierten Weltkoordinaten, so sind die neu hinzukommenden Abbildungen f von rechts(!) auf die schon vorhandenen normalisierten Sichtabbildungen Θ zu Θf zu multiplizieren, denn sie sind immer noch Transformationen der normalisierten Weltkoordinaten in sich.

Es gibt aber auch Situationen, in denen der Benutzer in Termen von normalisierten Systemkoordinaten denkt. Dann will er also zusätzlich die normalisierten Systemkoordinaten transformieren. Das bedingt aber, daß er die schon vorhandene normalisierte Sichtabbildung Θ von links(!) mit der neuen Transformation f multipliziert: $f\Theta$. Man sollte sich also sehr genau überlegen, welche dieser letzten beiden Möglichkeiten man dem Benutzer anbieten möchte, gegebenenfalls bietet man auch beide Möglichkeiten an, je nachdem in welcher Arbeitsphase sich der Benutzer gerade befindet.

Die System-Normalisierung Ψ schließlich wird man nur dann ändern wollen, wenn man den Bildausschnitt auf dem Bildschirm ändert. Hier ist es also wenig sinnvoll, die neue Abbildung auf die schon vorhandene aufzusetzen. Man wird es vorziehen, eine völlig neue System-Normalisierung zu definieren, die von dem Pixelbereich auf dem Bildschirm abhängt, in den die System-Normalisierung abgebildet werden soll.

17.5 Clipping

Bevor wir die bisher eingeführten Techniken in einem ersten einfachen Graphik Paket anwenden, müssen wir noch eine weitere wichtige Technik in der Computer Graphik besprechen, das Abschneiden von dargestellten Figuren am Fensterrand, auch *Clipping* genannt. Wir beschränken uns auf den einfachsten und wichtigsten Fall des Abschneidens von Strecken in bezug auf ein Rechteck, den normalisierten Bildschirm in den normalisierten Systemkoordinaten. Nur die Teilstrecken, die im (normalisierten) Bildschirm liegen, dürfen abgebildet werden. Man kann auch an anderen Zwischenstellen der vollständigen Sichtabbildung ein Clipping vornehmen, allerdings gibt man dann einige Vorteile, die mit der Behandlung mit der projektiven Geometrie entstanden sind, wieder auf, insbesondere, daß man eine einzige Matrix für die Gesamtabbildung bis hin zu den normalisierten Systemkoordinaten hat. Hier ist ein geeigneter Einschnitt, denn die Diskretisierung verwendet andere Methoden. Man könnte auch noch einen Teil der Abbildung zur Systemnormalisierung als Matrix einfügen und dann das Clipping direkt vor der Diskretisierung in Bildschirmkoordinaten vornehmen.

Wenn man von dem Standpunkt ausgeht, daß die Teile der Strecken, die bei der vollständigen Sichtabbildung auf Bereiche außerhalb des Bildschirms abgebildet werden, getrost auch abbilden darf, der kann unerwartete Überraschungen erleben. Es kann je nach Systemsoftware passieren, daß nach der Umrechnung in ganze Zahlen für die Raster Graphik die Zahlen nur modulo 65536 genommen werden oder negative und positive Zahlen identifiziert werden, weil man eine Bereichsüberschreitung begangen hat. Das Program mag eine mögliche Warnung vielleicht nicht weitergeben. Jedenfalls können Teile der Figur, die man als außerhalb des Bildschirms liegend annahm, plötzlich auf dem Bildschirm auftauchen. Eine Fehlersuche kann hier sehr schwierig werden.

Der Vorgang des Abschneidens an einem Rechteckrand ist kein projektives, sondern ein affines Konzept, so wie Strecken, Polygone und Polytope im Prinzip affine Konzepte sind. Die uneigentliche Hyperebene geht in gewisser Weise in die Festlegung dieser geometrischen Begriffe ein. Der Vorteil, das Clipping in normalisierten Systemkoordinaten durchzuführen, ist, daß eine uneigentliche Gerade automatisch mit vorhanden ist.

Wir wollen jetzt also annehmen, daß wir von einer affinen Strecke im zweidimensionalen affinen Raum $\mathbf{R}^2$ bezüglich eines achsenparallelen Rechtecks den in diesem Rechteck liegenden Teil der Strecke zeichnen müssen. Die Strecke habe die Endpunkte (x_1, y_1) und (x_2, y_2). Das Rechteck sei begrenzt durch $x_{min} < x_{max}$ und $y_{min} < y_{max}$. Die Schwierigkeit ist, daß ein Teil der Strecke innerhalb des Rechtecks liegen kann, selbst wenn beide Punkte außerhalb liegen.

Wir wollen daher zunächst diejenigen Strecken aussortieren, die das Rechteck garantiert nicht schneiden. Dazu ordnen wir jedem Endpunkt der Strecke einen 4 Bit Code $b_4 b_3 b_2 b_1$ zu. Die Bits für einen Punkt (x, y) werden wie folgt gesetzt,

$\qquad b_1 = 0$ genau dann, wenn $x \geq x_{min}$.

$\qquad b_2 = 0$ genau dann, wenn $x \leq x_{max}$,

$\qquad b_3 = 0$ genau dann, wenn $y \geq y_{min}$,

$\qquad b_4 = 0$ genau dann, wenn $y \leq y_{max}$.

Folglich ist ein Punkt genau dann innerhalb des Rechtecks, wenn sein Code 0000 ist. Man kann die Bits als Signum-Bits der Differenzen der entsprechenden Koordinaten erhalten, Bit 1 also als Signum-Bit von $x - x_{min}$. Damit ist eine schnelle Bestimmung möglich.

Für die betrachtete Strecke ist es nun einfach einzusehen, daß sie vollständig innerhalb des betrachteten Rechtecks liegt, wenn die Bit Codes beider Endpunkte 0000 sind. Diese Strecken können unverändert abgebildet werden. Jede Strecke, deren beide Endpunkte 1 in einer gemeinsamen Bitposition haben – und das kann mit dem logischen *and* Operator getestet werden – , liegt vollständig außerhalb des Rechtecks und braucht nicht gezeichnet zu werden. Lediglich die übrigen Strecken müssen auf Schnittpunkte mit dem Rechteck getestet werden.

Wir verändern einen oder beide Endpunkte zu Punkten, die auf den Geraden durch die Rechteckseiten liegen. Ist also (x_1, y_1) außerhalb des Rechtecks (Bit Code $\neq 0$), so ist mindestens ein Bit im Bit Code gesetzt. Nehmen wir als Beispiel das zweite Bit. Dann ist $x_1 > x_{max}$. Wir ersetzen jetzt x_1 durch $x_3 := x_{max}$ und y_1 durch den berechneten y-Wert y_3, der sich aus der Geraden durch Anfangs- und Endpunkt der Strecke bei x_3 ergibt, also

$$y_3 := y_2 + \frac{(x_3 - x_2)(y_1 - y_2)}{x_1 - x_2}.$$

Dieser Punkt (x_3, y_3) braucht nun zwar immer noch nicht innerhalb des Rechtecks zu liegen, aber zumindest die Bits 1 und 2 werden jetzt 0 sein. Als Strecke ist nur noch die von (x_3, y_3) nach (x_2, y_2) zu betrachten. Der Algorithmus kann wiederholt werden, bis nach maximal 4 Schritten die gefundene Teilstrecke entweder ganz im Rechteck liegt oder eliminiert werden kann. Der beschriebene Algorithmus geht auf Cohen und Sutherland zurück. Wir nennen daher den verwendeten Bit-Code auch *Cohen-Sutherland Code*.

Es gibt noch eine Reihe von anderen Clipping Algorithmen, die auch ein Clipping an beliebigen Polygonzügen erlauben, der oben beschriebene Algorithmus reicht jedoch für unsere Zwecke aus.

17.6 Entwurf eines einfachen 2D-Graphik Pakets

Uns stehen jetzt alle Hilfsmittel zur Verfügung, um ein erstes einfaches Programm Paket für zweidimensionale Graphik zu erstellen. Dazu schreiben wir ein Hauptprogramm und 3 Unterprogramm Pakete:

> Matrizen,
> Polygone,
> Ein-/Ausgabe,
> Hauptprogramm.

Im Matrizen Paket können wir alle benötigten in Kapitel 16 besprochenen Prozeduren zur Matrizenrechnung zusammenfassen. Dabei kann auch die dort empfohlene Dokumentation der einzelnen Prozeduren durchgeführt werden.

In dem Paket zu den Polygonen wird der Datentyp der Polygone festgelegt. Hier muß also entschieden werden, in welcher Art die Polygondaten gespeichert werden sollen. Der Leser möge sich zunächst selbst für einen Datentyp entscheiden und diesen implementieren. Weitere Methoden hierzu werden wir unter besonderer Verwendung von objekt-orientierten Sprachen in Kapitel 18 einführen. Es sind jedenfalls die Koordinaten der Eckpunkte und die Strecken(züge) der Polygone und ihre gegenseitigen Relationen zu erfassen. Die Koordinaten sollten als homogene Koordinaten vorgesehen werden, da dann die Matrizendarstellung aller in Kapitel 14 eingeführten Abbildungen verwendet werden kann. Die Komposition oder Hintereinanderausführung solcher Abbildungen ist durch Matrizenmultiplikation darstellbar.

Das Ein-/Ausgabe Paket umfaßt im wesentlichen vier Komponenten, die (numerische) Eingabe von Polygonen von der Tastatur aus, die numerische Ausgabe der Polygondaten zur Überprüfung der Vollständigkeit und Korrektheit, die graphische Ausgabe der Polygone auf dem Bildschirm und die Eingabe der Transformationen, die auf das Polygon angewendet werden sollen. Da die Eingabe numerischer Daten im allgemeinen aufwendig ist und sich leicht Fehler einschleichen, sollte man an Korrekturmöglichkeiten evtl. im Zusammenhang mit der numerischen Ausgabe der Daten denken. Schließlich kann man auch die eingegebenen Daten eines Polygonzuges speichern. Dazu wäre eine weitere Komponente für Disketten-Ein- und Ausgabe angebracht. Die graphische Ausgabe sollte den in Kapitel 17.4 dargestellten Prinzipien folgen und Clipping implementieren. Dabei können auch verschiedene eigene Algorithmen zum Zeichnen von Strecken ausprobiert werden. Als Transformationen sind hier zunächst nur die affinen Transformationen von Interesse, also Translationen, Rotationen, bestimmte Scherungen und bestimmte Streckungen. Sie lassen sich alle als Matrizen darstellen, können aber anders eingegeben werden, z.B. durch Angabe eines Translationsvektors, durch Angabe eines Drehwinkels, durch gesonderte Translationen in der x- bzw. y-Richtung mit Hilfe der Cursor-Tasten, etc.

Das Hauptprogramm initialisiert zunächst alle Komponenten, die Abbildungsmatrizen werden als Einheitsmatrix oder in sonst geeigneter Weise definiert, und der Polygonzug wird als leer definiert (oder als geeignetes Ausgangspolygon, z.B. einen Bildrahmen). Sodann wird dem Benutzer ein einfaches Menü angeboten, in dem er zwischen Eingabe von Polygondaten, numerischer Ausgabe (und Korrektur) der Daten, Eingabe einer Transformation und graphischer Ausgabe wählen kann. Eventuell kann ein Laden von Diskette oder ein Speichern auf Diskette vorgesehen werden. Dieses Menü wird in einer Schleife angelegt, so daß man nacheinander verschiedene Menüpunkte wählen kann. Daher muß auch noch ein Punkt zum Beenden des Programms vorgesehen werden.

17.7 Darstellung von 2D-Funktionen

Mit dem vorhandenen kleinen Graphik Paket können wir jetzt Strecken und Polygonzüge darstellen. Ebenso können wir Punkte setzen. Alle diese geometrischen Figuren können wir Transformationen unterwerfen, sie vergrößern, verzerren, verschieben und drehen. Wir können nun leicht diese Möglichkeiten erweitern, um Kurven in der Ebene darzustellen und zu studieren.

Es gibt zwei recht verschiedene Darstellungsformen von Kurven in der Ebene. Bekannt ist die Darstellung durch eine Funktion f mit Hilfe der Gleichung $y = f(x)$. Manche solche Funktionen f sind nicht für alle Werte von x definiert, z.B. die Funktion $f(x) = 1/x$, die nur auf den reellen Zahlen $\neq 0$ definiert ist.

Um eine solche Funktion angenähert darzustellen, wähle man einen Bereich $x_a, \ldots, x_e$, innerhalb dessen das Verhalten von f studiert werden soll. Sodann betrachte man eine Unterteilung des Intervalls in n gleich große Teile ($n = 40$ ist ein guter Anfangswert), also die Werte

$$x_0 = x_a, x_1 = (n-1)\frac{x_a}{n} + \frac{x_b}{n}, \ldots, (n-t)\frac{x_a}{n} + t\frac{x_b}{n}, \ldots, x_n = x_b.$$

Man bestimme die Funktionswerte $f(x_i)$ an diesen Stellen. Wir legen eine Liste von Strecken von $(x_i, f(x_i))$ nach $(x_{i+1}, f(x_{i+1}))$ an, sofern die beiden verwendeten Funktionswerte definiert sind. Hier ist es häufig notwendig, vor dem Berechnen des Funktionswertes zu überprüfen, ob der Wert überhaupt definiert ist. Falls eine Division durch Null droht, sollte man sie besser garnicht erst durchführen. Die so definierten Strecken stelle man graphisch dar. Man erhält

dann eine gute Annäherung der zu betrachtenden Funktion. Ist die Funktion in
einem Punkt zwischen x_i und x_{i+1} nicht definiert, so kann allerdings die Strecke
von $(x_i, f(x_i))$ nach $(x_{i+1}, f(x_{i+1}))$ sehr von der Funktion abweichen. Wenn man
diese Frage vom Programm her überprüfen kann, so sollte man solche Intervalle
auch fortlassen.

Die Stellen, an denen die Funktion nicht definiert ist, lassen sich mit projektiven
Hilfsmitteln häufig als Stellen deuten, in denen die Funktion die uneigentliche
Gerade schneidet (oder berührt). Durch Ausweitung des Pakets und Übergang
zu projektiven Koordinaten können auch diese Punkte betrachtet werden, die
Strecken zu ihnen definiert werden und sogar mit geeigneten projektiven Transformationen sichtbar gemacht machen. Hierfür benötigen wir dann die projektive
Version unseres Graphik Pakets, die wir im folgenden Kapitel noch ausführlicher
besprechen werden. Ebenso kann man dann das Definitionsintervall auch durch
den unendlich fernen Punkt der x-Achse laufen lassen.

Eine weniger häufig gebrauchte Art der Darstellung von Kurven ist die Parame-
terdarstellung mit Hilfe von zwei Funktionen f und g als $x = f(t)$ und $y = g(t)$.
Zu jedem Parameterwert von t erhält man dann einen Punkt $(x, y) = (f(t), g(t))$
in der Ebene. Sofern f und g auf dem Intervall, aus dem t stammt, genügend
glatt (stetig und überall definiert) sind, erhält man so eine ebene Kurve, die auch
Ecken und senkrechte Steigungen haben kann, ja die sich sogar selbst schneiden
kann. Eine Darstellung des Vollkreises ist etwa durch

$$x = cos(t), \qquad y = sin(t)$$

für $t = 0, \ldots, 2\pi$ gegeben. Auch hier kann man das Intervall der Argumente t
unterteilen, in jedem Unterteilungspunkt t_i den Punkt der Ebene $(f(t_i), g(t_i))$
bestimmen und diese Punkte mit Strecken verbinden. Damit können schon sehr
komplizierte Kurven gut dargestellt werden. Bei Vergrößerungen muß man häufig
die gewählte Unterteilung verfeinern. Hier ist man dann sehr abhängig von der
speziellen Wahl der Funktionen f und g.

Eine nicht triviale Aufgabe ist es, die Möglichkeit der Eingabe beliebig zu wählen-
der Funktionen f und g interaktiv vorzusehen. Die Beschreibung der hierbei zu
verwendenden Methoden führt über unsere Zielsetzung hinaus. Der Leser kann
entweder die entsprechenden Funktionen in das Programm Paket mit aufnehmen
und neu kompilieren. Oder er kann sich mit den Methoden des Compilerbaus einen Parser bauen, der den eingegebenen Textstring zur Definition einer Funktion
analysiert und daraus intern eine geeignete Funktion bildet.

18 Objekt-orientierte Methoden

Der sich ändernde Programmierstil ist schon öfter Anlaß dazu gewesen, neue Komponenten in Programmiersprachen aufzunehmen. So sind auch die objekt-orientierten Methoden zu sehen, die gerade für den Bereich der Computer Graphik schon seit längerer Zeit verwendet wurden. Neuerdings bieten verschiedene Software-Häuser ihre Sprachen Pascal oder C in einer objekt-orientierten Version an. Gewisse unserer benötigten Strukturen lassen sich damit wesentlich übersichtlicher und einfacher implementieren. Deshalb soll hier einiges zu diesen neuen Versionen der Computer-Sprachen gesagt werden. Wir verwenden dabei wieder die Sprache Pascal (Turbo-Pascal 5.5 von Borland ist die erste allgemein erhältliche Pascal-Version dieser Art).

18.1 Objekt-orientierte Listen

Neue Datentypen, die man für ein Graphik-Paket definieren möchte, bestehen aus Datenfeldern (Records). In der objekt-orientierten Sprache kann man nun diese Datenfelder gemeinsam mit zusätzlichen Prozeduren und Funktionen (und Construktoren und Destruktoren), die sich auf die vorgegebenen Datenfelder beziehen, zu einem neuen Typ verschnüren. Dieser neue Typ, bestehend aus Datenfeldern und Prozeduren wird *Objekt* genannt (im Gegensatz zu Record). Die Prozeduren eines Objekts werden dann *Methoden* genannt. Ein Objekt besteht also aus einer Liste von Daten-Feldern und aus einer Liste von Methoden. Die Zusammenfassung von Feldern und Methoden zu einem Objekt nennt man auch *Datenverkapselung*.

Wir wollen die neuen Begriffe an einem Beispiel erläutern, in dem wir den Typ einer (einfach verketteten) *Liste* entwickeln wollen. Listen sind etwas komplizierter handzuhabende Datentypen, da im allgemeinen ihre Länge zum Zeitpunkt der Kompilierung des Programm nicht bekannt ist. Deshalb werden sie auch außerhalb des eigentlichen Programmgebiets angelagert, im sogenannten Haufen (heap space). Diese Art der Programmierung wird auch als dynamische Programmierung bezeichnet. Dabei arbeitet man effektiv mit Zeigern (Pointern). Wir benötigen Listen (oder ähnliche dynamische Objekte), um für unsere Graphikpakete genügend Spielraum für die benötigten Punkte, Kante, Facetten und Seiten zu erhalten. Daher wollen wir auf diese Begriffe etwas ausführlicher eingehen.

Zunächst führen wir den Begriff eines Knotens ein. Ein *Knoten* besteht aus genau einem Feld, das einen Pointer oder Zeiger enthält, der auf einen weiteren Knoten zeigt. Weitere Felder wollen wir nicht definieren. Allerdings muß noch eine weitere Zusatzbedingung erfüllt sein. Wenn man nämlich einen Knoten hat und dann den Zeigern von Knoten zu Knoten folgt, so muß die dadurch entstehende

Kette nach endlich vielen Schritten wegen der Endlichkeit des Datenspeichers
aufhören. Das kann entweder so geschehen, daß ein (der letzte) Knoten nicht auf
einen weiteren Knoten zeigt, was in Pascal mit dem Zeiger NIL möglich ist, oder
aber daß ein Knoten auf einen schon vorher in der Kette vorhandenen Knoten
zeigt. Wenn wir den Zeiger NIL in einem Knoten ausschließen, dann ist damit die
Struktur einer solchen Knotenkette schon klar. Sie besteht aus einem nichtleeren
Kreis von Knoten und einigen - möglicherweise leeren - (linearen) Ketten, die in
einem Knoten des Kreises enden.

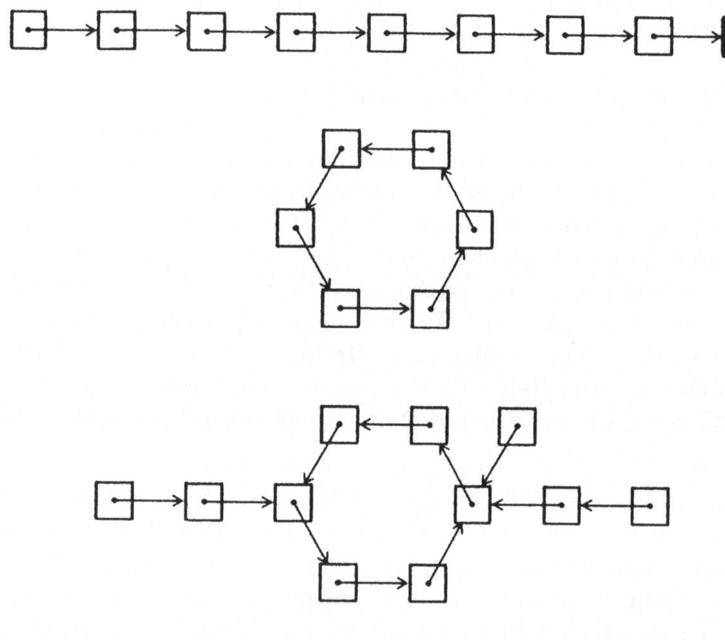

Figur 18.1

Wir wollen den Begriff eines *Knotens* (im engeren Sinne) nunmehr auf den Fall
beschränken, in dem der (allgemeinere) Knoten in einem beliebig großen Kreis
liegt. In einem solchen Kreis kann man einige einfache Prozeduren definieren.
Man beachte, daß man zunächst einmal nur entlang des Zeigers eines Knoten
zum nächsten Knoten fortschreiten kann. Man kann jedoch so den gesamten
Kreis durchlaufen und herausfinden, wieviele Knoten in dem Kreis vorhanden
sind, indem man sich den Ausgangsknoten merkt. Damit kann man also eine
Funktion LÄNGE definieren. Weiter kann man durch Durchlaufen des Kreises bis
zum vorletzten Knoten auch diesen auffinden. So erhalten wird noch die Funktion

PREV. Diese beiden Funktionen wollen wir mit dem Datenfeld des Knotens zu
einem allgemeinen Typ verkapseln. Weiter benötigen wir natürlich auch den
Typ des Zeigers auf einen allgemeinen Knoten.

```
type
  KNOTENPTR = ^KNOTEN;
  KNOTEN = object
    NEXT : KNOTENPTR;
    function PREV : KNOTENPTR;
    function ABSTAND(Q : KNOTENPTR) : integer;
    function LÄNGE : integer;
    procedure AUSGABE; virtual;
  end;
```

Tatsächlich haben wir noch zwei weitere Methoden im Objekt eines Knotens
verkapselt, den ABSTAND und die AUSGABE. Mit der ersten Funktion ABSTAND
können wir den Abstand eines vorgegebenen Knotens zu einem weiteren Knoten Q
bestimmen, der durch einen auf Q zeigenden Pointer gegeben ist. Mit der zweiten
Prozedur AUSGABE kann man z.B. die absolute Lage des Knoten im Datenspeicher
auf dem Bildschirm ausgeben. Die Funktionen kann man wie folgt definieren:

```
function KNOTEN.PREV : KNOTENPTR;
var P : KNOTENPTR;
begin
  P := @self;
  while P^.NEXT ≠ @self  do P := P^.NEXT;
  PREV := P;
end;

function KNOTEN.ABSTAND(Q: KNOTENPTR): integer;
var
  i: integer;
  P: KNOTENPTR;
begin
  i := 1;
  P := @self;
  while (P^.NEXT ≠ Q) and (P^.NEXT ≠ @self) do
  begin
    i := i + 1;
    P := P^.NEXT;
  end;
  if P^.NEXT = Q then
```

```
    ABSTAND := i
  else
    ABSTAND := 0;
  end;

function KNOTEN.LÄNGE: integer;
begin
  LÄNGE := ABSTAND(@self);
end;

procedure KNOTEN.AUSGABE;
begin
  writeln(integer(@self));
end;
```

Einige Bemerkungen zu den so definierten Funktionen sind angebracht. Ein Abstand Null der Funktion ABSTAND zeigt an, daß die beiden Knoten nicht in einem gemeinsamen Kreis liegen. Das Symbol @self ist ein Zeiger, der auf den Knoten selbst zeigt. Die Abfrage P.NEXT $\neq$ @ garantiert, daß der Kreis höchstens einmal durchlaufen wird. Vorausgesetzt ist dabei immer, daß beim Aufbau von Knoten diese immer schon in einem Kreis liegen. Andere Knoten darf es garnicht geben! In dem Beispiel Kreis wird durch die Definition KNOPF.NEXT := @KNOPF ein Knoten-Kreis erzeugt, der nur einen einzigen Knoten enthält. Dieser zeigt auf sich selbst. Daher ist die Länge des kleinstmöglichen Kreises tatsächlich 1.

Schließlich wird mit der in der Funktionsdefinition verwendeten Bezeichnung KNOTEN. vor den eigentlichen Namen der Funktionen angedeutet, daß diese Funktionen zum Objekt KNOTEN gehören. Sie können nur aufgerufen werden, wenn man ein konkretes Objekt KNOPF des Typs Knoten besitzt. Dem Aufruf einer solchen Funktion ist dann immer KNOPF. voranzustellen. Das könnte zum Beispiel so geschehen:

```
program KREIS;
var KNOPF : KNOTEN;
begin
  KNOPF.NEXT := @KNOPF;
  writeln('Kleinste Kreislänge ist ', KNOPF.LÄNGE, '.');
end.
```

Dieses Vorgehen hat den Vorteil, daß Methoden, die sich auf einen bestimmten Datentyp beziehen, zusammen mit diesem Datentyp definiert werden und einen engen Bezug zu diesen Datentyp haben. Sie können nicht aufgerufen werden, ohne daß ein solcher Datentyp vorher konkret (als Instanz, also als Konstante oder Variable) erzeugt worden wäre. Weiter können Prozeduren, die sinngemäß bei verschiedenen Datentypen dasselbe machen sollen und daher denselben Namen tragen sollten, aber verschiedene Programmteile beinhalten, tatsächlich gleich benannt werden. Aus dem Bezug auf das Objekt geht dann immer hervor, welche Methode zu verwenden ist.

Wir definieren nun eine (lineare) *einfach verkettete Liste* als ein Feld mit einem Zeiger, der auf einen Knoten (in einem Kreis) zeigt, der aber selbst nicht in diesem Kreis enthalten ist.

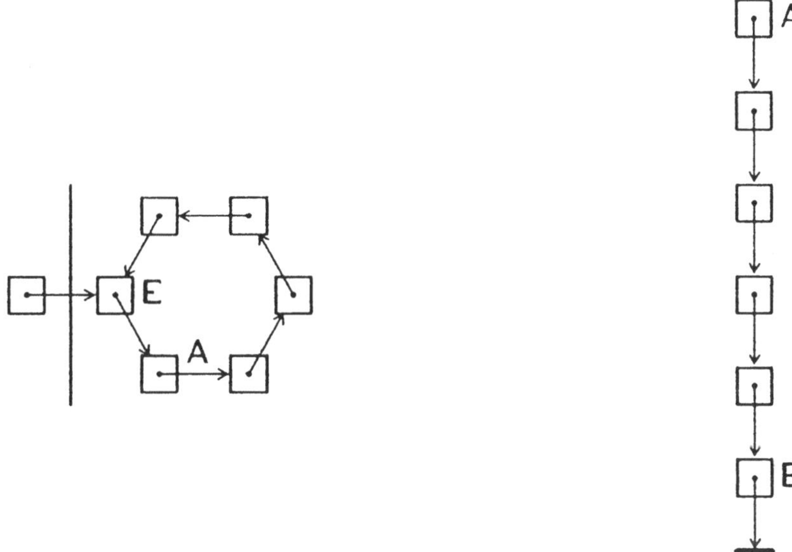

Figur 18.2

Man beachte, daß der neue Zeiger nicht mehr von dem Typ KNOTEN ist, so wie wir ihn oben definiert haben. Von ihm können wir z.B. keine Länge definieren. Diesen Zeiger verwenden wir, um ein Objekt LISTE zu definieren.

Wir realisieren also eine linear geordnete einfach verkettete Liste, d.h. eine Kette von Knoten, deren letzter nach NIL zeigt, dadurch, daß wir zu dieser Liste einen Zeiger von außen auf den letzten Knoten und einen zusätzlichen Zeiger vom letzten Knoten in den ersten Knoten vorsehen. Dann erhalten wir eine LISTE, wie wir sie gerade definiert haben. Offenbar kann also jede linear geordnete Liste in eine LISTE umgewandelt werden und umgekehrt kann jede LISTE als linear geordnete Liste aufgefaßt werden. Man vergleiche die beiden möglichen Definitionen für Listen mit der Figur 18.2. Als Objekt definieren wir also

```
LISTE = object
  ENDE: KNOTENPTR;

  function ANFANG : KNOTENPTR;
  function NEXT(N: KNOTENPTR) : KNOTENPTR;
  function PREV(N: KNOTENPTR) : KNOTENPTR;

  procedure TOP(N: KNOTENPTR);
  procedure INSERT(N: KNOTENPTR; i: integer);
  procedure APPEND(N: KNOTENPTR);

  function LÄNGE : integer;
  function NR(N: KNOTENPTR) : integer ;
  function PTR(i: integer) : KNOTENPTR;

  function EMPTY : boolean ;
  procedure CLEAR;
  procedure LÖSCHE;
  procedure ROTATE(i: integer);
  procedure REMOVE(N: KNOTENPTR);
end;
```

So einfach das Datenfeld ENDE ist, so vielfältig sind schon hier die möglichen Methoden (Prozeduren und Funktionen), die für eine Liste interessant werden können. Die Funktionen ANFANG, NEXT, PREV und das Feld ENDE geben die Knotenzeiger zu gewissen Positionen in der Liste wieder.

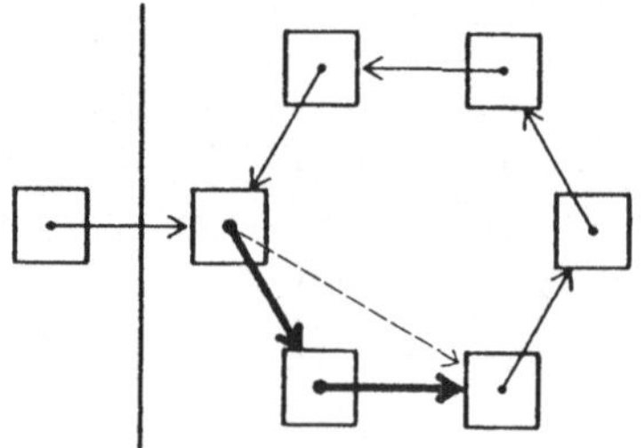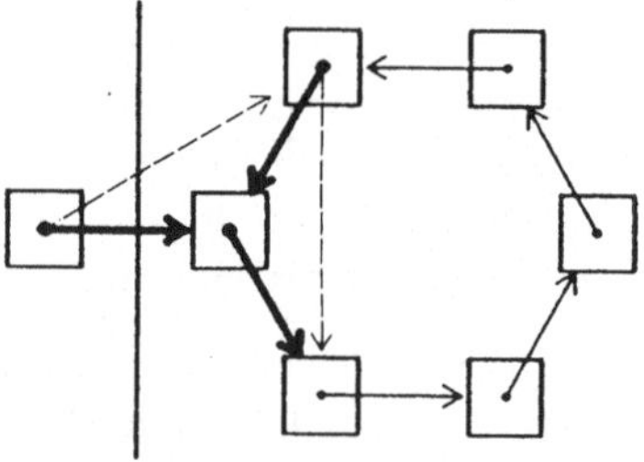

Figur 18.3

Die Prozedur INSERT fügt an i-ter Stelle den Knoten N in die Liste ein. TOP fügt an erster Stelle etwas ein und ist damit identisch mit INSERT(N ; 1), und

APPEND hängt an letzter Stelle etwas an die Liste an und ist damit identisch mit INSERT(N ; LÄNGE+1). Die beiden Prozeduren TOP und APPEND sind recht verschieden, wie man an Figur 18.3 sehen kann. Die linke Abbildung stellt eine Einfügung am Anfang der Liste dar, während die rechte Abbildung ein Anhängen an das Ende der Liste darstellt. Die fettgedruckten Pfeile sind die Pfeile, die zur Liste hinzukommen, die dünnen Pfeile fallen dafür fort. Sie bieten kein Problem, weil sie einfach überschrieben werden. Der Leser möge sich das Einfügen an mittleren Stellen der Liste klarmachen. Die Funktion LÄNGE gibt die Anzahl der Knoten in einer Liste an. Sie kann zum Beispiel als

```
function LISTE.LÄNGE: integer;
begin
   if ENDE = NIL then LÄNGE := 0
   else LÄNGE := ENDE^.LÄNGE;
end;
```

geschrieben werden. Hier wird also die Methode LÄNGE des KNOTENS ENDE verwendet, um eine Funktion zu definieren, die denselben Namen trägt.

Weiter haben wir im Begriff der LISTE die Funktionen NR und PTR, die zueinander invers sind. $PTR(i)$ gibt einen Zeiger zum i-ten Knoten an und NR(N) gibt die Stelle des Knotens N in der LISTE an. EMPTY gibt an, ob die Liste noch leer ist. Das ist möglich, denn wir haben nicht ausdrücklich ausgeschlossen, daß der Zeiger ENDE nach NIL zeigt. Die Funktion CLEAR erzeugt eine solche leere Liste. Die Funktion LOESCHE erzeugt ebenfalls eine leere Liste, zerstört aber zudem eine unter demselben Listennamen schon vorhandene Liste im Haufen. $ROTATE(i)$ läßt eine Liste um i Schritte rotieren, d.h. sie bringt i-mal den Anfang einer Liste an das Ende. Der Leser kann sich noch mehr solcher Funktionen und Prozeduren für LISTEn überlegen und diese in das vorgegebene Objekt einfügen. Die hier angegeben Methoden zeigen jedoch schon, wie umfangreich der Methodenteil eines Objekts im Vergleich zum Datenteil sein kann.

Wozu aber sollen diese beiden Begriffe des KNOTENs und der LISTE nützlich sein, wenn man nicht gewisse weitere Datenfelder zur Verfügung hat. Für unsere Zwecke wollen wir gern LISTEn von Punkten, Kanten oder Facetten haben. Wie können wir die zusätzlichen Strukturen einbinden, ohne die vorhandenen Strukturen aufzubrechen oder zuverändern? Hier hilft eine weitere Eigenschaft von objekt-orientierten Sprachen, die *Vererbung*. Man kann die schon vorhandenen Strukturen eines Objekts auf eine neues Objekt vererben, indem man das Schlüsselwort *object* mit einem Parameter versieht, der auf die schon vorhandene Struktur zeigt. Wir wollen eine Liste von Punkten in der xy-Ebene als Beispiel verwenden.

```
PUNKTPTR = ^PUNKT;
```

```
PUNKT = object(KNOTEN)
   x : real;
   y : real;

   procedure AUSGABE; virtual;
   procedure LÖSCHE;
end;
```

Die beiden Methoden AUSGABE und LÖSCHE sind inhaltlich klar als Ausgabe der
Koordinaten auf dem Bildschirm und Löschen der Koordinaten zu Null. Man
hat aber auch die Funktionen für KNOTEN zur Verfügung. Das Objekt Punkt
„weiß", daß es auch ein Knoten ist und sich so verhalten kann. Ebenso kann
man eine Punktliste definieren durch

```
PUNKTLISTE = object(LISTE)
end;
```

Jetzt stehen alle oben besprochenen Methoden der Listen auch für Punkt-Listen
zur Verfügung, etwa das Zählen oder das Einfügen. Tatsächlich könnten wir in
Punktlisten (wie auch in beliebige Listen) beliebige Strukturen auch von jeweils
unterschiedlicher Art aufnehmen, es nützt aber der Verständlichkeit des Programms, wenn man unterschiedliche Typen in denselben Listen vermeidet. Ein
PUNKT(x, y), gegeben durch einen PUNKTPTR P, kann also in eine Punktliste PULI
als erster Knoten aufgenommen werden durch den Befehl PULI.TOP(P), und er
kann dann ans Ende der Liste gebracht werden durch PULI.ROTATE(1).

Hier tritt jedoch ein eigenartiges Problem auf. In der Liste selbst sind ja nur
Objekte vom Typ Knoten enthalten. Aber der Punkt (x, y) ist genau genommen
ein Punktknoten. Pascal erlaubt es nun, die diesen stärkeren Typ Punktknoten auch als schwächeren Typ Knoten zu verwenden. Auch dieses gehört zu
der Vererbbarkeit von Objektstrukturen. Bei dem oben angegebenen Befehl
PULI.TOP(P) werden wir also keinen Fehler wegen Typen-Irrtums erhalten. P ist
auch aufwärtskompatibel zum Typ eines einfachen Knotens.

Man benötigt aber sehr häufig auch die umgekehrte Art von Zuweisungen. Wenn
wir zum Beispiel P in die Liste aufgenommen haben und jetzt PULI.PREV(P) bilden, so haben wir einen Zeiger auf einen weiteren Knoten in der Liste erhalten. Nehmen wir an, wir hätten nur Punkte in diese Liste aufgenommen. Wie
können wir die Koordinaten zu PULI.PREV(P) erhalten? Jeder Versuch, auf a
:= PULI.PREV(P)^.x zuzugreifen (mit a vom Typ real), wird mit einem Typen-
check Fehler quittiert werden. Andrerseits wissen wir sehr wohl, daß sich hinter
P ein PUNKT verbirgt und nicht nur ein KNOTEN. Pascal hat nun hier auch noch
ein umgekehrtes Verfahren, dem Zeiger P einen neuen kompatiblen Datentyp
zuzuweisen, die Typen-Veränderung. Die x-Koordinate können wir durch den
Befehl

$$a := \text{PUNKTPTR(PULI.PREV(P))}\hat{} .x$$

erhalten. Mit PUNKTPTR( ) wird der einfache Knoten-Zeiger PULI.PREV(P) zu
einem Punkt-Zeiger gemacht. Damit ist unser Handwerkszeug vollständig, um
Listen von beliebigen Objekten anzufertigen und sowohl die Listen-Strukturen
als auch die spezielleren Strukturen der komplexeren Objekte von Typ Knoten
zu behandeln.

Die vielleicht wichtigste Eigenschaft bei objektorientierten Sprachen wird deutlich, wenn wir verschiedene Arten von Knoten betrachten, etwa PUNKTe wie oben
und KANTEn. Dabei könnte man KANTEn wie folgt definieren

```
KANTEPTR = ^KANTE;

KANTE = object(KNOTEN)
  ANFANGPT : PUNKTPTR;
  ENDEPTR : PUNKTPTR;

  procedure AUSGABE; virtual;
end;
```

Die Prozedur AUSGABE könnte hier entweder Anfangs- und End-Punkt der Kante
durch die Nummern der Punkte in der Punktliste angeben, oder aber diese
Punkte durch ihre Koordinaten. Für das Objekt KANTE ist aber ebenso wie
für das Objekt PUNKT schon eine Prozedur AUSGABE definiert worden, nämlich
die im Typ des KNOTENs. Hier tritt nun die Wirkung des Schlüsselwortes virtual
ein. Das Programm stellt während des Laufes fest, von welchem Typ die Prozedur AUSGABE aufgerufen wird und wählt dann die richtige Prozedur. Deshalb
ist es auch unbedingt nötig, daß der Typ der verwendeten Objekte insbesondere
bei der Parameterübergabe eindeutig und richtig festgelegt wird. Dann kann
sich diese Eigenschaft von Objekten aber als eine mächtige Hilfe der Programmierung erweisen. Diese Eigenschaft, daß Objekte nicht unbedingt die vererbten
Methoden sondern ersatzweise auch ihre eigenen besitzen und benutzen können,
nennt man *Polymorphie.*

18.2 Die Datenstruktur von Polygonzügen

Wir wollen zunächst die zuvor dargestellten objekt-orientierten Methoden verwenden, um 2-dimensionale Polytope oder Polygone darzustellen, d.h. ihren
Datentyp zu definieren. Zu einem Polygon(-zug), der nicht notwendig konvex
sein muß, gehören die Punkte und die Kanten. Den Datentyp eines Polygons
definieren wir also durch eine Liste von Punkten und eine Liste von Kanten.
Jeder Punkt muß die drei Koordinaten des Punktes enthalten (oder einen Zeiger
auf das Koordinatentripel).

Jede Kante enthält Zeiger auf zwei Punkte, die die Begrenzungspunkte der Kante sind. Wir nennen sie den Anfangs- bzw. Endpunkt der Kante, da sie als geordnetes Paar gespeichert werden.

Um die in einem Punkt endenden Kanten zu finden, kann man die Information dadurch erweitern, daß man außerdem für jeden Punkt Zeiger zu den beiden Kanten aufnimmt.

Die Listen können dann etwa so aussehen:

Punktliste	
p_1 :	x_1, y_1, z_1, k_1, k_2
p_2 :	x_2, y_2, z_2, k_1, k_3
p_3 :	x_3, y_3, z_3, k_2, k_4
p_4 :	x_4, y_4, z_4, k_3, k_4

Kantenliste	
k_1 :	p_1, p_2
k_2 :	p_1, p_3
k_3 :	p_2, p_4
k_4 :	p_3, p_4

Wir wollen als Ausgangsobjekte nur Polygone betrachten, die affin sind, d.h. deren sämtliche Kanten (Strecken) und Punkte affin sind. Nach einer projektiven Transformation mag sich das zwar ändern, wir können das aber kontrollieren, indem wir die Kriterien aus Kapitel 10, insbesondere Satz 10.13 verwenden. Wenn man die Koordinaten der Punkte in der Form $(x, y, 1)$ angibt, wobei x bzw. y affine Koordinaten des Punkte sind, so ist eine besonders einfache und für die Anwendung von 10.13 geeignete Darstellung gegeben.

Für affine Polygone sollten einfache Plausibilitätsüberprüfungen im Programm vorgesehen sein, etwa die folgenden

> die Endpunkte einer Kante sind verschieden,
> jeder Punkt gehört zu genau zwei verschiedenen Kanten,
> zwei Kanten schneiden sich nicht (bei konvexen Polygonen),
> wenn eine Kante auf einen Punkt zeigt, so zeigt dieser Punkt auch auf diese Kante.

Um automatisch eine konsistente Darstellung des Polygons zu erhalten, verwendet man häufig zusätzliche Bedingungen, die die Reihenfolge der Punkte bzw. der Kanten einschränken. Man kann also etwa festlegen, daß die Kanten so in der Liste angeordnet sind, daß der Endpunkt einer Kante mit dem Anfangspunkt der in der Liste nachfolgenden Kante übereinstimmen. Tatsächlich braucht man dann für jede Kante nur den Anfangspunkt anzugeben, da man ihren Endpunkt als Anfangspunkt der nachfolgenden Kante erhält. Das setzt lediglich voraus, daß wir die Liste als zyklisch ansehen (, was sie ja in unserem oben angegebenen Ansatz sowieso ist). Die Punkte können dann offenbar in derselben Reihenfolge angegeben werden. Wenn man diese Konventionen befolgt, kann man sogar die

Kantenliste gänzlich unterdrücken, da sie sich ja aus der Reihenfolge der Punktliste ergibt. Eine stark vereinfachte Darstellung desselben Polygons wie oben ist damit

Punktliste	
p_1 :	x_1, y_1, z_1
p_2 :	x_2, y_2, z_2
p_4 :	x_4, y_4, z_4
p_3 :	x_3, y_3, z_3

Man beachte, daß damit auch gleichzeitig die gewünschte Reihenfolge der Kanten entstanden ist.

Diese vereinfachte Darstellung ist in dieser wirksamen Weise nur im zweidimensionalen Fall möglich. Für höherdimensionale Polytope ist zwar auch eine Vereinfachung der Datenstruktur möglich, aber wesentlich weniger effizient.

Ein weiterer Bereich der Anwendungen des objekt-orientierten Ansatzes wird durch die folgenden Betrachtungen begründet.

Wenn man durch das Programm Paket vorgegebene oder speziell konstruierte geometrische Objekte mehrfach in derselben Graphik verwenden will, so ist es häufig angebracht, diese Objekte nur einmal in ihrer Datenstruktur bereit zu halten, definiert in besonders einfacher Lage mit eigenem Koordinatensystem, und dann für jedes Auftreten des Objekts in der Graphik, für jede Instanz, lediglich die Transformation von dem eigenen Koordinatensystem in die Weltkoordinaten abzuspeichern. Auf diese Weise ist es möglich, ein einmal in die Zeichnung eingefügtes Objekt auch nachträglich noch zu manipulieren und es eventuell auch wieder zu entfernen.

Diesen Prozess kann man bei Bedarf auch iterieren, d.h. mehrere Symbole zu einem neuen graphischen Objekt zusammenfassen und dieses dann mehrfach in einer Graphik verwenden. Hier findet man dann statt der in 18.1 besprochenen Listen als strukturbestimmende Datentypen Bäume. Die Datenhaltung kann damit sehr komprimiert werden, allerdings steigt der Aufwand an Berechnungen, insbesondere an Multiplikationen von Lage-Matrizen.

Aus Gründen des Clippings, das im nächsten Abschnitt nochmals besprochen werden wird, ist es günstig, in den Zwischenstufen oder Knoten eines solchen Baumes auch Koordinaten eines Rechtecks, Quaders oder einer Kugel abzuspeichern, innerhalb deren sich das gesamte in dem jeweiligen Knoten definierte Teilobjekt geometrisch befindet. Damit kann der Clipping Algorithmus wesentlich beschleunigt werden, denn wenn sich das begrenzende Objekt nach der vollständigen Sichtabbildung vollständig außerhalb oder vollständig innerhalb des Bildschirms befindet, kann eine komplizierte Clipping Prozedur vermieden werden.

Damit ist ein neuer Datentyp beschrieben, und einige angemessene Prozeduren für diesen Typ sind angedeutet. Ein solcher Datentyp kann leicht mit objekt-orientierten Methoden implementiert werden.

18.3 Clipping in einem projektiven 2D-Paket (Paket 2)

Außer diesen neuen Überlegungungen zur Datenstruktur der ebenen Polytope müssen wir jetzt unsere Betrachtungen zum Clipping, d.h. zum Abschneiden von Strecken am Bildschirmrand, auf den echten projektiven Fall erweitern. Dazu verallgemeinern wir den in Kapitel 17.5 entwickelten Cohen-Sutherland Algorithmus.

Wir betrachten zunächst die projektive Ebene $P(\mathbf{R}^3)$ mit uneigentlicher Geraden definiert durch $z = 0$ oder H_a mit $a = \mathbf{R}(0,0,1)$. Wir verwenden also die Zerlegung $\mathbf{R}^3 = \{x(1,0,0) + y(0,1,0)|x,y \in \mathbf{R}\} + \mathbf{R}(0,0,1)$ für die Darstellung von Punkten gemäß 6.1. Die Koeffizienten x und y bei der Darstellung eines Punktes $p = \mathbf{R}(x,y,1) = \mathbf{R}(x(1,0,0) + y(0,1,0) + (0,0,1))$ sind die Koordinaten des affinen Punkts (x,y). Die uneigentlichen Punkte haben dabei die Darstellung $p = \mathbf{R}(x,y,0)$, wobei nicht beide Koeffizienten x und y Null sein dürfen. Diese projektive Ebene soll für die (normalisierten) Systemkoordinaten verwendet werden.

Im affinen Teilraum dieser projektiven Ebene betrachten wir das affine Rechteck als (normalisierten) Bildschirm, das durch $x_{min} < x_{max}$ und $y_{min} < y_{max}$ festgelegt wird. Wir erinnern an die Betrachtungen im Zusammenhang mit Satz 10.13 und Satz 10.15 und wenden diese auf unsere vollständige Sichtabbildung an. Die Endpunkte des Bildes einer affinen Strecke, die durch eine (ausgeartete) projektive Abbildung in die Ebene der (normalisierten) Systemkoordinaten hinein abgebildet wird, haben die Darstellung $p_1 = \mathbf{R}(x_1,y_1,z_1)$ und $p_2 = \mathbf{R}(x_2,y_2,z_2)$. Ist $z_i = 0$, so ist der entsprechende Endpunkt uneigentlich. Sind beide Endpunkte des Bildes der Strecke affin, so ist das Bild der Strecke affin genau dann, wenn $z_1 z_2 > 0$. Sonst besitzt die Strecke einen uneigentlichen Punkt.

Wenn beide Endpunkte uneigentlich sind, so liegt das Bild der affinen Strecke auf der uneigentlichen Geraden, braucht also beim Clipping nicht weiter betrachtet zu werden. Wir diskutieren daher zunächst das Clipping für den Fall eines uneigentlichen Endpunkts. Wir haben ohne Einschränkung der Allgemeinheit die Endpunkte

$$p_1 = \mathbf{R}(x_1,y_1,z_1) \qquad \text{und} \qquad p_2 = \mathbf{R}(x_2,y_2,0),$$

wobei die darstellenden Vektoren direkt durch Anwendung der Abbildungsmatrix auf die Koeffizientenvektoren der affinen Endpunkte der ursprünglichen Strecke entstanden sind. Sofern wir beide Vektoren (x_1, y_1, z_1) und $(x_2, y_2, 0)$ mit demselben Skalar $\neq 0$ multiplizieren, ändern wir an der Strecke $\{\mathbf{R}(t(x_1, y_1, z_1) + (1 - t)(x_2, y_2, 0)) | t \in [0, 1]\}$ nichts. Wir können also nach geeigneter Multiplikation annehmen, daß $z_1 = 1$ gilt.

Für den Punkt (x_1, y_1) bilden wir nun den Cohen-Sutherland Code $c(x_1, y_1) = b_4 b_3 b_2 b_1$ bezüglich des oben vorgegebenen Rechtecks wie in Kapitel 17.5. Für den uneigentlichen Endpunkt $\mathbf{R}(x_2, y_2, 0)$ bilden wir den Cohen-Sutherland Code $c(x_2, y_2) = c_4 c_3 c_2 c_1$ bezüglich des ausgearteten Rechtecks $x_{min} = x_{max} = y_{min} = y_{max} = 0$, also

$c_1 = 0$ genau dann, wenn $x_2 \geq 0$,

$c_2 = 0$ genau dann, wenn $x_2 \leq 0$,

$c_3 = 0$ genau dann, wenn $y_2 \geq 0$,

$c_4 = 0$ genau dann, wenn $y_2 \leq 0$.

Da niemals beide Koordinaten x_2 und y_2 verschwinden können, wird niemals der Code 0000 auftreten. Die Bedeutung der beiden Koordinaten ist ja gerade die Richtung, in die der Strahl von (x_1, y_1) ausgehend verläuft. Haben die beiden Endpunkte eine 1 in einer gemeinsamen Bitposition, ist also $b\ and\ c \neq 0$, so schneidet der von (x_1, y_1) ausgehende Strahl in Richtung (x_2, y_2) das vorgegebene Rechteck nicht. Eine solche Strecke (Strahl) können wir bei der graphischen Darstellung fortlassen.

Andernfalls ersetzen wir den uneigentlichen Punkt durch einen Punkt in der Nähe des Rechtecks. Falls $x_2 \neq 0$ ist, so definieren wir

$$x_3 := \begin{cases} x_{min}, & \text{wenn } x_2 < 0, \\ x_{max}, & \text{wenn } x_2 > 0, \end{cases} \quad ; \quad y_3 := \frac{y_2}{x_2}(x_3 - x_1) - y_1.$$

Wenn $x_2 = 0$, so ist $y_2 \neq 0$, und wir vertauschen die Rollen der Koordinaten zu

$$y_3 := \begin{cases} y_{min}, & \text{wenn } y_2 < 0, \\ y_{max}, & \text{wenn } y_2 > 0, \end{cases} \quad ; \quad x_3 := \frac{x_2}{y_2}(y_3 - y_1) - x_1.$$

Dann kann die nunmehr affine Strecke von (x_1, y_1) nach (x_3, y_3) mit dem gewöhnlichen Cohen-Sutherland Algorithmus weiter behandelt werden.

Wir betrachten nunmehr den Fall, daß die darzustellende Strecke die beiden affinen Punkte (x_1, y_1) und (x_2, y_2) als Endpunkte hat, aber einen uneigentlichen Punkt besitzt. Wir bestimmen den uneigentlichen Punkt $p_3 = \mathbf{R}(x_3, y_3, 0)$ durch

$$x_3 := \frac{1}{2}(x_1 - x_2), \qquad y_3 := \frac{1}{2}(y_1 - y_2).$$

Sodann führen wir den oben beschriebenen Algorithmus für Strahlen gesondert für den Strahl von (x_1, y_1) in Richtung (x_3, y_3) und den Strahl von (x_2, y_2) in Richtung $(-x_3, -y_3)$ durch, d.h. für die Punkte $p_1 = \mathbf{R}(x_1, y_1, 1)$ und $p_3 = \mathbf{R}(x_3, y_3, 0)$ mit den homogenen Koordinaten $(x_1, y_1, 1)$ und $(x_3, y_3, 0)$ bzw. für die Punkte $p_2 = \mathbf{R}(x_2, y_2, 1)$ und $p_3 = \mathbf{R}(-x_3, -y_3, 0)$ mit den homogenen Koordinaten $(x_2, y_2, 1)$ und $(-x_3, -y_3, 0)$ durch.

Damit sind wir jetzt in der Lage, unser zweidimensionales Graphik Paket auf den projektiven Fall auszudehnen. Wir gehen davon aus, daß die Polygone bei der Eingabe affin sind. Dann sehen wir aber sowohl projektive Abbildungen der Weltkoordinaten in sich als auch projektive (perspektivische) Abbildungen der normalisierten Weltkoordinaten in die normalisierten Systemkoordinaten vor. Das kann als zusätzliche Wahlpunkte in das schon vorhandene Programm eingearbeitet werden. Den ursprünglichen Clipping Algorithmus ersetzen wir durch den oben beschriebenen. Weiter ist zu überprüfen, daß die homogenen Koordinaten im Programm nicht unkontrolliert mit einem negativen Skalar multipliziert werden, da sonst die Streckendarstellung gestört wird. Der Leser möge sich daher zur Definition und Behandlung der projektiven Strecken gründlich mit Beispiel 10.16 vertraut machen.

Die jetzt eingeführten Methoden gestatten es auch, Geraden zu behandeln. Ihre Datenstruktur und geometrische Behandlung werden wir in Kapitel 20 genauer darstellen.

19 Die Benutzerschnittstelle

Bisher haben wir uns ausschließlich mit den Methoden zur graphischen Darstellung geometrischer Objekte befaßt, mit den technischen Möglichkeiten und Grenzen des Computers und mit den mathematischen Hilfsmitteln. Bislang haben wir für die sogenannte Programmoberfläche keine wesentlichen Überlegungen angestellt. Dabei ist die Art, wie der Benutzer mit dem Programm umzugehen hat und kommuniziert, ein ganz wesentlicher Aspekt der Erstellung eines Programm Pakets. Die Benutzerschnittstelle sollte bequeme und effiziente Hilfsmittel für die graphische Darstellung anbieten, für die Definition geometrischer Objekte, für ihre Transformationen und für die Einführung bestimmter Eigenschaften, wie Farben, Sichtbarkeit etc. Je nach Benutzerkreis und Anwendungsbereich wird man vor allem die Benutzeroberfläche anders anlegen. Geometrische Objekte aus der Ebene werden mehr benötigt für die Erstellung von Netzwerken, elektrischen Schaltungen, Grundrissen und Straßenplänen, während räumliche Objekte für Architekten und Maschinenbauer wichtig sind. Eine entsprechend angepaßte Benutzeroberfläche wird die Benutzung eines Graphik Pakets sehr erleichtern. Gründliche Vorüberlegungen und Planungen für den angestrebten Einsatzbereich werden sich an verschiedensten Stellen des Programms bemerkbar machen. Einige von den dafür relevanten Gesichtspunkten können wir hier nur anschneiden.

Wir werden jedoch versuchen, im letzten Kapitel die hier zu besprechenden Gesichtspunkte an einem Beispiel auch durchzuführen.

19.1 Das Benutzermodell

Das Benutzermodell soll die Objekte beschreiben, die im Graphik Paket verwendet werden und die Manipulationen, die mit ihnen durchgeführt werden können. Damit ist man dabei, ein Modell für einen Teil der realen Welt zu konstruieren, das für den jeweiligen Benutzer von Interesse ist. Die Graphik, die Programmkonzeptionen und die verwendete Mathematik treten in den Hintergrund.

Für eine Anwendung zum Entwurf elektrischer Schaltungen ist etwa ein zweidimensionales Paket zu wählen. Die geometrischen Objekte sind Schaltungssymbole, die schon im Paket vorprogrammiert sein können. Der Benutzer wird vorwiegend Interesse daran haben, verschiedene Schaltsymbole in einer Zeichnung zu vereinigen und durch Strecken zu verbinden. Auch das Fortlassen eines schon eingefügten Symbols sollte möglich sein. Wir erinnern hier an die Betrachtungen am Ende von Kapitel 18.2 zur Datenstruktur von Graphiken, die mehrfach gleiche Symbole verwenden. Drehungen und Translationen der Schaltsymbole sind von Interesse, wobei die Drehungen gewöhnlich Drehungen um 90 oder 180 Grad sein werden. Damit ist schon wesentliches gesagt über die verwendeten Objekte und die möglichen Manipulationen.

Eine Anwendung in der Architektur wird ein dreidimensionales Paket voraussetzen. Die Konstruktion von begrenzenden Ebenen für Gebäude soll einfach durchzuführen sein. Eingaben von Zahlenwerten sind auf ein Minimum zu beschränken. Die Angabe von Längen ist wichtiger, als die Angabe der Koordinaten von Anfangs- und Endpunkt bestimmter Strecken. Gewisse Zusatzberechnungen etwa der Fläche, des Rauminhalts, der Statik sollten als besondere Punkte abrufbar sein. Schon konstruierte Teile sollten leicht zusammenfügbar sein. Korrekturen müssen möglich sein. Die Darstellung der fertigen Konstruktion als Schaubild, als Grundriß und als komplette Bauzeichnung sollte den Abschluß der Konstruktionstätigkeit bilden.

Die Objekte werden also geometrische und nichtgeometrische Aspekte haben. Für den Anwender ist meistens der nichtgeometrische Aspekt der wichtigere. Die Wahl der geometrischen Darstellung des Objekts, ein Symbol etwa beim Entwurf von Schaltungen oder die durch die Architektur festgelegte geometrische Form, ist häufig festgelegt. In vielen Fällen, etwa bei Darstellungen ökonomischer Daten, kann sie auch frei gewählt werden. Über die geometrische Figur hinaus wird man häufig Beschriftungen, Farbwahl etc. zur genaueren Beschreibung des Objekts variieren. Die Datenstruktur eines Objekts kann damit wesentlich komplizierter werden und die Manipulationsmöglichkeiten umfangreicher. Hier bietet sich besonders der Ansatz der objekt-orientierten Programmierung an.

Neben den Objekten und Manipulationen werden häufig gewisse Konstruktions-Hilfsmittel zur Verfügung gestellt. Diese sogenannten Kontrollobjekte können aus einem Konstruktionsgitter bestehen, in das die Maße der Konstruktion leicht eingetragen werden können, oder man kann etwa mit Hilfe des Cursors oder der Maus betimmte Punkte auf dem Bildschirm angeben und dann für die Konstruktion verwenden.

Das Benutzermodell darf nur Konzepte enthalten, die der beabsichtigten Anwendung angemessen sind und im Fachjargon des Benutzers ausgedrückt werden können. Der Benutzer soll die Funktionen des Graphik Pakets in Termen seiner eigenen Fachsprache verstehen können. Er darf nicht dazu gezwungen werden, für ihn neue und unbekannte Begriffe der Informatik oder der Mathematik zu lernen. Eine perspektivische Darstellung für den Architekten darf nicht mit Begriffen aus der projektiven Geometrie oder mit homogenen Koordinaten ausgedrückt werden. Nur die für den Benutzer wichtigen Objekte und Transformationen dürfen an der Oberfläche des Graphik Pakets noch "sichtbar" sein. Ein offenes Konzept, in dem alle graphischen Möglichkeiten realisiert sind (eine "eierlegende Wollmilchsau"), ist nur für den Fachmann geeignet und sollte dazu verwendet werden, darauf ein Benutzermodell aufzubauen.

In die Planung des Benutzermodells ist auch die Wahl der verwendeten Symbole und Bezeichnungen einzubeziehen. Eine konsistente Bezeichnung der Objekte, der Manipulationen und auch der Hilfsmittel ist anzustreben. Der Benutzer darf nicht durch wechselnde Bezeichnungen oder an ungewohnten Stellen auftretende Bezeichnungen verwirrt werden. Schließlich ist das gesamte Modell mit der Beschreibung aller Objekte und Funktionen in einem Handbuch zu beenden. Dieses sollte eine vollständige Beschreibung der für den Benutzer zur Verfügung stehenden Möglichkeiten enthalten.

19.2 Menüs und die Kommandosprache

Der Benutzer wird über die sogenannte Benutzeroberfläche mit dem Graphik Paket kommunizieren. Hier sind zwei verschiedene Methoden möglich. Man kann einerseits für den Benutzer eine eigene Sprache definieren, mit der er die Objekte definieren, eingeben und manipulieren kann, oder man kann ihn durch ein Menü zu den Möglichkeiten des Graphik Pakets führen.

Die Definition einer eigenen Kommandosprache hat den Vorteil, daß sie nicht nur interaktiv benutzt werden kann, sondern daß man mit ihr auch Kommando Dateien verwenden kann, die dann eine gewisse Animation der Graphik bewirken. Der Benutzer kann auch durch Definition von Macros einen gewissen Einfluß auf die Gestalt des Graphik Pakets nehmen.

Andrerseits muß man die Kommandos zunächst einmal lernen und sich merken. Die zur Verfügung stehenden Möglichkeiten sind nicht leicht ersichtlich, und man kann leicht Kommandos aneinander reihen, die in dieser Reihenfolge unsinnig sind. Außerdem ist ein Kommandointerpreter zu konstruieren etwa mit den Hilfsmitteln des Compilerbaus.

Daher haben sich weitgehend menügesteuerte Graphik Pakete durchgesetzt. Hier werden dem Benutzer in jeder Situation die gerade möglichen Kommando Optionen angeben. Sie können mit Hilfstexten verständlicher gemacht werden, mit einer Wahltaste (Cursor, Ziffer, Buchstabe, Funktionstaste) ausgelöst werden und gestatten eine sehr schnelle interaktive Arbeit mit dem Programm. Gewisse vorgegebene Zahlenwerte können leicht für Koordinaten angewählt und korrigiert werden. Graphische Symbole für Objekte oder Operationen können verwendet werden, die man von der Tastatur aus als Text sonst nicht eingeben könnte. Die einfachere Bedienungsart ist allerdings trotzdem weniger flexibel, als die Wahl einer Kommandosprache.

Man muß sich die Bezeichnungen für die Kommandos leicht merken können. Bei Menüs ist es klar, daß man sie weitgehend ausschreiben und nicht abkürzen wird. Aber auch in einer Kommandosprache sollten die Kommandos nur sehr wenig abgekürzt werden. Das Kommando *drehe* kann man sich besser merken, als die

Bezeichnung *d*. Obwohl letztere schneller einzugeben ist, sollte man die für den Benutzer einfachere erste Bezeichnung wählen. Menüs können zusätzliche Hilfen bereit stellen, etwa wenn man einen Menüpunkt anwählt und bevor man ihn auslöst.

Bei einem umfangreicheren Projekt sollte man daran denken, verschiedene Stufen der Schwierigkeit (und Flexibilität) einzuplanen. Auf einem ersten Niveau sollte der Anfänger sich schon zurechtfinden können. Damit verbunden könnten dann besonders ausführliche Hilfsschirme sein. In weiteren Niveaus können mehr Kommandos hinzu kommen. Die Hilfsschirme können knapper gehalten werden. Die graphischen Möglichkeiten können erweitert werden. Der unerfahrene Benutzer kann so leicht den Umgang mit dem Graphik Paket erlernen und es frühzeitig einsetzen. Der erfahrenere Benutzer kann zusätzliche Möglichkeiten ausschöpfen. Jedes Niveau muß dabei natürlich in sich konsistent und voll einsatzfähig sein. Eine Mischung von Kommandosprache und Menüführung ist ebenfalls möglich und für umfangreiche Programme auch üblich.

Menüs mit eine Vielzahl von Optionen sollten aufgebrochen werden in Untergruppen, die jeweils einzeln als Menü angeboten werden. Mit wenigen Auswahlmöglichkeiten sind Menüs effizienter. Andrerseits sollte man möglichst nicht mehr als zwei oder höchstens drei Niveaus von Untermenüs vorsehen.

Da Menüs auf demselben Bildschirm wie die schon vorhandene Graphik gezeigt werden können und gezeigt werden, ist man gezwungen sie kurz zu halten. Die aufgerufenen Untermenüs können das Hauptmenü teilweise oder ganz überdecken. Es ist allerdings günstig, die in den übergeordneten Menüs getroffenen Wahlen weiter anzuzeigen. Für die einzelnen Wahlmöglichkeiten im Menü können auch graphische Symbole verwendet werden. Sie werden häufig sehr viel schneller aufgefaßt, als eine verbale Beschreibung. Außerdem benötigen sie weniger Platz. Die Menüs sollten immer an derselben Stelle liegen. Bei Bedarf sollte der Bildschirm ganz für die Darstellung der Graphik freigemacht werden können, das Menü also ausgeblendet werden können. Eine weitere Möglichkeit ist, das Menü mit dem Cursor an einen anderen Platz auf dem Bildschirm rücken zu können, oder aber den Benutzer die Position der Menüs zu Beginn des Programms definieren zu lassen.

Für zusätzliche Erläuterungen und Hilfsschirme sehe man auf dem Bildschirm einen festen Platz vor, in dem z.B. auch Fehlermeldungen oder Hinweise über den Programmverlauf angezeigt werden können.

19.3 Rückmeldungen des Programms

Wenn das Programm einen Befehl zum Aufbau einer Graphik erhalten hat, dann kann es oft sehr lange dauern, bis alle Berechnungen für diese Graphik durchgeführt sind. Der unerfahrene Benutzer wird dann oft etwas ratlos vor dem

Bildschirm sitzen und sich fragen, was die Maschine nun eigentlich macht, ob eventuell das Programm sogar abgestürzt ist. Auch bei anderen Programmschritten entsteht häufig die Frage, ob das Kommando richtig verstanden worden ist, ob die benötigte Information schon vollständig eingegeben worden ist, oder ob die erforderliche Taste noch einmal gedrückt werden muß.

Es sind daher deutliche Rückmeldungen vorzusehen, die dem Benutzer die Reaktion der Maschine umgehend anzeigt und über den gegenwärtigen Zustand Auskunft gibt.

Die Aufforderung zur Eingabe eines Befehls oder eines Datums kann durch einen blinkenden Cursor an der entsprechenden Stelle, durch einen Aufforderungstext oder auch durch ein akustisches Signal gegeben werden. Dabei sollten akustische Signale sparsam gehandhabt werden. Sie sind aber besonders angebracht, wenn der Computer eine längere Zeit zum Abarbeiten eines Programmteils benötigt hat und danach wieder frei für den Dialog ist.

Die Programmphasen und die Dialogphasen sollten sowieso deutlich getrennt sein, so daß ein Dialog nicht ständig durch zeitraubende Berechnungen unterbrochen wird. Solche Berechnungen sollten verschoben werden, bis ein wesentlicher Teil des Dialogs abgeschlossen ist.

Nach der Eingabe von einzelnen Befehlen und Daten kann die korrekte Annahme z.B. durch einen kurzen Ton oder den Übergang des Cursors zu neuen Wahl- oder Eingabemöglichkeiten angezeigt werden. Nach Beendigung einer Dialogphase sollte der Beginn einer möglicherweise längeren Programmphase angezeigt werden, damit der Benutzer sich selbst Gedanken machen kann, wie er seine Arbeit mit dem Graphik Paket fortsetzen will und nicht dadurch abgelenkt wird, daß er sich darüber wundert, was der Computer wohl jetzt macht und ob er überhaupt tätig ist. Bei längeren Programmphasen sollte, falls das vorhersehbar ist, eine regelmäßige Meldung dem Benutzer anzeigen, wieweit die Berechnung vorangeschritten ist, indem von einer Schleife graphisch oder numerisch angezeigt wird, wie oft sie schon durchlaufen worden ist und wie oft sie insgesamt durchlaufen werden wird.

In diesem Zusammenhang muß man auch genau planen, ob man einen Input-Puffer anlegen will, der sicherlich die Eingabe von Kommandos noch beschleunigen kann, aber den ungeduldigen Benutzer auch dazu verführen kann, Kommandos, die nicht sofort, d.h. etwa innerhalb einer Zehntelsekunde, ausgeführt werden, wiederholt einzugeben. In kritischen Schritten im Programm wird man dann vorsehen, daß der Input-Puffer einfach geleert wird und das entscheidende Kommando nochmals einzugeben ist, wenn das Programm den entsprechenden Zustand erreicht hat.

Fehlerhafte Eingaben müssen natürlich abgefangen werden. Auch hier ist eine

Anzeige, akustisch oder visuell, angebracht, damit der Benutzer sieht, daß er sich hier geirrt hat.

Die Wahl der Rückmeldungen sollte konsistent durchgeführt werden. Fehlermeldungen sollten möglichst immer an derselben Stelle auf dem Bildschirm erscheinen. Ihre Formulierung muß auch und gerade für den ungeübten Benutzer verständlich sein. Eventuell kann an eine Fehlermeldung auch ein Hinweis geknüpft werden, welche Schritte zur Korrektur noch zu unternehmen sind. Die Signale sollten konsistent sein. Ein Piepsen bei korrekter Annahme einer Menüwahl und dasselbe Piepsen bei fehlerhafter Wahl einer Eingabetaste kann nur zur Verwirrung des Benutzers beitragen.

Falls bei der Eingabe Fehler gemacht worden sind, die von der Maschine angenommen wurden, z.B. die Definition einer falschen Abbildungsmatrix, oder der Befehl zum Ausdruck einer großen Zeichnung, die man garnicht drucken wollte, so sollten solche mit einer einmal festgelegten Taste (häufig ESC) abgebrochen werden können, insbesondere sollte die Tastatur nicht über längere Zeiten völlig blockiert sein. Außerdem sollte man nach fehlerhaften Befehlen wieder auf einen vorherigen Ausgangspunkt zurückkommen können. Damit ist dann auch die Möglichkeit des Experimentierens mit bestimmten Befehlen gegeben, deren Effekt man durch Rückkehr zu einem eindeutig bestimmten vorherigen Zustand wieder rückgängig machen kann.

Diese Art der Fehlerbehandlung hat mit den Fehlerroutinen, die in Kapitel 20.1 für die allgemeine Programmentwicklung betrachtet werden, wenig zu tun. Die (vorhersehbaren) Fehler bei der Programmentwicklung sollten nach Abschluß der Entwicklungsphase nicht mehr auftreten können. Die oben genannten Fehlermöglichkeiten sind durch die Bedienung durch den Benutzer gegeben, sie sind auch vorhersehbar, im allgemeinen aber nicht vollständig zu beseitigen. Wenn drei Auswahlpunkte 1., 2. und 3. zur Verfügung stehen und der Benutzer 4. wählt, so kann man nicht durch Änderung der Tastatur diese Wahlmöglichkeit ausräumen. Ebensowenig kann man das Menü so weit ausdehnen, daß alle numerischen Wahlen von 0 bis 9 etwas Sinnvolles ergeben. Daher ist es auch günstig bei Menüwahl die einzelnen Punkte durch den Cursor anzuwählen, der nicht an sinnlose Stellen geführt werden kann.

19.4 Interaktive Konstruktionen

Wenn das Paket nicht zu umfangreich und damit zu langsam ist, wenn insbesondere die Graphik Ausgabe schnell genug ist, können interaktive Konstruktionsmethoden vorgesehen werden. Das ist insbesondere in Programmen mit zweidimensionaler Graphik möglich.

Mit Lokalisierungsgeräten, etwa dem Cursor, der Maus oder dem Lichtgriffel, kann man Punktkoordinaten auf dem Bildschirm aufsuchen und definieren. Das

Echo der mit Cursor oder Maus aufgesuchten Stelle besteht im allgemeinen aus einem Punkt oder einem Fadenkreuz auf dem Bildschirm, die sich mit den Bewegungen von Cursor oder Maus auf dem Bildschirm in Echtzeit mitbewegen. Durch Drücken einer Kommandotaste werden die gerade aufgesuchten Koordinaten in das Programm eingegeben.

Damit kann man nicht nur Weltkoordinaten für ein Objekt definieren, sondern auch skalare Werte, indem man die Wahl entlang einer auf dem Bildschirm angegeben Skala ausführt. Das ist weitgehend analog zur Wahl von Menüpunkten, nur daß hier wesentlich mehr unterschiedliche Positionen zur Verfügung stehen. Oft wird man die Bewegung auf dem Bildschirm nicht linear von den Bewegungen des Positioniergerätes abhängen lassen, sondern verschiedene Geschwindigkeiten zur Wahl stellen oder die Fadenkreuzbewegung auch von der Geschwindigkeit der Mausbewegung abhängig machen. Eine andere Möglichkeit zur Verfeinerung der Positionierung ist eine wahlweise Vergrößerung des Bereiches, in dem sich das Fadenkreuz gerade befindet. Dadurch kann man genügend genaue Positionsangaben erhalten, ohne auf eine numerische Eingabe zurückgreifen zu müssen.

Die so gewonnenen Koordinaten kann man z.B. verwenden, um ein Teilobjekt einer Graphik auf dem Bildschirm (und damit dann auch in Weltkoordinaten) in die gewünschte Position zu bringen. Man kann Teilobjekte auswählen, die entfernt oder mit einem anderen (Farb-)Attribiut versehen werden sollen, oder bezüglich derer gewisse Berechnungen durchgeführt werden sollen. Man kann eine Translation der gesamten Zeichnung definieren oder eine Rotation durch Festlegung eines Fixpunktes und Drehung um den Winkel, der durch die Verschiebung des Fadenkreuzes vom Fixpunkt aus gesehen definiert wird.

Eine beliebte Anwendung ist die Gummiband Methode. Mit ihr können Strecken definiert werden, indem man das Fadenkreuz zunächst auf den gewünschten Anfangspunkt der Strecke bringt, eine Kontrolltaste auslöst, und dann das Fadenkreuz an das Ende der zu konstruierenden Strecke führt. Dabei wird während der Bewegung nicht nur das Fadenkreuz sondern schon eine Verbindungsstrecke zwischen dem Kreuz und dem Anfangspunkt durchgehend angezeigt. Das bietet eine hervorragende optische Kontrolle darüber, ob die Strecke tatsächlich in die gewünschte Position kommt. Ein nochmaliges Auslösen der Kontrolltaste fixiert dann die gewählte Strecke. Den Endpunkt kann man sogleich als Anfangspunkt einer weiteren Strecke verwenden und so einen Polygonzug konstruieren.

Will man nur Strecken mit bestimmten Richtungen konstruieren, so kann man einschränkende Bedingungen (constraints) vorsehen, die die mit der Gummiband Methode konstruierten Strecken z.B. nur auf horizontale, vertikale und im Winkel von 45 Grad verlaufende Strecken beschränken. Dann wird man zur Kontrolle auch schon die wirklich entstehende Strecke auf dem Bildschirm darstellen und nicht die, die vom Anfangspunkt zum Fadenkreuz führt. Wenn der Winkel zur

x-Achse z.B. größer als 22.5 Grad wird, wird eine zunächst horizontale Strecke in eine diagonale Strecke umspringen.

Ein weiteres Positionier-Hilfsmittel ist ein Gitter, das dem Benutzer die Möglichkeit geben soll, nur Strecken zwischen den Eckpunkten des Gitters einzugeben. Die Feinheit des Gitters kann variiert werden, ebenso die Lage des Gitters.

Neue Probleme entstehen, wenn man weitere Konstruktionsschritte in einem schon vorhandenen geometrischen Objekt ausführen will. Dann ist es häufig sehr schwierig, das Fadenkreuz auf einen schon vorhandenen Punkt zu legen, ja es kann ganz unmöglich sein wegen der diskreten Natur des Bildschirms. Dann hilft man sich mit einem sogenannten Gravitationsfeld. Wenn das Fadenkreuz nur dicht genug an einen schon vorhandenen Punkt oder eine schon vorhandene Linie herankommt, dann übernimmt es die Koordinaten des Punktes oder eines geeigneten Punktes auf der Linie. Das Kreuz wird von der Linie oder dem Punkt „angezogen". Den Abstand für diese Anziehung kann an die Feinheit der Graphik anpassen.

Schließlich kann man auch die Spur des bewegten Fadenkreuzes in die Graphik aufnehmen, als Linie wählbarer Breite, als Pinselstrich oder mit anderen Attributen. Der durch Maus oder Lichtgriffel geführte Strich ist dann unregelmäßig und gestattet es, Malprogramme (paintbrush programs) im Gegensatz zu Konstruktionsprogrammen zu entwerfen. Hier sind für den Benutzer die Koordinaten vollständig uninteressant geworden.

20 Graphik Pakete zur konstruktiven Geometrie

In diesem Kapitel sollen die bisher besprochenen Methoden zur Entwicklung von Graphik Paketen an einem größeren Beispiel angewendet werden. Zielsetzung ist die Entwicklung eines Pakets, das auf dem Bildschirm Konstruktionen der analytischen Geometrie zuläßt. Es sollen also Punkte, Geraden, Polygonzüge und ihre höherdimensionalen Gegenstücke manipulierbar sein, d.h. man soll die üblichen linearen geometrischen oder analytischen Konstruktionsschritte mit dem Graphik Paket durchführen können. Soweit möglich sollen diese Schritte auch auf dem Bildschirm sichtbar gemacht werden können.

20.1 Allgemeine Überlegungen zur Entwicklung des Graphik Pakets

Die Entwicklung eines Graphik Pakets mit mehreren Teilnehmern wurde mit einer Gruppe von Studenten in Form eines Seminars mehrfach durchgeführt. Dazu mußten gewisse Vereinbarungen strikt eingehalten werden, damit zu einem späteren Zeitpunkt das Paket nicht unübersichtlich wurde, durch Korrekturen keine neuen Fehler an unkontrollierbaren Stellen auftraten und die Zusammenarbeit aller sichergestellt war.

Die Seminarteilnehmer wurden in 10 Gruppen eingeteilt. In jeder Gruppe konnten etwa zwei bis drei Teilnehmer zusammenarbeiten. Dadurch war zwar die Verantwortung für die einzelnen Programmteile nicht eindeutig festgelegt. Der Vorteil dieses Verfahrens war jedoch, daß weniger routinierte Teilnehmer mit erfahrenen Teilnehmern eng zusammenarbeiten konnten, dadurch ihre Kenntnisse aufbessern konnten und bei der kritischen Fehlersuche keine großen Probleme bekamen. Jedoch mußte hier auf eine disziplinierte Dokumentation noch strikter eingewirkt werden.

Die folgende Liste für die Programmierarbeit, den Arbeitsstil und die Konventionen wurde zu einem frühen Zeitpunkt des Projekts erarbeitet. Im Anhang 1 ist als Beispiel eine Sammlung der an die Studenten ausgeteilten Merkblätter zu finden.

1. Alle mitarbeitenden Studenten — zumindest aber ein Vertreter jeder Gruppe — trafen sich zu einem festen Termin einmal wöchentlich, um über die eigenen Fortschritte zu berichten, Probleme zu diskutieren und für das Gesamtkonzept weitere Ideen einzubringen. Bei diesem Treffen wurden auch die Forderungen formuliert und weitergegeben, die einige Gruppen an die Programmteile anderer Gruppen stellen mußten.

In der Anfangsphase des Projekts wurde für diese Treffen ein geeigneter Diskussionsraum verwendet. Gruppenübergreifende Arbeit direkt am Computer wurde nur gelegentlich in der letzten Phase des Projekts notwendig.

Eine Gruppe von Studenten war von der Programmierarbeit im wesentlichen befreit und mußte die Kommunikation zwischen den einzelnen Gruppen fördern. Die Gruppe mußte besonders informiert sein über die Struktur der verwendeten Datentypen, die in den einzelnen Gruppen erarbeiteten Prozeduren und Funktionen und mußte die gesammte Programmieraufgabe vollständig verstanden haben. Eine Auseinandersetzung mit Programmdetails der einzelnen Programmteile kam kaum in Frage. In der Schlußphase übernahm diese Gruppe die Tests für das Gesamtprogramm.

2. Alle Programmteile wurden nach demselben Schema aufgebaut. Bei Verwendung von Turbo Pascal waren alle Programmteile Pascal Units (oder in älteren Versionen Include Dateien), wurden im Namen mit der entsprechenden Gruppennummer gekennzeichnet und konnten im Namen weitere global definierte Informationen über den Inhalt tragen. So sind vorgesehen worden:

GRnPROC.PAS für die Prozeduren und Funktionen der Gruppe n,

GRnVAR.PAS für die Deklaration der globalen Variablen, Konstanten und Typen, die für GRnPROC.PAS benötigt wurden,

GRnINFO.DOC als Textdatei zur Information über die Bedeutung, den Aufbau und die Benutzung der von Gruppe n erstellten Dateien.

Bei Bedarf konnten weitere Teildateien einzelner Gruppen hinzukommen oder aber die oben angegebenen Dateien noch weiter aufgeteilt werden, z.B. in einzelne Dateien für die Konstanten, die Variablen, die Typendeklarationen.

2.1 Jede der Dateien mußte die folgende Information im Programmkopf enthalten

2.1.1 Name der Datei (zur Identifizierung, falls die Datei ausgedruckt wurde),

2.1.2 Nummer der Arbeitsgruppe und Namen der mitarbeitenden Studenten in dieser Gruppe, eventuell mit Adresse oder Telephonnummer,

2.1.3 Datum der Erstellung und der letzten Änderung

2.1.4 Autor der letzten Änderung

2.1.5 Inhaltsverzeichnis in Form einer Liste der Prozeduren, Typ-Vereinbarungen etc. zusammen mit Bemerkungen dazu, ob es sich um erste Rohversionen handelte, oder ob die Version der jeweiligen Prozedur etc. schon endgültig ausgetestet war und voraussichtlich nicht mehr geändert wurde.

Der Programmkopf war in seiner Form festzulegen, damit alle Teilnehmer in jedem Teilprogramm die erforderliche Information an derselben Stelle und in derselben Form finden konnten.

2.2 Über die Art der Information, die allen Gruppen zugänglich gemacht wurde, waren weitere Festlegungen zu treffen.

    2.2.1 GRnINFO.DOC enthielt eine allgemeine Übersicht über die Aufgaben der Gruppe n.

    2.2.2 Jede Prozedur, Funktion, Typendeklaration war hier zu definieren und zu beschreiben. Die verwendeten globalen Variablen, Konstanten und übergebenen Parameter waren genau anzugeben. Insbesondere waren die verwendeten mathematischen Methoden kurz zu erläutern und evtl. mit Literaturhinweisen zu versehen. Es war anzugeben, wie die Prozedur aufgerufen wird und welchen Zweck sie verfolgte. Auch hier war die verwendete Form getrennt für Prozeduren, Variable, Typen etc. festzulegen. Zu jeder Prozedur sollte ein Beispiel angegeben werden.

    2.2.3 GRnINFO.DOC enthielt außerdem ein Tagebuch aller Änderungen der Dateien der Gruppe n. Darin war mit Datum, Uhrzeit und Autor jede Änderung in einer Kurzbeschreibung festzuhalten. Ebenso sollte die Begründung für die Änderung angegeben werden.

    2.2.4 Die durchgeführten Tests der einzelnen Prozeduren wurden protokollartig festgehalten, damit bei Auftreten von Fehlern nachträglich festgestellt werden konnte, ob die Bereichseingrenzungen hinreichend ausgetestet worden waren.

    2.2.5 In einer Sammlung wurden die aufgetretenen Fehler für daraus resultierende Programmänderungen festgehalten.

    2.2.4 Für GRnPROC.PAS war der Programmkopf für die einzelnen Prozeduren und Funktionen festzulegen, insbesondere mußten die erforderlichen Parameter und die Funktionswerte bzw. geänderten globalen Variablen und die verwendeten anderen Prozeduren des Graphik Pakets im Kopf genau aufgelistet werden.

3. Für den kontrollierten Abbruch des Programms bei Auftreten von Programm- oder Eingabe-Fehlern wurde eine eigene Fehlerroutine geschrieben, die mit Parametern aufgerufen werden konnte. Die Parameter kennzeichneten einen Fehlertext, der auszugeben war, und beeinflußten die Entscheidung, ob das Programm sofort abgebrochen werden sollte, oder ob es evtl. unter veränderten Bedingungen weiterlaufen sollte. Die Fehlertexte wurden von den einzelnen Gruppen formuliert und dann von der Entwicklungsgruppe der Fehlerroutine vereinheitlicht.

4. Bei der Entwicklung wurde ein festvorgegebener Zeitplan verfolgt, der in der
ersten Stufe die Definition der erforderlichen Prozeduren mit der schnellen Entwicklung von Leerprogrammen verband. Diese Leerprogramme sollten lediglich
soweit funktionsfähig sein, daß sie schon mit den korrekten Parametern aufgerufen werden konnten und dann ein Standardergebnis erbrachten, das trivial
erstellt wurde. So konnte z.B. die Berechnung der Determinante einer Matrix
mit einem Leerprogramm immer den Wert 1 erbringen. Gleichzeitig wurde die
Dokumentation schon weitgehend eingerichtet.
Erst danach wurden in einer zweiten Stufe die ersten funktionsfähigen Programmteile entwickelt. Diese wurden in der dritten Phase getestet und die
entsprechenden Protokolle wurden angefertigt. In der letzten Phase wurden die
Prozeduren bezüglich Laufzeitverhalten und Speicherbedarf von Hand soweit op-
timiert, wie die einzelnen Gruppen dies durchführen konnten. Dabei wurde die
Dokumentation vervollständigt. Außerdem wurden die einzelnen Programmteile
nun im Gesamtrahmen überprüft und gegebenenfalls noch verbessert. (Weitere
Hinweise findet der Leser im Anhang 1.)

20.2 Die geometrischen Konstruktionsschritte in der Ebene

Es stehen uns jetzt alle Hilsmittel zur Verfügung, um ein Graphik Paket für zweidimensionale Anwendungen zu erstellen. Dabei können wir auf das in Kapitel
18 betrachte Paket zur zweidimensionalen projektiven Geometrie zurückgreifen.
Es sollen hier also vorwiegend die Überlegungen zur Benutzerschnittstelle aus
Kapitel 19 mit eingebracht werden.

Als Anwendungsbereich stellen wir uns Konstruktionen aus der konstruktiven
ebenen linearen Geometrie vor. Der Benutzer könnte etwa ein Schüler, Student
oder Lehrer sein.

Damit ist schon vieles für die Benutzeroberfläche festgelegt. An der Benutzeroberfläche sollten möglichst keine Begriffe der projektiven Geometrie auftreten.
Die üblichen ebenen Konstruktionen müssen durchführbar sein. Ebene Koordinaten sind zulässig, aber keine homogenen Koordinaten.

Als Objekte sehen wir Punkte, Geraden, Strahlen, Strecken und Polygon(züge)
vor. Darüber hinaus sehen wir beliebige Zusammenstellungen dieser Objekte
zu einer Zeichnung als Datentyp vor. Vielecke können wir unter dem Oberbe-
griff Polygon subsummieren. Ein weitgehend ungeometrischer weiterer Datentyp
seien die Texte zur Beschriftung der Zeichnungen.

Punkte werden intern als Tripel von homogenen Koordinaten behandelt. Sie
können weitere Eigenschaften haben, z.B. die Art wie sie auf dem Bildschirm
dargestellt werden sollen, etwa Farbe, blinkend, als Vollkreis eines bestimmten
Durchmessers oder sichtbar. Die Sichtbarkeit ist eine wichtige Eigenschaft, denn

häufig wird man Punkte nur als Zwischenstationen in einer Konstruktion benutzen, aber auf der endgültigen Graphik nicht sichtbar machen.

Ehe wir uns entscheiden, in welcher Datenstruktur wir Geraden speichern wollen, müssen wir uns einen Überblick über die verschiedenen Darstellungsformen von Geraden verschaffen. Da ist zunächst die Geradendarstellung durch die lineare Gleichung

$$y = mx + b$$

mit der Steigung m und dem Abschnitt b auf der y-Achse. Sie hat den Nachteil, daß sie vertikal verlaufende Geraden nicht beschreiben kann. Weiter haben wir die Punktsteigungsform der Geraden

$$\frac{y - y_0}{x - x_0} = m$$

mit der Steigung m, die durch den Punkt (x_0, y_0) geht. Auch in dieser Form können keine senkrecht verlaufenden Geraden dargestellt werden. Die Zweipunkteform

$$\frac{y - y_0}{x - x_0} = \frac{y_1 - y_0}{x_1 - x_0}$$

bestimmt die Gerade, die durch die beiden verschiedenen Punkte (x_0, y_0) und (x_1, y_1) verläuft. Sie kann auch in der Form

$$(y - y_0)(x_1 - x_0) = (x - x_0)(y_1 - y_0)$$

angegeben werden. Dann kann man damit alle beliebigen (affinen) Geraden beschreiben. Ein Spezialfall ist mit anderer Anordnung der Terme die Achsenabschnittsform

$$bx + ay = ab$$

mit den Achsenabschnitten $(a, 0)$ und $(0, b)$. Dabei müssen die beiden angegeben Punkte verschieden sein, d.h. es dürfen nicht beide a und b Null sein. Geraden, die parallel zu einer der Koordinatenachsen verlaufen, lassen sich in dieser Form nicht darstellen. Eine leichte Verallgemeinerung dieser Form ist die Hessesche Normalform

$$ax + by = c,$$

mit $a^2 + b^2 = 1$ und $c \geq 0$. Sie verläuft senkrecht zu dem Vektor (a, b) im Abstand c vom Ursprung. Alle (affinen) Geraden der Ebene lassen sich in dieser Form angeben.

Man kann Geraden, wie wir wissen, auch ohne Gleichungen in Parameterform angeben, d.h. man gibt die gesamte Punktmenge der Geraden an. Die Form

$$\mathbf{R}(x_1, y_1) + (x_0, y_0) = \{t(x_1, y_1) + (x_0, y_0) | t \in \mathbf{R}\}$$

beschreibt eine Gerade durch den Punkt (x_0, y_0) in Richtung des von Null verschiedenen Vektors (x_1, y_1). Die Parameterform

$$\mathbf{R}(x_1 - x_0, y_1 - y_0) + (x_0, y_0) = \{t(x_1 - x_0, y_1 - y_0) + (x_0, y_0) | t \in \mathbf{R}\}$$
$$= \{(1 - t)(x_0, y_0) + t(x_1, y_1) | t \in \mathbf{R}\}$$

beschreibt eine Gerade durch die beiden Punkte (x_0, y_0) und (x_1, y_1).

Diese Vielfalt von Beschreibungen von Geraden wird man dem Anweder zur Eingabe zur Verfügung stellen. Wie schon bei der Diskussion der einzelnen Fälle angedeutet sind bestimmte Formen nur für bestimmte Geraden geeignet. Bei der Eingabe und bei Umrechnungen, sofern man diese zuläßt, sind also entsprechende Einschränkungen vorzusehen, die den Benutzer bei fehlerhafter Eingabe warnen bzw. gewisse Umrechnungen nicht durchführen. Außerdem ist zu beachten, daß die Koeffizienten vieler der oben angegebenen Darstellungen nicht eindeutig bestimmt sind. Günstig sind in dieser Hinsicht die lineare Gleichung einer Geraden mit Steigung und Achsenabschnitt, die Achsenabschnittsform und die Hesseschen Normalform.

Der im Hintergrund zu verwendende Datentyp für eine Gerade sollte allerdings die Gleichung einer projektiven Geraden sein. Wir wollen ja alle uns interessierenden Transformationen einheitlich mit Matrizen beschreiben. Wir einigen uns darauf, daß die projektive euklidische Ebene $P(\mathbf{R}^3)$ mit der Zerlegung

$$\mathbf{R}^3 = \{(x, y, 0) | x, y \in \mathbf{R}\} \oplus \mathbf{R}(0, 0, 1),$$

verwendet wird und daß auf dem Translationsraum $\{(x, y, 0) | x, y \in \mathbf{R}\}$ der zugehörigen affinen Ebene $\{\mathbf{R}(x, y, 1) | x, y, \in \mathbf{R}\}$ die kanonische euklidische Struktur verwendet wird. Die so definierte affine Ebene sei die für den Benutzer sichtbare euklidische Ebene. Die Punkte (x, y) in der Ebene des Benutzers werden also als projektive Punkte mit den homogenen Koordinaten $(x, y, 1)$ aufgefaßt.

Mit diesen Festlegungen können wir jetzt projektive Geraden beschreiben durch die Gleichung

$$ax + by + c = (a, b, c)(x, y, 1)^t = \langle (a, b, c), (x, y, 1) \rangle = 0.$$

Bis auf das Vorzeichen von c ist das die Hessesche Normalform, wenn man zusätzlich verlangt, daß $a^2 + b^2 = 1$ und $c \leq 0$. Die uneigentlichen Punkte haben wir dabei aus unserer Betrachtung ausgeschlossen. Wir wissen aber, daß sie mit dem affinen Teil der projektiven Geraden eindeutig bestimmt sind.

Man könnte daran denken, die unendlich ferne Gerade

$$\langle (0, 0, 1), (x, y, z) \rangle = 0$$

unter dieser Bezeichnung für den Benutzer ebenfalls zugänglich zu machen und sie dann als Horizont bei echten projektiven Abbildungen zu verwenden.

Nach der numerischen Eingabe einer Geraden durch die Wahl ihrer Bestimmungsstücke wird man sie also auf ihre projektive Form umwandeln und dann abspeichern. Eine Umwandlung in umgekehrter Richtung wird sich in den meisten Fällen erübrigen, es sei denn daß man zu Kontrolle gewisse andere Darstellungen numerisch angeben möchte.

Der dritte genannte Datentyp des Strahls läßt sich unter dem Begriff der projektiven Strecke einordnen. Die affine Eingabe eines Strahls ausgehend von dem Punkt (x_0, y_0) in der Richtung (x_1, y_1) führt dann zu der projektiven Strecke von $(x_0, y_0, 1)$ nach $(x_1, y_1, 0)$. Diese Darstellung ist auch mit dem in Kapitel 18 besprochenen Clipping verträglich.

Über den Datentyp und die Behandlung von projektiven Strecken und Polygonen haben wir bei der Erstellung des zweidimensionalen projektiven Programm Pakets in Kapitel 18 ausführlich gesprochen. Zeichnungen lassen sich mit den in Kapitel 18.2 besprochenen Methoden implementieren. Wenn sie aus vielen gleichartigen Teilen zusammengesetzt werden, z.B. aus vielen Dreiecken, die durchaus nicht kongruent sein müssen, so kann man einen wie in Kapitel 18.2 beschriebenen Baum vorsehen.

Texte speichert man als Koordinaten Tripel, das die Lage des Textes in der Zeichnung definiert, und als den zugehörigen Text. Wenn man die Möglichkeit hat, Buchstaben oder Textzeilen in verschiedenen Größen oder Richtungen in die Graphik einzubringen, so kann man diese zusätzlichen Informationen in den Datentyp mit aufnehmen. Damit ist unsere Beschreibung der für den Benutzer sichtbaren Datentypen oder Objekte abgeschlossen.

Die Operationen oder Manipulationen, die dem Benutzer bereitgestellt werden, könnten etwa folgende sein:

Eingabefunktionen:
- Eingabe oder Veränderung eines Punktes,
- Eingabe eines Textes bei einem Punkt,
- Eingabe von Geraden in verschiedenen Normalformen,
- Eingabe von Strecken und Strahlen,
- Eingabe von Polygonen und Zeichnungen,

Konstruktionsmethoden:
- Schnittpunkt zweier Geraden,
- Schnittpunkt zweier Strecken,
- Gerade durch zwei Punkte,
- Gerade durch eine Strecke oder einen Strahl,
- Gerade, die durch einen Punkt geht und parallel zu einer weiteren Geraden ist,

- Gerade, die durch einen Punkt geht und senkrecht zu einer weiteren Geraden ist,
- Abtragung eines Winkels in einem Punkt an eine Gerade (einen Winkel könnte man als Paar von Geraden mit einführen),
- Strecke zwischen zwei Punkten,
- Abtragung einer Strecke an einen Punkt (in der Richtung der vorgegebenen Strecke)
- Abtragung einer Strecke an einen Punkt auf eine vorgegebene Gerade,
- Teilung einer Strecke in n Teile,
- Verschiebung und Drehung von Polygonzügen in der Graphik,
- Kopieren eines Polygonzuges an eine andere Stelle,
- Bilden eines Polygonzuges durch eine vorgegebene Folge von Punkten, oder
- Kopieren eines vordefinierten Objekts, etwa eines regelmäßigen Sechsecks oder eines rechtwinkligen Dreicks.

Bei den Konstruktionsmethoden sieht man deutlich, daß sie nicht nur für den Benutzer interaktiv sein müssen, sondern daß dem Benutzer auch ein Hilfsmittel zur Auswahl der schon vorhandenen Objekte in der Graphik zur Verfügung gestellt werden muß. Dabei kann es sich im einfachsten Fall um einen Bezeichnungstext handeln, den man an andere Objekte anbringt, oder im etwas anspruchsvolleren Fall um ein Lokalisierungsgerät mit Fadenkreuz, gesteuert mit Cursor, Maus oder Lichtgriffel, mit dem das jeweilige Objekt ausgewählt wird. Auch hier verweisen wir wieder auf die Betrachtungen in Kapitel 19.4.

Schließlich sollten dem Benutzer verschiedene Abbildungen der gesamten Graphik und auch von Teilen der Graphik zur Verfügung stehen, wie etwa die folgenden
Abbildungen:
- Translation um einen durch Eingabe oder aus der Zeichnung zu wählenden Vektor,
- Rotation um einen einzugebenden oder aus der Zeichnung zu wählenden Winkel,
- Vergrößerungen (und Verkleinerungen) um einen wählbaren Faktor,
- schräger Aufblick oder perspektivische Sicht (als projektive Transformation),
- Scherung,
- Vergrößerung in einer Richtung.

Die Parameter für diese Transformationen, wie Drehwinkel oder Translationsvektor, können auch mit dem Lokalisierungsgerät mit Fadenkreuz aus der schon vorhandenen Zeichnung oder aus besonderen Hilfszeichnungen, etwa einem Kreis, entnommen werden.

Darüber hinaus sind natürlich Organisationsfunktionen, wie Lesen und Speichern auf Diskette, Bildschirm-, Drucker- und Plotterausgabe, Vereinigung von zwei Zeichnungen, Löschen eines Teils einer Zeichnung u.a. vorzusehen.

20.3 Die Projektionsabbildungen des Raumes in die Ebene

Zur Darstellung dreidimensionaler Objekte benötigt man ausgeartete projektive Abbildungen. Sie sind vom mathematischen Standpunkt aus schon in Kapitel 9 studiert worden. Es gibt eine Reihe von solchen Abbildungen, die besondere Bedeutung haben und in der Literatur auch unter besonderem Namen bekannt sind.

In Kapitel 9 wurde schon die Parallelprojektion und die Perspektivprojektion besprochen. Beide können nach 9.16 dargestellt werden durch den Schnitt paralleler bzw. durch einen festen Punkt, den Fokus oder das Projektionszentrum, verlaufender Geraden, sogenannter Projektionsgeraden, mit einer Bildebene.

Wenn wir im folgenden die Abbildungsmatrizen explizit angeben, so beziehen wir uns auf die Zerlegung des $\mathbf{R}^4 = \{(x,y,z,0)|x,y,z \in \mathbf{R}\} \oplus \mathbf{R}(0,0,0,1)$ und gegebenenfalls auf die kanonische euklidische Struktur auf dem affinen Teilraum. Ebenso sei im $P(\mathbf{R}^3)$ die kanonische euklidische Struktur mit der uneigentlichen Geraden $\mathbf{R}(x,y,0)$ gegeben. Bei der Beschreibung der Projektionsabbildungen mit Matrizen haben wir jeweils euklidische Koordinaten für die Bildebene ausgewählt, d.h. die Bildebene wird nicht mehr als in den dreidimensionalen projektiven Raum eingebettet angesehen.

Wenn man eine euklidische Struktur im projektiven Raum vorsieht, so kann man diejenigen Parallelprojektionen, deren Projektionsgeraden die Bildebene senkrecht schneiden, betrachten. Sie heißen *orthographische Projektionen*. Wenn die Projektionsgeraden die Bildebene in einem anderen Winkel schneiden, so sprechen wir von *Schrägprojektionen*.

Orthographische Projektionen werden besonders verwendet, um den *Grundriß*, den *Aufriß* bzw. den *Seitenriß* von Objekten darzustellen, das sind die orthographischen Projektionen auf die Ebenen $z = 0$ mit der Matrix

$$\begin{pmatrix} 1 & 0 & 0 \\ 0 & 1 & 0 \\ 0 & 0 & 0 \\ 0 & 0 & 1 \end{pmatrix}$$

für den Grundriß, $x = 0$ mit der Matrix

$$\begin{pmatrix} 0 & 0 & 0 \\ 1 & 0 & 0 \\ 0 & 1 & 0 \\ 0 & 0 & 1 \end{pmatrix}$$

für den Aufriß und $y = 0$ mit der Matrix

$$\begin{pmatrix} 1 & 0 & 0 \\ 0 & 0 & 0 \\ 0 & 1 & 0 \\ 0 & 0 & 1 \end{pmatrix}$$

für den Seitenriß. Sie gestatten es, Längen und Winkel aus den Projektionen zurückzugewinnen, weil man die einzelnen Koordinaten von Punkten leicht erhalten kann.

Parallelprojektionen, die eine schräge Ansicht des Objekts bieten, so daß keine achsenparallele Seite bei der Darstellung zu einer Strecke entartet, heißen *axonometrische Projektionen*. Insbesondere sind bei ihr die Bilder aller drei Koordinatenachsen (nichtausgeartete) Geraden. Die Bildebene schneidet alle drei Koordinatenachsen in jeweils genau einem Punkt. Wenn man die Bildebene durch den Nullpunkt führt und senkrecht zu dem normierten Vektor (x_0, y_0, z_0) wählt, so wird die allgemeine axonometrische Projektion durch die Matrix

$$\frac{1}{\sqrt{(x_0^2 + y_0^2)}} \begin{pmatrix} -y_0 & -x_0 z_0 & 0 \\ x_0 & -y_0 z_0 & 0 \\ 0 & x_0^2 + y_0^2 & 0 \\ 0 & 0 & \sqrt{(x_0^2 + y_0^2)} \end{pmatrix}$$

dargestellt.

Wenn die drei Schnittpunkte der Bildebene, sofern sie nicht durch den Ursprung verläuft, alle denselben Abstand vom Ursprung haben, oder wenn die drei Komponenten eines auf der Bildebene senkrecht stehenden Vektors gleiche Beträge haben, dann nennt man die Projektion auch eine *isometrische Projektion*. Wenn alle Komponenten des Vektors (x_0, y_0, z_0) positiv sind, so kann sie durch die Matrix

$$\begin{pmatrix} -\frac{1}{2}\sqrt{2} & -\frac{1}{6}\sqrt{6} & 0 \\ \frac{1}{2}\sqrt{2} & -\frac{1}{6}\sqrt{6} & 0 \\ 0 & \frac{1}{3}\sqrt{6} & 0 \\ 0 & 0 & 1 \end{pmatrix}$$

dargestellt werden. Sie hat den besonderen Vorteil, daß man aus ihr ebenfalls die Koordinaten eines Punktes leicht ablesen kann, da sie in jeder Achsenrichtung um denselben Wert $\sqrt{2/3}$ verkürzt worden sind. Man beachte, daß es acht wesentlich verschiedene isometrische Projektionen gibt, je nachdem welche Achsenabschnitte positiv und welche negativ sind.

Für die Beschreibung von Schrägprojektionen wollen wir annehmen, daß die Projektionsebene die (x, y)-Ebene ($z = 0$) ist. Andere Projektionsebenen kann man durch Drehungen und Translationen erhalten. Ein Punkt (x, y, z) wir durch die Schrägprojektion in einen Punkt $(x_1, y_1, 0)$ der Bildebene abgebildet. Dann werden zwei Winkel von Interesse sein, einerseits der Winkel α, den die Projektionsgerade, d.h. die Gerade durch die Punkte (x, y, z) und $(x_1, y_1, 0)$, mit der Bildebene einschließt, und andererseits der Winkel φ in der Bildebene, der die Steigung der Geraden durch die Punkte $(x, y, 0)$ und $(x_1, y_1, 0)$ beschreibt. Man beachte, daß der Punkt $(x, y, 0)$ in der Bildebene durch orthographische Projektion, ja sogar als Grundriß aus dem vorgegebenen Punkt entsteht. Beide Winkel sind leicht zu berechnen als

$$\tan(\varphi) = \frac{y_1 - y}{x_1 - x},$$

$$\tan(\alpha) = \frac{z}{\sqrt{(x_1 - x)^2 + (y_1 - y)^2}}.$$

Sind umgekehrt die Winkel α und φ vorgegeben, so berechnet sich die Transformationsmatrix als

$$\begin{pmatrix} 1 & 0 & 0 \\ 0 & 1 & 0 \\ \cos(\varphi)/\tan(\alpha) & \sin(\varphi)/\tan(\alpha) & 0 \\ 0 & 0 & 1 \end{pmatrix}.$$

Für $\alpha = 90°$ geht diese Matrix über in die Matrix für den Grundriß.

Für den Winkel $\alpha = 45°$ ist $\tan(\alpha) = 1$. Die dann entstehende Schrägprojektion

$$\begin{pmatrix} 1 & 0 & 0 \\ 0 & 1 & 0 \\ \cos(\varphi) & \sin(\varphi) & 0 \\ 0 & 0 & 1 \end{pmatrix}$$

heißt *Kavaliersprojektion*. Bei ihr werden alle zur Bildebene senkrechten Strecken in ihrer wahren Länge abgebildet. Dasselbe gilt für die zur Bildebene parallelen Strecken. Mit dem Winkel φ kann man dann die Aufsicht ändern.

Ist $\alpha = 63.435°$ und damit $\tan(\alpha) = 2$, so heißt die entstehende Schrägprojektion

$$\begin{pmatrix} 1 & 0 & 0 \\ 0 & 1 & 0 \\ \cos(\varphi)/2 & \sin(\varphi)/2 & 0 \\ 0 & 0 & 1 \end{pmatrix}$$

Kabinettsprojektion. Bei ihr werden zur Bildebene senkrechte Strecken in ihrer Länge halbiert. Die Darstellung wird als relativ naturgetreu empfunden.

Die Perspektivprojektion oder Zentralprojektion haben wir bei den ausgearteten
projektiven Abbildungen schon ausführlich diskutiert. Sie entsteht durch Schnitt
der Projektionsgeraden durch das Projektionszentrum mit der Bildebene. Wenn
das Projektionszentrum im Punkt $(0,0,-1)$ liegt und die Bildebene die (x,y)-
Ebene ist, so stellt sich die Abbildungsmatrix in besonders einfacher Weise dar
als

$$\begin{pmatrix} 1 & 0 & 0 \\ 0 & 1 & 0 \\ 0 & 0 & 1 \\ 0 & 0 & 1 \end{pmatrix}.$$

Jede andere Zentralprojektion läßt sich aus dieser durch vorangehende uniforme
Skalierung, Drehung und Translation gewinnen. Methoden, wie diese zu finden
sind, haben wir am Schluß von Kapitel 14 ausführlich diskutiert.

Parallele Geraden im Urbildraum, die auch zur Bildebene parallel sind, werden in
parallele Geraden abgebildet. Andere Parallelenscharen haben in der Bildebene
einen gemeinsamen Schnittpunkt, genannt Fluchtpunkt oder Verschwindungs-
punkt dieser Parallelenschar. Die Hauptfluchtpunkte sind die Fluchtpunkte der
Hauptachsen (der x-, der y- bzw. der z-Achse). Jenachdem wieviele Hauptfluchtpunkte bestehen, spricht man von einer Einpunkt-, einer Zweipunkt- oder
einer Dreipunkt-Perspektive.

20.4 Die Datenstruktur von Polyedern

In Kapitel 18 haben wir schon die Datenstruktur der Polygon(züge) besprochen.
In höherdimensionalen Räumen wird diese Struktur zunehmend komplizierter.
Das zugrundeliegende Prinzip ist, die Datenstruktur so zu gestalten, daß die
Koordinaten an wenigen Stellen konzentriert auftreten, so daß projektive Abbildungen auf diese Koordinaten allein angewendet werden können. Die kombina-
torische Struktur eines Polytops sollte ja bei einer solchen Abbildung erhalten
bleiben. Da uns nicht nur die Koordinaten der Eckpunkte eines Polytops interessieren, sondern auch die Unterraumgleichungen von begrenzenden Seiten,
werden wir die jeweiligen Koordinaten ebenfalls in einer Vektorentabelle führen.
Nur auf die Vektoren dieser Vektorentabellen sind dann die Projektivitäten und
projektiven Abbildungen anzuwenden. Die Methoden aus den Kapiteln 11 bis
13 lassen sich dann leicht implementieren.

Die Koordinaten der Vektorentabelle für die Punkte ist allerdings anders zu
behandeln, als diejenige für die Seiten. Sind a und v Vektoren aus V, ist $\langle a,v \rangle =
\sum \alpha_i \nu_i = av^t = 0$ die Gleichung für den Unterraum durch eine Seite und ist
die Projektivität durch die Multiplikation mit der Matrix A von rechts gegeben,
so ist $av^t = 0$ genau dann, wenn $a(A^t)^{-1}A^t v^t = 0$ gilt. Wegen $A^t v^t = (vA)^t$

sind also die Vektoren aus der Punktvektorentabelle mit A von rechts und die Vektoren aus der Seitenvektorentabelle mit $(A^t)^{-1}$ von rechts zu multiplizieren.

Um ein dreidimensionales Polytop oder ein Polyeder zu beschreiben, bilden wir eine Liste der Punkte, eine Liste der Kanten und eine Liste der Seiten. Diese Listen brauchen in keiner besonderen Ordnung angelegt zu werden.
Jeder Punkt p_i besteht aus einem Zeiger auf die ihn bestimmenden Koordinaten vec_j in der Liste der Vektoren und aus einer Liste derjenigen Kanten k_n, die in diesem Punkt enden.
Jede Kante k_i besteht aus zwei Zeigern auf die Endpunkte p_j und p_k und aus zwei Zeigern auf die angrenzenden Seiten s_m und s_n.
Jede Seite s_i schließlich besteht aus einem Zeiger auf einen Vektor vec_j der Vektorentabelle, der die Gleichung der Ebene durch diese Seite beschreibt, und aus einer Liste von Kanten k_n, die diese Seite begrenzen.

Man sieht hier, daß eine starke Symmetrie vorliegt, die man auch ausnutzen kann, um die Datenstruktur zu reduzieren. Die angegebene Struktur erlaubt es aber auch, Fragen der Art zu behandeln, etwa alle Seiten mit einem gemeinsamen Punkt zu bestimmen, indem man zunächst alle Kanten zu diesem Punkt und dann alle Seiten zu diesen Kanten bestimmt.

Ein Würfel kann etwa mit der auf der nächsten Seite wiedergegebenen Struktur beschrieben werden.

Zur Überprüfung der Konsistenz einer solchen Struktur können wieder folgende Tests gemacht werden:
- jeder Punkt ist Endpunkt von mindestens zwei Kanten,
- jede Seite besitzt mindesten zwei Kanten,
- jede Kante kommt in genau zwei Seiten vor,
- jede Kante besitzt genau zwei Endpunkte,
- der Polygonzug um jede Seite ist geschlossen,
- die Kantenfolge der in einem Punkt endenden Kanten ist „geschlossen",
- wird eine Seite in einer Kante aufgeführt, so wird diese Kante auch in der entsprechenden Seite aufgeführt, um umgekehrt,
- ist ein Punkt Endpunkt einer Kante, so wird diese Kante im Punkt aufgeführt, und umgekehrt.

Punktvektorenliste

v_1 : w_1, x_1, y_1, z_1
v_2 : w_2, x_2, y_2, z_2
v_3 : w_3, x_3, y_3, z_3
v_4 : w_4, x_4, y_4, z_4
v_5 : w_5, x_5, y_5, z_5
v_6 : w_6, x_6, y_6, z_6
v_7 : w_7, x_7, y_7, z_7
v_8 : w_8, x_8, y_8, z_8

Seitenvektorenliste

v_9 : w_9, x_9, y_9, z_9
v_{10} : $w_{10}, x_{10}, y_{10}, z_{10}$
v_{11} : $w_{11}, x_{11}, y_{11}, z_{11}$
v_{12} : $w_{12}, x_{12}, y_{12}, z_{12}$
v_{13} : $w_{13}, x_{13}, y_{13}, z_{13}$
v_{14} : $w_{14}, x_{14}, y_{14}, z_{14}$

Kantenliste

k_1 : p_1, p_2, s_1, s_2
k_2 : p_2, p_3, s_1, s_3
k_3 : p_3, p_4, s_1, s_4
k_4 : p_1, p_4, s_1, s_5
k_5 : p_1, p_5, s_2, s_5
k_6 : p_2, p_6, s_2, s_3
k_7 : p_3, p_7, s_3, s_4
k_8 : p_4, p_8, s_4, s_5
k_9 : p_5, p_8, s_5, s_6
k_{10} : p_5, p_6, s_2, s_6
k_{11} : p_6, p_7, s_3, s_6
k_{12} : p_7, p_8, s_4, s_6

Punktliste

p_1 : v_1, k_1, k_4, k_5
p_2 : v_2, k_1, k_2, k_6
p_3 : v_3, k_2, k_3, k_7
p_4 : v_4, k_3, k_4, k_8
p_5 : v_5, k_5, k_9, k_{12}
p_6 : v_6, k_6, k_9, k_{10}
p_7 : v_7, k_7, k_{10}, k_{11}
p_8 : v_8, k_8, k_{11}, k_{12}

Seitenliste

s_1 : v_9, k_1, k_2, k_3, k_4
s_2 : $v_{10}, k_1, k_5, k_6, k_{10}$
s_3 : $v_{11}, k_2, k_6, k_7, k_{11}$
s_4 : $v_{12}, k_3, k_7, k_8, k_{12}$
s_5 : $v_{13}, k_4, k_5, k_8, k_9$
s_6 : $v_{14}, k_9, k_{10}, k_{11}, k_{12}$

20.5 Die geometrischen Konstruktionsschritte im Raum

Mit den weiter zusammengestellten Hilfsmitteln können wir jetzt ein dreidimensionales Graphik Paket in Angriff nehmen. Wir legen uns auf ein analoges Benutzermodell fest, wie wir es im Abschnitt über ein zweidimensionales Konstruktionspaket in diesem Kapitel angegeben haben.

Als Objekte können hier zur Verfügung gestellt werden: Punkte, Geraden, Ebenen, Polyeder, Strecken, Strahlen, Flächenstücke (ebene Polygone im Raum) und Texte.

Darstellungen von Punkten sind problemlos wieder in homogenen Koordinaten der Form $(x, y, z, 1)$ möglich. Ebenen lassen sich am besten in der Hesseschen Normalform

$$ax + by + cz = d$$

mit $a^2 + b^2 + c^2 = 1$ und $d \geq 0$ angeben oder in der äquivalenten Form der Gleichung einer projektiven Ebene

$$ax + by + cz + d = (a,b,c,d)(x,y,z,1)^t = \langle (a,b,c,d),(x,y,z,1) \rangle = 0.$$

Natürlich sind auch einige andere Formen möglich. Die Gleichung einer Ebene durch drei vorgegebene Achsenabschnitte a, b und c ist

$$bcx + acy + abz = abc.$$

Eine Parameterform der Ebene ist

$$\mathbf{R}(x_1,y_1,z_1) + \mathbf{R}(x_2,y_2,z_2) + (x_0,y_0,z_0) =$$

$$\{s(x_1,y_1,z_1) + t(x_2,y_2,z_2) + (x_0,y_0,z_1)|s,t \in \mathbf{R}\},$$

wobei die Ebene durch den Punkt (x_0,y_0,z_0) verläuft und von den (linear unabhängigen) Richtungsvektoren (x_1,y_1,z_1) und (x_2,y_2,z_2) aufgespannt wird. Eine weitere Parameterform

$$\mathbf{R}(x_1 - x_0, y_1 - y_0, z_1 - z_0) + \mathbf{R}(x_2 - x_0, y_2 - y_0, z_2 - z_0) + (x_0,y_0,z_0) =$$

$$\{s(x_1 - x_0, y_1 - y_0, z_1 - z_0) + t(x_2 - x_0, y_2 - y_0, z_2 - z_0) + (x_0,y_0,z_0)|s,t \in \mathbf{R}\}$$

beschreibt eine Ebene durch die Punkte (x_0,y_0,z_0), (x_1,y_1,z_1) und (x_2,y_2,z_2).

Natürlich lassen sich auch diese Formen weitgehend ineinander umformen. Die Gleichung der projektiven Ebene ist als intern zu verwendender Datentyp wieder am besten geeignet.

Ebenen lassen sich bei der Abbildung auf die Bildebene nicht ohne weiteres graphisch darstellen. Man kann allerdings in der Ebene ein graphisches Symbol, z.B. ein gleichseitiges Dreieck oder ausgezeichnete Koordinatenachsen ansiedeln und diese auf dem Bildschirm zeigen. Eine andere Möglichkeit ist die der Angabe eines Stützpunkts und eines als Pfeil gezeichneten Vektors in diesem Stützpunkt, der auf der Ebene senkrecht steht. Der Leser möge sich für eine dieser Möglichkeiten entscheiden und sie implementieren.

Die Datenstruktur der Geraden kann durch die Koeffizienten eines die Gerade beschreibenden Gleichungssystems

$$a_1 x + b_1 y + c_1 z = d_1, \qquad a_2 x + b_2 y + c_2 z = d_2,$$

also durch die Angabe zweier Ebenen, die sich schneiden, gegeben werden. Man kann sich aber auch entschließen, Geraden durch die Angabe zweier Punkte, durch die die Gerade verläuft, darzustellen. Bei beiden Methoden hat man große Freiheit bei der Wahl der Koeffizienten. Andrerseits ist die graphische Darstellung problemlos.

Die Darstellung der Geraden in Parameterform erfolgt im wesentlichen wie im zweidimensionalen Fall, nämlich als

$$\mathbf{R}(x_1, y_1, z_1) + (x_0, y_0, z_0) = \{t(x_1, y_1, z_1) + (x_0, y_0, z_0) | t \in \mathbf{R}\}$$

bei einer Geraden durch den Punkt (x_0, y_0, z_0).

Die Datenstruktur der Polyeder haben wir gesondert im vorangegangenen Abschnitt besprochen. Die Datenstruktur der Strecken, Strahlen, Flächenstücke und Texte bringt gegenüber dem zweidimensionalen Graphik Paket keine neuen Probleme mit sich.

Ebenso treten bei der Definition der Eingabefunktionen für den Benutzer zunächst keine neuen Gesichtspunkte auf. Es können wie im zweidimensionalen Paket numerische Eingaben von Punkten, Geraden, Ebenen und anderen Objekten vorgesehen werden. Ebenso kann man vordefinierte Objekte in die Konstruktion einbringen und mit Translationen, Rotationen, Scherungen, Vergrößerungen etc. ändern.

Die Liste der zur Verfügung gestellten Operationen wird naturgemäß länger werden. Sie sollte mindestens folgende Operationen umfassen:
- Schnittpunkt einer Geraden mit einer Ebene,
- Schnittpunkt zweier in einer gemeinsamen Ebene liegenden Geraden,
- Gerade durch zwei Punkte,
- Gerade durch eine Strecke oder einen Strahl,
- Gerade, die durch einen Punkt geht und parallel zu einer weiteren Geraden ist,
- Gerade, die durch einen Punkt geht und senkrecht auf einer Ebene steht,
- Gerade als Schnitt zweier Ebenen,
- Ebene durch drei Punkte,
- Ebene durch einen Punkt und eine Gerade,
- Ebene, die durch einen Punkt geht und zu einer anderen Ebene parallel ist,
- Ebene durch zwei sich schneidende oder parallele Geraden,
- Ebene, die durch einen Punkt geht und zu einer Geraden senkrecht ist,
- Strecke zwischen zwei Punkten,
- Abtragung einer Strecke an einen Punkt (in der Richtung der vorgegebenen Strecke)
- Abtragung einer Strecke an einen Punkt auf eine vorgegebene Gerade,
- Teilung einer Strecke in n Teile,

- Verschiebung und Drehung von Polyedern in der Graphik,
- Kopieren eines Polyeders an eine andere Stelle,
- Kopieren eines vordefinierten Objekts, etwa eines Würfels, eines Oktaeders oder eines Ikosaeders, oder
- Bilden eines Polyeders, das von einer vorgegebenen Menge von Punkten aufgespannt wird.

Der letzte Punkt verwendet die umfangreichen Überlegungen aus Kapitel 12, insbesondere den am Schluß dieses Kapitels angegebenen Algorithmus zur Bestimmung eines Polytops, das von einer Punktmenge im projektiven Raum aufgespannt wird. Der dreidimensionale Fall dieses Algorithmus könnte hier implementiert werden.

Eine einfachere Art, gewisse (auch nicht konvexe) Polyeder zu erzeugen, ist die Rotation vorgegebener ebener Polygonzüge um eine in der Ebene liegende Achse. Eine Rotation eines Dreiecks um eine Seite viermal im Winkel von 90° ergibt so ganz einfach ein Oktaeder.

Eine neue in der zweidimensionalen Geometrie nicht vorhandene Komponente ist die Darstellung von Polyedern mit verdeckten Kanten. Hier sollte der am Schluß von Kapitel 13 angegebene Algorithmus zur Bestimmung der sichtbaren Kanten eines Polytops eingesetzt werden. Dieser Algorithmus bezieht sich auf die Darstellung eines (konvexen) Polyeders.

Die Definition und Behandlung verdeckter Kanten und Flächen innerhalb beliebiger Zeichnungen im dreidimensionalen Raum ist weitaus komplizierter. Man verwendet hier für realistische Darstellungen häufig andere Methoden, z.B. des Lichtwurfs (ray tracing). Sie benötigen dann weitaus schnellere Computer mit für die jeweiligen Anwendungszwecke speziell ausgelegter Graphik Hardware.

Schließlich müssen dem Benutzer auch die Abbildungen in geeigneter Weise zur Verfügung gestellt werden. Dabei müssen wir unterscheiden zwischen den Abbildungen der dreidimensionalen Raumes in sich, den Projektionen auf die Bildschirmebene und möglicherweise weiteren Abbildungen der Bildschirmebene in sich.

Abbildungen der Bildschirmebene in sich werden interessant, wenn man von demselben Objekt mehrere verschiedene Ansichten gleichzeitig darstellen will, wie etwa Grundriß, Aufriß und Seitenriß.

Die Projektionen des dreidimensionalen Raumes in die Bildschirmebene haben wir im Abschnitt 20.3 ausführlich besprochen.

Den Abbildungen des dreidimensionalen Raumes in sich haben wir weite Teile des Kapitels 14 gewidmet, so daß der Leser sich dort Anregungen holen kann, welche Transformationen er implementieren soll. Die dem Benutzer zur Verfügung gestellten Abbildungen sollten jedenfalls so gewählt sein, daß man mit ihnen alle Projektivitäten auf dem dreidimensionalen projektiven Raum $P(\mathbf{R}^4)$ erzeugen kann.

20.6 Vierdimensionale Geometrie

Für ein Programm Paket zur vierdimensionalen Geometrie gelten weitgehend dieselben Gesichtspunkte, die wir schon für die dreidimensionale Geometrie entwickelt haben. Insbesondere kann sich der Leser leicht die Darstellungsformen von Geraden, Ebenen und Hyperebenen im Vierdimensionalen entwickeln. Auch die Schnitte bereiten keine neuen Probleme.

Interessante neue Aspekte bieten die vierdimensionalen Polytope. Da wir aber sowohl die Algorithmen zur Konstruktion eines von einer Punktmenge (von mindestens 5 Punkten) aufgespannten Polytops als auch zur Behandlung verdeckter Kanten kennen, kann sich der Leser ein Modell Paket zum Experimentieren mit diesen vierdimensionalen Objekten aufbauen.

Die entsprechenden Projektionsabbildungen in die Ebene haben ein eindimensionales Zentrum. Man muß sich also hier genauer überlegen, wie man diese Abbildungen von Benutzerseite her definiert. Insbesondere beachte man hierfür die Ausführungen aus Kapitel 9.

Ebenso interessant sind die vierdimensionalen Projektivitäten, die wir in Kapitel 14 behandelt haben.

Nach den Erfahrungen mit den Graphik Paketen zu zwei- und dreidimensionalen Konstruktionen sollte es für den Leser jetzt möglich sein, ein vierdimensionales Graphik Paket selbst zu entwickeln.

21 Anhang: Merkblatt

Das Gesamtprojekt erhält den Namen GRAPHIK. Das Programm zur Computer Graphik wird auf Tischrechnern vom Typ IBM-AT des Mathematischen Instituts entwickelt. Als Programmiersprache wird TURBO PASCAL verwendet unter Verwendung der in Pascal vorhandenen Graphikeinheit GRAPH.TPU, die es gestattet, Strichzeichnungen im Graphik-Modus auf einem hochauflösenden Bildschirm der Geräte auszugeben. Außerdem steht ein Paket PGRAPH zur Verfügung, um Bildschirmgraphik hochauflösend auf einem Drucker des Typs NEC P6 auszudrucken.

Eine Berechtigungskarte zur Benutzung der Tischrechner in den Computer Räumen K35 und K36 erhalten Sie in Raum 126 . Handbücher für TURBO PASCAL liegen in den Computer Räumen auf.

Dort können Sie auch Handbücher über MS-DOS einsehen. Sie benötigen jedoch keine besonderen MS-DOS Kenntnisse, weil eine Kommando Datei zur Verfügung gestellt wird, die Sie mit Menüs durch alle Aufgaben der Datei-Erstellung, Datei-Verwaltung und Benutzung von TURBO PASCAL führen wird. Beachten Sie bitte das gesonderte Merkblatt über die Benutzung dieser Kommando Datei und folgen Sie einfach den Anweisungen in den Menüs.

Die folgenden Programmier-Hinweise sind von allen Teilnehmern des Kurses strikt einzuhalten, damit ein einheitliches Software-Paket entwickelt werden kann:

1) Erstellen Sie drei Dateien mit den Namen
   GRnINFO.DOC, GRnVAR.INC und GRnPROC.INC,
   wobei n die Nummer Ihrer Arbeitsgruppe ist. Die Dateien müssen in der Breite vollständig auf dem Bildschirm sichtbar sein. Die Zeilenlänge darf also 80 Zeichen nicht überschreiten. Jede der Dateien erhält den auf der nächsten Seite angegebenen Datei-Kopf.

   Dabei stehe XXXX.XXX für einen der Datei-Titel INFO.DOC, VAR.INC oder PROC.INC. Sind mehrere Autoren beteiligt, so sind ihre Namen und Adressen nebeneinander zu schreiben. Der Name des Gruppenvertreters soll an erster Stelle genannt werden. Ein Beispiel wird dies verdeutlichen.

   Die verschiedenen Versionen werden in 2 Feldern durchnumeriert, wobei die zweite Nummer lediglich fortlaufend verwendet wird. Die erste Nummer hat folgende Bedeutung:
   1 : Erste Version nur mit Leerprogrammen (s.u.).
   2 : Prozeduren und Funktionen sind in der Rohversion fertig, aber noch nicht getestet.
   3 : Prozeduren und Funktionen sind getestet und können in anderen Programmteilen verwendet werden, ohne falsche Ergebnisse zu bringen; die

```
{###############################################################}
{###                                                         ###}
{###   GRAPHIK            GRUPPE   n  XXXX.XXX                ###}
{###                                                         ###}
{###   Programmtitel der Gruppe  n                           ###}
{###                                                         ###}
{###   Autoren :   ...                                       ###}
{###                                                         ###}
{###############################################################}
{===============================================================
        Namen:          ...                          ...
        Strasse:        ...                          ...
        Ort:            ...                          ...
        Tel.:           ...                          ...
=================================================================
        Datei erstellt am:      Datum
        letzte Änderung :       Datum           von:  Name
        Versionsnummer  :       Kommentar
=================================================================
        Inhalt:  Verzeichnis der globalen Programme, Typen etc.
===============================================================}
```

Programme können allerdings noch geändert werden, um eine Kürzung
oder Beschleunigung des Programms zu erreichen. Name und Parameter
des Programms werden nicht mehr verändert.

  4 : Endversion; die Programme sind getestet und optimal, sie werden nicht
      mehr verändert.

Es folgt ein Inhaltsverzeichnis aller in der Datei enthaltenen global definierten
Programme, Typen, Variablen und Konstanten, oder des sonstigen Inhalts.

2) Die Datei GRnPROC.INC enthält alle Prozeduren und Funktionen, die für
   Ihr Programmpaket (z.B. „Projektive Rotationen") erstellt werden müssen.
   Nur die Gruppe, die das „Hauptprogramm" zu entwickeln hat, verwendet
   hier die Erweiterung (Extension) .PAS .

Definieren Sie möglichst wenige globale Programme (Prozeduren und Funktionen), wenn möglich nur die von Ihnen verlangten Programme. Weitere Prozeduren und Funktionen sollten möglichst als Unterprozeduren oder
-Funktionen eines anderen Programmteils auftreten.

Benötigen Sie Hilfsprogramme, so erkunden Sie bitte, ob ein anderer Teilnehmer ähnliche Programme auch benötigt und einigen Sie sich, wer das
jeweilige Programm als globales Programm erstellt. Die Programme zum

```
{################################################################}
{###                                                        ###}
{###  GRAPHIK          GRUPPE  3  INFO.DOC                   ###}
{###                                                        ###}
{###  Projektive Rotationen                                 ###}
{###                                                        ###}
{###  Autoren :   Xaver Yrrthum                             ###}
{###                                                        ###}
{################################################################}
{===============================================================
         Namen:     Xaver Yrrthum
         Strasse:   Falscher Weg 7
         Ort:       Hohnkirchen
         Tel.:      08123-4567
 ===============================================================
         Datei erstellt am:  01.01.1900
         letzte Änderung:    02.02.1911      von:  Xaver
         Version 1.7   :    Leer-Programme, ich kann die Vektor-
                       Addition noch nicht richtig programmieren
 ===============================================================
         Inhalt:  Beschreibung von Vec_Add(a,b,c) und Vec_Prod(a,b,c)
                  Alle Testprotokolle für Vec_Add von 1900 bis 1911
 ===============================================================}
```

Rechnen mit Matrizen werden z.B. von einer Gruppe global für alle Benutzer bereit gestellt. Informieren Sie sich also über alle Programme der übrigen Gruppen, damit doppelte Arbeit vermieden und Platz gespart wird.

Wenn Graphik Prozeduren des Programm Pakets PGRAPH für die Druckerausgabe benötigt werden, so rufen Sie diese nicht direkt sondern über einen eigens dafür zu entwickelnden Modul auf. Dadurch können andere Benutzer nur unter Änderung dieses einen Moduls andere Graphik Hard- und Software mit demselben Paket GRAPHIK verwenden, z.B. um GRAPHIK mit Plottern auszudrucken. Das Paket PGRAPH ist nur für die Ausgabe auf Druckern des Typs NEC P6/7 geschrieben.

Jede globale Prozedur bzw. jede globale Funktion erhält einen Rahmen mit Programm-Kopf und Fuß nach dem Muster auf der folgenden Seite.

In der Titelzeile (zwischen === und ===) ist der Name des Programms zusammen mit der Festlegung auf Procedure oder Function festzuhalten. Am Ende ist der Name des Programms nochmals zu wiederholen.

```
{=================================================================}
{============ N a m e   d e s   P r o g r a m m s ==============}
{=================================================================}

PROGRAMM  Name
          (Parameter:  Typ)

{ Parameter   :                                                   }
{        Name   <v|i|o> :  Bedeutung                              }
{ Zweck        : Zweckbeschreibung                                }
{ Verfahren    : Hinweise auf verwendete mathematische Methoden,  }
{                Literaturhinweise                                }
{ Bemerkungen : Hinweise auf verwendete Unterprogramme oder an-   }
{                dere global definierte Programme, sonst. Hinweise}
{ Warnungen    : Hinweise auf besondere Fehlermöglichkeiten       }

          ... eigentliches Pascal-Programm ...

{============= E n d e   d e s   P r o g r a m m s ===========}
```

Die Namen des Programms (Prozedur oder Funktion) sollen nicht mehr als
24 Buchstaben enthalten und möglichst genau die Funktion des Programms
beschreiben. Ziehen Sie bitte keine Worte zusammen, sondern trennen Sie
diese mit dem Zeichen _ , z.B. bilde_Einheitsmatrix .

Die Namen für die Parameter des Programms sind entsprechend beschrei-
bend zu wählen. Weiter ist im Teil „Parameter.Name" genau die Bedeutung
der Parameter zu beschreiben. Dort ist auch anzugeben, ob der Parameter nur als Eingabe (i) oder nur als Ausgabe (o) verwendet wird und ob er
Referenz-Parameter (v) (vom VAR-Typ) ist. Zweck des Programms, verwen-
detes Verfahren evtl. mit Literaturhinweisen oder Hinweisen auf die Dokumentation, Hinweise auf andere verwendete Programmteile und Warnungen
jeder Art sind ebenfalls in den Kopf aufzunehmen.

Unterprogramme, die in globale Programme eingebettet sind, erhalten einen
ähnlichen Rahmen, jedoch werden die Begrenzungszeichen === durch —
ersetzt, also

```
{-----------------------------------------------------------------}
{--------- N a m e   d e s   U n t e r p r o g r a m m s -------}
{-----------------------------------------------------------------}
```

    und

```
{--------- E n d e   d e s   U n t e r p r o g r a m m s -------}
```

```
{==================================================================}
{====    PROCEDURE  b i l d e _ E i n h e i t s m a t r i x   ====}
{==================================================================}

PROCEDURE bilde_Einheitsmatrix
           ( dim          :   integer
             VAR E_matrix :   Matrix_Typ );

{==================================================================}
{ Parameter           :                                           }
{  dim        <-/i/o> : Dimension der gewünschten Einheitsmatrix   }
{  E_matrix <v/-/o> : von dieser Prozedur erzeugte Einheitsmatrix}
{==================================================================}
{ Zweck        : Diese Prozedur legt in der Variablen  E_matrix   }
{                 eine Einheitsmatrix vom Rang  dim  ab und setzt  }
{                 die Zeilen- und Spaltenzahl auf den entsprechen- }
{                 den Wert.                                        }
{ Verfahren    : In der Diagonalen der Matrix stehen 1-er, sonst   }
{                 werden die Plätze mit 0 besetzt.                 }
{ Bemerkungen : Es wird die globale Typendefinition für Matrizen }
{                 von Gruppe 5 (GR5VAR.INC) verwendet.            }
{ Warnungen    : Die Prozedur ist noch nicht fertig.  Sie liefert }
{                 eine Matrix der Dimension  dim  mit undefinierten}
{                 Koeffizienten in  E_matrix .                    }
{==================================================================}

BEGIN
  WITH E_matrix DO
    BEGIN
      Zeilen := dim;
      Spalten := dim
    END {E_matrix}
END; {bilde_Einheitsmatrix}

{======== Ende   b i l d e _ E i n h e i t s m a t r i x   =======}
```

3) Die Datei GRnVAR.INC enthält alle globalen Typendefinitionen, Konstanten und Variablen. Die Typendefinitionen erhalten einen Rahmen, der analog zum Rahmen für Programme gebildet wird. Das allgemeine Format ist auf der nächsten Seite angegeben.

Konstante und Variable erhalten keinen besonderen Rahmen, jedoch ist nach der Definition jeder Konstanten oder Variablen weitere Information wie oben nach dem Schema

```
{==================================================================}
{=============== TYPE  N a m e   d e s   W e r t e s  ============}
{==================================================================}

TYPE  Name = Typdeklaration;

{ Zweck         : Zweckbeschreibung, Bedeutung der einzelnen Teile,}
{                 evtl. geometrische Bedeutung                     }
{ Bemerkungen : Hinweise                                           }
{ Warnungen    : Hinweise auf besondere Fehlermöglichkeiten        }
{===================== E n d e   N a m e  =====================}
```

und als Beispiel:

```
{==================================================================}
{================ TYPE  M a t r i x _ T y p  ================}
{==================================================================}
TYPE Matrix_Typ = RECORD  Zeilen  : INTEGER;
                          Spalten : INTEGER;
                          Matrix  : ARRAY [0..maxdim] OF Tupel_Typ
              END;
{ Zweck        : Zeilen  gibt die Anzahl der besetzten Zeilen an. }
{                Spalten gibt die Anzahl der besetzten Spalten an.}
{                Matrix  ist ein ARRAY von Tupeln, den Zeilen der }
{                Matrix                                           }
{ Bemerkungen : Es wird der Typ Tupel_Typ verwendet.             }
{ Warnungen    : Die nichtbesetzten Tupel, d.h. diejenigen mit    }
{                Index größ er als  Zeilen  enthalten beliebige   }
{                Werte.                                           }
{================ Ende   M a t r i x _ T y p  ================}
```

> Zweck,
> Bemerkungen,
> Warnungen
> anzugeben.

4) Die Datei GRnINFO.DOC enthält

   a) eine Liste der von Ihnen global definierten Programmteile und ihre Funktionsbeschreibung; Angabe der verwendeten mathematischen Methoden; Angabe des Zwecks jedes Programms; für jede Prozedur und Funktion ein Beispiel;

   b) eine Liste der von Ihnen eingeführten globalen Konstanten, Variablen und Typen mit Beschreibung;

c) eine ausführliche Liste der Änderungen - bei jeder Änderung des Programm- oder Variablen-Teils ist in dieser Datei eine Bemerkung über die Art der Änderung mit vorangesetztem Datum, Zeit und Autor aufzunehmen;

d) eine ausführliche Beschreibung der für Ihre Programm-Teile durchgeführten Tests mit den Ergebnissen, also Angabe der für Tests eingegebenen Werte und der durch die Prozeduren bzw. Funktionen erzielten Resultate;

e) eine komplette Liste der Fehlerkodierungen und ihre verbale Beschreibung;

f) weitere Informationen, Ideen, Vorschläge und sonstige Bemerkungen zu Ihrem Programm-Teil bzw. zum gesamten Programm.

5) Erstellen Sie zunächst möglichst schnell Leer-Programme für jedes von Ihnen zu definierende Programm, das damit unter dem entsprechenden Namen schon aufrufbar ist, die richtigen Parameter einliest, jedoch nur triviale Werte ausgibt. Damit können dann andere Gruppen schon arbeiten und ihre eigenen Programme testen. Ein Beispiel ist die oben angegebene Definition von bilde_Einheitsmatrix , die hier abhängig von der eingegebenen Dimension eine Matrix der richtigen Größe mit undefinierten Koeffizienten ausgibt.

6) Sehen Sie an allen Stellen, an denen Sie einen Fehler abfangen wollen, einen Aufruf der global definierten Prozedur ERROR(.) mit geeigneten Parametern vor, damit das Programm nicht unkontrolliert abstürzen kann, wenn eine andere Gruppe Ihr Programm eventuell mit unzulässigen Daten aufruft. Inbesondere ist die Division durch Null *immer* durch eine Überprüfung und Ausgang in die Error-Routine abzufangen. Die an ERROR übergebenen Parameter sollen eine gute Fehlerbeschreibung kodieren. Einer der Parameter sollte Ihre Gruppennummer enthalten. Weiter sollte man erfahren, in welchem Programmteil der Fehler auftritt und von welcher Art der Fehler ist (Bereichsüberschreitung, Division durch Null, fehlende Daten etc.). Die Beschreibung (1-zeilig) geben Sie bitte derjenigen Gruppe, die die Fehlerroutine ERROR global zur Verfügung stellt.

7) Wenn Sie Ihre Programme fertig gestellt haben, testen Sie diese ausführlich. Stellen Sie in GRnINFO.DOC ein komplettes Protokoll mit allen Tests, die Sie durchgeführt haben, zur Verfügung. Wenn Sie eine eigene Testroutine (in Form eines Hauptprogramms) verwenden, so geben Sie den Quellcode ebenfalls an, damit die Tests evtl. von anderen nachvollzogen werden können und weitere Testwerte eingegeben werden können. Im Testprotokoll sollten auch Uhrzeit und Datum der Tests stehen, falls nach Ihren Tests andere Routinen, die Sie verwendet haben, noch geändert werden.

8) Die folgenden Fertigstellungszeiten sind vorgesehen und sollten eingehalten

werden:

24.5.: Für alle Prozeduren und Funktionen sind Leer-Programme fertig. Die Typdefinitionen sind provisorisch fertig. (Version 1.*)

6.6.: Die Datei GRnINFO.DOC ist eingerichtet und enthält Information über die von Ihnen geplanten Programmteile. Insbesondere kennen Sie den theoretischen Hintergrund für die von Ihnen zu erarbeitenden Programme. (Version 2.*)

27.6.: Alle Prozeduren, Typendefinitionen etc. sind fertiggestellt.

11.7.: Alle Prozeduren und Funktionen sind getestet und notfalls korrigiert. Es beginnen die ersten Tests des Gesamtprogramms. (Version 3.*)

25.7.: Tests und Korrekturen sind abgeschlossen. (Version 4.*)

29.7.: Die gesamte Dokumentation ist fertig.

Seminar-Programm

Gruppe 1:
Vortragsthema: Projektive Räume (Kap.4 bis Kap.5.3)
Programmier-Aufgabe: Konstruktionsschritte für geometrische Objekte (ohne Polytope)

Gruppe 2:
Vortragsthema: Das Graphik Paket (Kap.20)
Programmier-Aufgabe: Koordination der Programmerstellung

Gruppe 3:
Vortragsthema: Lineare Hüllen (Kap.5 ab 5.4)
Programmier-Aufgabe: Konstruktion von Polytopen

Gruppe 4:
Vortragsthema: Affine Teilräume (Kap.6)
Programmier-Aufgabe: Entwurf der Benutzer-Oberfläche und der Ausgabe-Funktionen (allgemeine Fehler-Routine, Hilfs-Menüs)

Gruppe 5:
Vortragsthema: Homogene Koordinaten (Kap.7)
Programmier-Aufgabe: Matrizenrechnung (Vektor- und Matrizen-Addition und -Multiplikation, Matrix-Inverse und lineare Gleichungen, lineare Abhängigkeit, Determinante, Vektorprodukte, Normieren, Winkel, Skalarprodukt, Orthonormalisierung, Hessesche Normalform zu n Punkten)

Gruppe 6:
Vortragsthema: Kollineationen und projektive Abbildungen (Kap.8)
Programmier-Aufgabe: Affine Transformationen (Euklidische Transformationen, allgemeine affine Transformationen. Achtung: Es wird immer der projektive Raum transformiert.)

Gruppe 7:
Vortragsthema: Ausgeartete projektive Abbildungen (Kap.9)
Programmier-Aufgabe: Projektionen auf den $P(\mathbf{R}^3)$

Gruppe 8:
Vortragsthema: Struktur projektiver Abbildungen (Kap.14)
Programmier-Aufgabe: Projektive Transformationen (nur nicht-ausgeartete proj. Abbildungen)

Gruppe 9:
Vortragsthema: Strecken in projektiven Räumen (Kap.10)
Programmier-Aufgabe: Abbildung auf das Fenster und Clipping (Übergang von $P(\mathbf{R}^3)$ auf $\mathbf{R}^2$, Clippen am Fenster, Übergang zu diskreten Koordinaten)

Gruppe 10:
Vortragsthema: Grundlagen der Sichtbarkeit bei Polytopen (Übersicht) (Kap.11-13)
Programmier-Aufgabe: Verdeckte Kanten bei Polytopen

Literaturhinweise:

Zur Computer Graphik:

  [BS] Bielig-Schulz G., Schulz C.: 3D-Graphik in Pascal. Teubner 1987
  [GR] Grabowski R.: Computer-Graphik mit dem Mikrocomputer. Teubner 1985
  [HB] Hearn D., Baker M.P.: Computer Graphics. Prentice-Hall 1986
  [ME] Meier A.: Methoden der graphischen und geometrischen Datenverarbeitung. Teubner 1986
  [PA] Pavlidis T.: Algorithms for Graphics and Image Processing. Computer Science Press 1982
  [PP] Penna M., Patterson R.: Projective Geometry and its Applications to Computer Graphics. Prentice-Hall 1986

Zur Projektiven Geometrie:

  [BA] Baer R.: Linear Algebra and Projective Geometry. Academic Press 1952
  [BI] Bieberbach L.: Projektive Geometrie. Teubner 1931
  [BL] Blaschke W.: Projektive Geometrie. Birkhäuser 1954
  [HR] Heinhold J., Riedmüller B.: Lineare Algebra und Analytische Geometrie. Carl Hanser Verlag 1973
  [PI] Pickert G.: Analytische Geometrie. Akad. Verlagsgesellschaft Leipzig 1955
  [SC] Schütte K.: Grundlagen der Geometrie. Vorlesungsskript Univ. München SS 1971

Ablauf- und Daten-Diagramm

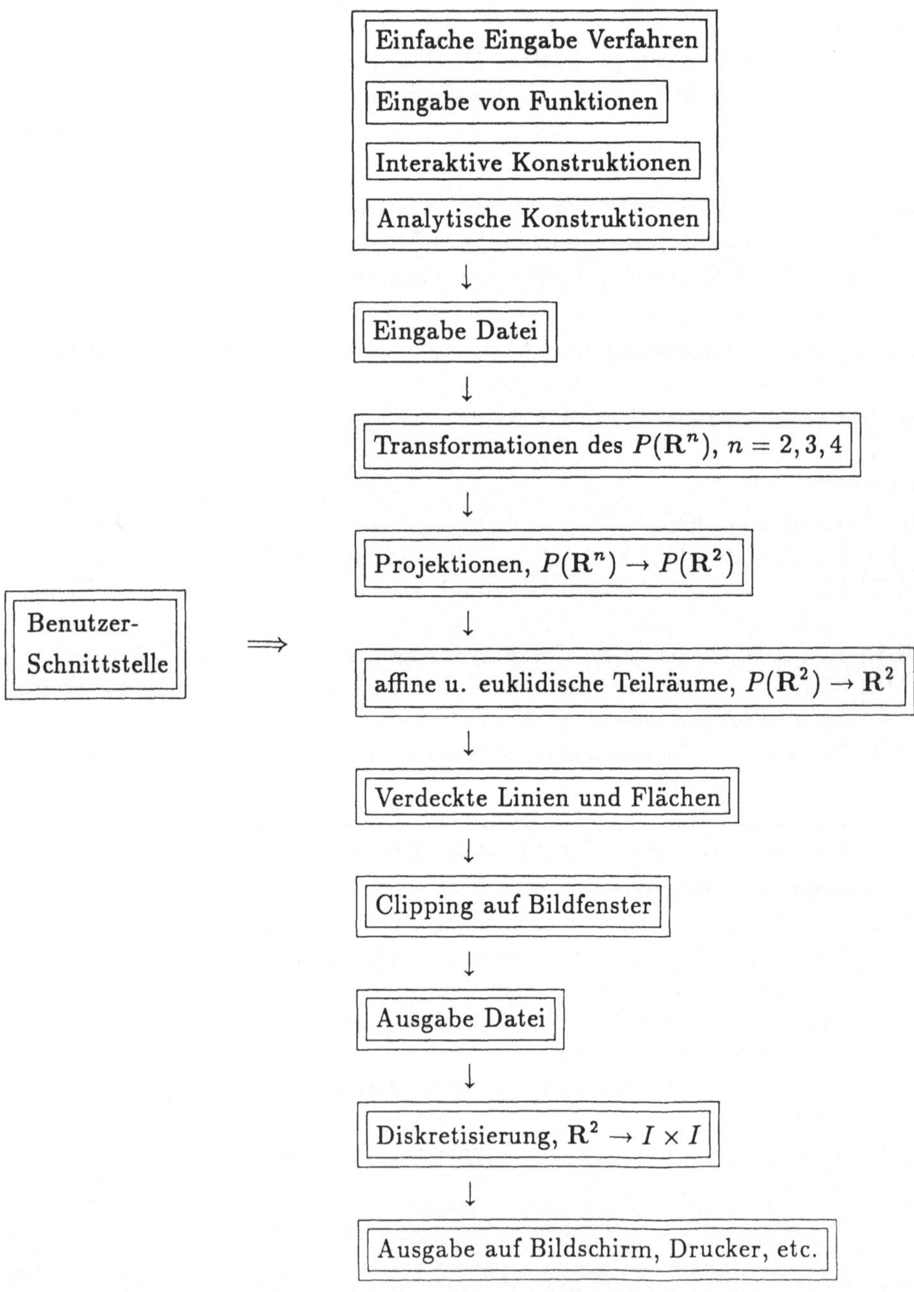

Stichwortverzeichnis

Teubner-Ingenieurmathematik

Burg/Haf/Wille: **Höhere Mathematik für Ingenieure**
Band 1: **Analysis**
2. Aufl. 732 Seiten. DM 46,–
Band 2: **Lineare Algebra**
2. Aufl. 448 Seiten. DM 44,–
Band 3: **Gewöhnliche Differentialgleichungen, Integraltransformationen, Distributionen**
2. Aufl. 405 Seiten. DM 42,–
Band 4: **Vektoranalysis und Funktionentheorie**
580 Seiten. DM 47,–

Dorninger/Müller: **Allgemeine Algebra und Anwendungen**
324 Seiten. DM 48,–

v. Finckenstein: **Grundkurs Mathematik für Ingenieure**
2. Aufl. 461 Seiten. DM 48,–

Heuser/Wolf: **Algebra, Funktionalanalysis und Codierung**
168 Seiten. DM 36,–

Hoschek/Lasser: **Grundlagen der geometrischen Datenverarbeitung**
472 Seiten. DM 52,–

Kamke: **Differentialgleichungen**
Lösungsmethoden und Lösungen
Band 1: **Gewöhnliche Diffentialgleichungen**
10. Aufl. 694 Seiten. DM 88,–
Band 2: **Partielle Differentialgleichungen erster Ordnung für eine gesuchte Funktion**
6. Aufl. 255 Seiten. DM 68,–

Krabs: **Einführung in die lineare und nichtlineare Optimierung für Ingenieure**
232 Seiten. DM 38,–

Schwarz: **Numerische Mathematik**
2. Aufl. 496 Seiten. DM 48,–

Preisänderungen vorbehalten

 **B. G. Teubner Stuttgart**